电子信息前沿技术丛书

POWER ELECTRONICS STEP-BY-STEP

DESIGN, MODELING, SIMULATION, AND CONTROL

电力电子学

设计、建模、仿真与控制

[澳] 肖卫东（Weidong Xiao）著 / 阚加荣 姜玉霞 译

清華大学出版社
北京

北京市版权局著作权合同登记号：01-2022-1456

Weidong Xiao
Power Electronics Step-by-Step：Design，Modeling，Simulation，and Control
9781260456974

图书在版编目（CIP）数据

电力电子学：设计、建模、仿真与控制/（澳）肖卫东著；阚加荣，姜玉霞译．—北京：清华大学出版社，2023.2（2024.6重印）
（电子信息前沿技术丛书）
ISBN 978-7-302-62556-8

Ⅰ．①电… Ⅱ．①肖… ②阚… ③姜… Ⅲ．①电力电子学 Ⅳ．①TM1

中国国家版本馆 CIP 数据核字（2023）第 018226 号

责任编辑：文　怡
封面设计：王昭红
责任校对：李建庄
责任印制：刘　菲

出版发行：清华大学出版社
网　　址：https://www.tup.com.cn，https://www.wqxuetang.com
地　　址：北京清华大学学研大厦 A 座　　**邮　　编**：100084
社 总 机：010-83470000　　**邮　　购**：010-62786544
投稿与读者服务：010-62776969，c-service@tup.tsinghua.edu.cn
质量反馈：010-62772015，zhiliang@tup.tsinghua.edu.cn
课件下载：https://www.tup.com.cn，010-83470236
印 装 者：小森印刷霸州有限公司
经　　销：全国新华书店
开　　本：185mm×260mm　　**印　　张**：17.25　　**字　　数**：418 千字
版　　次：2023 年 3 月第 1 版　　**印　　次**：2024 年 6 月第 2 次印刷
印　　数：2001～2800
定　　价：69.00 元

产品编号：095314-01

前言

FOREWORD

近年来，由于现代电力系统的发展趋势、负载分布的多样性以及对集成可再生能源的高需求，电力电子技术引起了极大的关注。尽管学术界和工业界有很多关于电力电子技术的图书可供使用，但缺乏适合初学者和自学者有效学习现代电力电子学的图书。由于自 1880 年以来交流电一直在应用中占主导地位，因此传统的电力电子工程师专注于 AC/DC 功率变换和 AC/AC 功率变换。例如，许多电力电子图书重点讲解使用各种 AC/DC 整流器在各种负载情况的分析和设计，而这些整流器通常由二极管或晶闸管构成。然而，由于更严格的电能质量要求以及整流器功能单一的一些拓扑结构已被淘汰，最新的电力电子设备依赖于使用现代功率半导体的有源开关技术，而本书的一个显著特点是关注最新的技术和解决方案。

本书首先介绍非隔离型 DC/DC 变换器结构以说明开关的概念，这是电力电子学的基础，这个概念对于学习者来说是必不可少的，因为越来越多的发电系统和负荷采用直流电而不是交流电。特别地，本书第 9 章专门介绍双向直流/交流装置，广泛用于可充电电池、超级电容器和固态变压器。在本书中，电力电子学中每个重要内容都在一个清晰的框架内给出，通过循序渐进的方法帮助读者逐步积累知识，例如，DC/AC 变换（第 5 章）和 AC/DC 变换（第 6 章）的知识自然会成为隔离型 DC/DC 变换器（第 7 章）的基础，因为许多拓扑都是两级变换器的集成，最终形成的变换器就是带隔离变压器的 DC/AC/DC 结构。循序渐进的叙述方法来自作者在电力电子和可再生能源系统方面的自学和教学经验。

动态建模方法按照从高度非线性到分段线性可分为多个类别，包括开关模型、平均值模型和小信号模型。在 MATLAB/Simulink 的基本模块中，开发了开关动态相关的模块（MATLAB/Simulink 是一种广泛使用的商业软件）。平均值动态模型可用于快速仿真和非线性控制仿真，但会导致开关切换过程的不可知性。在具有大量功率变换器和分布式发电机组系统的长期运行中，平均值动态模型已被证明可有效模拟实际系统。此外，动态建模的最后步骤关注以动态分析和线性控制理论为基础的线性数学函数，对于闭环控制器设计，引入了拟合参数化技术，将控制器参数转化为系统的稳定性和动态性能。循序渐进的方法使读者能够了解系统仿真的基础知识，并建立线性控制理论和电力电子学之间的桥梁。

本书可作为参考书，也可作为高等院校电力电子相关课程的教材。本书还涵盖了实用的设计主题，这些主题对于寻求通过自学或专业培训掌握电力电子技术的行业读者非常有用。建议读者首先熟悉电子学、信号理论和线性控制工程领域的基本知识，以便更好地掌握本书所讲内容。

1. 本书特色

本书全面涵盖现代电力电子和控制工程基础学科。具体如下：

- 介绍了开发电力电子的常用平台和工具。
- 根据信号波形、功率流向和电压电平对电力电子应用进行全面分类。
- 本书的一个重要特点是强调计算机辅助分析、设计和评估。在不失一般性的情况下，使用 Simulink 中的基本模块构建所有仿真模型并进行数学分析。
- 涵盖现代电力电子设备必不可少的有源开关的驱动电路。
- 由于可充电电池等能量存储的使用越来越多，因此双向 DC/DC 变换器在工业中得到了广泛采用，本书详细介绍了双向 DC/DC 变换器的拓扑结构。
- 仿真建模遵循模块化和循序渐进的方法，因此变换器系统被划分为单独的模块，包括功率系统、低通滤波器、负载、信号调制和控制。开发遵循易于操作的原则，创建一个易于理解、构建和调试的清晰框架。
- 为大多数变换器拓扑和相关调制方法构建仿真模型，供读者参考。
- 通过一个专门的章节演示使用平均值技术进行建模和仿真。平均值技术是通用的，包括连续导通模式和不连续导通模式。
- 将动态分析所建立的数学模型和控制器的综合与变换器仿真讨论进行分离，采用线性化和小信号方法构建线性模型，以适用于阻尼、速度、稳定性和鲁棒性分析的完善的线性控制理论。
- 大多数章节以案例研究的形式提供大量实际示例，以演示和验证设计。读者可以通过各种计算机辅助设计和分析平台复制结果，这也为开发和评估新系统提供系统的方法。
- 通过大量的图表、图形、方程式和表格清晰地解释主题。绘制大量流程图，以显示系统的设计和元件逐步选择的过程。
- 为希望掌握电力电子学的人员推荐工具和设备类型，包括电气计算机辅助设计、仿真平台和硬件。
- 每章末尾都有一个全面的总结。

2. 章节组织

本书分 12 章，组织方式易于阅读和理解。本书逐步介绍电力电子系统的各个组成部分和控制部件。简要说明如下：

第 1 章简要介绍电力电子学的背景。为避免歧义，本章对一些重要的术语进行了说明。

第 2 章介绍电力电子的重要组成元件。二极管的诞生开辟了崭新的电力电子时代，开关技术助推了各种晶体管和晶闸管的发展。本章还讨论了功率电感器、电容器和电阻器的特性。

第 3 章介绍最经典的非隔离型 DC/DC 变换器拓扑，即 Buck、Boost、Buck-Boost 以及 Ćuk 变换器。每个工作状态都得到仿真验证。

第 4 章重点说明功率计算以估算等效功率、损耗和功率质量，并说明驱动电路的必要性。

第 5 章讨论直流到单相交流电力变换，特别是为实现该类型变换采用的桥式电路和调制方法。

第 6 章介绍从单相交流电到直流电的电力变换，并说明电能质量问题。

第 7 章介绍隔离型 DC/DC 变换器，该类型变换器是以前几章拓扑为基础建立的。

第 8 章介绍三相交流电能变换，涵盖 DC/AC、AC/DC 和 AC/AC 变换。此外，还介绍了直流到三相交流变换的调制方式。

第 9 章重点介绍双向变换器，包括非隔离型 DC/DC 双向变换器、隔离型 DC/DC 双向变换器和 DC/AC 双向变换器，介绍并分析双有源桥双向变换器的拓扑。

第 10 章介绍在连续导通模式和不连续导通模式情况下对不同变换器进行平均值动态建模和快速仿真的技术。

第 11 章讨论用于动态分析的变换器数学建模。线性化的方法广泛用于推导小信号模型，也用于对非最小相位问题进行讨论。

第 12 章介绍控制系统分析和设计，参数拟合作为一种系统方法被引入，用于设计综合考虑稳定性、鲁棒性和性能平衡的功率变换器控制器。

3. 技术支持

本书所有案例的建模和仿真都是基于 MATLAB 和 Simulink 的基本功能开发的，这有助于读者理解变换器的基本原理。采用 MATLAB 和 Simulink 软件的 R2018b 版本或更高版本，可重复示例案例的结果或进行新的相关研究。

肖卫东 （Weidong Xiao）

目录

CONTENTS

第 1 章 绪论 …………………………… 1

1.1 电力变换的分类 …………………… 2

1.2 电力电子的跨学科特性 ……… 3

1.3 典型应用 ………………………… 4

1.4 开发工具 ………………………… 5

1.4.1 计算机辅助设计 ……… 5

1.4.2 仿真 ……………………… 6

1.5 理想电力变换 …………………… 8

1.6 交流与直流 ……………………… 8

1.6.1 单相交流电 …………… 8

1.6.2 三相交流电 …………… 9

1.7 电气隔离 ………………………… 12

1.8 磁学基础 ………………………… 12

1.8.1 磁路基本定律 ……… 13

1.8.2 磁导率和电感 ……… 13

1.8.3 磁芯和电感设计 …… 15

1.8.4 功率变压器 ………… 16

1.9 无损功率变换 …………………… 17

参考文献 ………………………………… 18

习题 ……………………………………… 18

第 2 章 电路元件 …………………………… 19

2.1 双极结型晶体管调节的线性电源 ……………………… 19

2.1.1 串联电压调节器 …… 20

2.1.2 并联电压调节器 …… 21

2.2 二极管和无源开关 ……………… 22

2.3 有源开关 ………………………… 24

2.3.1 双极结型晶体管 …… 24

2.3.2 场效应晶体管 ……… 25

2.3.3 绝缘栅双极型晶体管 ……………… 27

2.3.4 晶闸管 ……………… 28

2.3.5 开关的选择 ………… 29

2.4 桥式电路 ………………………… 30

2.4.1 开关数量 …………… 31

2.4.2 有源桥、无源桥和混合桥 ……………… 31

2.5 电力电容器 ……………………… 32

2.5.1 铝电解电容器 ……… 32

2.5.2 其他类型的电容器 … 33

2.5.3 电容器结构与选型 ……………… 34

2.6 无源元件 ………………………… 35

2.7 低通滤波电路 …………………… 36

2.8 本章小结 ………………………… 40

参考文献 ………………………………… 41

习题 ……………………………………… 41

第 3 章 非隔离型直流/直流变换器 … 42

3.1 脉宽调制 ………………………… 42

3.1.1 模拟脉宽调制 ……… 43

3.1.2 数字脉宽调制 ……… 43

3.2 运行状态 ………………………… 44

3.2.1 稳态 ………………… 45

3.2.2 额定运行状态 ……… 45

3.3 降压型变换器 …………………… 46

3.3.1 稳态分析 …………… 47
3.3.2 连续导通模式 ……… 48
3.3.3 断续导通模式 ……… 49
3.3.4 临界导通模式 ……… 50
3.3.5 电路设计与案例研究 ……………… 51
3.3.6 仿真与概念验证 …… 53
3.4 升压型变换器 ………………… 56
3.4.1 稳态分析 …………… 57
3.4.2 连续导通模式 ……… 58
3.4.3 临界导通模式 ……… 58
3.4.4 断续导通模式 ……… 59
3.4.5 电路设计与案例研究 ……………… 61
3.4.6 仿真与概念验证 …… 61
3.5 同极性升降压型变换器 ……… 65
3.6 反极性升降压型变换器 ……… 66
3.6.1 稳态分析 …………… 67
3.6.2 连续导通模式 ……… 68
3.6.3 临界导通模式 ……… 68
3.6.4 断续导通模式 ……… 69
3.6.5 电路设计与案例研究 ……………… 70
3.6.6 仿真与概念验证 …… 70
3.7 Cuk 变换器 ……………………… 73
3.7.1 稳态分析 …………… 73
3.7.2 规格与电路设计 …… 75
3.7.3 建模与仿真 ………… 76
3.8 同步开关 ……………………… 78
3.9 本章小结 ……………………… 79
参考文献 ……………………………… 80
习题 …………………………………… 80

第 4 章 计算与分析………………… 82

4.1 有效值 ………………………… 82
4.1.1 直流波形有效值 …… 83
4.1.2 交流波形有效值 …… 85
4.2 损耗分析与降损 ……………… 86
4.2.1 导通损耗 …………… 86
4.2.2 开关损耗 …………… 86
4.2.3 开关延迟的原因 …… 88
4.2.4 开关损耗最小化 …… 88
4.3 栅极驱动电路 ………………… 90
4.3.1 低侧栅极驱动电路 … 90
4.3.2 高侧栅极驱动电路 … 91
4.3.3 半桥驱动电路 ……… 92
4.4 傅里叶级数 …………………… 93
4.5 交流电能质量 ………………… 93
4.5.1 位移功率因数 ……… 94
4.5.2 总谐波畸变 ………… 95
4.6 直流电能质量 ………………… 97
4.7 热应力及其分析 ……………… 98
4.8 本章小结 ……………………… 99
参考文献 ……………………………… 100
习题 …………………………………… 100

第 5 章 直流/单相交流电力变换…… 103

5.1 交流方波 ……………………… 104
5.1.1 斩波 ………………… 105
5.1.2 移相和调制 ………… 106
5.1.3 总谐波畸变 ………… 107
5.2 正弦波-三角波调制 ………… 108
5.2.1 双极性脉宽调制 …… 109
5.2.2 单极性脉宽调制 …… 110
5.2.3 平滑滤波电路 ……… 112
5.3 直流/交流变换的双开关桥 ……………………… 113
5.4 建模与仿真 …………………… 114
5.4.1 桥电路模型 ………… 114
5.4.2 移相调制 …………… 114
5.4.3 双极性脉宽调制 …… 115
5.4.4 单极性脉宽调制 …… 115
5.4.5 用于仿真的集成形式 ……………… 115
5.5 案例研究 ……………………… 116
5.5.1 交流方波输出 ……… 116
5.5.2 交流正弦波输出 …… 117

5.6　本章小结 …… 119
参考文献 …… 119
习题 …… 119

第6章　单相交流/直流电力变换 …… 121

6.1　半波整流器 …… 121
6.1.1　电容滤波 …… 122
6.1.2　案例分析 …… 123
6.2　全波桥式整流器 …… 123
6.2.1　电容滤波 …… 124
6.2.2　电感滤波 …… 126
6.2.3　LC滤波器 …… 127
6.3　有源整流器 …… 130
6.4　整流器替代方案 …… 132
6.4.1　同步整流器 …… 132
6.4.2　采用中心抽头变压器的全波整流器 …… 132
6.5　建模与仿真 …… 133
6.5.1　电容滤波的半波整流器 …… 133
6.5.2　无滤波器的全波整流器 …… 135
6.5.3　电容滤波的全波整流器 …… 135
6.5.4　电感滤波的全波整流器 …… 137
6.5.5　LC滤波的全波整流器 …… 137
6.5.6　有源整流器 …… 139
6.6　本章小结 …… 139
参考文献 …… 140
习题 …… 140

第7章　隔离型直流/直流变换 …… 142

7.1　磁场 …… 142
7.1.1　运行象限与分类 …… 143
7.1.2　饱和的关键检测点 …… 144
7.2　反激型拓扑 …… 144
7.2.1　从升降压到反激型变换器的演变 …… 144
7.2.2　反激型变换器运行原理 …… 145
7.2.3　连续导通模式 …… 146
7.2.4　断续导通模式 …… 147
7.2.5　电路规格与设计 …… 148
7.2.6　仿真 …… 149
7.3　正激型变换器 …… 151
7.3.1　双开关正激型变换器 …… 151
7.3.2　单开关正激型变换器 …… 153
7.3.3　电路规格和设计 …… 155
7.3.4　仿真 …… 156
7.4　同步整流器 …… 157
7.5　用于直流/交流的全桥变换器 …… 158
7.5.1　稳态分析 …… 159
7.5.2　电路规格和设计 …… 160
7.5.3　仿真 …… 161
7.6　推挽变换器 …… 162
7.7　变换器的衍变与改进 …… 164
7.8　本章小结 …… 165
参考文献 …… 166
习题 …… 166

第8章　三相交流/直流变换及其反向变换 …… 168

8.1　直流/交流电力变换 …… 169
8.1.1　桥电路及其开关运行 …… 169
8.1.2　180°导通调制 …… 170
8.1.3　正弦波-三角波调制 …… 173
8.1.4　建模与仿真 …… 174
8.1.5　案例分析与仿真结果 …… 175
8.2　交流/直流电力变换 …… 177

8.2.1 三脉波无源整流器 …… 178
8.2.2 六脉波无源整流器 …… 179
8.2.3 十二脉波无源整流器 …… 180
8.2.4 有源整流器 …… 181
8.2.5 仿真 …… 183
8.3 交流/交流电力变换 …… 183
8.4 本章小结 …… 185
参考文献 …… 185
习题 …… 185

第9章 双向电力变换 …… 186

9.1 非隔离型直流/直流电力变换 …… 187
9.2 双有源桥 …… 188
9.2.1 正向功率流动 …… 189
9.2.2 反向功率流动 …… 191
9.2.3 零电压开关 …… 193
9.2.4 零电压开关丢失 …… 198
9.2.5 零电压开关的临界移相 …… 199
9.2.6 仿真与案例分析 …… 200
9.3 直流和交流间的双向电力变换 …… 202
9.3.1 直流和单相交流间双向电力变换 …… 202
9.3.2 直流和三相交流间双向电力变换 …… 202
9.4 本章小结 …… 203
参考文献 …… 204
习题 …… 204

第10章 平均模型与仿真 …… 206

10.1 开关动态特性 …… 206
10.2 连续导通模式 …… 207
10.2.1 降压变换器 …… 207
10.2.2 二阶系统的动态分析 …… 209
10.2.3 升压变换器 …… 210
10.2.4 升降压变换器 …… 212
10.3 断续导通模式 …… 213
10.3.1 降压变换器 …… 213
10.3.2 升压变换器 …… 214
10.3.3 升降压变换器 …… 215
10.4 集成仿真模型 …… 216
10.4.1 降压变换器 …… 216
10.4.2 升压变换器 …… 218
10.4.3 升降压变换器 …… 219
10.5 本章小结 …… 220
参考文献 …… 220
习题 …… 221

第11章 模型的线性化与动态分析 …… 222

11.1 一般线性化 …… 223
11.2 双有源桥的线性化 …… 224
11.3 基于连续导通模式的线性化 …… 226
11.3.1 升压变换器 …… 226
11.3.2 升降压变换器 …… 229
11.3.3 非最小相位 …… 231
11.4 基于断续导通模式的线性化 …… 233
11.5 本章小结 …… 233
参考文献 …… 234
习题 …… 234

第12章 控制和调节 …… 235

12.1 稳定性和性能 …… 236
12.2 通/断控制 …… 236
12.2.1 滞环控制 …… 237
12.2.2 案例分析与仿真 …… 237
12.3 仿射参数化 …… 238
12.3.1 设计流程 …… 239
12.3.2 闭环期望 …… 240

12.3.3 $Q(s)$和$C(s)$的推导…………… 241
12.3.4 相对稳定性和鲁棒性………… 242
12.4 控制器的实现…………… 245
12.4.1 数字控制……… 245
12.4.2 PID控制器…… 246
12.4.3 模拟控制……… 247
12.4.4 案例分析——降压型变换器…… 248
12.4.5 案例分析——升压型变换器…… 249
12.5 级联控制………………… 251
12.5.1 案例分析与仿真…………… 251
12.5.2 优势…………… 253
12.6 饱和效应和预防………… 253
12.6.1 案例分析与仿真…………… 253
12.6.2 抗饱和方法…… 254
12.7 传感与测量……………… 256
12.7.1 电压检测和调节…………… 256
12.7.2 电流检测和调节…………… 258
12.8 本章小结………………… 259
参考文献……………………… 260
习题…………………………… 260

缩略语表 ……………………… 262

第1章

绪　　论

直流电(DC)在电路中仅沿单方向流动,而交流电(AC)会周期性地改变电流的方向。这两种形式的电能广泛存在于电力电子和电力系统中。“电流之战”是指19世纪80年代后期美国电力传输系统(交流或直流)的争论和竞争。事实证明,基于交流的配电和传输系统占优势,因为它比直流传输系统的效率更高、成本更低,电网始于交流电网络。由于工频(LF)变压器发展较早,交流电压可以通过“升压”或“降压”达到不同的电压等级。对于给定的功率水平,较高的电压会使得传输中的电流较小,因此传输损耗更低。目前,工频变压器仍然是世界各地电网的支柱,支持提供高压(HV)输电、中压(MV)配电和最终向用户提供低压(LV)供电。电力电子设备的缺位被认为是导致“电流之战”中直流电失败和交流在当前电力网络中占主导地位的关键原因之一。

最近越来越多的发电、输电、配电和应用以直流电的方式进行生产、配电与传输,有种乐观的情绪认为电力电子技术的发展将帮助直流电最终取代交流电。直流电可以消除交流电在频率稳定性、功率因数、同步和互联方面面临的问题。例如,光伏(PV)和燃料电池输出的是直流电,充电电池的储能是直流电,这些装置对以“智能”和“绿色”为特色的新能源系统与未来能源网络来说非常重要。同时,直流供电负载的急剧增长不仅与计算机相关产品的增长相关,而且与照明和家用电器设备的普及有关。尽管大多数电动机是传统的交流电机,但只有使用电力电子驱动系统才能实现高性能运转,而该驱动系统主要由直流电供电。得益于低损耗和简单互联的优势,高压直流(HVDC)正成为长距离电力传输的发展方向。电力电子技术的广泛应用和快速发展使得不同电压等级直流电的获得相对容易,如高压、中压、低压和超低压。

电力电子使用固态技术变换、处理和调节电能,可将一种形式的电压或电流转变为另一种形式的电压或电流,静态电源变换技术用作各种应用的供电电源。电力电子工业始于PN结的发明以及二极管的诞生;由于可控硅整流器(SCR,又称晶闸管)导通可控,所以在晶闸管发明以后,电力电子得到蓬勃发展。功率半导体装置可以实现安全高效的功率变换,调节不同等级的电压、电流和功率。最近,快速增长的电力电子技术以及相关产业被认为是现代电力系统、高效电源和未来能源网络的支柱。其原因如下:

(1) 电力电子装置可控、高效、可靠和通用实施上的先进性;

(2) 分布式发电、模块化储能和可再生能源发电在现代电力系统中的发展趋势;

(3) 便携式消费电子产品和高效家用电器的兴起;

(4) 控制工程在硬件与软件方面的进步和成熟,可实现高性能和高可靠运行;

(5) 对高效供电系统的需求,可减少污染和淘汰低效设备。

1.1 电力变换的分类

电力变换的容量可以从毫瓦到兆瓦等级,电力电子可以按照不同的标准进行分类。将电能从一种形式变换为另一种形式的设备通常称为变换器,它已成为电力电子技术中最常用的术语。因此,可以根据直流和交流的变换形式进行第一种分类:交流/直流(AC/DC)变换;直流/交流(DC/AC)变换;直流/直流(DC/DC)变换;交流/交流(AC/AC)变换。

AC/DC 变换器通常称为整流器,该变换器可实现整流操作;DC/AC 变换器称为逆变器。图 1.1 为 AC/DC、DC/AC、DC/DC 和 AC/AC 变换的图形示意图。这些图形块将在整本书的系统图中得到应用。

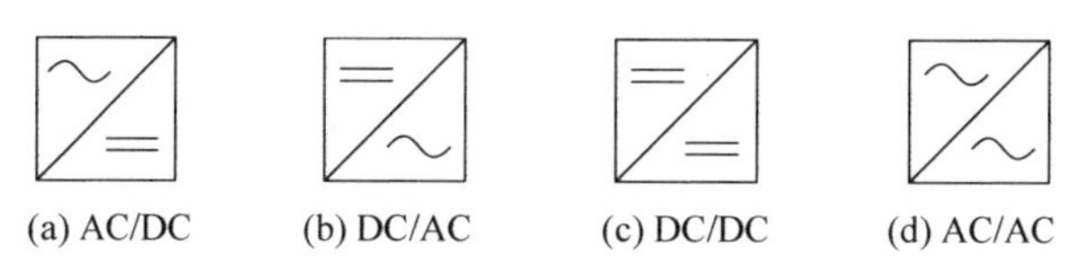

图 1.1 电力变换的图形示意图

电力电子的第二种分类是根据稳态下有功功率流动的方向,例如,当一个变换器用于电池系统时,可充电电池需要双向功率变换器充电和放电,超级电容器系统中的功率变换器通常需要相同的功能,因此,电力变换可分为单向或双向,如图 1.2 所示。在单向变换器中可以清楚地判别变换器的输入和输出端口,输入端口始终连接到源;而负载连接到输出端口。储能系统中的变换器,例如可充电电池系统,双向变换器输入和输出端口的定义不再明确。可充电电池的直流端可以是电源也可以是负载,这取决于能量流动的方向。由于可充电电池的广泛使用,双向功率变换器实现了快速增长。双向功率变换器有 AC/DC、DC/AC、DC/DC 和 AC/AC 四种形式。

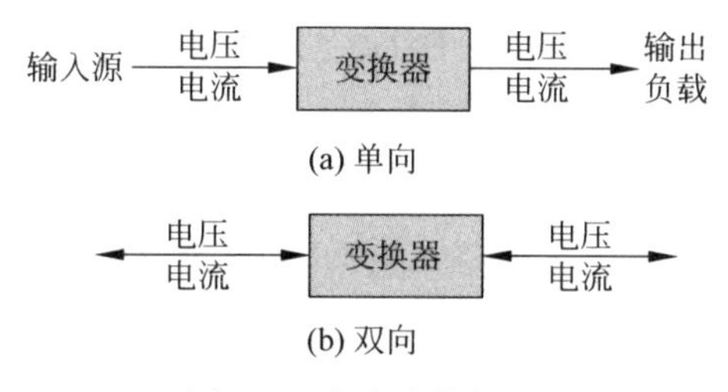

图 1.2 电力变换框图

电力电子的第三种分类依据的是电压等级。变换器广泛用于为便携式设备供电,如平板电脑、手机和笔记本电脑,这些设备被归类为超低压应用。根据人体电阻的平均值,电压等级直接关系到对人体电流大小以及生命安全。电压等级超过一定范围，将对人体构成威胁，因此具有高电压的设备应严禁与人体接触。为方便后续讨论和分析，进行如下定义：

- 超低压：＜50V。
- 低压：50～1000V。
- 中压：1～35kV。
- 高压：35～230kV。
- 超高压：＞230kV。

国际电工委员会(IEC)规定了电压等级的分类。注意，上面列出的电压定义仅供一般参考。DC和AC的严格定义各不相同，并且因国家/地区而异。图1.3给出了电力系统中不同等级电压的变换框图。电压等级越高，理论上长距离输配电的传导损耗越低。

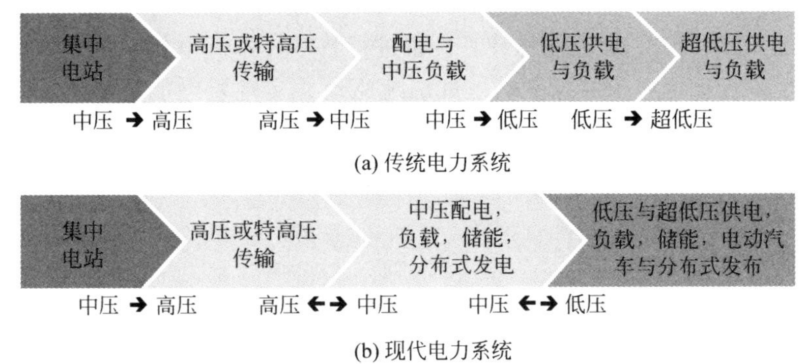

图1.3 电力系统中不同等级电压的变换框图

传统电力系统以高度集中的电网结构为代表，如图1.3(a)所示。来自集中发电设施的电能最终通过输配电网络输送到终端用户，电压等级变换主要依靠变压器。现代化的电网采用更多的可再生能源、分布式发电和储能系统，微电网和智能电网的发展可能会改变未来的电网基础设施，尤其是在配电网层面，如图1.3(b)所示，这种电力系统的一个重要变化是以前的用电单位在未来可能会变为电能生产者。最终，电力电子装置在支持传统电力系统向现代电气化过渡方面发挥着重要作用。越来越多的场合需要双向功率变换，在未来的系统高效、适应性强、高可靠性的电力系统中，双向变换器将起到更加突出的作用。

1.2 电力电子的跨学科特性

电力电子通常被认为是电力工程和电子应用之间的桥梁，实际上其涵盖了除电力和电子之外的许多技术，电力电子的跨学科特性如图1.4所示。

没有控制工程的支持，就无法实现精确的功率变换。现代电力电子倾向于使用数字控制技术，并依靠快速的计算机硬件与数字信号处理器来提高控制能力和性能。电磁学和电子学的固态元件构成了电力电子学的基础，功率开关运行依赖于功率半导体器件的进步来降低导通和高频损耗。

系统分析和开关设计始终以电路和电磁理论为基础。快速的计算机仿真已成为概念证明和系统改进的指南。此外，越来越多的电力变换由微处理器、数字信号处理器、微控制器

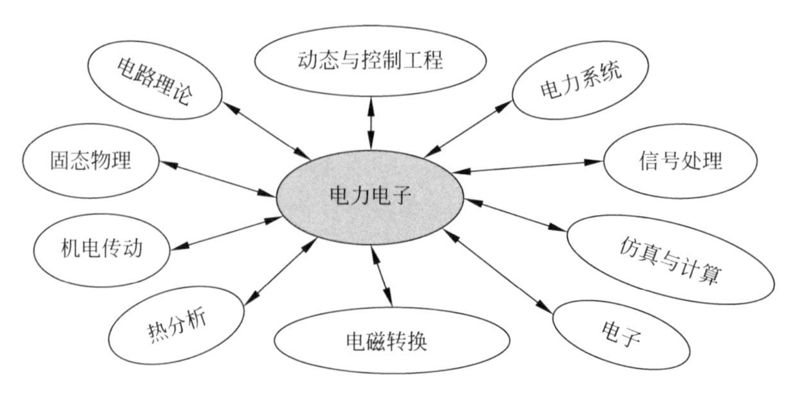

图 1.4　电力电子的跨学科特性

和现场可编程门阵列(FPGA)等各种计算设备进行数字控制。电机是机械工程和电气工程的桥梁,但需要依靠电力电子技术来高效准确地驱动并实现机电能量转换。热分析通常与机械分析和设计相关联,它也是支持高效可靠电源变换的重要因素。

1.3　典型应用

电信行业主要依赖直流供电和不间断电源(UPS)供电,需要进行 AC/DC 和 DC/DC 功率变换。传统而言,直流电源支持信号处理、传输、放大等操作。现代电力电子倾向于直接作为功率放大器用于通信系统中,这简化了系统并提高了系统整体效率。

现代交通的发展趋势是电气化以减少污染和改善动力性能,电动汽车(EV)的概念不仅指地面汽车,还指任何形式的空中和水上交通工具,汽车的动力源自电动机、驱动器、储能单元等。电力电子对于电动汽车的系统协调、电源管理、速度调节、电池充电和放电至关重要,预计电动汽车还将与电力电子设备合作,参与对未来能源网络的支持。在航空航天应用中,依靠电源来运行航天飞机、空间站、卫星等。现代飞机需要更多的电力电子设备来协调负载、发电机和储能单元之间的功率平衡,如此可实现高效率和高功率密度。

现代家庭使用了各种电器,例如微波炉、空调、电磁炉、高效照明和住宅光伏发电系统,电力电子在支持智能操作、高效、可靠和灵活方面发挥着重要作用。便携式电子设备越来越多地应用于人们的日常生活中,计算机、手机、平板电脑需要将直流电变换后才能使用。

未来的能源网络包括更多的像光伏和风电系统等各种可再生能源,这些可再生能源需要电力变换才能实现并网。在长距离传输方面,高压直流应用已显示出优于高压交流(HVAC)的性能,该操作依赖于 HV 级别的 AC/DC 和 DC/AC 变换。现代电网的一个趋势是越来越多地使用双向功率变换器构成的中压固态变压器,其对电网有支撑作用,这将使系统变得更可控。此外,能量存储(如可充电电池)系统需要能量管理和功率调节的功率变换器。

最近,由于电力电子技术的进步,各种电压等级的直流电力系统已经显示了取代传统交流电力系统的巨大潜力。ELVDC 和 HVDC 已成为人们日常生活和远距离输电的规范,研究人员将在 LVDC 和 MVDC 的研究上做出更多的努力，从而在高效率、高可靠性、灵活互连和低成本等方面得到更多的成果。

1.4 开发工具

电力电子学的研究需要硬件设备和软件平台，其中通常包括：

(1) 为电子电气计算机辅助设计的(ECAD)软件包。

(2) 用于电路仿真和控制系统分析的软件平台。

(3) 用于测量和记录电压与电流信号、带有高带宽探头的示波器。

(4) 用于检测电压、电流、电阻和温度的台式或便携式万用表。

(5) 具有快速响应和一定功率等级的可编程交直流电源。

(6) 快速测试所需信号的函数发生器。

(7) 可编程交直流负载，可模拟变负载曲线、满足功率要求并可实现扰动负载变化。

(8) 焊台与各种工具。

(9) 用于评估电路网络或单个元件(如电感器和电容器等)的阻抗分析仪或 LCR 表。

(10) 数据记录仪，用于长期数据采集或评估系统长期性能，如电池充电/放电周期和电能质量等。

(11) 用于非接触式温度传感和热评估的热像仪与温度表。

传统而言，热分析虽然与其他学科相关，而与电力电子学关联性不大，但其在电力电子学中的重要性不言而喻，温度被认为是系统效率和电气性能的间接衡量标准，越来越多的研究将器件温度作为老化和寿命预测的直接指标。因此，热像仪与相关的温度仪表是电力电子学实践过程中的重要工具，嵌入式热传感器也成为电路运行可靠和高效电源变换的趋势。

1.4.1 计算机辅助设计

ECAD 软件的一项关键功能是开发电路原理图和印制电路板(PCB)。典型的市售 ECAD 软件平台包括以下软件：

(1) EAGLE。

(2) 电路设计和 Altium Designer。

(3) Allegro PCB Designer。

(4) OrCAD PCB Designer。

尽管 ECAD 软件平台互不相同，但 PCB 设计通常遵循相同的设计程序，如图 1.5 所示。首先基于其他现有资源创建或加载原理图元件符号库，包括需要放置在电路图中的所有组件。在进行元件封装设定之前，应将开发电路进行模拟和仿真验证。仿真可以由相同的 ECAD 软件或在其他的软件平台执行，如 MATLAB/Simulink。

原理图设计获得通过后，下一个重要步骤是选择元件的型号。选择元件是一个综合的过程，它在很大程度上影响系统性能、成本和可靠性。一些 PCB 可以直接从现成的产品中挑选，但许多情况需要专门设计和定制，如电感器和变压器的磁性元件，即创建或加载 PCB 图元件符号库。元件封装将原理图中的电气符号与安装在 PCB 上的实际设备联系起来，元

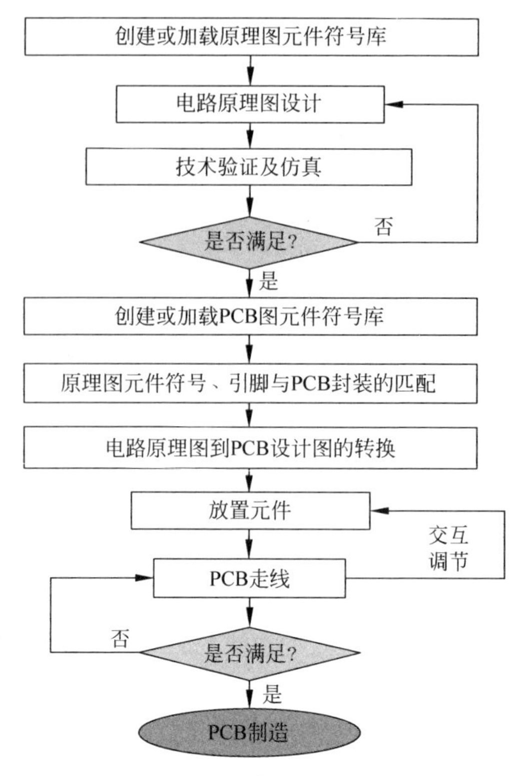

图 1.5　PCB 制作的计算机辅助设计程序示意图

件封装库必须与原理图中的符号和引脚对应，同时代表元件的实际封装，原理图也应更新，以包含封装信息或由封装库产生的其他元件的信息。

下一步是将原理图的所有元件和连接器切换到 PCB 设计平台，它们将在 PCB 设计界面中显示为实际封装。应严格按照原理图中的设计进行电气连线，最后一步是 PCB 布局和布线。最重要的步骤是将所有组件放置在最佳位置，并旋转它们以实现最简单的连线。执行最佳布局和进行迭代调整非常耗时，但它们是在充分考虑热约束和系统性能的情况下最大限度地减少关键布线长度与总布线长度的唯一方法。PCB 中的短走线不仅提高了电路板密度和成本效益，而且显示出许多优点，板上的短走线可实现低损耗、低寄生电感和低电磁干扰(EMI)，从而实现高效率、无干扰的信号、低振荡和系统的高稳定性。接地设计是另一个应考虑的关键因素，它互连创建一个完整层以便于公共点的连线。PCB 中的散热考虑和通风设计也很重要，因为电源转换器更喜欢长期运行的“凉爽”环境，这直接关系到电源的可靠性和寿命。

一般来说，PCB 设计是电力电子中一个耗时但关键的步骤，需要在每个步骤中进行全面检查，以尽量减少错误和不完善之处。现代电力电子依靠高频电源开关，以及优化设计的 PCB 来提升性能。

1.4.2　仿真

仿真是证明理论设计和电路分析的有效工具。20 世纪 70 年代，随着基于集成电路的仿真程序(SPICE)的开发，计算机仿真开始应用于电路设计。加州大学伯克利分校的学者开启了计算机仿真史上的这一重大发展。基于 SPICE，MicroSim 公司创立并发布了以 PSPICE 为基础的个人仿真程序，前缀“P”是指软件操作平台，即个人电脑(PC)，它在 20 世纪 80 年代逐渐推广并被广泛使用，早期版本的 PSPICE 通常需要编码来运行仿真程序，最新版本提供了基于图形的人机界面，非常易于人们的学习和使用。随着 PSPICE 的成功，出现了多种可用于仿真电力电子电路的软件，如 Cadence Design Systems 公司的 PSpice 仿真软件、Powersim 公司的 PSIM、Analog Devices 公司的 LTspice、Plexim GmbH 公司的 PLECS 和 MathWorks 公司的 MATLAB/Simulink 中的 Simscape 电气工具包。

软件包通常提供图形界面来开发基于电路的模型。图形界面可以从时域波形和频域分析方面说明仿真结果，元件库中的绝大部分元件集成了非理想因素，例如等效串联电阻(ESR)、功率半导体的压降，以及各种寄生参数。它的目标是实现仿真的精确性，以保证仿真结果与实际电路运行情况相接近。

收敛失败是电路仿真的关键问题之一，新用户使用早期版本的 PSPICE 时，这一直是普遍的问题，该问题通常是缺乏仿真和电力电子动态性能的基础知识所致。不正确的设置是不收敛的另一个常见原因，由于数值仿真的限制，模型中必须包含一些参数以保证收敛，例如，电路设计可以允许电压源突然施加到具有不同电压的电容上；但如果电容器的 ESR 值为零，则会导致不能收敛的问题。理论上，阶跃电压会导致电流跳变到一个无限大的水平，并导致数值模拟的不收敛。

包括所有非理想因素在内的精确仿真都存在争议，如何从实际系统中准确提取非理想因素的参数来表示实际的电路具有很大的挑战性。若这个问题没有得到适当的解决，则会给电力电子学习人员带来很大的困扰。即使是经验丰富的工程师，也很难开发出包含所有非理想因素的准确模型，例如电力电子器件中的寄生元件。尽管器件说明书提供了一些关于非理想因素的信息，但它仅被视为一种参考情况，因为说明书中的数据是在特定的测试条件下得到的。一个简单的例子表明，功率半导体器件的 ESR 值只对一种特定的工作条件有效，因为它会随 PN 结的温度发生显著变化。物理系统中面临的现实问题是其中的一些量为非线性和时变的，如随着运行条件、外界环境和电气条件而变化，电路参数在实时运行中将变得不可预测，例如现实中很难准确预测物理设备的表面温度或核心温度。因此，使仿真结果完全复制实验结果需要大量的努力和丰富的经验，但只能逐次修改模型去逼近实际电路来保证精度，而不能采用一种通用的办法来实现高精度的仿真。

建议初学者进行仿真时电路应采用理想元件，这样可以实现快速的概念验证，仿真模型也不会太复杂。对非理想因素的错误定义只会给仿真带来更多麻烦，而不会给仿真结果带来精度上的提高。已经发现，许多用户仅依靠非理想因素的随机值或默认值进行电路的仿真，事实却证明它带来了更多的不确定性，而不是准确性和精确度的提高。由于缺乏对仿真基础的深入理解，不确定性的信息难以解释或调试，在仿真或实验验证过程中，电力电子更相信实验结果，而不是所谓的“精确模拟”。

本书中仿真模型都是基于理想元件构建而成，它可以避免任何非理想因素的混合和混淆信息。讨论的重点是系统动态特性，以构建仿真原理的基本信息。本书所给出的所有仿真模型均基于 MATLAB/Simulink 中的基本模块，没有任何具有复杂性或专用软件工具。该方法可以使得初学者更好地理解仿真基础，利用其给定的功能，而不是被某种仿真软件约束去理解软件本身。仿真模型还显示了在稳态和暂态响应与理论分析的一致性。

1.5 理想电力变换

现代电力电子倾向于开发在变换效率、寿命、可靠性、成本效益、电能质量、功率密度和功能之间取得平衡的变换器。研究人员对电力变换器进行持续改进和研究,希望获得以下性能:

(1) 稳定并鲁棒运行,不受干扰或非理想环境的影响。

(2) 变换效率接近100%。

(3) 变换器输出高电能质量为直流或交流的标准形式。

(4) 准确并快速地调节电压、电流和功率。

(5) 快速且鲁棒响应以减小各种干扰的影响。

(6) 高功率密度,小尺寸和高效运行。

(7) 低成本且长使用寿命。

效率是电源变换重要的衡量指标之一。低效率电源变换器需要较大尺寸的散热器,这增加了变换器的尺寸。由于高频开关和高效率,现代电力电子设备非常紧凑,即具有较高的功率密度比。根据输入或输出特性在功率、电压和电流方面的变化,效率曲线是变换器性能的常见表示方法。然而,工程师们总是面临着在上述性能指标之间保持平衡的困境。根据目前的技术,在过载能力、功率密度和预期寿命等因素之间存在明显的权衡。例如,长寿命电容器通常比短寿命电容器体积更大、价格更高。因此,应在设计阶段开始时应制定清晰详细的规范,以确定性能指标的最佳平衡。

1.6 交流与直流

现代电力电子处理各种形式的电压和电流,通常分为直流、单相交流和三相交流。理想的直流电可以绘制为一条直线,其波形只含有零频率分量。电力电子设备会产生不同类型的直流波形,这些波形可能与理想情况有很大不同。直流电只沿一个方向流动,因此直流电波形不会过零点,直流电的定义却没有限制其大小,因为它可能会发生周期性变化。因此,平均值、峰-峰值纹波幅值和均方根(RMS)值是衡量此类直流波形的额定值和质量的重要指标,这些将在第4章中介绍。

1.6.1 单相交流电

理想的单相交流电压是指频率 ω 和幅值 V_m 均恒定的正弦波形,表示为 $v_{ac}=V_m\sin(\omega t)$。当电压施加到纯阻性负载 R 时,电流表示为 $i_o=\frac{V_m}{R}\sin(\omega t)$。瞬时功率为

$$p_o(\omega t)=v_{ac}(\omega t)\times i_o(\omega t)=P_m\times\frac{1-\cos(2\omega t)}{2} \tag{1.1}$$

式中：$P_{\mathrm{m}}=\dfrac{V_{\mathrm{m}}^2}{R}$。

p_{o} 的平均值为

$$\mathrm{AVG}[p_{\mathrm{o}}(\omega t)]=\int_0^{\pi}\left[P_{\mathrm{m}}\times\frac{1-\cos(2\omega t)}{2}\right]\mathrm{d}(\omega t)=\frac{P_{\mathrm{m}}}{2} \tag{1.2}$$

图 1.6 显示了电压、电流和功率的波形。功率波形不会小于零，因为电源到负载的功率流动只有一个方向。功率的纹波频率为 2ω，是 v_{ac} 和 i_{o} 频率的 2 倍。功率波形显示，有功功率的单位为瓦(W)，本例中无功功率的值为 0，单位为乏(var)。

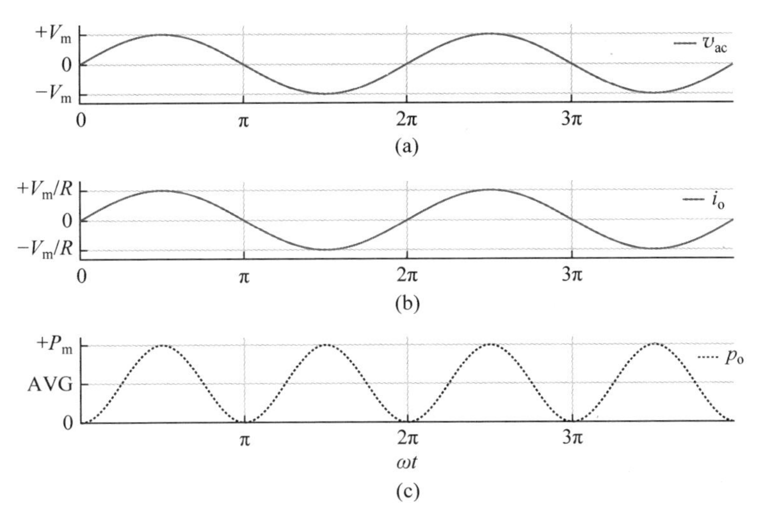

图 1.6 理想的单相交流电源和负载电压、电流和功率的波形

电力电子设备中的交流波形不限于理想的正弦波。交流信号是指电流过零的周期性波形。电力变换器的开关操作通常会产生不同种类的交流波形，图 1.7 给出了方波和斩波方波两种常见类型。为了便于比较，图 1.7 中给出了纯正弦波波形，并且当它们应用于相同的阻性负载时功耗、效率相等。其他交流波形，如三角波形也可能出现在电力电子设备中。

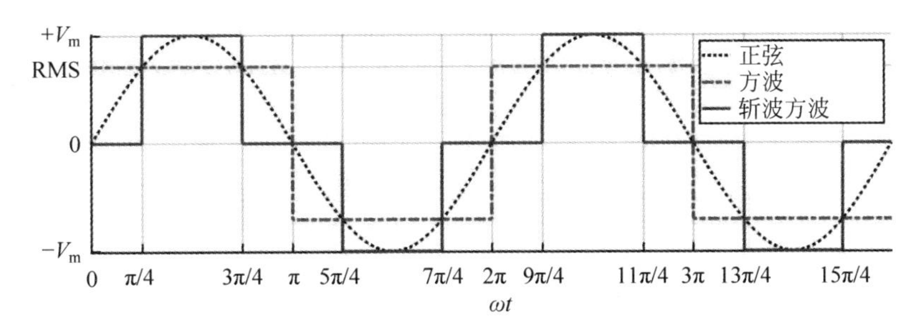

图 1.7 不同的交流波形

1.6.2 三相交流电

三相电是交流电网系统在发电、输电和配电方面的主要形式。三相交流电通常由三个单相交流信号表示，如图 1.8(a)所示。电源和负载共享一个公共中性点，可采用三角形连

接或星形连接。每一相的相电压和相电流分别为

$$v_{an}=V_m\sin(\omega t),\quad v_{bn}=V_m\sin\left(\omega t-\frac{2\pi}{3}\right),\quad v_{cn}=V_m\sin\left(\omega t-\frac{4\pi}{3}\right) \tag{1.3}$$

$$i_a=I_m\sin(\omega t),\quad i_b=I_m\sin\left(\omega t-\frac{2\pi}{3}\right),\quad i_c=I_m\sin\left(\omega t-\frac{4\pi}{3}\right) \tag{1.4}$$

式中：$I_m=\dfrac{V_m}{R}$,三相电压波形之间的相位差为120°或2π/3。

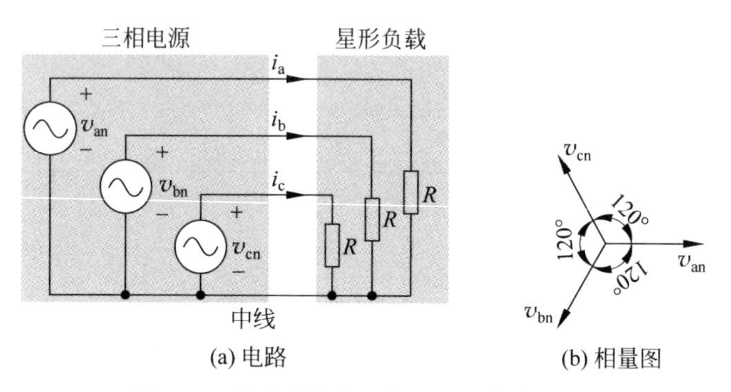

图 1.8 星形连接的三相电源和负载图示

理想情况下,电路中所有三相电压波形都应该是正弦波,并且具有相同的频率和相同的幅值。

每相的瞬时功率分别为

$$p_a=v_{an}i_a=P_m\sin^2(\omega t) \tag{1.5}$$

$$p_b=v_{bn}i_b=P_m\sin^2\left(\omega t-\frac{2\pi}{3}\right) \tag{1.6}$$

$$p_c=v_{cn}i_c=P_m\sin^2\left(\omega t-\frac{4\pi}{3}\right) \tag{1.7}$$

式中：$P_m=V_mI_m$。相量图通常用于表示三相信号,如图1.8(b)所示。相电压、电流和功率在时域中绘制的波形如图1.9所示。A、B、C三相电压之间的相角差是$\dfrac{2\pi}{3}$。

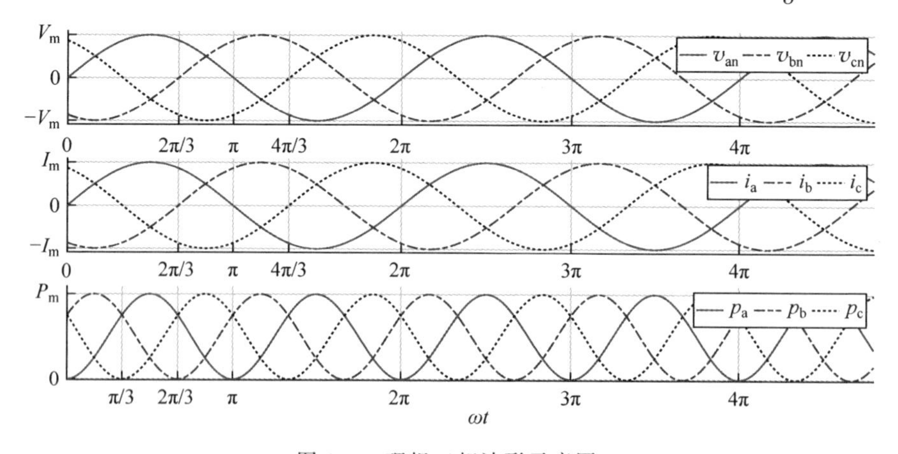

图 1.9 理想三相波形示意图

三相电力系统的一个重要特点：当三相电压平衡并且功率因数为1时，三相电压对应的功率 p_a、p_b、p_c 的瞬时功率值之和是一个恒定值，如图1.10所示。该特性对于直流和三相交流之间的电力变换而言很重要。三相交流电的功率总和表示为

$$\sum(p_a, p_b, p_c) = 1.5P_m \tag{1.8}$$

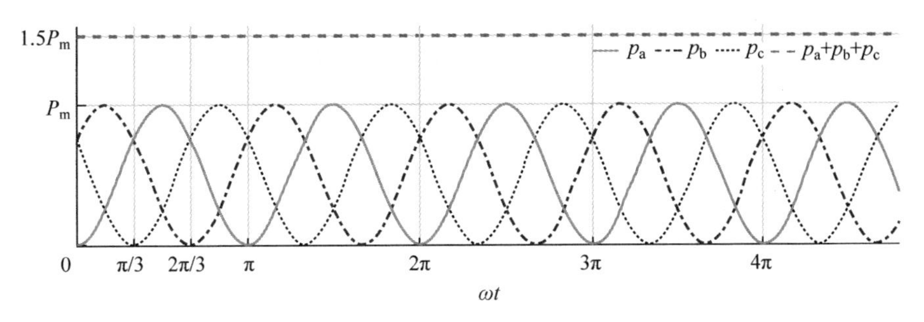

图1.10 用功率表示的理想三相波形图

三相电力系统的另一种结构是三角形连接，如图1.11(a)所示。相与相之间的线电压成为直接测量值，跨接的负载电阻器上的电压即为线电压，用 v_{ab}、v_{bc}、v_{ca} 表示。相量图可以显示线电压和相电压之间的连接，如图1.11(b)所示。在数学上，它们表示为

$$v_{ab} = v_{an} - v_{bn} = \sqrt{3}V_m\sin\left(\omega t + \frac{\pi}{6}\right) \tag{1.9}$$

$$v_{bc} = v_{bn} - v_{cn} = \sqrt{3}V_m\sin\left(\omega t - \frac{\pi}{2}\right) \tag{1.10}$$

$$v_{ca} = v_{cn} - v_{an} = \sqrt{3}V_m\sin\left(\omega t - \frac{7\pi}{6}\right) \tag{1.11}$$

式中：相电压 $v_{an} = V_m\sin(\omega t)$ 是B、C相电压与线电压波形的参考信号。线电压幅值是相电压幅值的 $\sqrt{3}$ 倍。可见 v_{ab} 的相位超前 v_{an} 30°或 π/6，v_{bc} 的相位超前 v_{bn} 30°，v_{ca} 的相位超前 v_{cn} 30°。三个线电压波形之间的相位差同样是2π/3。

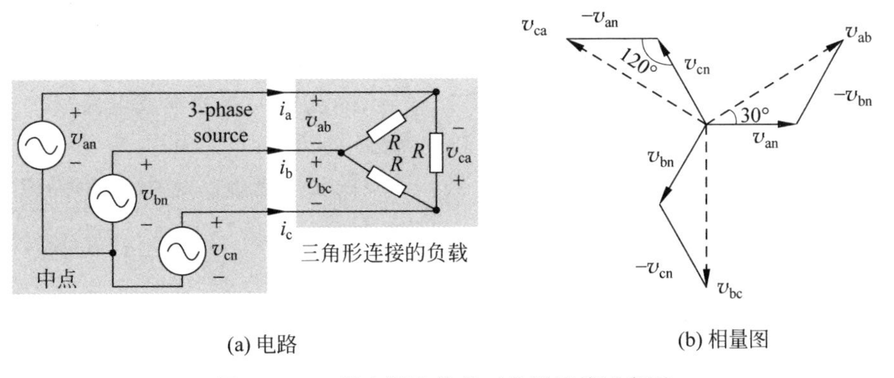

(a) 电路　　(b) 相量图

图1.11 三相电源和负载三角形连接示意图

1.7 电气隔离

电力变换在提供介电隔离时具有电气隔离的特性，可以解释为在变换系统中输出电源线与输入线没有直接连接。消费类电源中电气隔离的主要优势在于不可预测的故障条件下保证了人身安全。例如，离线式电源为个人电脑的主板提供低压直流电，在任何故障条件下，电气隔离将电源输出端与危险等级的电压等级分离开。一般来说，电气隔离是区分不同电压等级和防止触电的有效方法。此外，通过电气隔离可以实现各种类型电源和负载的功能接地，从而提高安全性和可靠性。

常见的电气隔离实现方式是基于电磁感应的隔离变压器，如图 1.12(a)所示。变压器可以通过磁场为绕组之间提供强大的功率耦合。磁通量可以由高磁导率材料(如铁)形成磁回路，最近的一种应用是无线功率传输(WPT)技术，它依靠磁感应在所有耦合线圈之间交换能量，由于实现了电气隔离，并且提高了变换器使用的便利性，WPT 技术被广泛用于为便携式电池设备或电动汽车充电。这一概念还用于在水下为潜艇充电，从而减轻绝缘负担。

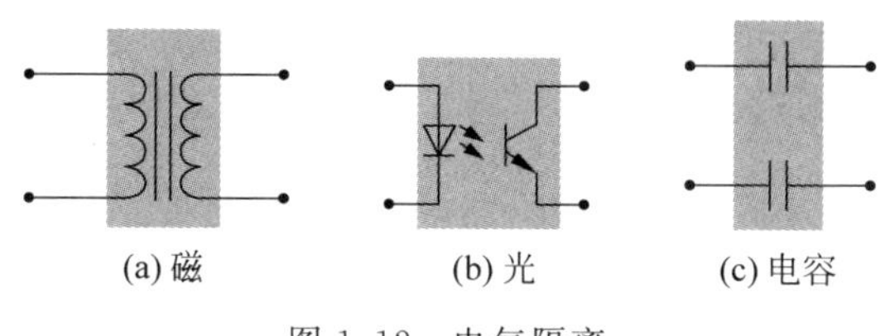

图 1.12 电气隔离

信号检测和控制单元通常采用安全水平的电压实现，即使对于高压工业应用场合也是如此。在需要提供安全以及降低噪声耦合的场合，电气隔离成为高压输出与低压信号的桥梁。对于低功率信号传输，通常使用磁效应和光效应来分离物理电路并提供电气隔离。光隔离器也称为光电耦合器，广泛用于通过光路传输逻辑信号，如图 1.12(b)所示。另外，基于磁效应，霍尔效应传感器支持电气隔离，广泛用于测量交流电和直流电。电流互感器提供了另一种方式来提供电气隔离和检测交流电信号的方法。

除了传统的隔离方法外，还可以在电源路径中连接电容器以提供电气隔离，如图 1.12(c)所示。电容器可以交换信号并提供电气隔离。最近，隔离放大器的集成电路(IC)方案中开发出一种检测电压高于 1kV 测量方法。据制造商德州仪器(TI)公司称，它基于电容隔离技术，该技术极大地简化了电压检测设计并提供了必要的安全措施。此外，电容隔离还可用于变换功率和传输功率。

1.8 磁学基础

磁性元件在电力电子中占据重要位置。然而，物理教科书一般已经涵盖了磁学的相关知识。因此，本节将介绍磁学的基本原理，重点介绍磁学的分类和电感器设计。在电力电子装置中，磁性器件主要支持以下一种或多种功能：

(1) 以电磁的形式储存或缓冲能量。

(2) 用于滤波为目的的平滑电源。

（3）无须电气隔离的场合中，用于电压变换或功率耦合。

（4）用于电气隔离和电压变换或功率耦合。

1.8.1　磁路基本定律

根据图 1.13(a)中采用的磁芯、磁路与绕组所示的磁路，安培环路定律可以表示为

$$H(t)l_e = ni(t) \tag{1.12}$$

式中，$H(t)$为磁场强度，单位为安/米（A/m）；l_e 为封闭磁路的长度，单位为米（m）。n 为绕组匝数。

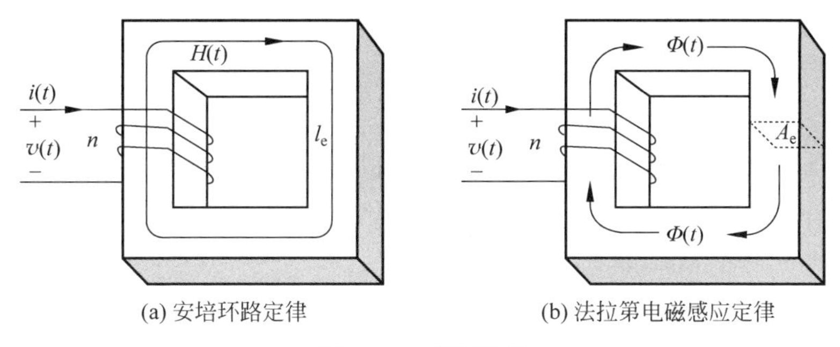

图 1.13　磁路说明

安培环路定律表明，当 l_e 和 n 的参数为常数时，电流 $i(t)$与磁场强度 $H(t)$成正比。

法拉第电磁感应定律将绕组感应的电压 $v(t)$与瞬时磁通量 $\Phi(t)$联系起来，如下式所示：

$$v(t) = n\frac{\mathrm{d}\Phi(t)}{\mathrm{d}t} \tag{1.13}$$

图 1.13(b)说明了磁通量穿过绕组内部的结构。当磁通均匀分布在磁芯区域时，磁通密度为

$$B(t) = \frac{\Phi(t)}{A_e} \tag{1.14}$$

式中：A_e 为磁路截面积，单位为 m^2；$B(t)$为磁通密度，单位为米^2/特(m^2/T) 或米^2/韦(m^2/Wb)。

因此，法拉第电磁感应定律表示为

$$v(t) = nA_e\frac{\mathrm{d}B(t)}{\mathrm{d}t} \tag{1.15}$$

1.8.2　磁导率和电感

法拉第电磁感应定律建立了绕组中感应电压 $v(t)$与通过绕组内部总磁通量 $\Phi(t)$或磁通密度 $B(t)$之间的联系。安培环路定律将流过绕组的电流 $i(t)$与磁场强度 $H(t)$相关联，用 $H(t) \propto ni(t)$表示。如图 1.14 所示，由于 $H(t)$和 $B(t)$之间缺少直接关联，因此它们与电压和电流相关的电气特性是未知的。这引出了磁性材料磁导率的定义。

磁场的特性显示了磁通密度 $B(t)$和磁化场强度 $H(t)$之间的关系。磁导率定义为 $B(t)$与 $H(t)$之间的关系，其单位为亨/米（H/m）。电感器可以由线圈构成，如图 1.15 所示，图中电感使用空气作为磁场介质，称为空心电感。在没有任何专用磁芯的情况下，真空的磁导

率已被确定为常数值，即 $\mu_0 = 4\pi \times 10^{-7}$ H/m。对于空心电感，$B(t)$和 $H(t)$之间的关系得以建立，并表示为 $B(t) = \mu_0 H(t)$。

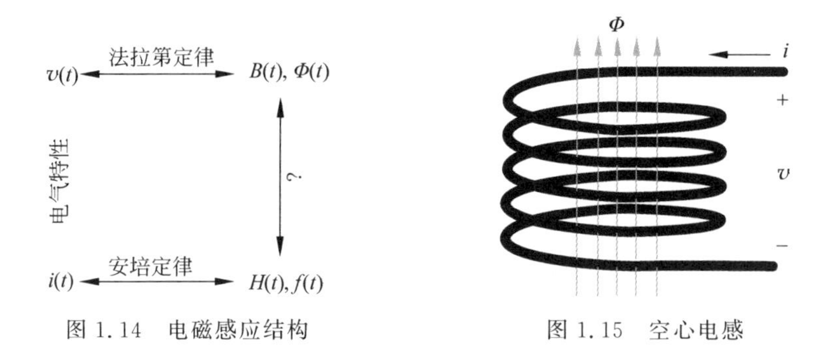

图 1.14　电磁感应结构　　　　图 1.15　空心电感

通过安培环路定律和法拉第电磁感应定律，以及磁导率的大小，完成了完整的磁路分析。考虑磁导率 μ_0 的情况下，空心电感的电气特性可以通过式(1.12)和式(1.15)推得，该表达式可进一步推得电感 L 的表达式：

$$v(t) = \underbrace{n^2 \frac{A_e \mu_0}{l_e}}_{L} \frac{\mathrm{d}i(t)}{\mathrm{d}t} \tag{1.16}$$

电感值由绕组匝数、磁芯截面积、磁芯长度和磁导率等参数决定。

由于 μ_0 值较低，因此空心电感需要较多匝数才能实现较高的电感值。由于缺乏封闭的磁路，空气线圈也会产生明显的辐射。某些材料具有强耦合和高磁导率的特性，这些材料可用于集中磁路和磁芯构建。常见的磁芯材料包括固体金属、铁粉芯和铁氧体陶瓷。磁芯的精心设计可以限制磁场在合理的范围内运行，并最大限度地提升磁芯的利用率。图 1.16(a)给出了环形磁芯的例子，也称为“O”形磁芯或“甜甜圈”磁芯，磁路为一个圆形。如图 1.16(b)所示，当绕组被磁力线包裹时，就构成了一个电感器。磁芯的高磁导率可以提高单位体积的电感值的大小。

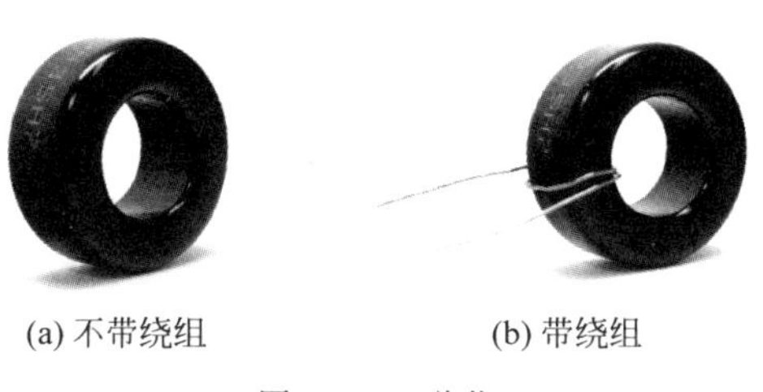

(a) 不带绕组　　　　(b) 带绕组

图 1.16　磁芯

与空心电感不同的是，不同材料的磁导率是不相等的。所有不同类型材料的磁特性和磁芯特性可以通过绘制 B-H 曲线表示。典型的四象限图形如图 1.17(a)所示，它显示了非线性、时变性、饱和性和滞后的特征。因此，为了设计和分析磁芯的方便，需要近似描述磁导率。

如图 1.17(b)所示，可以应用分段线性化来简化 $B(t)$和 $H(t)$之间的联系。可以随操作范围推导出一组磁导率值。磁导率值 μ 采用相对磁导率以表示特定范围内 $B(t)$和 $H(t)$的线性关系，如图 1.17(b)所示。遵循图 1.13 中的电感器结构，标称电感可以通过下式计算：

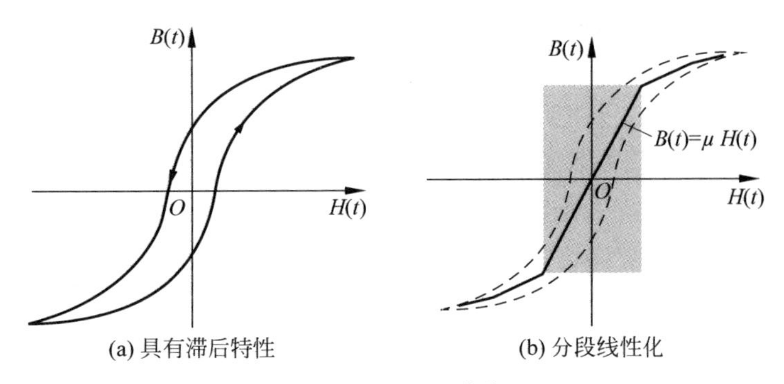

图 1.17　B-H 曲线

$$L = n^2 \frac{A_e \mu}{l_e} \tag{1.17}$$

式中：μ 是根据 B-H 曲线在特定条件下应用磁芯的标称磁导率。

最高磁导率在 B-H 曲线上的初始点附近，如图 1.17(b)所示，此处推导出标称磁导率。当磁芯饱和时，磁芯中的磁通密度不再显著增加，随后磁导率显著下降。对于磁芯，B 和 H 的边界总是明确定义的，当磁芯运行范围超过合理运行范围时，低磁导率导致电感值降低，会引起浪涌电流，甚至损坏电力变换器。

磁导率的绝对值较低，因此，空气的磁导率 μ_0 通常用作测量磁性材料的参考值，许多磁芯采用相对磁导率 μ_r 表示，即

$$\mu_r = \frac{\mu}{\mu_0} \tag{1.18}$$

1.8.3　磁芯和电感设计

磁芯的研究重点是磁导率的提升、线性化的 B-H 曲线、高饱和磁通密度和较低的铁损。图 1.16 显示了环形磁粉芯的一个示例，其型号为 0077935A7。表 1.1 给出了环形磁芯关键参数，该表中“Kool Mμ”一词是制造商的商标，表示专门设计和注册的磁芯材料，它由具有分布的气隙合金粉末制成，μ_r 为相对磁导率，l_e 和 A_e 来自产品数据表。

表 1.1　环形磁芯参数

型号	材料	μ_r	l_e/m	A_e/m^2	A_L/nH
0077935A7	Kool Mμ	75	53.5×10^{-3}	65.4×10^{-6}	94(1±8%)
0L41605TC	Ferrite	900	37.2×10^{-3}	15.6×10^{-6}	475(1±25%)

注：来源于 www.mag-inc.com，December 8，2018。

如图 1.16(b)所示，当在环形磁粉芯绕制单匝绕组时，电感可以通过式(1.17)估计，其值为 94nH，该值与产品数据表给出的参数一致，表中 $A_L = 94(1\pm8\%)$nH，代表单匝绕组形成的电感值。当指定电感 L 时，电感的设计过程就变得简单，绕组匝数可以由下式确定：

$$n = \sqrt{\frac{L}{A_L}} \tag{1.19}$$

铁氧体磁芯在处理高频电源时表现出的优势有高磁导率和低磁芯损耗。表 1.1 给出了

型号是 0L41605TC 的铁氧体铁芯参数，与磁粉芯 0077935A7 相比，铁氧体磁芯 0L41605TC 的尺寸更小，但磁导率明显更高，其 $\mu_r=900$。然而，铁氧体材料通常表现出陡峭的饱和曲线，应注意操作范围的限制，以避免磁芯饱和。若变换器中的磁芯饱和，则存在过电流风险。铁氧体电感一般需要增加气隙来消除饱和。与环形磁芯结构不同，大多数铁氧体磁芯的形状构造具有离散气隙。图 1.18 给出了 ETD 和 PQ 类型的铁氧体磁芯。圆形磁芯非常便于线圈绕制。铁氧体通常需要一副磁芯来形成闭合磁场路径，并可采用垫气隙的方式消除饱和。气隙降低了 B-H 回路的磁导率和斜率，但在增强磁场强度的情况下扩展了不饱和区域。在大多数情况下，磁芯的形状设计趋向于最大限度地减少磁通量通道之外的漏磁。

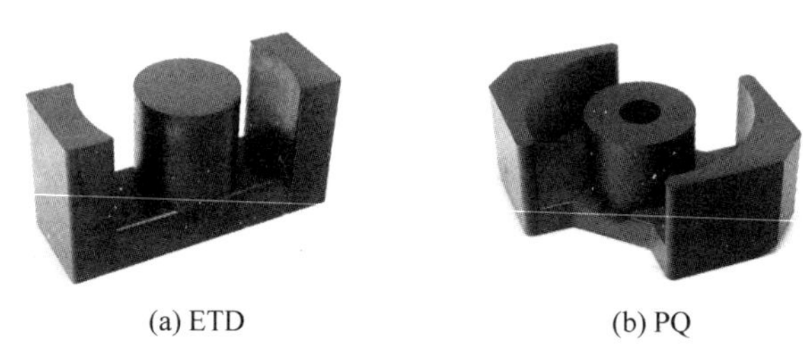

(a) ETD　　(b) PQ

图 1.18　两种铁氧体磁芯

传统的电感器是一个需要预先制造的独立的元件，再使用到电路中。现代电力电子倾向于直接在多层 PCB 上印制线圈以取代传统的线圈配置，该配置适用于开关频率非常高的低电压、低功率电源。当 PCB 准备好后，可以在自动装配线上添加专用磁芯，以完成电感器或变压器的构建以及其他制造。该解决方案提供了许多优势，包括高度自动化、高制造效率和高功率密度。

当绕组匝数确定后，绕组长度可由所采用磁芯的规格确定。导通损耗可作为选择导线尺寸的依据。根据经验，电缆越粗，其损耗越低，但缺点是线圈体积增加，因此设计应将磁芯尺寸和系统成本折中考虑。有时需要一个迭代过程来选择正确的磁芯并设计合适的电感器以符合设计规范。利兹线为多股结构，广泛用于构建变压器或电感器的线圈，并可以减少高频电源应用(例如大于 200kHz)的集肤效应和邻近效应损耗。

1.8.4　功率变压器

利用电感耦合的基本原理可以实现电力变压器的构造，电力变压器可以实现电气隔离与电能变换。国际电工委员会将电力变压器定义为“具有两个或多个绕组的静态装置，一般它通过电磁感应将交流电压和电流转换为具有不同电压和电流值，但频率相同的另一种形式的交流电，以便实现传输电力的目的”。通常，电机和电力系统的教科书涵盖了变压器内容的讲解，因此本节仅回顾电力变压器的基础知识。

功率变压器处理的是交流电压和电流，与直流相反，交流周期性地发生极性改变。早些年，功率变压器体积庞大且固定安装，并用于从发电到输电再到配电应用的不同电压和功率水平的交流电网中。变压器主要针对低频正弦交流电源变换进行了优化。

一个简单的功率变压器由共用一个磁芯的两个线圈绕组构成，如图 1.19(a)所示。由于两个绕组共享相同的磁通量，因此可以应用法拉第电磁感应定律将其表示为

$$v_1=n_1\frac{\mathrm{d}\Phi}{\mathrm{d}t},\quad v_2=n_2\frac{\mathrm{d}\Phi}{\mathrm{d}t} \tag{1.20}$$

从而推导出电压转换方程，即

$$\frac{v_1}{n_1}=\frac{v_2}{n_2} \tag{1.21}$$

相同的原理可以应用于具有多个绕组的变压器，其中端电压与绕组的匝数成正比。

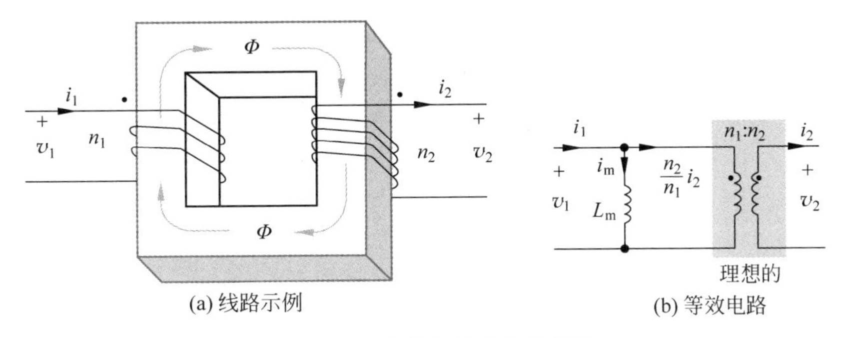

图 1.19 两个绕组的功率变压器

1.9 无损功率变换

无损耗开关概念所遵循的原则很简单：“需要电力时，打开开关；否则关掉。”开/关循环控制的应用可以追溯到老式电炉灶或温度可调的烤箱。烹饪过程中经常会听到“咔嗒”声，对电源到负载的功率调节和温度的控制成为开关技术的早期阶段。该操作在理论上是无损耗的，随后逐渐扩展到现代电力电子设备中的开关概念。这一操作概念可以通过图 1.20 所示的等效电路进行说明。

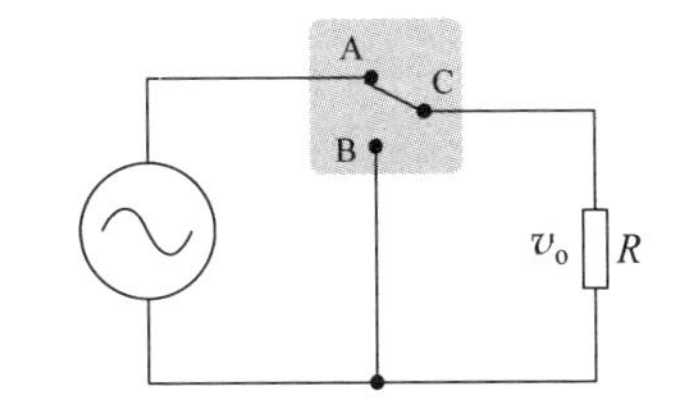

图 1.20 时控烤箱的等效电路

电阻器代表将电能转换为热能的燃烧元件，“咔嗒”声是由单刀双掷(SPDT)继电器的开关操作产生的，该继电器控制“AC”和“BC”之间的切换。“AC”接口将电源连接到负载电阻，产生热量并提高烹饪温度，“BC”接口切断了与电源的连接并降低烹饪温度。当负载侧出现电感时，“BC”接口是必不可少的。能耗与热量水平有关，可以通过控制“AC”连接的“导通”时间进行调节。“开”和“关”之间的比率是控制参数，用于确定在一定时期内传递的能量。这个概念很简单，可以提供适当烹饪所需的温度。固有的缺点是：v_o 信号由于开/关切换操作而被斩波且不连续；负载的电能质量相当低，对电源也有影响。

无论开关频率如何，“AC”连接累积的时间决定了负载在特定时间段内所消耗的能量。然而，如需烹饪温度波动较低，需要非常频繁的开/关切换。

无损耗功率变换的概念导致了功率变换器开关操作的现代化。机械式继电器已被由功率半导体组成的固态继电器取代，其可以实现相同的通断切换功能。与机械式继电器相比，这种开关通常更小、更安静、更快、循环寿命更长并且更易于驱动。开/关切换可与低通滤波相结合，实现高电能质量的直流或交流供电。功率半导体的进步为固态开关在功率电子器件中的广泛应用提供了技术支持，现代半导体器件还能够进行高频工作，如 1MHz 切换。

参考文献

[1] International Electrotechnical Commission. International Standard, IEC 60038: IEC standard voltages [S]. IEC, 2012.

[2] Nagel L W. The 40th Anniversary of SPICE: An IEEE Milestone [J]. IEEE Solid-State Circuits Magazine, 2011, 3(2).

[3] Xiao W. Photovoltaic power systems: modeling, design, and control [M]. Wiley, 2017.

习题

1.1 在日常生活与工业应用中寻找更多电力电子应用。

1.2 根据表 1.1 中的产品数据，确定绕组匝数变为 3 时的电感值。

1.3 查找磁芯数据表，解释所有重要参数，使用该磁芯设计一个 120μH 电感器。

1.4 搜索哪个行业正在使用额定频率为 400Hz AC 的电源作为基频。解释其约束条件和优势。

1.5 讨论电气隔离对某些应用的重要性。

1.6 网上搜索电磁炉的原理，解释电磁炉和微波炉的工作原理区别。

第2章

电 路 元 件

一般的电路元件通常包含功率半导体器件、无源元件和机电器件。其中,无源元件包括电阻、电感、变压器和电容等,机电器件则包括继电器、连接器、开关和与热相关的元件等。本章重点介绍功率半导体器件和无源元件的特点及特性。

2.1 双极结型晶体管调节的线性电源

双极结型晶体管(BJT)诞生于20世纪50年代,广泛地应用于信息技术领域和电力行业。双极结型晶体管按工艺技术主要分为PNP型和NPN型两类。在电力电子领域中,NPN型晶体管比PNP型晶体管应用得更多一些。NPN型晶体管的符号和 I-V 特性曲线如图2.1所示。其中,B、E、C表示晶体管的基极、发射极和集电极。

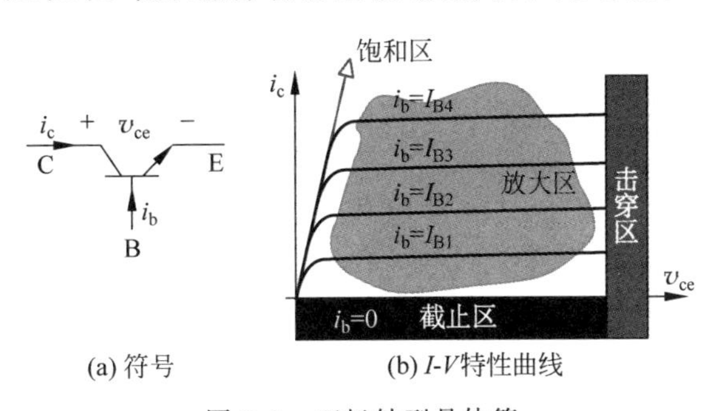

(a) 符号 (b) I-V特性曲线

图2.1 双极结型晶体管

图2.1(b)是晶体管的 I-V 特性曲线。不同电流 i_b 下,电流 i_c 和端电压 v_{ce} 的关系曲线被绘制,其中 $0<I_{B1}<I_{B2}<I_{B3}<I_{B4}$。由于 v_{ce}/i_c 的关系可控,所以晶体管可用于构建被广泛应用在超低电压领域中的线性稳压器(LVR)。

下面以由汽车电池供电的通用串行总线(USB)的设计方案为例来展开对线性稳压器的论述。图2.2给出了市售商用产品实物图。该充电器支持DC/DC变换,能够保持输出电压稳定在5V。表2.1给出了由汽车电池供电的USB充电器参数。

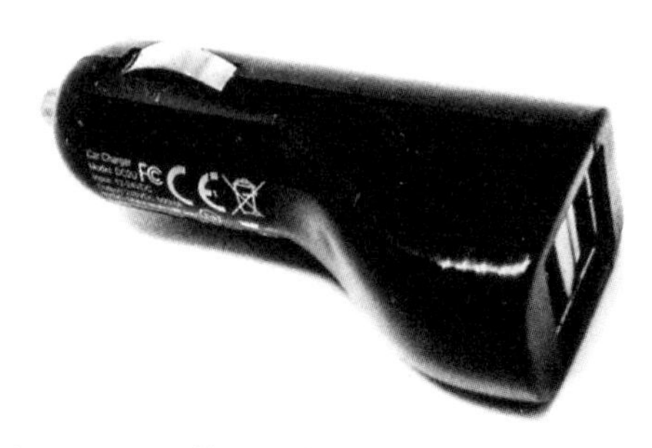

图 2.2　USB 供电设备车载充电器的商用产品

表 2.1　由汽车电池供电的 USB 充电器参数

参　　数	额定值	描　　述
额定输入电压 V_{in}(DC)/V	12	由电池供电
额定输出电压 V_o(DC)/V	5	在 USB 端子上为负载连接供电
额定功率/W	2	负载的最大功率等级

图 2.3 展示了线性稳压器的设计原理。其中，稳压器通过建模等效成一个阻值变化的电阻器 R_{EQ}。根据欧姆定律和基尔霍夫电压定律可得

$$V_o = V_{in}\frac{R_L}{R_{EQ}+R_L} \tag{2.1}$$

通过手动或自动调节虚拟电阻 R_{EQ} 来响应 V_{in} 和 R_L 的变化，使得 USB 电源的端电压保持在 5V。

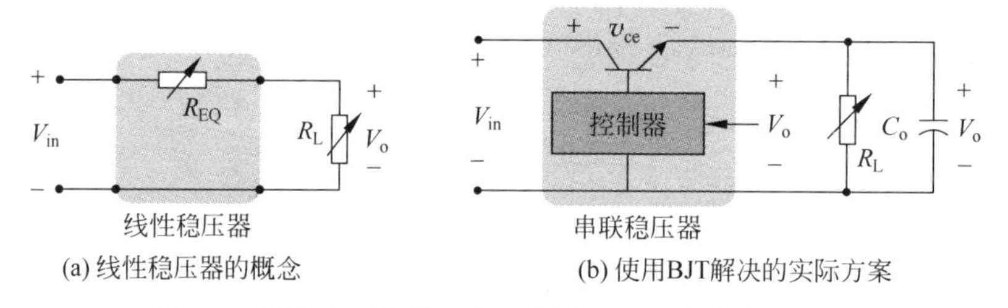

(a) 线性稳压器的概念　　(b) 使用BJT解决的实际方案

图 2.3　线性稳压器的概念和使用 BJT 解决的实际方案

2.1.1　串联电压调节器

NPN 型晶体管的特性符合线性稳压器所需的可调虚拟电阻要求，则虚拟电阻可由一个 BJT 和一个控制器组成，如图 2.3(b)所示。由基尔霍夫电压定律可知，$V_o = V_{in} - v_{ce}$，则可控制端电压 v_{ce} 来调节输出电压 V_o，使其稳定在 5V。控制器检测电压 V_o，确定 i_b 的电流大小，并使得 NPN 型晶体管工作在放大区。对调节控制信号 i_b 所对应的 v_{ce}/i_c 的特性曲线的调节相当于自动调节 R_{EQ}，虽然 V_{in} 或 R_L 在变化，但这种对 v_{ce} 的自动控制提供了电压调节功能从而获得所需的输出电压 V_o。

这种设计理念促成了用于 LVR 的 78xx 系列集成电路的流行，其使用方便。例如，芯片 78M05 可直接用于图 2.4 所示的案例研究。图 2.3(b)所示的晶体管、控制器和传感单

元可被集成到IC中使得输出电压调节为5V。此外,芯片78M05的额定电流为0.5A,符合电源规格。

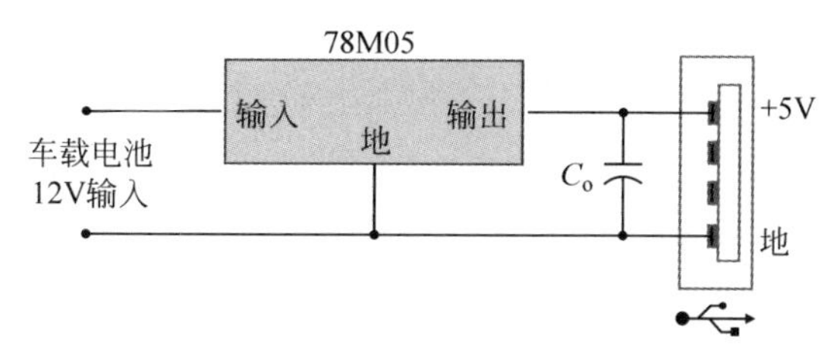

图2.4　实际设计所采用的78M05系列线性稳压器

当输入电压V_{in}=12V时,LVR的端电压为7V,对应的输出电压V_o为5V,电源变换效率仅为41.67%。由于存在较大的压降v_{ce}和电流i_c,BJT内部会产生较大的功耗。功率$v_{ce}i_c$会引起大量的热量损耗,从而导致器件温度升高。因此,在LVR的应用中,通常能够看到一个大型散热器,它被用来处理额定电流,并防止与过热相关的损坏问题。不过,LVR的以下优势,使其适用于ELV和超低功耗应用:

(1) 动态响应快速。

(2) 输入输出端口的滤波要求低。

(3) 电路简单,电磁干扰低。

2.1.2　并联电压调节器

并联稳压器是BJT实现稳压的另一种方式,器件TL431常用来构建稳压器。器件的符号和等效电路如图2.5所示,该三端器件包括了参考端R、阴极K和阳极A。当参考电压信号V_{RA}<2.5V时,比较器输出为零,这使得NPN型晶体管开路,并阻断了从阴极K到阳极A的电流。当V_{RA}>2.5V时,比较器将高电平逻辑信号施加在晶体管的基极,使得电流从阴极K流向阳极A,从而降低了阴极K和阳极A间的端电压。

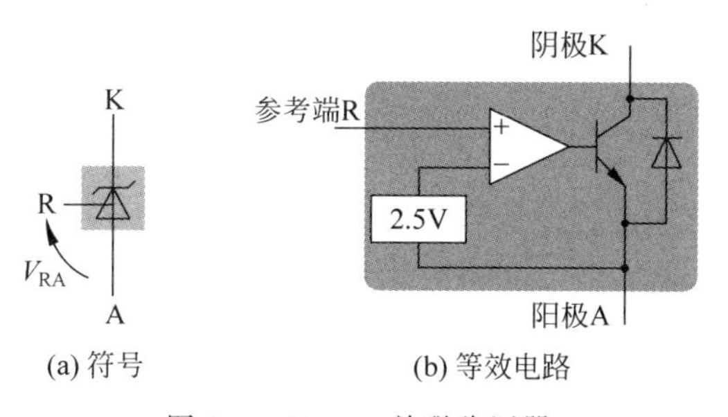

图2.5　TL431并联稳压器

图2.6展示了TL431作为电压调节器的两种常见应用方式。电阻R_0的作用在于产生压降,限制输出电压V_o至所需水平。图2.6(a)展示了用并联稳压器来产生2.5V的参考电压。当输入电压V_{in}>2.5V时,输出电压被钳位在参考电压2.5V,如图2.5(a)所示。NPN管可以接地分流,称为分流稳压器。

图2.6(b)给出了一种改进型电路,该电路可以在阳极和阴极之间选择不同的电压等

级。根据式(2.2)输出电压 V_o 可通过电阻 R_1 和 R_2 间的比值进行调节，电阻 R_0 串联接入并在输入和输出之间形成分压网络。因此，R_0 的额定值应根据 V_{in} 和 V_o 的电流限制值和电压差值进行适当调整。通过公式 $I_o^2R_0$ 可计算得到 R_0 上的功耗。该器件由于具有与 LVR 一样的优点，因此被广泛应用在电力电子领域。然而，由于变换效率低，有关该器件的应用多数被限制在功率非常低的场合，如 $I_o<100\text{mA}$。

$$V_o = 2.5\frac{R_1+R_2}{R_2} \tag{2.2}$$

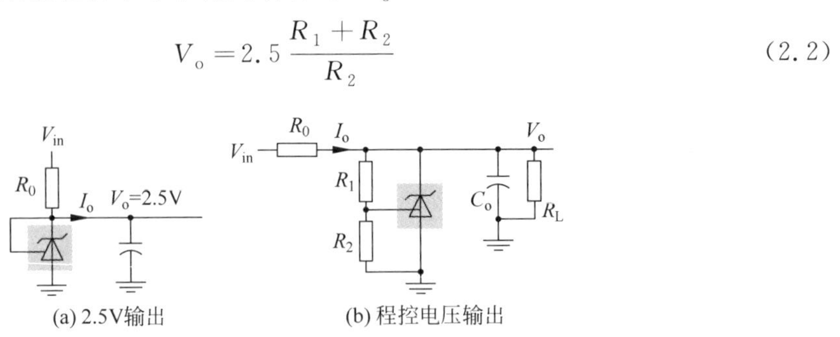

(a) 2.5V输出　(b) 程控电压输出

图 2.6　TL431 并联稳压器的应用

2.2　二极管和无源开关

在电力电子技术中，“开关”主要是指用于建立和断开电气连接的固态设备。由 PN 结形成的二极管是功率半导体器件的先导。二极管因能够连接和断开电路而被称为“无源”开关，“无源”是指在没有任何主动控制输入的情况下进行待机操作。图 2.7(a)给出了简单的二极管电路，并标记了端电压的极性和通态电流的方向。二极管仅传导正向通态电流，并在 $v_d<0$ 时自动阻止电流流动。该电流的理想 I-V 特性如图 2.7(b)所示。根据二极管 I-V 特性其被定义为单象限开关。若二极管满足以下条件，则被定义为理想二极管：

(1) 正向偏置时表现为纯导体(零压降和零 ESR)。

(2) 正向偏置时立刻导通(响应时间为零)。

(3) 反向偏置时立即停止导通(响应时间为零)。

(4) 反向偏置时阻止任何电压等级。

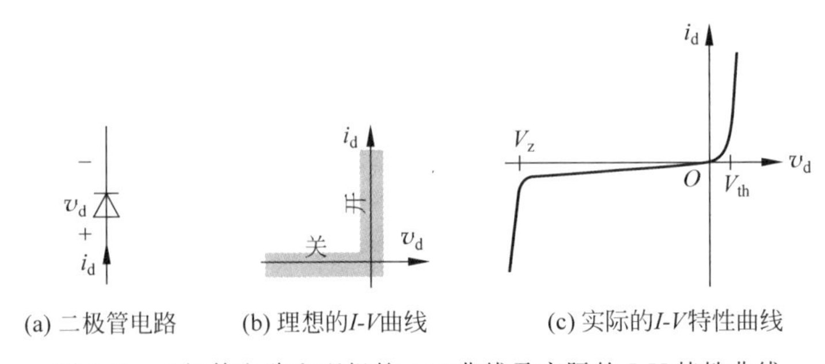

(a) 二极管电路　(b) 理想的I-V曲线　(c) 实际的I-V特性曲线

图 2.7　二极管电路和理想的 I-V 曲线及实际的 I-V 特性曲线

然而，实际场合中的二极管并不具备这些理想条件，如图 2.7(c)所示。二极管在正向偏置时，不会直接从零电平开始导通。当二极管以传导电流导通时，会存在阈值电压 V_{th}。当电流导通时，二极管也会受到正向压降的影响，从而产生功率损耗。正向压降并非恒定的，而是随着传导电流和结温的变化而略有改变。二极管在反向偏置时阻断电压的能力也有限。当反向偏置电压高于限制时，它会被击穿，图 2.7(c)中击穿电压为 V_z。

在特定的测试条件下，功率二极管的额定电压和额定电流是指反向偏置时的阻断电压极限值和正向偏置时的电流最大值。另外，还需考虑二极管导通状态下的电压降。因此，在设计阶段应关注二极管的额定工作温度，以避免任何潜在的过热损坏情况。基于肖克利理论(Shockley theory)，PN 结二极管的 I-V 特性可以用指数形式表示：

$$i_d = i_s\left[e^{\left(\frac{qv_d}{kT_C A_{pn}}\right)} - 1\right] \tag{2.3}$$

表 2.2 总结了二极管模型参数。

表 2.2 二极管模型参数

符号	定义	数值	单位
A_{pn}	二极管理想因子	变量	n/a
i_s	二极管反偏饱和电流	变量	A
T_C	二极管温度	变量	K
k	玻耳兹曼常数	1.38×10^{-23}	J/K
q	电荷量	1.60×10^{-19}	C

玻耳兹曼常量和电荷量分别用常数 k 和 q 表示。理想因子用 A_{pn} 表示，定义 I-V 曲线拐点锐度的参数；反向偏置饱和电流用 i_s 表示，A_{pn} 和 i_s 的值是表征不同二极管模型的变量，二极管温度用 T_C 表示，单位为开(K)。二极管的数学模型是指电压和电流方面的稳态特性，PN 结二极管还显示了有关其响应时间的动态特性。当二极管突然反向偏置时，PN 结耗尽区两端的电压不能突变。这种由内部寄生元件引起的时间延迟通常用“反向恢复时间”T_{rr} 表示。现代电力电子致力于快速开关模式，因此这种时间延迟成为高性能开关模式的障碍。有一类特殊的二极管，因其反向恢复时间小于 100ns 而被称为“快恢复”二极管。

肖特基二极管的结构与那些 PN 对应产物的结构有所不同，该结构具有低正向压降和零恢复时间两方面的优点。但其额定电压值低，一般小于 100V。碳化硅(SiC)肖特基二极管不仅表现出零恢复时间的优点，且比传统肖特基二极管具有更高的额定耐压值。

通过评估现有产品的规格，可以直接研究二极管的参数和性能。表 2.3 总结了额定电压与额定电流相同、封装和结温都一样的条件下两种二极管所对应的规格参数。其中，一个是 SiC 肖特基二极管，另一个是基于具有快速恢复率的传统 PN 结二极管，V_F 为在 15A 特定测试条件下的标称稳态电压降。型号为 STPSC15H12D 的二极管的反向恢复时间 $T_{rr}=0$，正向压降 $V_F=1.5$V，表明其开关速度快和开关损耗低，SiC 肖特基二极管在现有的制造技术下，价格偏高。

表 2.3 TO-220 封装的额定电压 1200V 的二极管

型号	类型	V_F(导通电流 15A)/V	T_{rr}/ns	$T_{最高}$/℃	价格/美元
STPSC15H12D	SiC 肖特基二极管	1.5	0	175	7.09
STTH15S12D	标准二极管	3.1	40	175	1.37

表 2.4 提供了额定电压为 650V 运行条件下两种二极管参数对比。可以看到 SiC 肖特基二极管在导通电流 15A 的情况下具有零反向恢复时间 T_{rr} 和低稳态压降 V_F 的优势，型号为 SCS315AMC 的二极管在高结温度耐受性方面也具有一定的优越性。不过，SiC 肖特基二极管成本较高。

表 2.4 TO-220 封装的额定电压 650V 的二极管

型号	类型	V_F(导通电流 15A)/V	T_{rr}/ns	$T_{最高}$/℃	价格/美元
SCS315AMC	SiC 肖特基二极管	1.5	0	175	6.10
RFV15TG6SGC9	标准二极管	2.8	50	150	1.51

在 ELV 应用中，肖特基二极管因具有低压降、零反向恢复时间和低成本的优势而占据主导地位。例如，型号为 VS-20TQ040PBF 的肖特基二极管，其额定电压为 40V，额定电流为 20A。稳态压降 $V_F=0.57$V，反向恢复时间 $T_{rr}=0$。

2.3 有源开关

1.9 节介绍了无损耗功率变换，即使用继电器来调节能量流动以进行控制，然而，继电器的使用寿命短，开关速度慢。功率半导体已经发展到与继电器相似，可作为双向电子开关使用，但开关速度更快。用于功率开关的功率半导体分为两大类，即晶体管和晶闸管。开关的导通状态是指通过半导体器件连接的状态，而断开状态代表电路被半导体器件断开的状态。导通切换是指从关断状态到导通状态的短暂过渡过程。关断切换则表示从导通状态到关断状态的过渡态。一个理想的功率开关应该具有以下特性：

(1) 在导通状态下，开关充当端电压为零的纯导体。

(2) 在关断状态下，开关与施加的电压应力完全隔离，且无电流通过。

(3) 开通或关断的过渡过程表现为零时间延迟。

上述特性也是促进功率半导体技术不断进步的因素。

2.3.1 双极结型晶体管

BJT 技术在 LVR 中的应用已在 2.1 节中讨论过，基极电流是改变图 2.1 所示的 I-V 特性的根本原因。只要驱动电路能够提供足够大的电流 i_b，就可实现 BJT 的有源开关功能。当施加的基极电流足够大时，由 v_{ce}/i_c 表示的虚拟电阻会饱和而达到最低值，如图 2.1(b)所示。较大的电流 i_b 引起的饱和(现象)导致开关处于导通状态；当 $i_b=0$ 时，开关的关断状态会切断集电极 C 到发射极 E 间的通路，从而关闭电流流动路径。通过控制电流值 i_b，使其足够大或足够小到为零来实现开/关切换。总体而言，由于 BJT 的集电极 C 到发射极 E 的电流路径是单向的，因此 BJT 是单象限开关。

驱动电流 i_b 应当能够维持最低 v_{ce}/i_c 下 BJT 的导通状态。BJT 开关的缺点是需要一个能提供电流为 i_b 并支持快速开/关切换的专用驱动器。除了来自 v_{ce} 的损耗外，在导通状态期间提供驱动电流的电路将会产生额外的损耗，开关速度也受到驱动电路的限制。达林顿结构以 20 世纪 50 年代的发明者命名，如图 2.8 所示，其由两个 NPN 构成复合管集成后，相当于一个包含 B、C、E 三个端子的晶体管。这种级联放大结构可以最大限度地减少功率开关对基极电流 i_b 的需求。然而，电流驱动电路在实际操作中成本仍昂贵，尤其是在大功率应用中还涉及功率损耗问题，因此 BJT 没有其他有源开关的应用广泛。

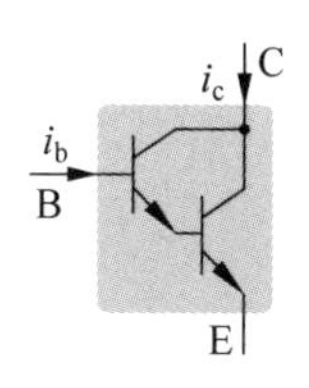

图 2.8　NPN 型 BJT 的达林顿结构

2.3.2　场效应晶体管

场效应晶体管(FET)是重要的一类用于信号放大和功率开关的半导体器件。其常见的类型是金属氧化物半导体场效应晶体管(MOSFET)，并在 ELV 中广泛使用。MOSFET 的优点是驱动简单、响应快速和在两象限开关。图 2.9(a)所示的 N 沟道型 MOSFET 有三个端子，即栅极 G、漏极 D 和源极 S。其耦合的反并联二极管常被称为体二极管。体二极管无法阻止带有反并联二极管的普通 MOSFET 中从 S 到 D 的电流，MOSFET 的符号也表明了金属栅电极 G 与 D 和 S 之间的导电通道是绝缘的。

MOSFET 的开/关切换由栅源电压信号 v_{gs} 控制。理论上，当 MOSFET 维持在导通状态时，栅极电流为零，因此对于 N 沟道型 MOSFET 的驱动电路而言，只需要简单的电路就可以实现高效驱动，从而实现快速切换。用 MOSFET 取代用作功率开关的 BJT，这一优势显而易见。阈值电压 V_{th} 是一个固定值，它是开启 D 和 S 之间导电通道的最小栅源电压。当 $v_{gs}>V_{th}$ 时，MOSFET 导通，电流流过 D 和 S 之间的导电通道；当 $v_{gs}<V_{th}$ 时，MOSFET 关闭。图 2.9(b)说明了 MOSFET 的 I-V 特性受 v_{gs} 电压大小的影响。可通过更改 v_{gs} 来调整导电通道的状态，其变化范围从关闭到全开。图 2.9 给出了大小不同的 v_{gs}，其中 $0<V_{th}<V_{GS1}<V_{GS2}<V_{GS3}<V_{GS4}$。

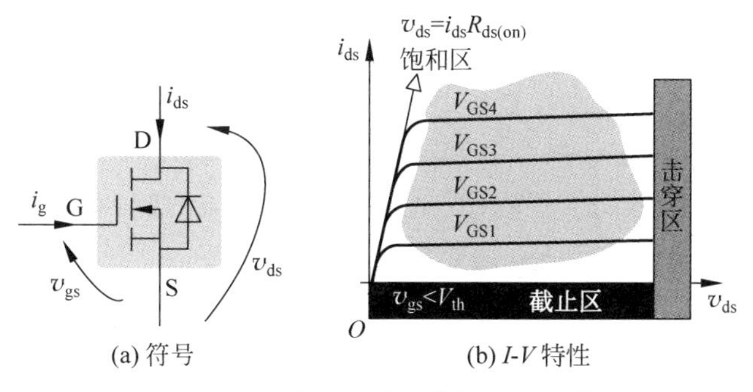

图 2.9　金属氧化物半导体场效应晶体管

D 和 S 之间的等效串联电阻被定义为 R_{ds}，以表示 MOSFET 在导通期间的非理想因素。R_{ds} 值与施加的电压大小 v_{gs} 相关。当 $v_{gs}\gg V_{th}$ 时，R_{ds} 为最低值。在 i_{ds} 变化时，查阅产品说明书上可见 $R_{ds(on)}$ 的大小变化范围很窄。图 2.10 给出了 N 沟道型 MOSFET 完全导通且导通损耗最低情况下的等效电路。

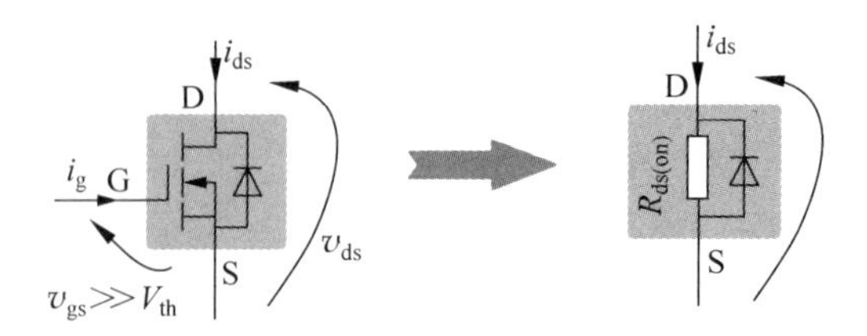

图 2.10 MOSFET 导通时的等效电路

根据欧姆定律，损耗是由通过等效电阻 $R_{ds(on)}$ 的电流引起的，因此 $R_{ds(on)}$ 值是表征 MOSFET 非理想性和性能的重要参数。MOSFET 另一个重要特性是不仅允许电流从 D 流向 S，而且在导通状态期间还允许电流从 S 流向 D。这种电流的双向特性也可以用等效电阻 $R_{ds(on)}$ 表示，如图 2.10 所示。当 $i_{ds}<0$ 时，电流从 S 流向 D，并始终在等效电阻 $R_{ds(on)}$ 和反并联二极管两者间选择损耗较低的路径。

表 2.5 总结了用于评估和选择 MOSFET 器件的几个重要参数。V_{DS} 和 V_{GS} 的电压额定值称为 FET 安全运行的上限值。MOSFET 的结温用 T_J 表示，其上限值是 MOSFET 的另一个指标。器件的故障主要是过热或过压造成的。

表 2.5 场效应晶体管的重要规格

符　　号	说　　明	符　　号	说　　明
V_{DS}	最大漏源额定电压	Q_G	标称总栅极电荷
V_{GS}	最大栅源额定电压	$R_{ds(on)}$	标称导通电阻
V_{th}	栅源额定阈值电压	I_{DS}	允许的漏源电流参考额定值
T_J	最大额定结温		

$R_{ds(on)}$ 和 Q_G 值是 MOSFET 的性能指标。栅极总电荷 Q_G 反映的是与 MOSFET 器件相关的寄生电容的大小。因此 Q_G 的值越小越好，Q_G 值越低，则 v_{gs} 可变化更快。MOSFET 的开启阶段相当于寄生电容的电荷达到所需电压大小 v_{gs} 的过程。反过来，关断操作是对这个电容进行放电，使 v_{gs} 低于阈值电压 V_{th}，并切断导电通道。Q_G 的大小反映了 MOSFET 的开关速度和开关损耗的大小。依据欧姆定律，$R_{ds(on)}$ 的电阻越低，导通期间的导通损耗就越小。制造商通常会提供电流 I_{DS} 的额定值。因为该电流值是制造商在非常特定的条件下评估得到的，所以这个电流额定值可作为快速选择 MOSFET 的依据。不过，实际上大多数的设计与测试条件不同，因此，无论额定电流的确切值如何，基于损耗和热分析的方式才是评估和选择 MOSFET 的正确方法。

用基于氮化镓(GaN)的 MOSFET(GaN-FET)来替代传统的 MOSFET 是近年来的发展趋势。GaN-FET 在低 $R_{ds(on)}$ 和低 Q_G 方面表现出显著的优势。GaN 产品已上市，在测试中根据相同的额定电压和电流值可与传统同类产品进行比较。表 2.6 提供了额定电压 $V_{DS}=100V$ 并在电流 16A 下测试的 FET 的对比。即使与高性能的 MOSFET 相比，GaN-FET 的低 $R_{ds(on)}$ 值和低 Q_G 值方面也有明显的优势。需要注意的是，器件封装各不相同，从而 MOSFET 的额定温度范围更广。另外，需要注意的是 V_{GS} 的最大额定值，其中 FDMS86150ET100 的极限值为±20V，这对 GaN-FET 来说明显较低。

表 2.6 额定电压 100V、测试电流 16A 条件下的 FET 样品参数

型 号	类 型	I_{OS}/A	Q_G/nC	T_J/℃	价格/美元
FDMS86150ET100	MOSFET	4.85	25	−55～175	3.89
EPC2045	GaN-FET	7	6.5	−40～150	1.94

另一个比较针对的是额定电压 $V_{DS}=40$V 的 MOSFET，这类 MOSFET 在便携式电子设备的电源变换器上被广泛使用。表 2.7 给出了源漏额定电压为 40V 并在测试电流 30A 下的产品对比。GaN-FET 在 $R_{ds(on)}\times Q_G$ 的整体性能方面优于 MOSFET，但是 GaN 产品的价格更高。

表 2.7 额定电压 40V、测试电流 30A 条件下的 FET 样品参数

型 号	类 型	I_{OS}/A	Q_G/nC	T_J/℃	价格/美元
CSD18512Q5B	MOSFET	1.6	75	−55～150	1.91
EPC2014C	GaN-FET	2.4	18	−40～150	6.05

2.3.3 绝缘栅双极型晶体管

由于具有高额定电压的 MOSFET 并不多，因此绝缘栅双极型晶体管(IGBT)应运而生，它具有与 BJT 一样的高耐压能力，以及与 MOSFET 相媲美的低压性能。IGBT 被认为是集成了 MOSFET 和 BJT 的一种复合器件。图 2.11(a)给出了 IGBT 结构，包括一个用于栅极驱动的 MOSFET 和一个用于导电的 BJT。IGBT 的名称和符号表示金属栅电极与 C 和 E 之间的导电通道是电绝缘的。

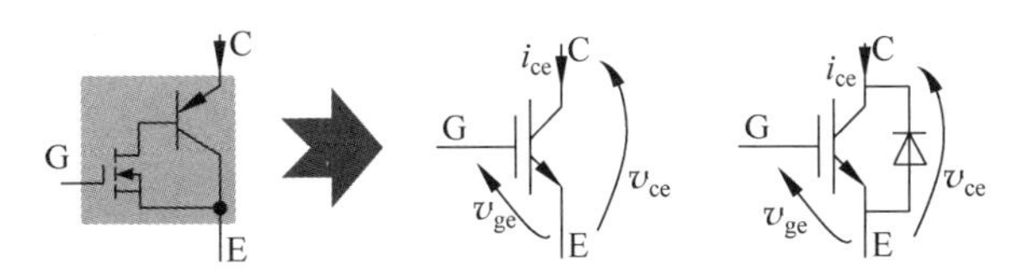

(a) IGBT的形成　　(b) 带有反并联二极管的IGBT

图 2.11 关于 IGBT 的说明

IGBT 的开/关切换取决于栅极信号 v_{ge}，这与 MOSFET 一致。当 $v_{ge}>V_{th}$ 时，电流流过从 C 到 E 的导电通道，$i_{ce}>0$；当 $v_{ge}\gg V_{th}$ 时，C、E 两端的电压 v_{ce} 下降到最低值。IGBT 与 BJT 一样是单向传导电流的，所以是单象限开关。IGBT 完全导通时，由于正向电压 v_{ce} 的范围较窄，因此进入导通状态的 IGBT 相当于一个恒压负载，体现出 BJT 的特性。当 $v_{ge}<V_{th}$ 时，IGBT 的导电通路被切断，即 IGBT 进入关断状态。IGBT 模块通常搭配一个反并联二极管，如图 2.11(b)所示。当 $i_{ce}<0$ 时，二极管自然导通。因此，用于导通和关断的有源开关信号用来得到正向电流通路，即 $i_{ce}>0$。反并联二极管可用于软开关技术，这将在后面展开讨论。

自第一个 IGBT 诞生并其可靠性被证明以来，由于该工艺技术具有较高的额定电压值，因此被认为适合广泛应用在电力系统和电机驱动器中。IGBT 近年来的竞争来自宽禁带器件，包括 GaN 和 SiC 的 MOSFET 应用。相比于 IGBT，宽禁带开关管所支持的功率开关速度更快，IGBT 的导通损耗可以按照与 BJT 相同的方式进行分析，其由导通期间的 $v_{ce}\times i_{ce}$

所决定。IGBT 的标称压降值在说明书数据表上用 $V_{CE(on)}$ 来指定，这个值越低，IGBT 在导通期间导通损耗越低。另一个重要参数是总栅极电荷 Q_G，它代表了 IGBT 快速开关的能力，其大小的定义与表 2.5 的 MOSFET 一致。通常用这两个参数来评估 IGBT 的性能并与其他器件进行比较。表 2.8 给出了 TO-247 封装、额定电压 650V 的 GaN-FET 和 IGBT 间的工艺对比。根据产品数据表，两个样品均在电流为 30A 的情况下进行测试来展示关于导通损耗分析的参数。GaN-FET 型号具有 Q_G 值较低的优势，表明其具有更快开关速度的潜力。然而，GaN-FET 和 IGBT 对正常导通状态期间的导通损耗的表现形式不同，分别是 $R_{ds(on)}$ 的 ESR 值和压降值 $V_{CE(on)}$。因此，两者间导通损耗的对比在不同情况下可能结果不同。GaN-FET 的价格比 IGBT 的要高，这是因为 IGBT 的工艺更加成熟且可批量生产。表 2.9 给出了 SiC-FET 和 IGBT 的工艺对比，为了导通损耗具有可比性，两个样品均在电流为 50A 的情况下进行了测试。SiC-FET 的 Q_G 值较低，这表明它具有更快开关速度。SiC-FET 和 IGBT 在导通损耗方面的原理不同。没有直接进行比较，由于采用的是最新技术，所以 SiC-FET 器件的价格更高一些。

表 2.8 TO-247 封装、额定电压 650V、测试电流 30A 的开关样品参数

型号	类型	$V_{CE(on)}$/V	$R_{ds(on)}$/mΩ	Q_G/nC	T_J/℃	价格/美元
AOK30B65M2	IGBT	2.1		63	−55～175	3.67
TP65H035WS	GaN-FET		41	36	−55～150	18.59

表 2.9 TO-247 封装、额定电压 1200V、测试电流 50A 的开关样品参数

型号	类型	$V_{CE(on)}$/V	$R_{ds(on)}$/mΩ	Q_G/nC	T_J/℃	价格/美元
IKW40T120FKSA1	IGBT	2.2		311	−55～175	9.33
C3M0021120K	SiC-FET		28.8	160	−40～175	39.03

2.3.4 晶闸管

在电力电子技术史上具有里程碑意义的一个事件是晶闸管及其衍生器件的问世。晶闸管的等效电路和电气符号如图 2.12 所示。

图 2.12 晶闸管的构成及符号

SCR 的符号与二极管的符号很像，但包括一个额外的端子，即门极，它可实现变换器的可控调节。与二极管类似，SCR 允许电流从“阳极”到“阴极”单向传导，同时在 $i_S<0$ 时阻止任何反向电流。当端电压为正(正向偏置)，如 $v_{AC}>0$，电流 i_S 会从“阳极”流向“阴极”。但是，如果 $i_G=0$，则电流不通过晶闸管。为了使器件导通，有一个称为“触发”的过程，需要在门极端子上施加脉冲电流 i_G。如图 2.12 所示，当 $i_G>0$ 时，触发两个 BJT 导通，进而开启 SCR 的导通状态；当 $i_S>0$ 时，上层的晶体管自动提供驱动电流 i_b，引发擎住效应。因此，只要 $i_S>0$，即使栅极电流 i_G 恢复到零，导通状态也将继续保持。当 SCR 切换到导通状态时，它在正向偏置导通电流的条件下不能主动关断。换句话说，SCR 的关断过程是被动的，在反向偏置的条件下才发生。一般来说，SCR 可以延迟开通，但关断不可控。在图 2.12 中，SCR 表明可被负门极电流（$i_G<0$）关闭。为实现关断，电流 i_G 应当足够大到抵消电流 i_b，对触发电路的改进要求是具有支持开通和关断的可控能力。该原理引出了另一种类型的晶闸管，即门极关断型（GTO）晶闸管。该器件是晶闸管系列的衍生产品，并且其可控性增强。当 $v_{AC}<0$ 时，导通状态下的 GTO 晶闸管会像二极管一样自动关闭。功率半导体技术的进步催生了适用于中压和高压应用的最新集成栅极换向晶闸管（IGCT）。IGCT 技术是 GTO 的改进型技术，开/关切换由门极电压控制而不是大电流。IGCT 的优势在于其减少了关断时间且支持的开关频率更高（可达 500Hz 以上）。为了进行对比，表 2.10 中提供了 IGCT 和 GTO 的参数规格。这两款器件的额定电压为 2800V，电流为 4000A。V_T、T_{off} 分别表示最大导通电压和关断时间。IGCT 技术的 V_T 值和 T_{off} 值较低，其优势是显而易见的。晶闸管系列可以串联堆叠，以提高在中压和高压电力应用中的额定电压。事实证明，该技术对于电力系统是可靠的。传统晶闸管通常应用在低频条件下，如 100Hz 以下开关。最新的 IGCT 技术可以将开关频率做得更高，进而支持更灵活的调节方式。IGCT 也可以串联堆叠，以提高在中压或高压应用中的额定电压。

表 2.10 额定电压 2800V、电流 4000A 的开关样品参数

型 号	类 型	V_T/V	T_{off}/μs
5SGF40L4502	GTO	3.8	25
5SHY55L4500	IGCT	2.35	8

在低压应用方面，SCR、GTO 和双向晶闸管（TRIAC）器件在很大程度上被最新的功率半导体（如 IGBT 和 MOSFET）替代，以达到高频开关、可控灵活性、高效率和高电能质量的目的。低压级 SCR 应用的一个案例就是调光和用电厨具的相位控制，提供直接的 AC/AC 电源变换。这种技术因多年量产而成熟，简单且成本低。

2.3.5 开关的选择

对于采用了最新技术的功率变换器而言，器件的可靠性是重中之重。损耗尽可能低是选择合适功率开关的另一个关键标准。当功率开关产生的损耗差异不大时，应考虑其他标准，如电路的复杂性、尺寸、成本等。基于最新的半导体技术，功率开关的类型可以根据具体应用的电压等级来选择，如表 2.11 所推荐。

表 2.11 功率半导体的选型

电压等级	常规选型	最新发展
超低压	MOSFET	GaN-FET
低压	MOSFET，IGBT	SiC-FET，GaN-FET
中压	IGBT，SCR，GTO	IGCT
高压	SCR，GTO	IGBT，IGCT

功率半导体的选型一般可以按照如图 2.13 所示的分步分析方式进行。

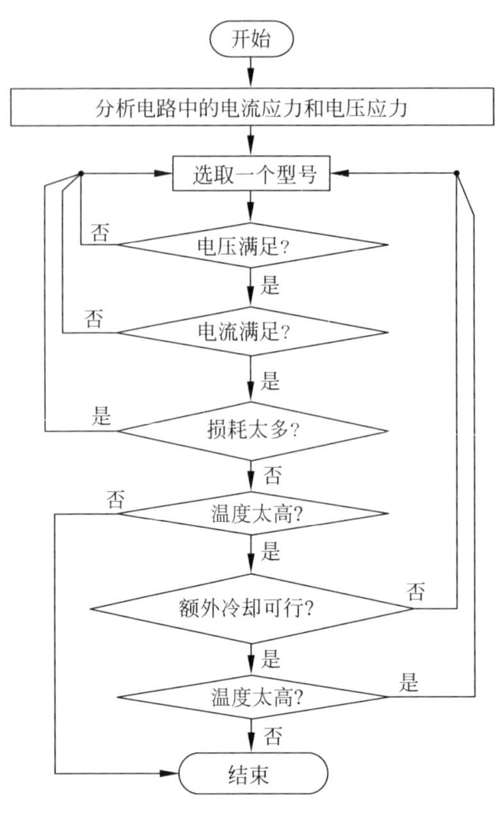

图 2.13 功率半导体选型的分步分析

选型先从电路分析开始，以确定器件上预期的电压和电流应力。然后，这些标准需遵循电压、电流、损耗和温度等方面的评估。过压或过热都会直接导致功率半导体的损坏。因此，应在最恶劣的情况对器件进行评估，并考虑器件的误差和安全裕量。此外，对器件的寿命规格应当进行评估并使其符合特定要求。对功率半导体的使用寿命进行预测是一件复杂的事情，它取决于电气及环境方面的因素：环境因素方面包括温度、湿度、大气压力和振动；电气因素方面包括工作电压、纹波电流、开关频率和充放电占空比。

在其他因素中，温度被认为是能直接衡量器件预期寿命和性能的指标。考虑到寿命预期、性能和成本等，在设计阶段选择功率半导体时可能需要权衡取舍。然而，提高变换效率是降低功率损耗、设备温度和延长预期寿命的最佳措施。

2.4 桥式电路

功率开关的配置是指构成功率变换器的公共桥式电路。经常有一些术语（如半桥、H桥、全桥、三相桥等）使用起来容易混淆。例如，“全桥”一词已用来表示四个开关的电路，因此很难用“全桥”对四个以上开关的其他拓扑进行定义。典型的直流到三相交流变换器所需要的有源开关数量是六个，比全桥要多。本书为避免混淆，对“桥式电路”这一术语按照开关数量和开关类型进行分类。图 2.14 给出了用于本书讨论的拓扑结构，“混合”一词表示桥式电路中有无源开关和有源开关。

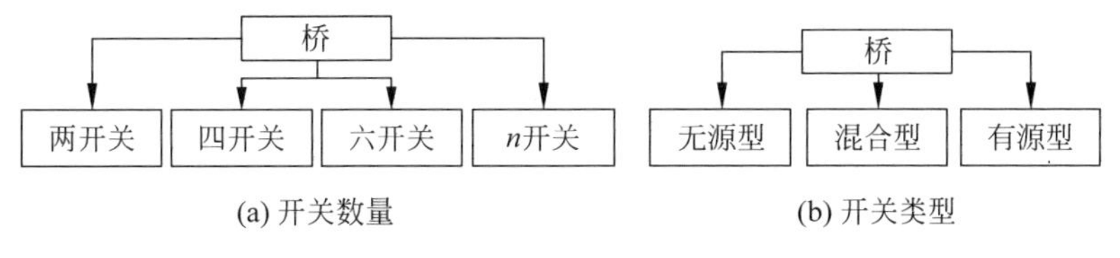

图 2.14 桥分类

2.4.1 开关数量

典型的两开关、四开关和六开关桥如图 2.15 所示。两开关桥是 DC/DC 变换的基本框架，如图 2.15(a)所示。四开关桥通常用于直流与单相交流之间的变换，图 2.15(b)中直流和交流端口在电路中已被标明。如图 2.15(c)所示的六开关桥主要用于直流和三相交流之间的功率变换。用于三相系统三端口的九开关桥最近引起了研究人员的关注，图 2.14(a)中的分类也涵盖了该电路。

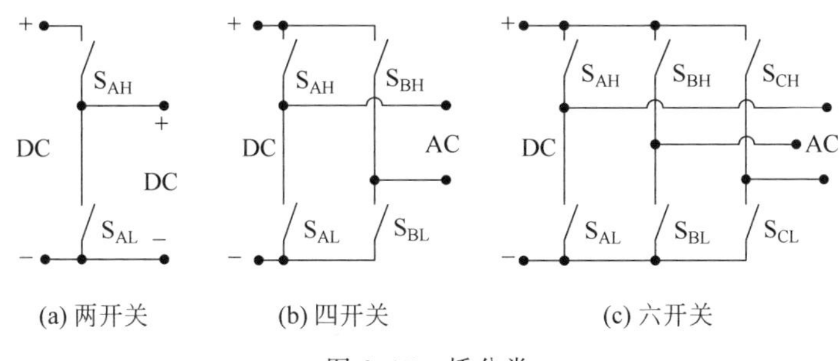

图 2.15 桥分类

2.4.2 有源桥、无源桥和混合桥

有源桥仅由有源开关构成，如 MOSFET、IGBT 和 SCR。无源桥通常由二极管构成，因为它们的开/关状态切换是由外电路电压决定的。图 2.16 给出了 DC/AC 变换中应用最广泛的无源桥，二极管的配置结构表明了电流的方向只能从交流侧到直流侧进行变换。图 2.16 中的电路也可称为无源四开关桥和无源六开关桥。混合桥的一个桥臂电路包括了有源开关和无源开关，图 2.17 显示了两个关于混合双开关桥的例子。这类桥构成了 DC/DC 降压和升压变换器的标准电路形式，这将在第 3 章中讨论。

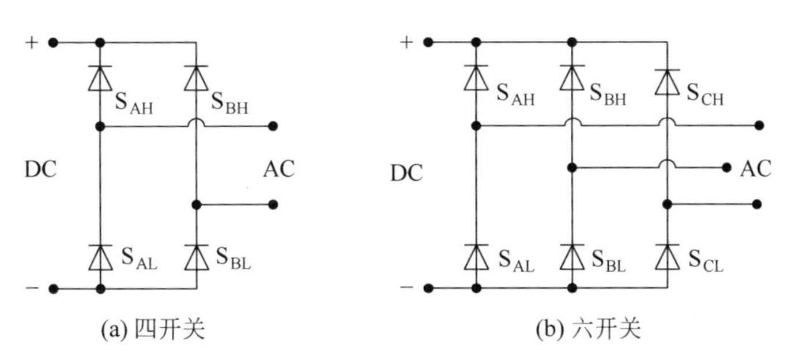

图 2.16 二极管无源桥

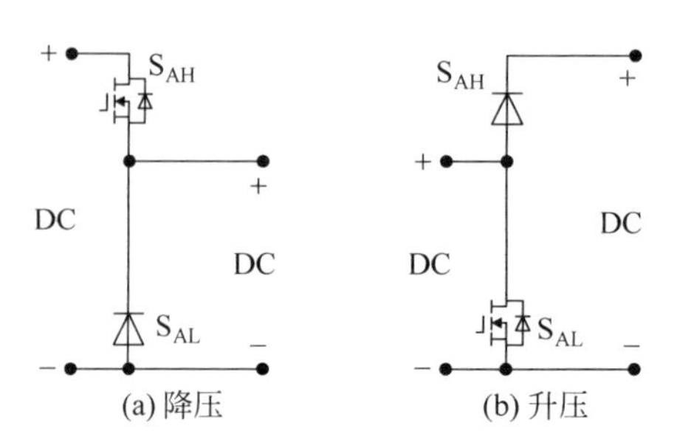

图 2.17　由两开关组成的混合桥

2.5　电力电容器

实际电容器的参数不仅仅是电容，还包括非理想因素和其他约束条件。电力电容器在电压、电流、损耗和耐热性方面有相关额定容量。电力电容器的选择与用于信号调节目的的电容器不同。电力电容器的等效模型包括一个理想电容器与一个 ESR 串联，如图 2.18(a)所示。在图 2.18(b)所示的阻抗平面中，损耗角的正切值(耗散因数)为

$$\tan\delta=\frac{\mathrm{ESR}}{|X_{\mathrm{C}}|} \tag{2.4}$$

式中：$X_{\mathrm{C}}=-2\pi fC$，f 为频率。

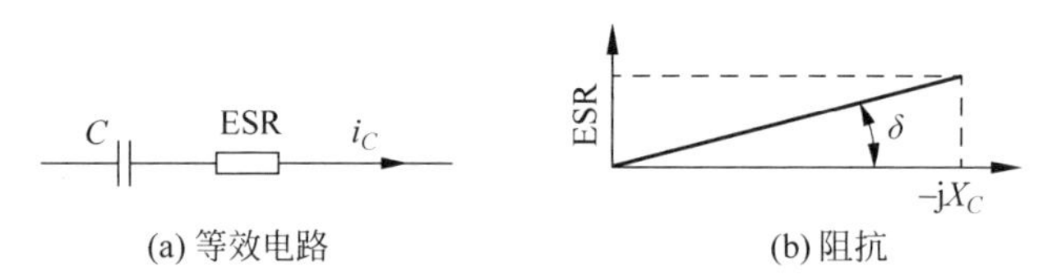

图 2.18　实际的电力电容器

用耗散因数表示电容器的性能指标并显示实际电容器与理想模型的接近程度。按照模型，一个理想电容器表现为 $\delta=0$ 和 ESR$=0$。因此，为了使实际产品实现低损耗运行和长使用寿命，降低 $\tan\delta$ 的方式是可行的。耗散因数 $\tan\delta$ 是产品数据表中的重要参数，在设计和分析中需要加以考虑。

电力电容器的选择主要取决于极性、容量、额定电压、额定电流等参数。极性、电压、容量等参数在电容选择之初就应当考虑。其次要根据电路分析来确定电容器的损耗。当获知了元件的热特性(如热阻)时，电容器的核心温度及其寿命可用它来估计和预测。如果损耗或温度不符合要求，则应重新选择。

2.5.1　铝电解电容器

将铝电解(AE)电容器放置在电解质中，极大地提高了电容器的电容量。铝电解电容器被广泛应用于直流电路中以消除电压波动。其重要特性如下：

(1) 极性固定，因此仅适用于直流应用。

(2) 外形主要是圆柱状。

(3) 单位电容量性价比较高，单位体积容量较高。

(4) 高损耗，老化和衰减速度快，使用寿命短。

在设计阶段应认真考虑(电容器的)高损耗特性，以避免过早失效的情况。在其他因素中，电容器的核心温度是评价其预期寿命的关键参数，电化学器件温度的升高往往会加快其化学反应速率和老化。在选择电容器和预测其寿命时，应查看其额定温度。表2.12给出了在电压25V、电容4700μF和容差±20%的两个商用铝电解电容器产品样本。两者在其他参数，如尺寸、预期寿命和价格等存在差异。铝电解电容器通常标有核心温度额定值，表2.12所示的T_{JR}为85℃或105℃。根据"每10℃倍增"的规则，电容器的预计使用寿命为

$$LF = LF0 \times 2^{\left(\frac{T_{JR}-T_J}{10}\right)} \tag{2.5}$$

式中：T_{JR}为额定温度或温度上限；T_J为额定运行条件下的核心温度；LF0为基于T_{JR}值的估计寿命。

当$T_J \ll T_{JR}$时，认为电容器寿命远长于LF0的规定时数。两个电容器可以根据标称核心温度$T_J=75$℃进行比较，温度值是根据内部损耗分析和环境温度估算的，根据式(2.5)，型号UVK1E472MHD电容器的连续工作寿命估计为4000h。当使用型号UHE1E472MHD6电容器时，其寿命预期为80000h。然而，当使用长寿命的电容器时，成本更高，尺寸更大。该案例研究仅仅展示了电力电子产品在寿命、成本和尺寸方面需要权衡。当一个产品在设计阶段考虑到长寿命和高可靠性时，它可能比另一个产品更大、价格更高。应防止电容器有反向电压通过，因为它会引起电容器的过热、超压和介质击穿，从而造成完全损坏。

表2.12　额定值为4700μF和25V的AE电容器参数

型　号	LF0/h	直径/mm	高度/mm	价格/美元
UVK1E472MHD	2000(T_{JR}=85℃)	16	27	1.51
UHE1E472MHD6	10000(T_{JR}=105℃)	18	35	2.37

2.5.2 其他类型的电容器

除了铝电解电容器，其他类型的电容器通常由钽、陶瓷和薄膜制成。与铝电解电容器类似，钽电容器也属于电解和极化电容器。它比铝电解的同类产品价格更高，但其具有更高的稳定性、更低的直流漏电流、更低的阻抗和更长的使用寿命。然而，由于钽电容器的成本和极化特性，钽电容器的应用不如其他类型电容器广泛。

薄膜与陶瓷电容器通常用于信号处理电路和极低功率的应用场合。目前，它们也用于与功率变换相关的场合。陶瓷电容器在高温可靠性方面优越，但比铝电解的同类产品价格高得多，特别是在高电容和高电压应用场合。薄膜电容器在成本和可靠性方面表现出良好的平衡，呈现出因高可靠性和长寿命而取代铝电解电容器的趋势。该产品无极性限制，可应用在交流电路中。不过，薄膜电容器的最新技术在成本效益和电容密度方面仍无法与铝电解的同类产品竞争。电力电子的发展趋向于用更多的薄膜电容器来取代铝电解的同类产

品，另外减少对大容量电容的需求也是另一趋势。

2.5.3 电容器结构与选型

电力电容器可按照如图2.19所示的步骤进行选型，并从电压额定值和电容额定值的基本要求开始。选型时还需强调损耗分析和热评价。电容器温度是电容器老化速度和寿命估算的关键指标，当单个电容不能满足电压、电流和电容量的要求时，可以设计电路进行配置。如图2.20(a)所示，电容器并联可以增加电容量，总电容量等于各个电容值的总和。由于$i_C=i_{C1}+i_{C2}+\cdots+i_{Cn}$，电容器根据电容量分得纹波电流。考虑到非理想因素和不平衡程度，电路布局应保证电流的合理分配；否则，电流的分布差异会使电容器单体过载并导致过早老化或损坏，如图2.20(b)所示。电容器串联可以提高额定电压，通过多个电容器的总电压被平均分布在各个电容器上。然而，考虑非理想因素和电容器之间的差异，这种理想情况很难实现。通常需要一个沿串联电容器的电路来平衡电容器单体的电压，避免过压损坏。良好的工程实践认为保持电容器冷却是实现高可靠性、高性能和长寿命的必要条件。

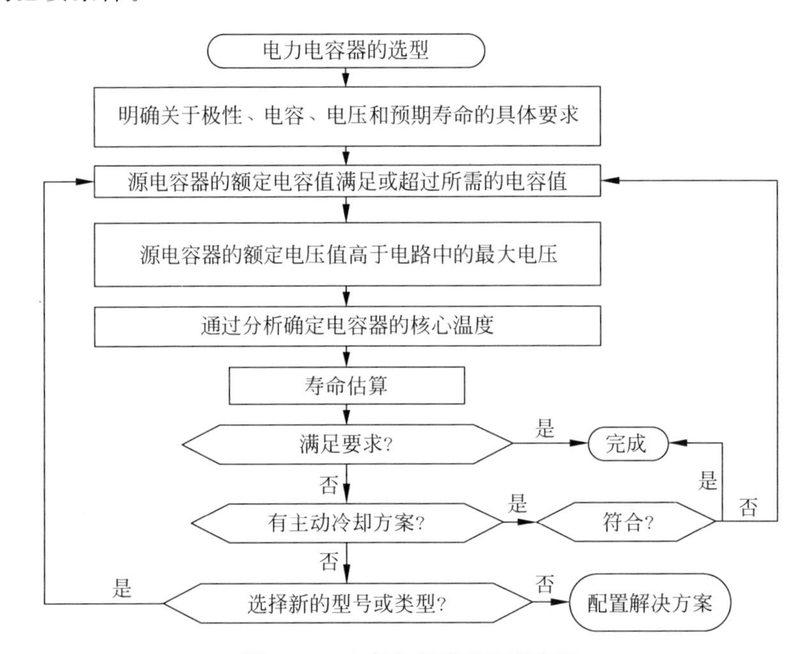

图2.19 功率电容器的选型步骤

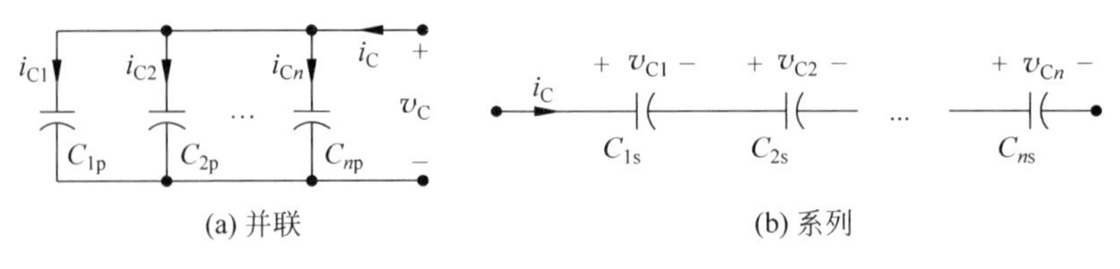

图2.20 电容器配置

2.6 无源元件

电力电子中常用的无源元件有功率电阻器、电感器、电容器、双绕组变压器和自耦合变压器，图 2.21 给出了电路原理图中常用的符号。表 2.13 总结了这些符号和特性，这有助于电路分析和设计。

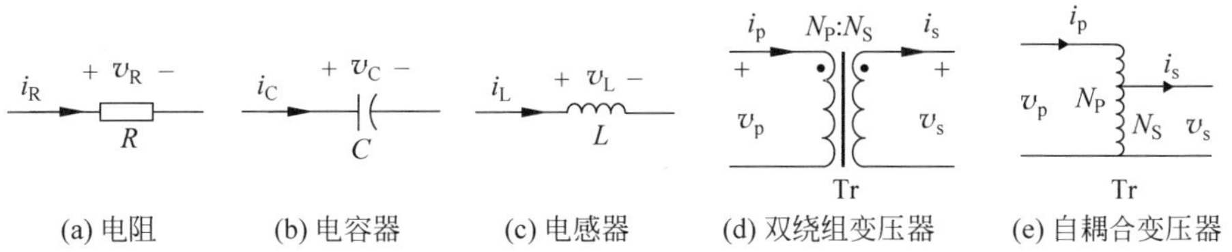

(a) 电阻 (b) 电容器 (c) 电感器 (d) 双绕组变压器 (e) 自耦合变压器

图 2.21 用于电力电子的无源元件

表 2.13 无源元件的理想特性

元　件	图	符号(单位)	特　性
电阻	2.21(a)	$R(\Omega)$	$V_R=Ri_R$ 或 $i_R=V_R/R$
电容	2.21(b)	$C(\mathrm{F})$	$i_C=C\dfrac{\mathrm{d}V_C}{\mathrm{d}t}$ 或 $V_C=\dfrac{1}{C}\int i_C\mathrm{d}t$
电感	2.21(c)	$L(\mathrm{H})$	$V_L=L\dfrac{\mathrm{d}i_L}{\mathrm{d}t}$ 或 $i_L=\dfrac{1}{L}\int V_L\mathrm{d}t$
变压器	2.21(d)、(e)	Tr(n/a)	$\dfrac{V_P}{V_S}=\dfrac{N_P}{N_S}$ 和 $\dfrac{i_P}{i_S}=\dfrac{N_S}{N_P}$

理想无源元件的特点可概括如下：

(1) 理想的电阻器仅对其电阻量进行量化，它在功率计算时遵循欧姆定律。

(2) 理想的电容器仅对其电容量进行量化，它衡量存储电荷的能力。

(3) 理想的电感器仅对其电感量进行量化，它衡量存储磁能的能力。

(4) 理想的变压器是对通过公共磁路的绕组间的电压变换比进行量化的。

1.8 节介绍了与电感器和变压器的组成、原理相关的电磁学基础知识。电感存储的能量 $E_L=\dfrac{1}{2}LI_L^2$，其中 I_L 为通过它的稳态电流。当电感 L 为常数时，I_L 的大小由电感所存储的能量 E_L 直接测得。其微分特性 $v_L=L\dfrac{\mathrm{d}i_L}{\mathrm{d}t}$ 表明，电感两端的电压会随着所流通电流 i_L 的变化而发生显著改变。因此，电感电压的大小和极性会随着 i_L 的任意突变而急剧变化。在电力电子学中，要特别注意避免电感电流的突变，它会引起过电压问题。同时，电感的积分特性 $i_L=\dfrac{1}{L}\int v_L\mathrm{d}t$ 表明，电感具有滤波或平滑作用，可以防止电流突变，避免高频波纹。

电容储存的能量 $E_C=\dfrac{1}{2}CV_C^2$。当电容为常数时，电容器两端的电压(V_C)表示储存能量的大小 E_C。电容的微分特性 $i_C=C\dfrac{\mathrm{d}v_C}{\mathrm{d}t}$ 表明，通过电容器的电流 i_C 取决于瞬时电压 v_C 的变

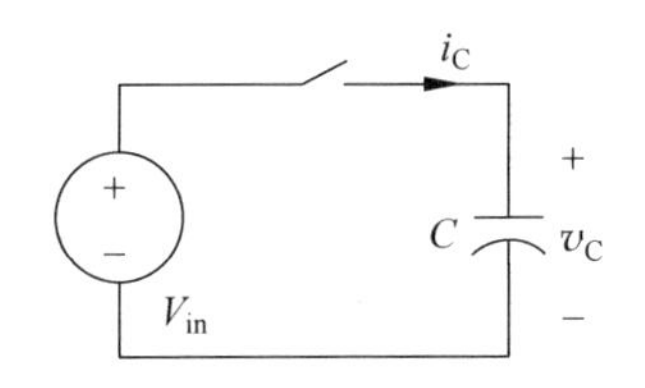

图 2.22　产生浪涌电流的电路

化率。理论上，随着 v_C 的阶跃变化，i_C 的值可以达到无穷大。图 2.22 给出的电路电容 C 两端突然接通电压，会产生大量的涌流。此外，电容的积分特性 $v_C=\frac{1}{C}\int i_C\mathrm{d}t$ 表明，其平滑或滤波特性可以防止电压突变，保持端电压稳定。

在电路设计和构造中应考虑无源元件的非理想因素，从而合理地利用无源元件。所有实际的无源元件都与各种 ESR 相关，这些 ESR 会直接造成导通损耗或焦耳损耗。其他非理想因素也会对元件性能产生影响，例如：

(1) 电阻器和电容器内的寄生电感。

(2) 隔离型变压器的漏感。

(3) 磁性材料的磁芯损耗。

(4) 所有电容与电感的电压和电流限制。

(5) 所有无源元件的耐热极限。

区别于信号处理应用，电力电子技术涉及的是高电压和大电流。使用无源元件时应考虑非理想因素和元件的限制条件。在电压、电流和温度方面的违规使用会导致元件损坏和系统故障。对任何非理想因素的忽视，例如漏感和寄生参数，都会降低系统的性能，有快速老化的风险，甚至造成元件立即失效。

2.7　低通滤波电路

电感器具有储存电能和保持电流平稳通过的特性，可以用来构建一个简单的滤波电路，如图 2.23(a)所示。当输入源电压 v_{sw} 出现高频(HF)纹波或信号不连续时，i_L 产生的电流纹波经电感器的积分作用后会被减小，如下式所示：

$$i_L=\frac{1}{L}\int(v_{sw}-i_LR)\mathrm{d}t \tag{2.6}$$

即电感的电压 v_L 发生突变后可以保持 i_L 值的稳定。该电路具有低通滤波、平滑电流的特点。

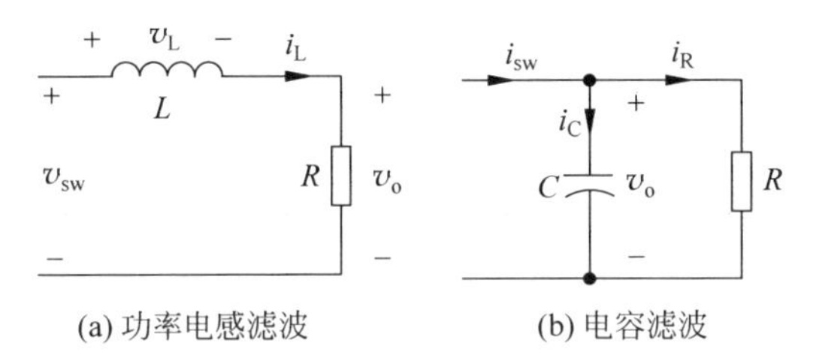

图 2.23　低通滤波

电容器可以利用其储存的电荷，防止电压的突然变化。图 2.23(b)为电容器构建的简单滤波电路。电容的滤波特性由积分函数表示：

$$v_o=\frac{1}{C}\int\left(i_{sw}-\frac{v_o}{R}\right)\mathrm{d}t \tag{2.7}$$

在 i_{sw} 出现纹波甚至不连续情况时，电压 v_o 中的高频纹波成分得到极大的抑制。因此，电容的基本特性就是在电流 i_C 突变的情况下保持 v_o 值的稳定。

如图 2.24(a)所示,LC 电路广泛用于低通滤波以实现高质量的负载电压。在设计时适当地考虑 L 和 C 的值,那么即使输入电压 v_{sw} 带有波纹或不连续,也能得到无杂波的 v_o 信号。按照图 2.24(a)所示的电路列写的微分方程如下:

$$L\frac{di_L}{dt}=v_{sw}-v_o \tag{2.8}$$

$$C\frac{dv_o}{dt}=i_L-\frac{v_o}{R} \tag{2.9}$$

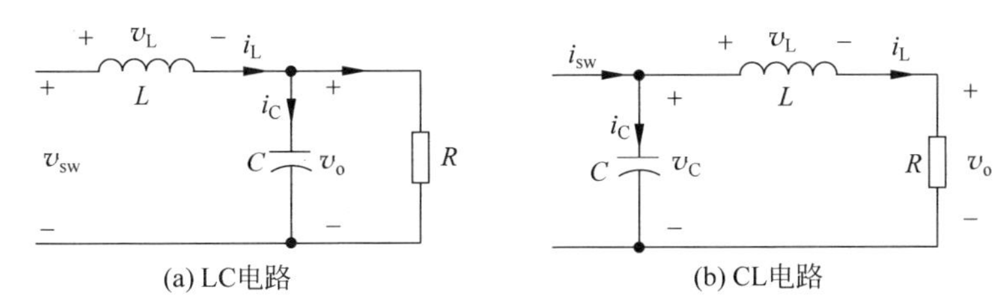

图 2.24 功率电感器和电容器的低通滤波

考虑输入电压 v_{sw} 和输出电压 v_o 之间的动态关系,可以得到二阶微分方程如下:

$$LC\frac{d^2v_o}{dt^2}+\frac{L}{R}\frac{dv_o}{dt}+v_o=v_{sw} \tag{2.10}$$

以频域 s 域为基础的拉普拉斯变换是分析连续时间系统动态性能的常用工具,由式(2.10)变换得到 s 域传递函数:

$$\frac{v_o(s)}{v_{sw}(s)}=\frac{1/LC}{s^2+(1/RC)s+1/LC} \tag{2.11}$$

图 2.25 所示的伯德(Bode)图为 LCR 电路的频率响应及其低通特性,其低通特性受 L、C 和 R 三个参数变化的影响。应用于负载电阻场合的 LC 电路表现出衰减电路中高频电压的能力。当 LC 电路设计得当时,即使输入电压 v_{sw} 包含明显的高频噪声和波纹,滤波电路也能保证在负载上得到高质量的低频分量。

当输入源是电流源时,可按图 2.24(b)所示设置滤波电路。输入源 i_{sw} 可以是带高频波纹或断续波形的电流,CL 滤波器会进行低通滤波,从而保持 i_L 和 v_o 的质量。由如图 2.24(b)所示的电路推得:

$$\frac{i_L(s)}{i_{sw}(s)}=\frac{\omega_n^2}{s^2+(2\xi\omega_n)s+\omega_n^2} \tag{2.12}$$

式中:ω_n 为无阻尼固有频率,$\omega_n=\dfrac{1}{\sqrt{LC}}$;$\xi$ 为阻尼比,$\xi=\dfrac{R}{2}\sqrt{\dfrac{C}{L}}$。

其表现了 CL 电路的低通特性。传递函数的输入变成了输入电流 i_{sw},输出是电感电流 i_L。因此,CL 电路通常用于电流滤波,以保持大功率负载电流的质量。当负载为电阻时,根据 $v_o=Ri_L$,因此输出电压与 i_L 成正比。

LCL 电路和 CLC 电路也可被用来滤波,如图 2.26 所示。LCL 滤波器用于从输入电压源 v_{sw} 到输出电流 i_L 的低通滤波,如图 2.26(a)所示。其基本功能与简单的 L 滤波器相同,而两者的差异可以通过动态特性分析来解释。带电阻负载的 LCL 滤波器的传递函数为

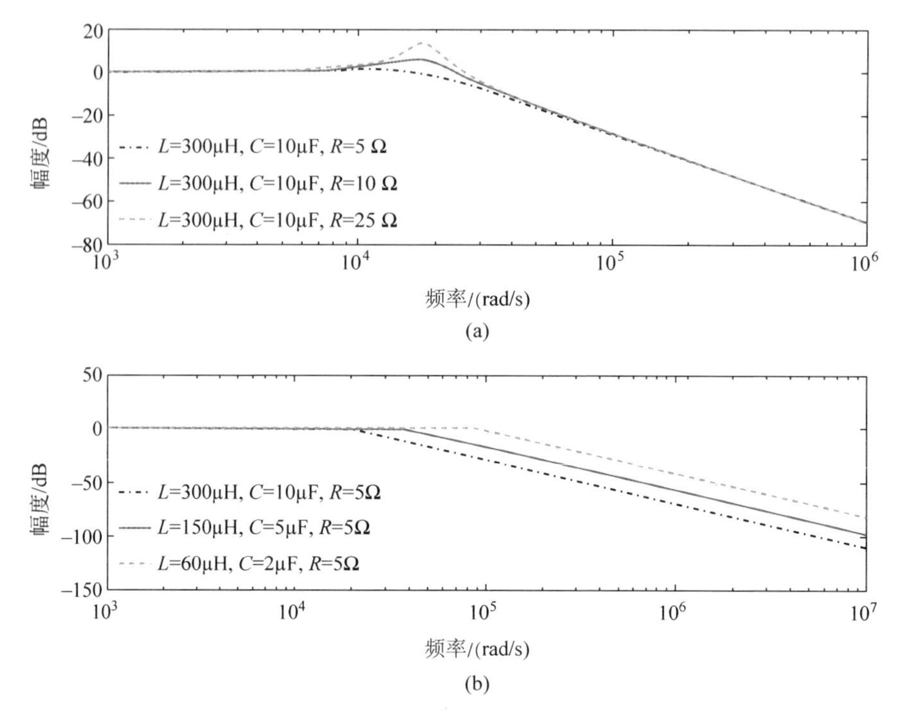

图 2.25 LCR 电路的低通特性的伯德图

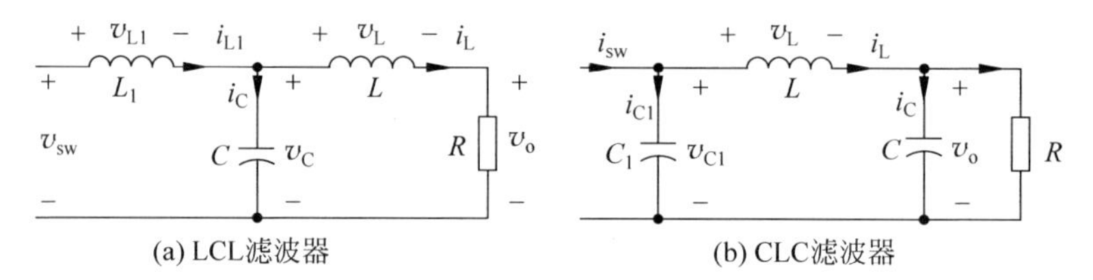

图 2.26 功率电感和电容的低通滤波

$$\frac{i_{\mathrm{L}}(s)}{v_{\mathrm{sw}}(s)}=\frac{1}{L_1L_2Cs^3+L_1CRs^2+(L_1+L_2)s+R} \tag{2.13}$$

它表明了输入电压 v_{sw} 到输出电流 i_{L} 的传递函数是一个三阶传递函数。v_{sw} 的高频波纹或不连续电压会被衰减，从而保证平滑的电流 i_{L}。

CLC 电路用于从输入电流源 i_{sw} 到输出电压 v_{o} 的低通滤波，如图 2.26(b)所示。其基本功能与如图 2.23(b)所示的简易 C 滤波器相同，但两者的不同之处在于电路的动态特性。带电阻负载的 CLC 电路的传递函数为

$$\frac{v_{\mathrm{o}}(s)}{i_{\mathrm{sw}}(s)}=\frac{R}{LC_1C_2Rs^3+LC_1s^2+(C_1+C_2)Rs+1} \tag{2.14}$$

它表明了输入电流 i_{sw} 到输出电压 v_{o} 的传递函数是一个三阶传递函数。i_{sw} 中的高频纹波或不连续电流会被衰减，从而在负载两端产生平滑的电压 v_{o}。

L 滤波器和 LCL 滤波器在滤除来自输入电压的高频纹波及产生高质量电流方面所表现的作用是相同的，不过其中一种明显比另一种简单得多。尽管 LCL 滤波器所呈现的电路

复杂，不过通过波特图对比可证明高阶滤波器的效果更好。L滤波器和所对应的LCL滤波器关于频率响应的伯德图如图2.27所示。图显示了拐点不同的两条曲线，表明了三阶低通滤波器对高频的衰减更陡、更有效。有案例研究表明，L滤波器和LCL滤波器在10kHz的频率下能达到相同的衰减水平。例如：对于L滤波器，需要的电感值为420μH；而对于LCL滤波器，滤波器参数为$L_1=50\mu H$，$C=50\mu F$和$L_2=50\mu H$。由于分立元件的额定值较低，故LCL滤波器的总体尺寸比一阶滤波器要小。因此，已证明高阶滤波器在低通滤波应用中更有效，并被广泛应用于并网变换器以保持高质量的并网电流。三阶滤波器的缺点是它在4kHz处会产生固有谐振，如图2.27所示。所以其研究的重点是如何在有效地缓解谐振效应的同时保持LCL滤波器的良好效果。这种分析方法同样地可用来对比C滤波器和CLC滤波器的效果。

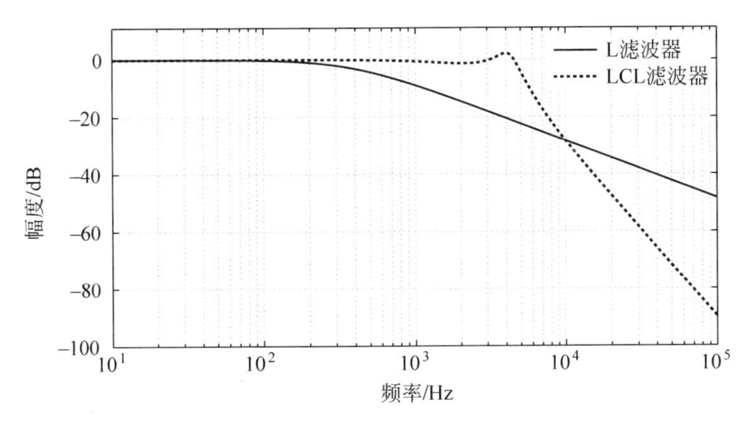

图2.27　L滤波器和LCL滤波器间的低通滤波效果

表2.14根据L滤波器和C滤波器的特性总结了不同滤波电路的功能。应该注意的是，负载并不总是线性的，也不总是可以用电阻器来表示。因此，第一步应该是确定负载曲线，继而确定电流或电压的质量要求。当负载需要平滑的电流时，可在负载的输出端接一个电感器。当负载需要平滑电压时，可在负载的输出端上接一个电容器。第二步应该确定需要滤除的高频分量是电压还是电流。当输入是一个不连续的电压时，其前端元件应该是一个电感器；当输入是不连续电流时，前端元件应该是电容器。当完全确定上述要求后，低通滤波器可从L、C、LC、CL、LCL、CLC这些常用的滤波器类型中进行选择。

表2.14　滤波器及应用总结

类　型	动态特性	典型滤波效果及应用
L	1st	适用于从纹波电压到平滑电流的滤波
C	1st	适用于从纹波电流到平滑电压的滤波
LC	2nd	适用于从纹波电压到平滑电压的滤波
CL	2nd	适用于从纹波电流到平滑电流的滤波
LCL	3rd	适用于从纹波电压到平滑电流的滤波
CLC	3rd	适用于从纹波电流到平滑电压的滤波

2.8 本章小结

本章从基于 LVR 的 DC/DC 变换开始论述。在分析中发现功率损耗很大,因此现代电力电子倾向于使用功率半导体作为开关,并采用"无损耗功率变换"这一概念。以二极管为代表的无源开关只允许电流沿某一方向流动,并根据其两端的电压极性自动开通或关断。而有源功率开关,包括 BJT、SCR、FET 和 IGBT,变得越来越成熟可靠。它们提供的第三个端子可用来控制开关的通断,这大大促进了电力电子技术的进步。有源开关的主电流通路可以看作一个导电通道,它既可以完全敞开,也可以完全关闭。

BJT 和 SCR 需要专用驱动器为开关提供足够的驱动电流。因此,开关频率受限于驱动器电路的复杂性。MOSFET 和 IGBT 技术的优点是导电通道由施加在栅极端的电压大小控制。这一特性使得 MOSFET 和 IGBT 的应用越来越广泛,它们具有易驱动、快速切换和低损耗等优点。在电力系统中,传统的 BJT 和 SCR 逐渐被取代。功率半导体行业一直在追求"完美开关"的目标,即能够在开通状态下实现零电阻或零压降,在关断状态下实现高压阻断,成本低和开关速度高而无须考虑长期可靠性。最新的宽禁带材料,如氮化镓(GaN)和碳化硅(SiC),与传统 MOSFET 和 IGBT 相比,表现出更加优异的性能。

二极管、BJT、IGBT 和 SCR 的导通状态可以建模为恒压负载,在损耗分析中具体化为电压压降。MOSFET 的导通损耗分析与其他有源开关不同。MOSFET 的另一特殊之处是双向电流的流动能力,这可用来提高变换效率。正是这个原因,MOSFET 技术在 ELV 功率变换系统中占据主导地位。在 2.3.5 节中,根据最新的技术和所应用的电压等级 MOSFET、IGBT 和 SCR 的选型标准来介绍。另一类重要的 BJT 和 MOSFET 分别是指 PNP 型和 P 沟道型,P 沟道型和 PNP 型被广泛用于信号处理和放大器。由于该技术不常用于功率变换,因此本章不涉及这些内容。由于 BJT 和 MOSFET 的工作原理不同,它们并不遵循相同的标准,因此在讨论 BJT 和 MOSFET 的工作状态时,某些教科书对其饱和区和线性区的定义可能会引人混淆。本书将饱和定义为导通状态,避免了对工作区域的分类,以免误导读者。在电力电子技术中,功率开关通常形成一种称为"桥"的电路结构。过去曾有许多不同的名称来描述这些桥式电路,本章利用开关的数量和类型对常见桥式电路进行分类。该定义简单明了,全书采用该定义以避免任何混淆。

除了功率半导体,另一类重要的器件是无源元件,如电感器、电容器、电阻和变压器。电力电子技术的应用应遵循额定功率和非理想因素。而热约束性也应严格经过考虑以避免任何造成性能低下、老化加快,甚至立即失效现象的热风险。对电路元件的电压、电流和温度进行应力分析对于预测变换器的寿命而言非常重要。关于电力电容器的讨论涵盖了常见类型的铝电解类、薄膜类、钽类和陶瓷类。铝电解电容器因其容量密度高、成本低而广泛应用于变换器的直流侧滤波。电解电容器的缺点是不可长期工作以及使用寿命较短。薄膜和陶瓷电容器技术通常能表现出更好的性能,从而取代对应的铝电解电容器。除了电容器的额定容量、额定电压和额定电流外,设计阶段还应考虑其损耗模型和热性能。当单个电容器达不到要求时,可将多个电容器串联或并联起来,以分别提高额定电压或电容量。设计时应考虑均衡电路,使得电压或电流均匀分配。

低通滤波器广泛应用于电力电子领域,主要由电感器、电容器等无源元件组成。表 2.14

对滤波器的常见类型及其典型应用进行了总结，而不同类型的动态模型通过伯德图进行数学分析和说明。

参考文献

[1] Guarnieri M. Seventy Years of Getting Transistorized [Historical][J]. IEEE Industrial Electronics Magazine，2017，11(4).
[2] Zhao B，Zeng R，Yu Z，et al. A More Prospective Look at IGCT：Uncovering a Promising Choice for DC Grids[J]. IEEE Industrial Electronics Magazine，2018，12(3).
[3] Erickson R W，Maksimovic D W. Fundamentals of power electronics[M]. 2nd ed. Springer，2007.
[4] Wilson P. The circuit designer's companion[M]. 4th ed. Newnes，2017.

习题

2.1　找一个功率电阻，查看其额定功率，并确定能施加在电阻上的最大直流电流的大小。

2.2　某设计电路需要一个开关工作在200kHz、额定电压为50V的有源开关。根据功率半导体的最新技术，应为此电路选择哪种技术？

2.3　使用线性稳压器设计一个DC/DC变换器，以满足恒定9V输出的规格。输入电压为12～15V，额定功率为8W。

(1) 选择器件；

(2) 绘制原理图；

(3) 计算输入电压为14V、输出电流为0.5A时的功率损耗和变换效率。

2.4　图2.22显示了一个不推荐使用的问题电路。如果在开关关闭时V_{in}和v_C之间出现显著的电压差，会发生什么现象？

2.5　从额定值为2200μF和63V的铝电解电容器中选择一个现成的电容产品，从其说明中列出电容的重要参数，并依据规格信息或“每10℃倍增”规则，估计核心温度始终保持在85℃或75℃时电容器的寿命。

2.6　利用TL431设计一个稳压器，要求输入电压为9.9V时输出电压恒定在3.3V。电源的额定功率为0.99W。

(1) 绘制原理图；

(2) 给出满足规范要求的三个电阻的阻值。

第3章

非隔离型直流/直流变换器

非隔离型 DC/DC 变换被广泛使用,并在拓扑结构和效率方面表现出优势。随着现代生活中直流负载利用量和直流发电量的增加,其应用占比也越来越多。为了支持非隔离型 DC/DC 变换,已经研发了大量的拓扑结构,其中著名的包括 Buck、Boost、Buck-Boost、Ćuk 和 SEPIC 电路。Ćuk 电路是根据发明者的姓氏命名的,而 SEPIC 的全称是单端初级电感变换器。图 3.1 根据输入到输出的电压变换比进行分类,可以得到降压、升压或升降压三大类。电感在上述拓扑中起着重要作用,这与开关电容型变换器不同。

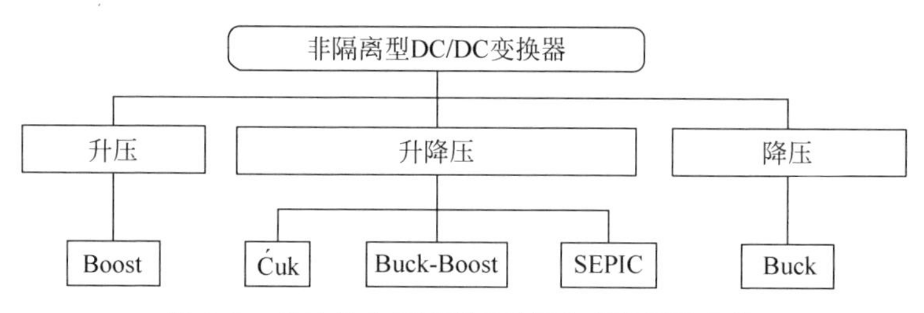

图 3.1　常见的非隔离型 DC/DC 变换器及分类

上述拓扑遵循“基于高速开关的无损耗功率变换”的理念,运行中的电压变换比取决于给定的控制信号,控制信号通常为脉宽调制(PWM,简称脉宽)信号,使有源开关导通或关断,改变 PWM 信号的占空比可以实现输出电压的改变。

3.1　脉宽调制

PWM 是一种产生脉冲信号的系统方法,用于控制功率半导体的开/关切换和功率流动的大小。信号应按频率和脉宽所指定的时序进行调节。PWM 信号可以由数字微控制器或模拟电路产生,它们一般遵循相同的比较机制和原理。图 3.2(a)说明了使用比较器形成 PWM 信号的机制。

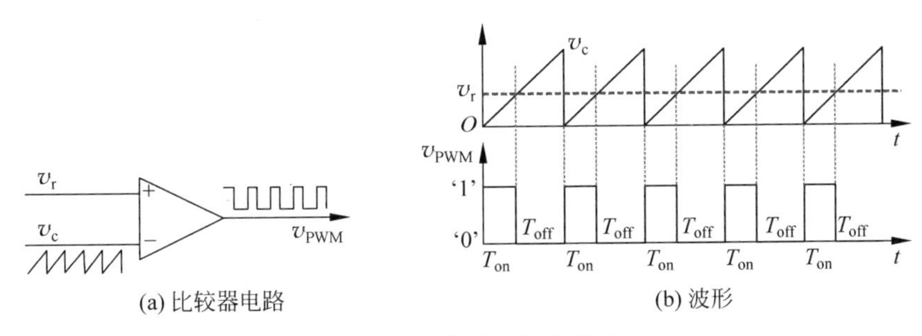

图 3.2 比较器电路和波形

3.1.1 模拟脉宽调制

比较器是一种电子设备，它对两个输入信号，即载波信号和参考信号进行比较，并产生其输出信号。载波 v_c 通常是具有特定频率和幅值的锯齿波或三角波信号，如图 3.2(b)所示。参考信号 v_r 与载波信号进行比较，以便比较器输出一系列脉动信号。PWM 的输出通常称为逻辑标签，"1"或"0"分别表示开关管的"开通"或"关断"。增加或减小 v_r 的幅值可以增加或减小 PWM 输出的脉宽。PWM 信号的关键参数包括用来表示脉宽及开关频率的占空比大小和开关周期。通态占空比定义为每个时间周期内非零脉冲宽度的百分比，在稳态下用 D_{on} 表示。如图 3.2(b)所示，其数学表达式为 $D_{on}=\frac{T_{on}}{T_{sw}}$，其中 $T_{sw}=T_{on}+T_{off}$ 是开关周期，其由载波信号 v_c 的频率所决定。在导通期间，在其调制下的功率开关将会传导电流。断态占空比定义为每个周期中零脉宽的百分比，在稳态下用 D_{off} 表示，其数学表达式为 $D_{off}=\frac{T_{off}}{T_{sw}}$，在关断状态期间功率开关不应有电流通过。

PWM 信号可由用于实验测试、频率和占空比可调的函数发生器生成。在模拟电路应用领域，IC555 定时器曾广泛作为电子产品中的延时和 PWM 发生器。最新的集成电路如 LTC6992 可以通过编程来更容易地产生 PWM，载波信号在 IC 内部产生以实现可编程开关频率。参考信号被外接，以反映输出脉冲信号的所需占空比。根据实际实施的情况，PWM 逻辑信号可分为 1.5～18V 的电压等级。在仿真中，可以通过 Simulink 构建 PWM 发生器，如图 3.3 所示。载波信号 v_c 可以由 Simulink 模块生成，从而产生可设置开关频率和波峰幅值的控制信号时序。模型的输入是参考信号 v_r，它控制 PWM 以生成所需的占空比，输出端口显示为"PWM"，它提供具有特定频率和调制脉宽的脉冲波形。

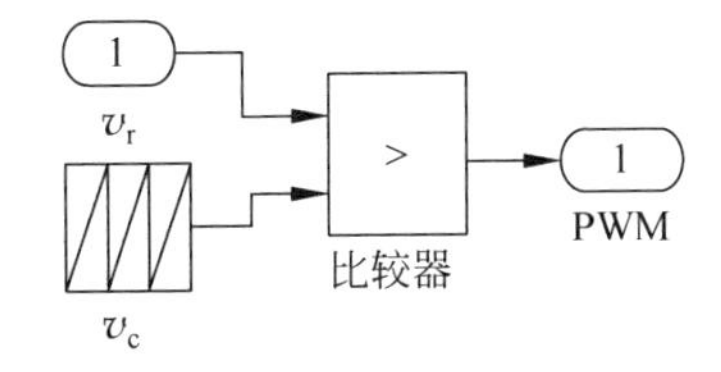

图 3.3 PWM 模拟模型

3.1.2 数字脉宽调制

微处理器普及后，系统的时钟脉冲可通过对数字计数器进行编程而进行计数。当计数值达到其编程值时，计数器缓冲区可以重置为零。计数器的计时次数代表一个开关周期，与特定的频率相关。当作为参考值的数字与计数器的输出进行比较时，可以生成占空比和频率可编程调节的PWM信号。图3.4所示的案例给出了一个用于示范的分辨率很低的PWM信号。它对时钟信号的计数从0～7,然后复位到零,这相当于形成了一个载波信号。

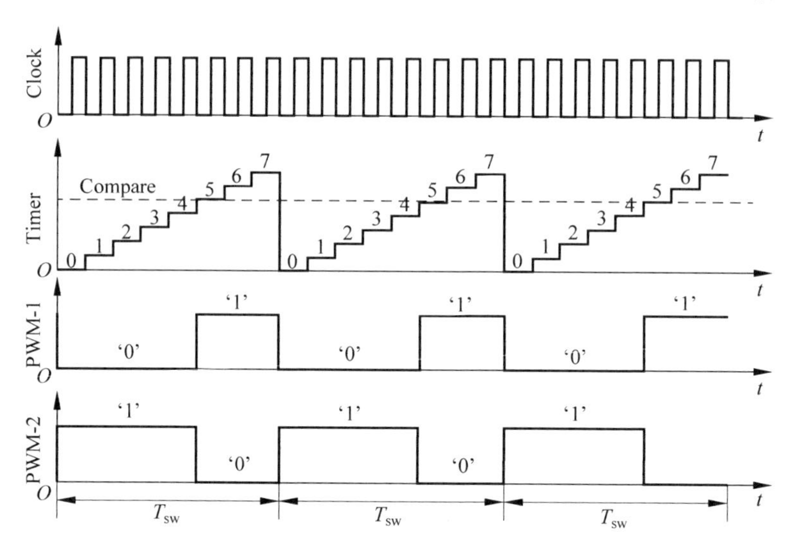

图3.4 数字化PWM的演示

图3.4中,当时钟周期为T_{clock}时,表示载波频率的周期固定为$8T_{clock}$,符号为T_{sw}。参考值被设置为5,并在每个时钟周期内与计数器值进行比较。通过比较所产生的PWM信号如图3.4中PWM-1和PWM-2所示。参考值5使PWM-1信号所显示的通态占空比$D_{on}=37.5\%$,断态占空比$D_{off}=62.5\%$。PWM-2信号与PWM-1信号相反,其所显示的通态占空比$D_{on}=62.5\%$,断态占空比$D_{off}=37.5\%$。当参考值在0～8范围内变化时,占空比也随之改变。上述的案例表明,占空比可以按0%、12.5%、25%、37.5%、50%、62.5%、75%、87.5%和100%离散步长进行调制。占空比的分辨率只有1/8或12.5%,这对于实际执行情况来说太低了。现代的微控制器通常提供16位或32位计数器,可以针对PWM对其进行编程。变换器的设计应明确规定开关频率,即f_{sw}。当定点微控制器所显示的时钟频率为f_{clock}时,可以对计数器进行编程以将时钟计数到N_C的整数,然后重置为零。N_C的值由下式中f_{clock}与f_{sw}的比值所确定:

$$f_{clock}=(N_C+1)\times f_{sw} \quad 或 \quad N_C=\frac{f_{clock}}{f_{sw}-1} \tag{3.1}$$

当$f_{clock}\gg f_{sw}$时,N_C的值越大,$\frac{1}{N_C+1}$所表示的占空比的分辨率就越高。在许多情况下,需要高性能的微控制器来满足高频PWM和高分辨率这两个要求。例如,根据式(3.1),当占空比分辨率为0.1%且$f_{sw}=500\text{kHz}$时,计数器的时钟频率应为500MHz或者更高。

3.2 运行状态

功率变换器的电压和电流是响应各种负载情况的变量。由于开关的运行,电压、电流和功率的波形中通常会出现纹波。当某个功率变换器在一定时间内达到平衡状态时,便可以确定其进入稳态。暂态是指从一种稳态到另一种稳态的短时间过渡，其原因主要来自输入电压的变化、控制信号的变化以及负载条件的变化。变换器的启动可以看作是变换器系统进入第一稳态前的过渡阶段的一种特殊情况。

3.2.1 稳态

在电力电子变换器中，稳态指的是平衡状态，可以是短时的，也可以是长时间的。图3.5给出了一个示例，显示了电感电流 i_L 和电容电压 v_C 的波形。变换器的暂态过程被定义为0～0.1ms，这是因为在此时间段变换器启动以及其电压和电流的变化显著。尽管 i_L 和 v_C 的纹波清晰可见，变换器的运行情况还是可看作从0.1ms开始进入稳定状态并保持到0.5ms。在稳态下，纹波一般均匀分布，在0.1～0.5ms的每个周期中，i_L 和 v_C 的平均值都是恒定的，如图3.5所示。理想的电感和电容只吸收与释放能量，而没有任何功耗。而满足以下条件的DC/DC变换器可以检测到其稳态：

（1）波纹是周期性的，且振幅恒定。

（2）电路中通过电感器的平均电流在每个纹波周期中保持恒定，在多个周期中保持不变。

（3）电路中通过电容器的平均电压在每个纹波周期中保持恒定，在多个周期内保持不变。

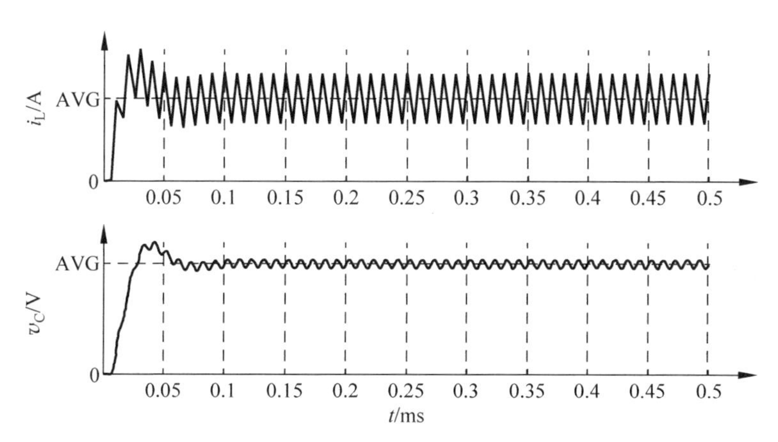

图3.5　开关电源应用中的稳态示意图

稳态可以是短期的，也可以是长期的，但必须满足上述条件并有一个预定期限。电感电流或电容电压的纹波幅值和变化关系到稳态分析与电路设计。在每个周期内，电感电流 i_L 增加量和减少量的一致性通常是确定变换比和分析功率变换器稳态特性的基础。稳态分析可以从额定功率、电压和电流开始，而这些参数应在变换器规格中预先确定。

3.2.2 额定运行状态

功率变换器可以在各种功率、电压和电流条件下工作，指定变换器的额定工作状态(NOC)作为设计和分析的参考是非常重要的。对于非隔离式DC/DC变换器，其NOC可由表3.1中列出的参数定义，该规范成为稳态分析和电路开发的起点与规范。

表 3.1 额定稳态工作条件

参数符号	单位	说明
P_{norm}	W	额定功率
V_{in}	V	额定平均输入电压
V_o	V	额定平均输出电压
I_L	A	额定平均电感电流(可选)
f_{sw}	Hz	开关频率
ΔI_L	A	电感电流的额定变化量
ΔV_C	V	电容电压的额定变化量

3.3 降压型变换器

降压型(Buck)变换器是最常见的非隔离型 DC/DC 拓扑结构。拓扑的演变过程由无损耗功率变换的开关机制进行模拟,如图 3.6 所示。通过单刀双掷(SPDT)继电器定时连接"AC"或"BC"控制能量流动。通过开关的通/断操作,电压信号 v_{sw} 是脉动的,"AC"连接时 v_{sw} 为高电压,"BC"连接时 v_{sw} 为零。

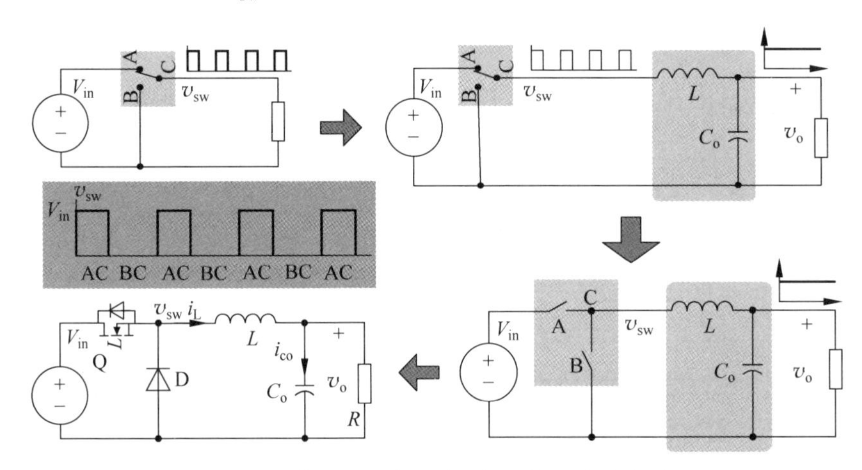

图 3.6 降压型变换器的无损开关概念及发展

在 2.7 节中讨论了 LC 电路的低通滤波特性,表明了 LC 电路对高频信号的衰减能力。如图 3.6 所示,在负载前级添加 LC 滤波器以减轻 v_{sw} 的纹波并实现负载端电压 v_o 的平滑。SPDT 开关被两个功率半导体开关所取代,以在高频下执行相同的开关操作。有源开关 Q 由施加的 PWM 信号控制,以获得所需的电流和所需的输出电压 v_o。续流二极管(D)是一个无源开关,可自动充当"BC"连接,并允许电感电流在 Q 关断状态期间保持电感电流的流通路径。否则,由于 $L\frac{di_L}{dt}$的影响,i_L 的突然中断会产生明显的电压尖峰。图 3.7 显示了使用不同类型功率半导体进行开关操作的一系列降压变换器。功率半导体的选择应根据不同电压等级的最佳匹配来进行,以实现高效率和低成本,具体参考 2.3.5 节中的讲解。

IGBT 成为实现中压或高压的普遍选择，这表明 IGBT 适用于较高的额定电压。对于低压应用，根据损耗分析、开关速度和成本效益，可以选择 IGBT 或 MOSFET。由于损耗低、功率密度高和开关速度高，MOSFET 在 ELV 应用中占主导地位，如便携式设备的电源。MOSFET 的两象限电流特性可以替代二极管来满足续流要求并最大限度地减少导通损耗。MOSFET 的导通状态由等效电阻 $R_{ds(on)}$ 表示，允许电流在续流状态期间选择损耗最低的路径。这种拓扑通常称为"同步降压"变换器，因为低压侧的 MOSFET，即图 3.7 所示 Q_L，作为同步整流器与有源开关 Q_H 的通/断状态互补，图 3.7 中两个开关不应同时处于导通状态，否则会引起短路。

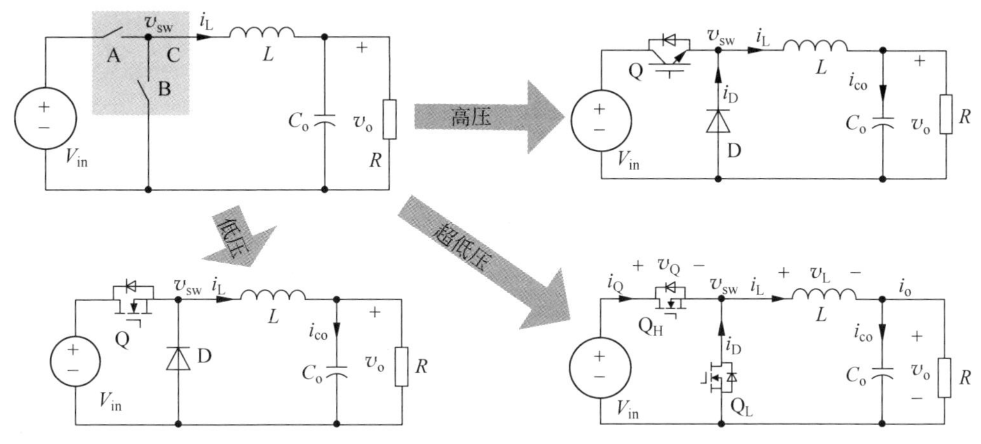

图 3.7　针对不同的电压等级降压电路采用不同的电源开关

3.3.1　稳态分析

在稳定状态下，i_L 和 v_o 的平均值在每个开关周期中都是恒定的。电流或电压的变化指的是由开/关以及与无源元件的相互作用引起的波纹。下面从传统的降压拓扑开始进行稳态分析，如图 3.8(a)所示。

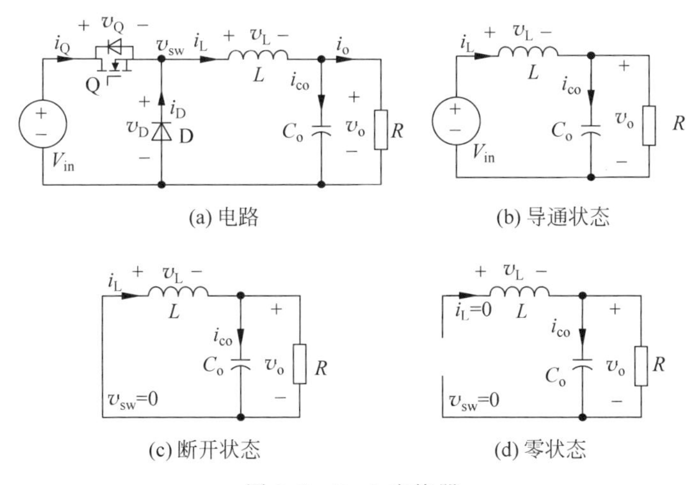

图 3.8　Buck 变换器

当有源开关 Q 导通时,开关节点上的电压连接到电压源,并由于 $v_{sw}=V_{in}$ 而使得续流二极管反向偏置,如图 3.8(b)的等效电路所示。由于 $v_L=V_{in}-v_o>0$ 和 $\frac{di_L}{dt}=\frac{v_L}{L}$,电感电流 i_L 将会增加。图 3.9 给出了 v_{sw}、v_L 和 i_L 的稳态波形,该阶段用 T_{on} 或 T_{up} 来表示,如图 3.9 所示,称为有源开关的"导通状态"或电感电流的"上升状态"。当有源开关 Q 关闭时,电感电流 i_L 由于 $v_L=L\frac{di_L}{dt}$的影响迫使二极管正向偏置以导通。等效电路如图 3.8(c)所示,其与电压源断开连接。由于 $v_L=-v_o<0$ 和 $\frac{di_L}{dt}=\frac{v_L}{L}$,电感电流 i_L 将会减小。存储的磁能被释放以向负载 R 供电,并维持电容器两端的电压 v_o。该阶段表示为 T_{off} 或 T_{down},如图 3.9 所示,称为有源开关 Q 的"关闭状态"或 i_L 的"下降状态"。

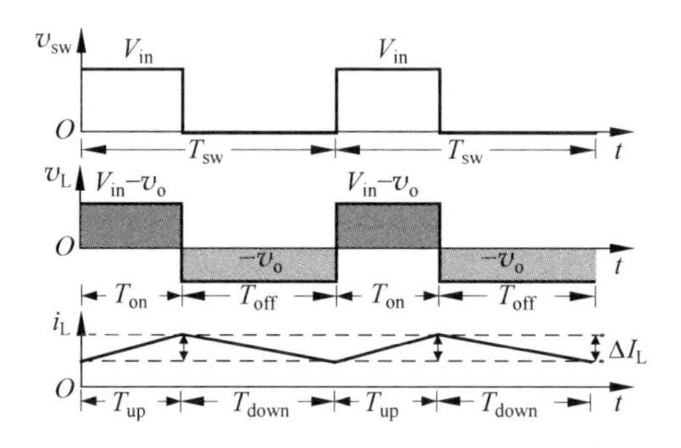

图 3.9 连续导通模式下的稳态波形

根据稳态的定义,i_L 的平均值在每个开关周期 T_{sw} 中是相等的,如图 3.9 所示。i_L 的上升幅度等于下降纹波,标记为 ΔI_L。ΔI_L 值一般为稳态时电感电流纹波的峰-峰值。在离散时域内,开关 Q 导通期间电感电流的增加量为

$$L\frac{\Delta I_L}{T_{on}}=V_{in}-v_o \quad \Rightarrow \quad +\Delta I_L=\frac{V_{in}-v_o}{L}T_{on} \tag{3.2}$$

开关 Q 关断期间电感电流的减少量为

$$-L\frac{\Delta I_L}{T_{down}}=-v_o \quad \Rightarrow \quad -\Delta I_L=\frac{-v_o}{L}T_{down} \tag{3.3}$$

结合式(3.2)和式(3.3),由电感电流的纹波相等推得降压变换器在稳态下的电压变换比为

$$\frac{V_o}{V_{in}}=\frac{T_{on}}{T_{on}+T_{down}} \quad 或 \quad V_o=V_{in}\frac{T_{on}}{T_{on}+T_{down}} \tag{3.4}$$

式中:V_o 为输出电压的平均值,它在稳定状态下是恒定的。电压大小取决于 T_{on}、T_{down} 的时间占比和 V_{in}。

3.3.2 连续导通模式

有源开关 Q 在每个开关周期内工作在导通状态或关断状态,并且 $T_{on}+T_{off}=T_{sw}$,如图 3.9 所示。T_{sw} 表示与开关频率 f_{sw} 相对应的一个开关周期。在连续导通模式(CCM)

下，电感电流在稳定状态下总是大于零且不会饱和。当二极管用作降压变换器中的低压侧开关时，使用专业术语“连续导通模式”，如图 3.8(a)所示。按照 i_L 的波形，分别根据 i_L 的增加和减少来定义电感电流的上升状态和下降状态。上升阶段和下降阶段标记为 T_{up} 和 T_{down}，如图 3.9 所示。因此，连续导通模式时 $T_{on}=T_{up}$ 和 $T_{off}=T_{down}$，表明 $T_{down}=T_{sw}-T_{on}$。根据式(3.4)，电压变换比可以用 CCM 时的通态占空比表示，即

$$\frac{V_o}{V_{in}}=D_{on} \tag{3.5}$$

式中：D_{on} 为 Q 在稳态时的通态占空比，用 $D_{on}=\frac{T_{on}}{T_{sw}}$ 表示。

在连续导通模式下，电压变换比与 PWM 的通态占空比成正比，与负载条件无关。稳态分析表明降压变换器因为 $D_{on}\leqslant 1$ 和 $V_{in}>V_o$，所以降压变换器具有降压的电压变换特性。

3.3.3　断续导通模式

断续导通模式(DCM)发生的原因是二极管只允许电流在一个方向上传导。在断续导通模式中，稳态下的电感电流在每个开关周期内的一段时间内为零。在断续导通模式下，两个开关在开关周期内的一段时间均处于关闭状态。图 3.10 说明了当变换器的工作模式进入 DCM 时 v_{sw}、v_L 和 i_L 的稳态波形。

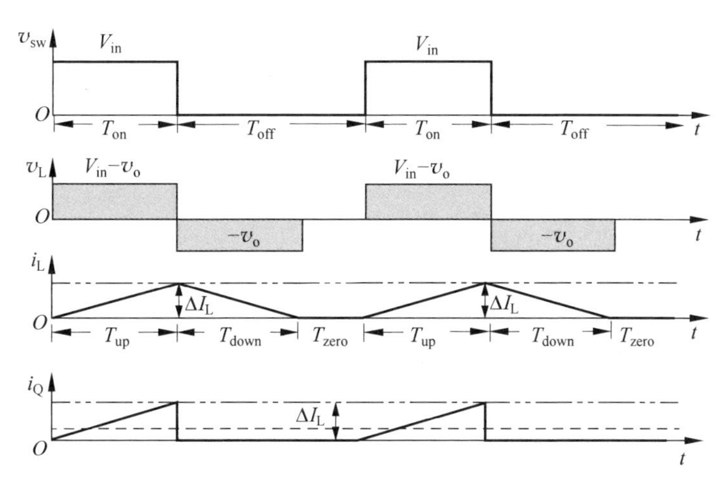

图 3.10　断续导通模式下的稳态波形

按照 i_L 的波形，在电流的上升和下降状态之后增加了“电流的零状态”并用 T_{zero} 表示。在关断期间 T_{off}，存储的电感能量完全释放，使得 $i_L=0$ 和 $v_L=0$，并导致电流的零状态 T_{zero}。二极管停止导通并断开连接，如图 3.8(d)的等效电路所示。与 CCM 不同的是，DCM 的数学表达式变成 $T_{off}=T_{down}+T_{zero}$，$T_{off}\neq T_{down}$。因此，变换器的电压变换比与式(3.5)不同，通态占空比 D_{on} 不再直接代表 DCM 中的电压变换比。稳态分析依据图 3.10 中的电感波形，从而得到和式(3.2)和式(3.3)相同的数学表达式。电压变换比与式(3.4)相同，但是，T_{down} 和 T_{zero} 的时间占比在关断期间 T_{off} 内变得未知。DCM 是由于电流的上升状态下 L 内部所存储的能量不足造成的，与纹波峰-峰值相比，DCM 时的电感电流更小，如图 3.10 所

示。DCM 时可以用 $\mathrm{AVG}(i_{\mathrm{L}})<\dfrac{\Delta I_{\mathrm{L}}}{2}$表示，其中 $\mathrm{AVG}(i_{\mathrm{L}})$取决于稳态负载条件。当忽略损耗时，输入与输出之间的功率平衡导致

$$V_{\mathrm{in}}\times \mathrm{AVG}(i_{\mathrm{Q}})=\frac{V_{\mathrm{o}}^{2}}{R} \tag{3.6}$$

式中：$\mathrm{AVG}(i_{\mathrm{Q}})$为输入电流 i_{Q} 的平均值。平均电流可以表示为

$$\mathrm{AVG}(i_{\mathrm{Q}})=\frac{\Delta I_{\mathrm{L}}\times T_{\mathrm{on}}}{2T_{\mathrm{sw}}} \tag{3.7}$$

在 DCM 时，i_{Q} 在通态前的初始值为零，如图 3.10 所示。因此，电流变化量可以由下式得到

$$\Delta I_{\mathrm{L}}=\frac{V_{\mathrm{in}}-V_{\mathrm{o}}}{L}T_{\mathrm{on}} \tag{3.8}$$

由式(3.6)～式(3.8)的约束可得标准二次方程为

$$\underbrace{(2T_{\mathrm{sw}}L)}_{a}V_{\mathrm{o}}^{2}+\underbrace{(V_{\mathrm{in}}RT_{\mathrm{on}}^{2})}_{b}V_{\mathrm{o}}+\underbrace{(-V_{\mathrm{in}}^{2}RT_{\mathrm{on}}^{2})}_{c}=0 \tag{3.9}$$

通过求解式(3.9)可以得到输出电压的平均值 V_{o}。式中的参数包括 T_{sw}、T_{on} 和负载电阻 R，以及稳态下的其他常数。T_{sw} 和 T_{on} 的值可通过 PWM 的生成获知。输出电压依赖于 DCM 时的负载情况，这与 CCM 的电压确定不同。当 V_{o} 确定时，导通时间和占空比也可以由下式确定以进行电压调节：

$$T_{\mathrm{on}}=\sqrt{\frac{2T_{\mathrm{sw}}LV_{\mathrm{o}}^{2}}{V_{\mathrm{in}}^{2}R-V_{\mathrm{in}}V_{\mathrm{o}}R}}\quad\Rightarrow\quad D_{\mathrm{on}}=\frac{T_{\mathrm{on}}}{T_{\mathrm{sw}}} \tag{3.10}$$

3.3.4 临界导通模式

尽管在大多数情况下 CCM 是高功率密度类 Buck 变换器的首选，但是负载电流过低时变换器会运行于 DCM。负载的变化通常会引起变换器在 CCM 和 DCM 之间切换，而临界导通模式(BCM)是区分 DCM 和 CCM 的关键条件。BCM 的波形如图 3.11 所示，这是 CCM 的一种特殊情况，因为 i_{L} 的波形在一个开关周期内仅在开关管导通时刻为零。因此，稳态电压变换比与 CCM 相同，由式(3.4)或式(3.5)表示。按照图 3.11 中的波形，当稳态负载电流等于式(3.11)所表示的临界值时，就会发生 BCM。峰间值 ΔI_{L} 可以由下式确定：

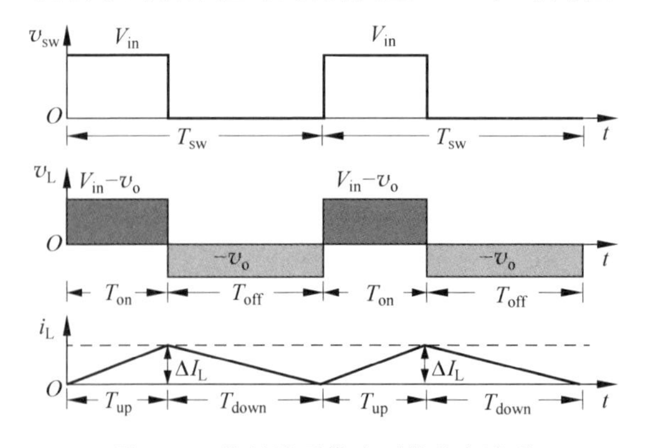

图 3.11 临界导通模式下的稳态波形

$$I_{crit} = \frac{\Delta I_L}{2} \tag{3.11}$$

稳态时，i_L 的平均电流等于负载电流的平均值 i_o，根据这一特性可以确定临界条件，如果 $AVG(i_o) \geqslant I_{crit}$，则变换器可以维持在 CCM。阻性负载时，负载电阻的临界值由 $R_{crit} = V_o / I_{crit}$ 计算得到，其中 V_o 由式(3.5)确定。当阻性负载状态变为 $R > R_{crit}$ 时，变换器的运行状态进入 DCM，其中 V_o 不再与通态占空比 D_{on} 成正比。

3.3.5 电路设计与案例研究

图 3.12 显示了在 CCM 时设计 DC/DC 变换器的工作流程。明确变换器的规格参数是设计过程的第一步(表 3.2)；第二步应根据 D_{on} 和 T_{on} 确定额定调制参数以运行变换器；然后，根据额定工作状况确定无源元件，从而确定电感 L 值和电容 C_o 值。确定 BCM 中的临界负载的条件，因为它是 CCM 和 DCM 之间的分界点。变换器的设计在数值仿真后结束，仿真的目的是验证变换器的设计及规格。设计理念得以证明后，可继续进行样机实施和实验测试。

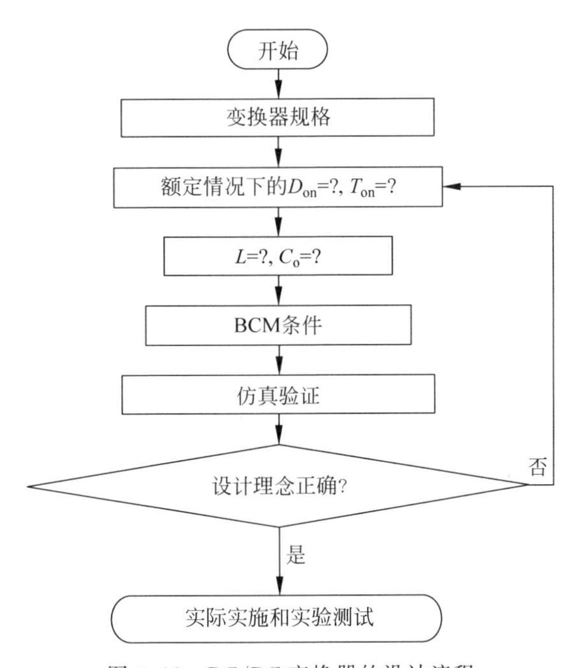

图 3.12 DC/DC 变换器的设计流程

本次的案例研究是设计一个支持 5V 负载的 Buck 变换器，例如来自汽车电源的 USB 供电设备。表 3.2 给出了从 12V 降压到 5V 的变换器规格参数。其额定工作模式基于 CCM，电路拓扑如图 3.8(a)所示。按照表 3.2 中的规格参数和稳态分析，在 CCM 中可以直接确定以下参数：

$$D_{on} = \frac{V_o}{V_{in}} \approx 41.67\%$$

$$T_{on} = \frac{D_{on}}{f_{sw}} = 8.33(\mu s)$$

$$L=\frac{V_{in}-V_o}{\Delta I_L}T_{on}=292(\mu H)$$

表 3.2 Buck DC/DC 变换器的规格

参数符号	单位	说明	参数值
P_{norm}	W	CCM 下的额定功率	5
V_{in}	V	额定输入电压	12
V_o	V	额定输出电压	5
f_{sw}	kHz	开关频率	50
ΔI_L	A	电感电流的额定变化量	0.2
ΔV_o	V	电容电压的额定变化量	0.05

在稳定状态下，i_L 和 i_o 的平均值相等，以保持 v_o 的平均值恒定。然而，由于 i_L 上下波动，v_o 存在纹波。因此，表 3.2 中 v_o 的稳态纹波为确定电容 C_o 值提供了指导。其变化量表示如下：

$$C_o\frac{dv_o}{dt}=i_L-i_o \quad 或 \quad C_o\frac{dv_o}{dt}=i_L-\frac{v_o}{R} \tag{3.12}$$

图 3.13 说明了 v_o 的上升或下降取决于 i_L 和 i_o 之间的差异。在额定工作条件下，电感电流的平均值可以确定为$\frac{P_{norm}}{V_o}=1(A)$。当 i_L 的瞬时值大于$\frac{v_o}{R}$时，电压 v_o 从最低上升到最高。变换器的规格参数显示 v_o 的峰-峰值纹波定义为 0.05V 或 1%V_o，相对纹波百分比明显低于 i_L 额定值的 20%。因此，下面用 i_L 的平均值来表示负载电流进行分析。在 i_L 的瞬时值高于平均值 AVG(i_L)期间，多余的能量给电容器 C_o 充电，v_o 增加并进行能量存储，如图 3.13 所示。电容器电流 i_{co} 在稳态时均值为零，其中峰间纹波与 ΔI_L 相同。如图 3.13 所示，在每个半开关周期内，v_o 从谷值增加到峰值。在每个半周期内，v_o 的下降幅值与 ΔV_o 一致，使稳态下 v_o 的平均值为常数。根据能量平衡关系，每个半周期交换的能量用下式表示：

$$\frac{C_oV_{top}^2}{2}-\frac{C_oV_{bot}^2}{2}=V_o\int_0^{T_{sw}/2}i_{co}(t)dt \tag{3.13}$$

式中：V_{top}、V_{bot} 分别为 v_o 的最高和最低峰值。进一步推导可得

$$C_o\times\underbrace{(V_{top}-V_{bot})}_{\Delta V_o}\times\underbrace{\frac{V_{top}+V_{bot}}{2}}_{V_o}=V_o\underbrace{\left(\frac{1}{2}\frac{\Delta I_L}{2}\frac{T_{sw}}{2}\right)}_{三角形面积} \tag{3.14}$$

其中等式两侧的 V_o 可以对消。因此，输出电容的大小可以通过 f_{sw}、ΔI_L 和 ΔV_o 的稳态额定参数来确定，即

$$C_o=\frac{\Delta I_L}{8f_{sw}\Delta V_o} \tag{3.15}$$

临界负载条件是 CCM 和 DCM 之间的边界。当负载电流低于电流临界值时，工作状态进入基于图 3.8(a)所示的降压变换器电路的 DCM。根据表 3.2 中的规格参数，BCM 的条件可由式(3.11)推导出 $I_{crit}=0.1A$。当考虑阻性负载时，由负载电阻 $R_{crit}=50\Omega$ 表示临界负载条件。

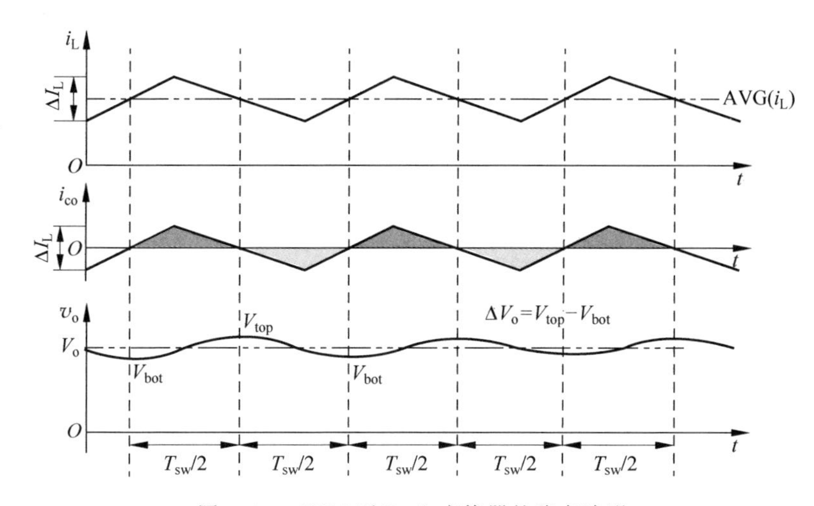

图 3.13 CCM 下 Buck 变换器的稳态波形

3.3.6 仿真与概念验证

Buck 变换器的原理很简单，即开关管控制电流运行在受控范围，而 LC 滤波电路将高频方波电压转换成规定大小的电压和要求的波形质量。当考虑输入 v_{sw} 和输出 v_o 之间的电压关系时，可以参考 2.7 节中讨论的低通滤波特性。由式(2.8)和式(2.9)可以推导出以下积分函数来模拟 LCR 电路：

$$L\frac{di_L}{dt}=v_{sw}-v_o \quad \Rightarrow \quad i_L=\frac{1}{L}\int(v_{sw}-v_o)dt \tag{3.16}$$

$$C_o\frac{dv_o}{dt}=i_L-i_o \quad \Rightarrow \quad v_o=\frac{1}{C_o}\int(i_L-v_o/R)dt \tag{3.17}$$

由式(3.16)和式(3.17)可以建立 LCR 电路的 Simulink 模型，如图 3.14 所示。输入电压表示为 v_{sw}，它与高频纹波耦合。输出电压用 v_o 表示，经过 LC 滤波后将会变得平滑。电感电流 i_L 是模型中用于说明和分析的相互关联变量。

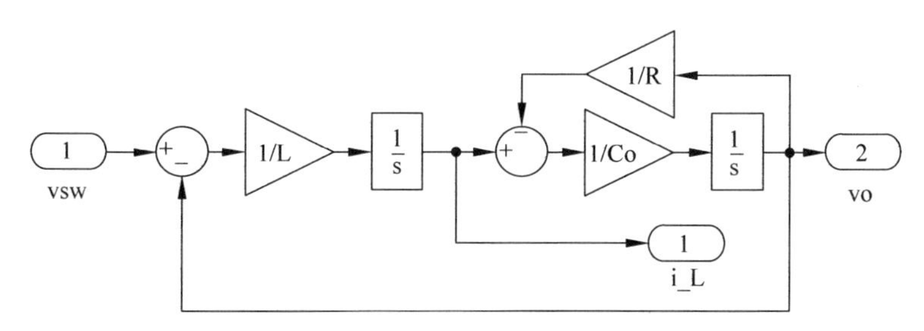

图 3.14 LCR 电路的 Simulink 模型

图 3.15 构建了一个 Buck 变换器的 Simulink 模型，该模型是没有考虑损耗的理想降压变换器。在应用续流二极管时，电感电流仅能单向流动。将积分器的下限赋值为 0，使 $i_L \geqslant 0$，以表示 DCM 中 i_L 的饱和值。利用 Simulink 中的 SPDT 开关模拟双开关桥的开关机理。该模型包括三个输入，分别是开关的 PWM 指令信号、输入电压 V_{in} 和输出电流 i_o。图 3.8

所示的负载电阻不在模型范围内，按照 $i_o=\frac{v_o}{R}$ 来灵活地控制负载的变化。该模型输出两个重要信号，即电感电流 i_L 和输出电压 v_o。建立一个图 3.16 所示的集成模型，包括 PWM 发生器、DC/DC 降压变换器和负载单元的子系统。PWM 的占空比和负载电阻可以通过编程实现模型仿真。

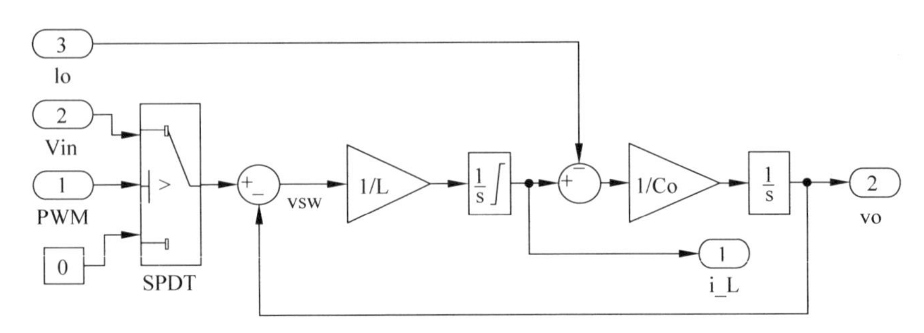

图 3.15 Buck 变换器功率系统的 Simulink 模型

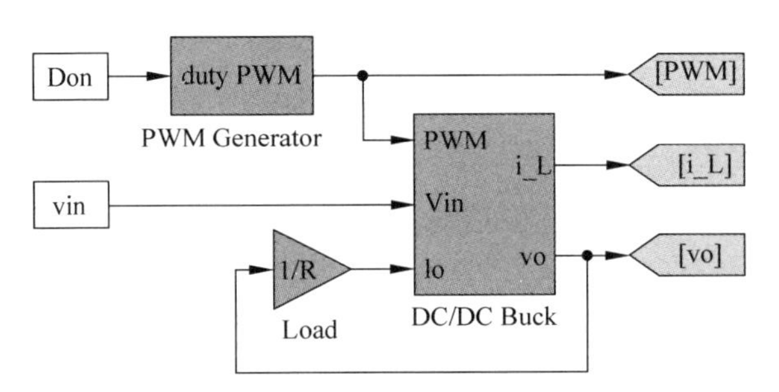

图 3.16 集成了负载和 PWM 发生器的 Buck 变换器的 Simulink 模型

根据表 3.2 所列的规格参数对方案设计进行仿真验证，并在稳态下验证以下参数：

(1) 当 PWM 的占空比为 41.67% 时，$V_o=5\text{V}$。

(2) 根据 L 的设计值，$\Delta I_L=0.2\text{A}$。

(3) 根据 C_o 的设计，$\Delta V_o=0.05\text{V}$。

图 3.17 为 i_L 和 v_o 的模拟波形，施加 PWM 时，电流和电压从零开始并在 0.4ms 内达到稳态。稳态结果表明，当通态占空比为 41.67% 时，系统的 v_o 和 i_L 的平均值分别为 5V 和 1A，符合变换器规格要求。根据 5W 额定功率的工作条件，负载电阻为 5Ω。图 3.18 提供了开关周期内 i_L 和 v_o 的峰-峰值纹波图形，仿真结果测得 $\Delta I_L=0.2\text{A}$ 和 $\Delta V_o=0.05\text{V}$，与规格参数相符。根据稳态分析，当 $R=R_{crit}=50\Omega$ 或 i_o 的平均电流为 0.1A 时，变换器的工作状态进入 BCM。仿真通过将负载电阻赋值为 R_{crit} 来验证变换器的工作状态，图 3.19 说明了 CCM 的特殊情况即 BCM，其中输出电压与 CCM 时的输出电压值相同，所测得的电感电流在每个开关周期中在 0～0.2A 的范围内变化。另一个仿真案例所遵循的通态占空比相同，但负载条件改变了，即 $R_{crit}<100\Omega$，图 3.20 给出了 DCM 时的 i_L 和 v_o 的稳态波形。v_o 的平均值为 6.36V，高于规格参数，该数值可以通过求解式(3.9)中的函数关系得到，对应于 41.67% 的通态占空比。要重新输出 5V，根据式(3.10)应将占空比调

整为 29.46％。实例分析表明，数值仿真是一种有效的工具，可以根据额定工况的规格参数和期望值来验证关于变换器的概念性设计。该方法也可有效地验证变换器在 BCM 和 DCM 时的工作状态。图 3.12 所示的设计流程是通用的，可以应用于其他 DC/DC 变换器的设计。

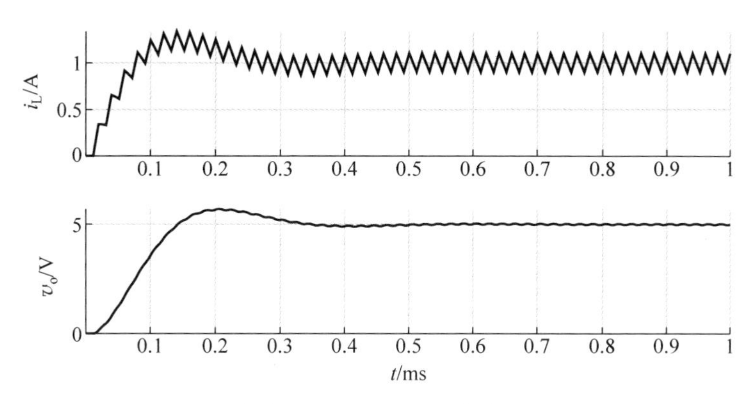

图 3.17　额定功率运行时的仿真结果（$R=5\Omega$）

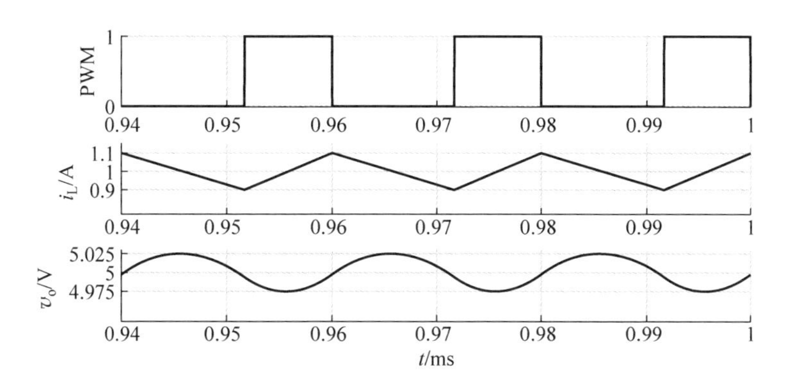

图 3.18　额定功率运行时用于检验纹波的仿真结果

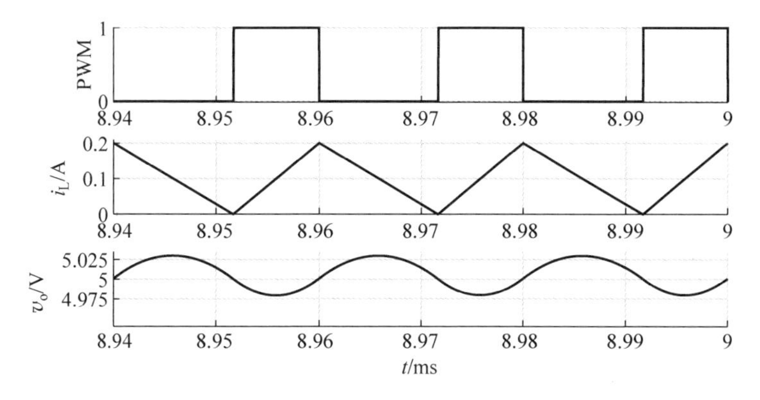

图 3.19　BCM 时降压变换器的仿真结果（$R=50\Omega$）

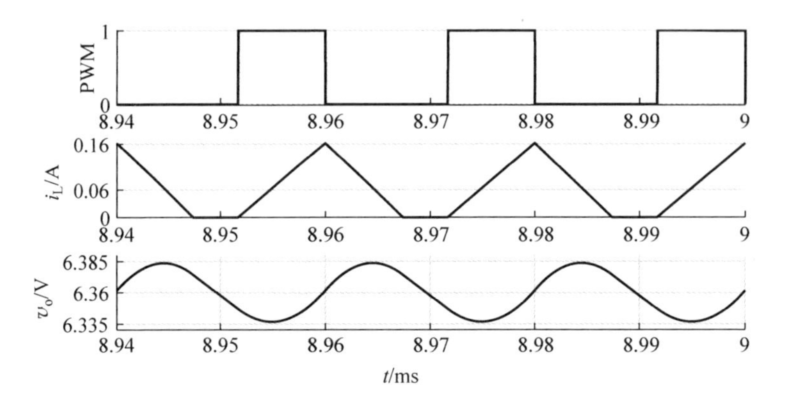

图 3.20 DCM 时降压变换器的仿真结果($R=100\Omega$)

3.4 升压型变换器

与降压型(Buck)变换器相反,升压型(Boost)变换器的输出电压高于输入电压。图 3.21 说明了降压型变换器与升压型变换器之间的演变关系。电源和负载的位置互换使得拓扑从 Buck 变换器演变到 Boost 变换器,电容器因其平滑电压的作用也随负载一同进行位置交换。最后对功率半导体进行合理选择,得到了标准的升压型变换器。

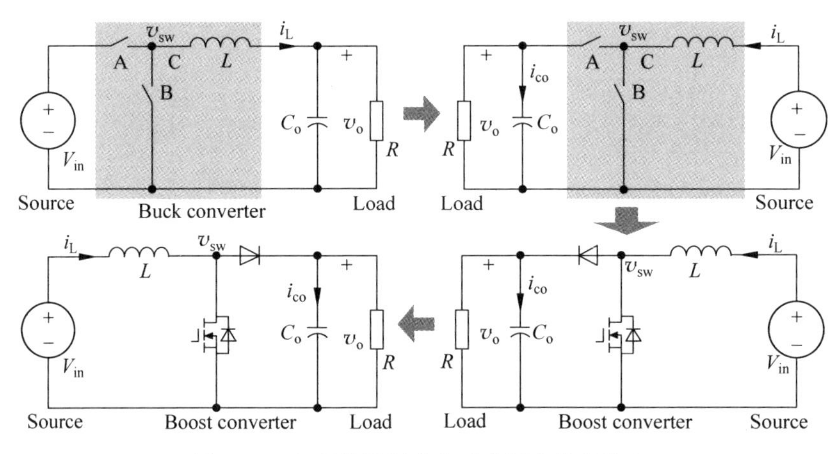

图 3.21 拓扑从降压变换到升压变换的演变

标准的升压电路包括一个电感、一个输出电容和两个开关(一个有源开关和一个无源开关),如图 3.22(a)所示。与降压拓扑不同,无源元件 L 和 C 被二极管和有源开关节点隔开,有源开关节点电压用 v_{sw} 表示。有源开关可由 MOSFET 实现,在高压场合它也可以被另一种类型的功率半导体如 IGBT 所替代。根据图 3.22(a)中的电路分析,当 $V_{in}>v_o$ 时,由于导通二极管作用,直流电流从电源端传递到负载端,v_o 的电压值被自动钳位到 V_{in} 的大小。对 Q 进行开关操作将会使 v_o 的电压值高于 V_{in}。

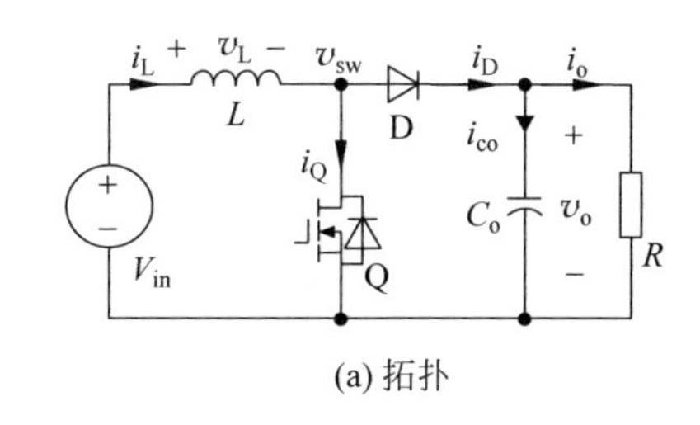

(a) 拓扑

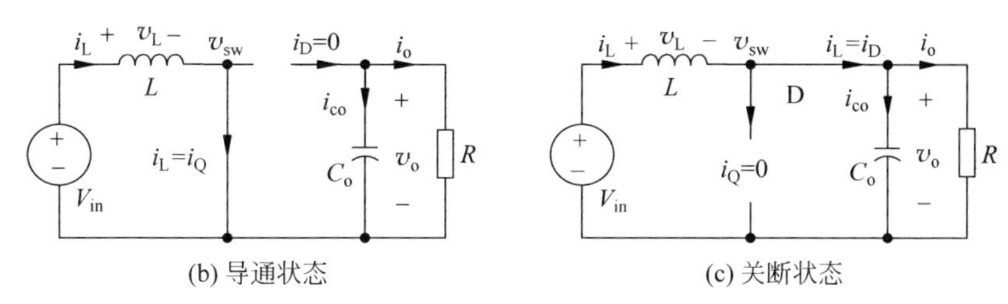

(b) 导通状态 (c) 关断状态

图 3.22 Boost 变换器电路

3.4.1 稳态分析

当 Q 导通时，开关节点接地，使 $v_{sw}=0$，如图 3.22(b)所示。二极管 D 因为 $v_o>V_{sw}$ 而反向偏置，并阻断了电感 L 和电容 C_o 之间的连接；由于在外加电源的作用下 $v_L=V_{in}$，Q 的导通使得电感电流 i_L 增加，磁能存储在电感 L 中，如图 3.22(b)所示。输出端在有源开关导通状态下不与电源连接，输出电压 v_o 逐渐减小，但由于与负载并联的输出电容值很大，因此下降值相对于 v_o 大小基本不变。

当 Q 关断时，电感电流往往因有源开关断路而立即停止增加。然而，由于 $v_L=L\dfrac{di_L}{dt}$，电感电流的不可突变性导致 v_L 跳变为负值。所累积的电压高到足够使得二极管 D 正向导通，从而使电感电流继续保持。二极管导通将分离的两部分电路重新连接成一体，如图 3.22(c)所示。能量由 L 所存储的磁能和电源 V_{in} 一起输送向负载侧，给 C_o 充电并供给负载。L 两端的电压变为 $V_{in}-v_o$，在稳定状态下 $v_o>V_{in}$，因此它为负值；由于 v_L 为负值，因此有源开关关闭导致 i_L 的减小。图 3.23 为 v_{sw}、v_L、i_L 的稳态波形，符号与图 3.22(a)相同。在开关管导通时，电感电流的增加量用式(3.18)表示，其中通态阶段表示为 T_{on} 或 T_{up}。从电感电流最小值到最大值所增加的电流量为

$$\Delta I_L=\frac{V_{in}}{L}T_{on} \tag{3.18}$$

这是由 $v_L=V_{in}$ 的正电压引起的。

当 Q 断开时，电感电流的减少量为

$$-\Delta I_L=\frac{V_{in}-V_o}{L}T_{down} \tag{3.19}$$

式中：V_o 为稳态输出电压的平均值。

定义下降状态是为了测量 i_L 下降的时间，在图 3.23 中用 T_{down} 表示。根据 3.2 节的稳态定义，i_L 的平均值是恒定的，如图 3.23 所示，其中 i_L 的上升量 ΔI_L 等于每个开关周期

的下降量。

由式(3.18)和式(3.19)的电感电流上升量和下降量可以推导出稳态时 Boost 变换器的电压变换比,即

$$\frac{V_o}{V_{in}}=1+\frac{T_{on}}{T_{down}} \tag{3.20}$$

在不进行任何开关操作的情况下,当忽略二极管 D 的导通压降时,且 $T_{on}=0$,则输出电压等于输入电压。当开关操作使每个开关周期的 $T_{on}>0$ 时,根据式(3.20),输出电压高于输入电压 V_{in},导致输出端电压升高。

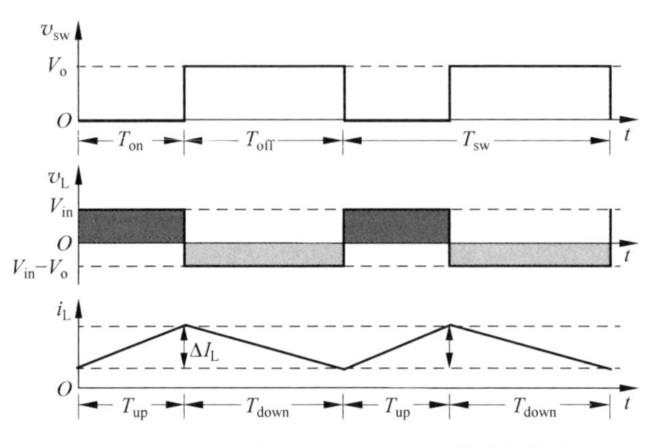

图 3.23 CCM 情况下 Boost 变换器的稳态波形

3.4.2 连续导通模式

CCM 的稳态波形如图 3.23 所示,由此可见,电流的下降状态与开关管的关断状态相同,用 $T_{down}=T_{off}$ 表示。CCM 时的电路运行可用下式表示:

$$\text{AVG}(i_L)>\frac{\Delta I_L}{2} \tag{3.21}$$

式中:$\text{AVG}(i_L)$为稳定状态下 i_L 的平均值。

同时,通态和断态占空比分别由 $D_{on}=\frac{T_{on}}{T_{sw}}$和 $D_{off}=\frac{T_{off}}{T_{sw}}$定义。在 CCM 中,由于 $T_{down}+T_{on}=T_{sw}$,通态与断态占空比的互补关系保持不变,其中 T_{sw} 表示一个完整的开关周期。CCM 稳态下的 Boost 变换器电压变换比可用通态或断态占空比表示,即

$$\frac{V_o}{V_{in}}=\frac{1}{D_{off}} \quad 或 \quad \frac{V_o}{V_{in}}=\frac{1}{1-D_{on}} \tag{3.22}$$

CCM 状态的优点是可预测输出电压,输出电压由输入电压和 PWM 的占空比决定,如式(3.22)所示。流经 L 的连续电流的利用率也得以最大限度地提高,以实现高功率密度。为避免短路,应始终约束通态占空比使其 $D_{on}<1$。

3.4.3 临界导通模式

式(3.22)所表示的电压变换比也适用于 BCM,它被认为是 CCM 的特殊情况。图 3.24

给出了 BCM 中 v_{sw}、v_L 和 i_L 的稳态波形。电感电流在 Q 关断结束时刻为零，然后立即上升，对应于每个开关周期中的新关断状态。

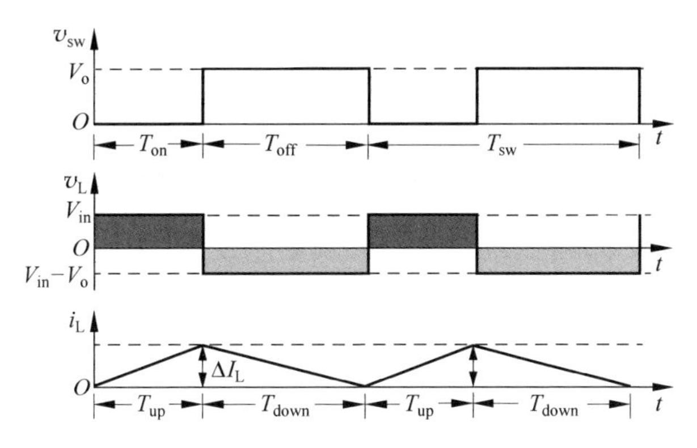

图 3.24 临界导通模式下稳态运行的波形

在 BCM 中，电感电流的平均值 $AVG(i_L)=\Delta I_L/2$。当临界条件确定后，分别在 $AVG(i_L)\geqslant\Delta I_L/2$ 或 $AVG(i_L)<\Delta I_L/2$ 时实现 CCM 或 DCM。在 BCM 的临界负载条件下，由二极管电流的 i_D 平均值可推导出负载电流为

$$I_{crit}=AVG(i_D)=\frac{\Delta I_L\times(1-D_{on})}{2} \tag{3.23}$$

代表临界负载条件的等效负载电阻为

$$R_{crit}=\frac{V_o}{I_{crit}}=\frac{2V_o^2}{\Delta I_L V_{in}} \tag{3.24}$$

当阻性负载条件变为 $R>R_{crit}$ 时，变换器的工作状态进入 DCM，DCM 时的电压变换比与 CCM 时的电压变换器有所区别。

3.4.4 断续导通模式

每个开关周期中，两个开关有一段时间均处于关断状态时(零状态)，就会发生不连续导通模式。零状态的定义是 $i_L=0$，并在每个开关周期中保持一段特定的时间，即 T_{zero}。零状态的等效电路如图 3.25 所示，这种情况产生的原因是二极管只允许电流在一个方向上流动；同时，所存储的电感能量在开关管关断状态期间完全被释放，从而 $i_L=0$ 和 $v_L=0$。DCM 工作的稳态波形如图 3.26 所示，包括 v_{sw}、v_L、i_D 和 i_L。零状态是关断状态的一部分，附加条件是 $i_L=0$。在关断状态期间，二极管电流 i_D 随 i_L 减小到零，并导致零状态，如图 3.26 所示。

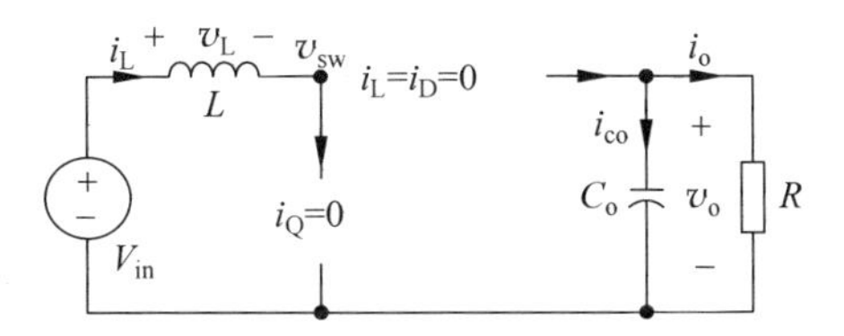

图 3.25 零状态下 Boost 拓扑的等效电路

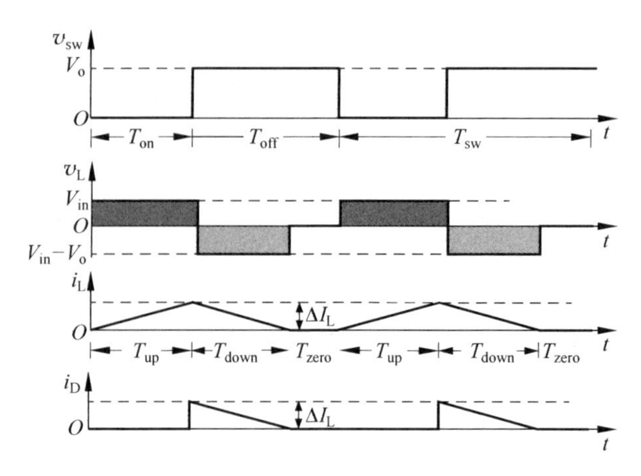

图 3.26　DCM 时稳态运行的波形

DCM 状态可以用 $T_{zero}>0, T_{up}+T_{down}\neq T_{sw}$，或 $AVG(i_L)<\Delta I_L/2$ 表示。这是由 $R>R_{crit}$ 的负载条件所引起的。当升压变换器开始导通时，i_L 的增加量由式(3.18)表示，与 CCM 情况下的表达式相同。电流的上升量是可知的，因为 ΔI_L 可根据输入电压 V_{in} 和导通时间 T_{on} 来确定。当 Q 关闭时，变换器的工作状态进入关断状态，其中式(3.19)的条件对于 DCM 保持不变。因此，式(3.20)所示的电压变换比，无论对 CCM 还是 DCM 都是适用的。但是，在 DCM 下，由于 $T_{down}=T_{sw}-T_{on}-T_{zero}$，所以当 T_{zero} 为未知变量时，T_{down} 是未知的。

在稳定状态下，电容器电流 i_{co} 是纯无功的，其平均值为零，即 $AVG(i_{co})=0$。因此，通过二极管 D 的平均电流等于施加到负载的输出电流的稳态值。根据图 3.26 所示的波形，用式(3.25)表示 i_D 的平均值和等效值，即

$$AVG(i_D)=\frac{\Delta I_L T_{down}}{2T_{sw}}=\frac{V_o}{R} \tag{3.25}$$

在升压变换器中，根据式(3.18)，i_L 的纹波值可通过所施加的通态占空比 D_{on} 和输入电压 V_{in} 获知。未知量 T_{down} 和 V_o 可由式(3.19)和式(3.25)的约束条件确定。输出电压的平均值 V_o 可以通过求解下式确定，选择正根表示输出电压：

$$\underbrace{(2T_{sw})}_{a}V_o^2+\underbrace{(-2T_{sw}V_{in})}_{b}V_o+\underbrace{[-RL(\Delta I_L)^2]}_{c}=0 \tag{3.26}$$

式中：ΔI_L 由式(3.18)求得。

根据式(3.26)，DCM 的输出电压大小不仅取决于输入电压和通态占空比，还取决于负载条件。DCM 时，需要输出预定的电压 V_o 时，DCM 时 ΔI_L 的值可以通过下式得到：

$$\Delta I_L=\sqrt{\frac{2T_{sw}V_o^2-2T_{sw}V_{in}V_o}{RL}} \tag{3.27}$$

通过下式可以确定开通时间和占空比：

$$T_{on}=\frac{\Delta I_L\times L}{V_{in}} \quad\Rightarrow\quad D_{on}=\frac{T_{on}}{T_{sw}} \tag{3.28}$$

3.4.5 电路设计与案例研究

Boost 变换器的设计可基于稳态分析和图 3.12 中提出的设计过程。以表 3.3 中定义的参数作为设计案例研究，该案例研究可用于车载 12V 电源所支持的 19.5V 的负载，如笔记本电脑。变换器的额定工作模式为 CCM，并基于图 3.22(a)所示的电路拓扑。对于稳态时的 CCM 状态，其通态占空比可由式(3.22)求得：

$$D_{on}=1-\frac{V_{in}}{V_o} \tag{3.29}$$

由表 3.3 可知，稳态参数 $D_{on}=38.46\%$，$T_{on}=7.6923\mu s$。

在导通状态期间，i_L 的增加量表示为式(3.18)，它可以用来确定下式中电感值：

$$L=\frac{V_{in}}{\Delta I_L}T_{on} \tag{3.30}$$

在这种情况下，电感 $L=154\mu H$。Q 导通状态下，负载与电源完全分离，如图 3.22(b)所示，输出电压因二极管断开而下降。输出电压通过输出电容 C_o 放电来维持，以支持负载电流，其中 $i_{co}=i_o$。在 T_{on} 这段时间，变换器的状态可以用下式表示：

$$-C_o\frac{\Delta V_o}{T_{on}}=-\frac{V_o}{R} \Rightarrow C_o=\frac{V_oT_{on}}{\Delta V_oR} \quad 或 \quad C_o=\frac{I_oT_{on}}{\Delta V_o} \tag{3.31}$$

其中输出电压相对稳定，其值为 V_o，ΔV_o 的值如表 3.3 所示。在这种情况下，可以确定输出电流的平均值 $I_o=\frac{P_{norm}}{V_o}=1.85(A)$。额定工作条件下的等效负载电阻变为 $R=10.56\Omega$。因此，电容器可设计为 $C_o=71\mu F$。

表 3.3 Boost DC/DC 变换器的规格

参数符号	单位	说明	参数值
P_{norm}	W	CCM 下的额定功率	36
V_{in}	V	额定输入电压	12
V_o	V	额定输出电压	19.5
f_{sw}	kHz	开关频率	50
ΔI_L	A	电感电流的额定变化量	0.6
ΔV_o	V	电容电压的额定变化量	0.2

按表 3.3 的规格参数，BCM 的条件可由式(3.23)求得 $I_{crit}=0.185A$，由式(3.24)求得 $R_{crit}=105.63\Omega$。当 $R\leqslant R_{crit}$ 时，工作状态保持为 CCM。当负载电流小于 I_{crit} 或 $R>R_{crit}$ 时，变换器的运行进入 DCM。

3.4.6 仿真与概念验证

开关动态特性包括有源开关在导通阶段由电感和电容储能单元所引起的暂态现象。如图 3.22(b)所示，当有源开关 Q 处于导通状态时，电感和电容的动态特性分别满足下式

$$L\frac{di_L}{dt}=V_{in} \Rightarrow i_L=\frac{1}{L}\int V_{in}dt \tag{3.32}$$

$$C_o \frac{dv_o}{dt} = -i_o \quad \Rightarrow \quad v_o = \frac{1}{C_o}\int(-i_o)\,dt \tag{3.33}$$

当有源开关 Q 处于关闭状态时，如图 3.22(c)所示，其动态特性表述为

$$L \frac{di_L}{dt} = V_{in} - v_o \quad \Rightarrow \quad i_L = \frac{1}{L}\int(V_{in} - v_o)\,dt \tag{3.34}$$

$$C_o \frac{dv_o}{dt} = i_L - i_o \quad \Rightarrow \quad v_o = \frac{1}{C_o}\int(i_L - i_o)\,dt \tag{3.35}$$

根据式(3.32)～式(3.35)中所定义的开/关状态和积分运算，借助 Simulink 可以建立如图 3.27 所示的仿真模型。该模型忽略了非理想因素，其对应为理想的升压型变换器，两个单刀双掷开关用于电感器和电容器进行开关切换。该模型包括三个输入，即开关的 PWM 信号、输入电压 V_{in} 和取决于负载曲线的输出电流 i_o。该模型还输出两个重要信号，即电感电流 i_L 和输出电压 v_o。更多的输出信号可以与电容电流的模型 i_{co} 相关联。在 Simulink 模块中的饱和符号，它将电感器电流 i_L 限制在正值。饱和设置表示二极管的工作状态，即当 $i_L=0$ 时，只允许正向电流导通并在 DCM 中产生零状态。输出电压的初始值是输入电压 V_{in}，它可以预先编程到积分块中以输出 v_o。输出电压的初始值是输入电压 V_{in}，它可以预先被编程到积分模块中从而输出 v_o。

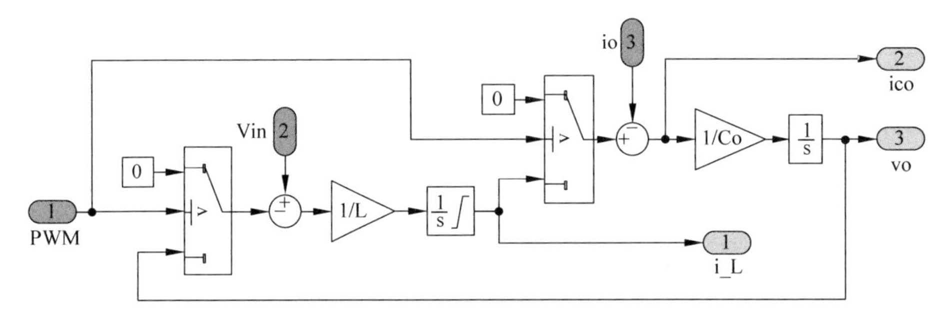

图 3.27　Boost 变换器的仿真模型

所建立的集成模型如图 3.28 所示。PWM 发生器采用了之前开发的相同模型，如图 3.3 所示。通过编程，将 PWM 的占空比和负载电阻的输入模型进行仿真。根据表 3.3 的参数和 3.4.5 节的设计参数，可以进行数值模拟来验证设计，并在稳态下验证预期值。

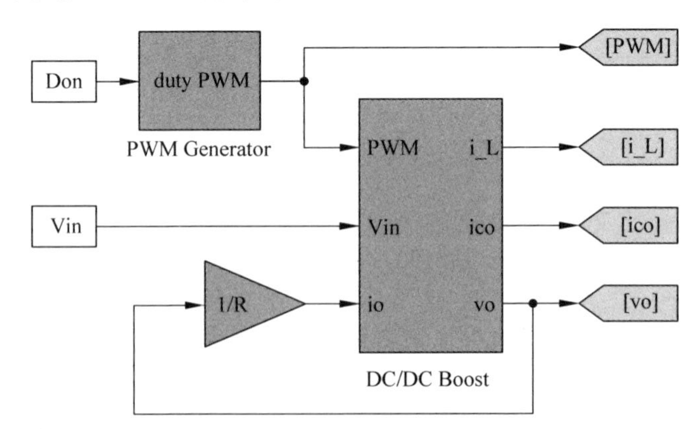

图 3.28　集成了负载和 PWM 发生器的 Boost 变换器的 Simulink 模型

图 3.29 显示了施加 PWM 后 i_L 和 v_o 的仿真波形，其中 $D_{on}=38.46\%$。稳态显示 v_o 和 i_L 的平均值分别为 19.5V 和 3A，在额定输出电压和功率方面与变换器的规格参数一致。负载电阻为 10.56Ω，额定工作功率为 36W。

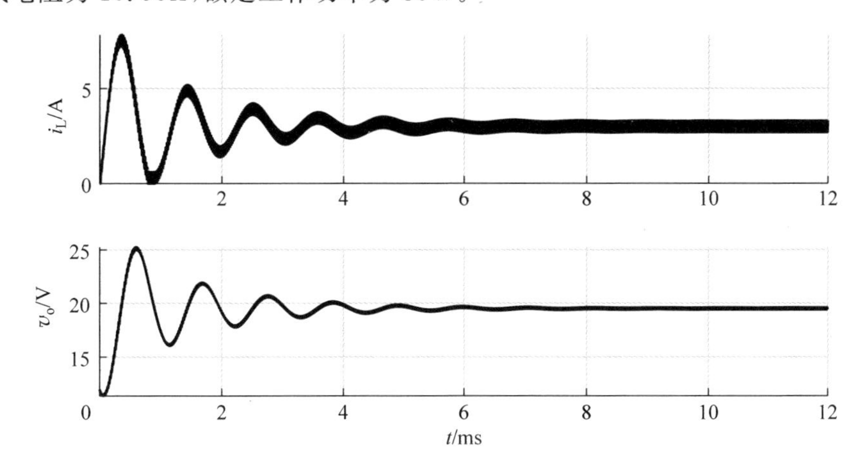

图 3.29 额定运行的仿真结果($R=10.56\Omega$)

图 3.30 显示了 i_L 和 v_o 的峰-峰值纹波的放大图。仿真结果表明，$\Delta I_L=0.6\text{A}$，$\Delta V_o=0.2\text{V}$，满足规范要求。

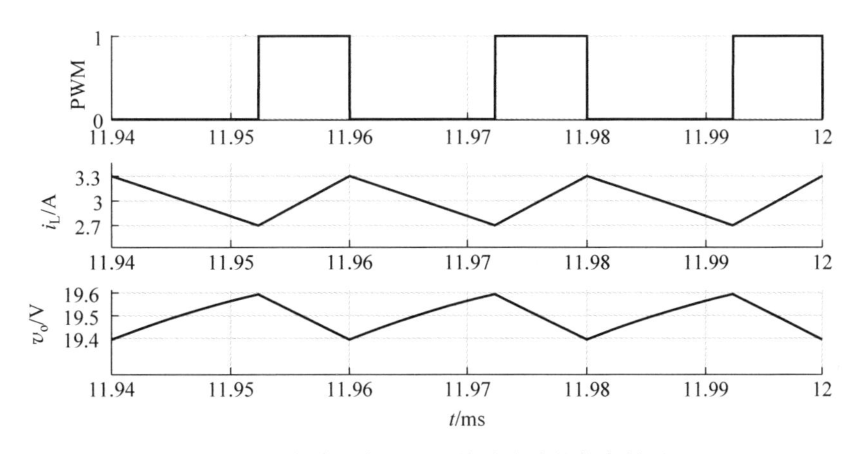

图 3.30 额定运行下用于检验纹波的仿真结果

图 3.31 是波形 i_{co} 与 i_L 和 v_o 的对比，图中电容电流的波形明显是不连续的，所以电容器额定值的大小应适当，以满足对能量存储和电流处理能力的需求。升压变换器的工作方式与降压变换器不同，降压变换器的电容电流是连续的，并且在 CCM 时波纹相对较小，如图 3.13 所示。

当负载条件变为 $R=R_{crit}=105.6\Omega$ 时，变换器的工作状态达到 BCM 的临界条件，i_L 的平均值等于$\frac{\Delta I_L}{2}=0.3(\text{A})$。在仿真中，通过将负载电阻设置为 R_{crit} 来验证变换器的这一工作状态。图 3.32 给出了 BCM 的情况，其中电压变换比与稳态时的 CCM 分析相同。当 $R=200>R_{crit}$ 时，稳态下的变换器将运行在断续工作模式，如图 3.33 所示。当 PWM 的占空比为 38.46%时，输出电压的平均值为 23.7V。输出电压与式(3.26)中的数学计算值一

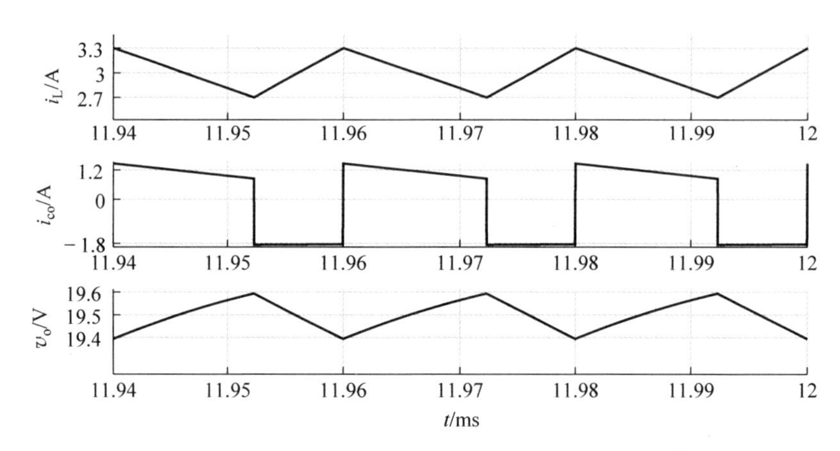

图 3.31　额定运行下用于检验纹波的仿真结果

致。因此,可以通过对 CCM、BCM 和 DCM 的具体性能和所预期的运行结果进行仿真来验证概念设计。

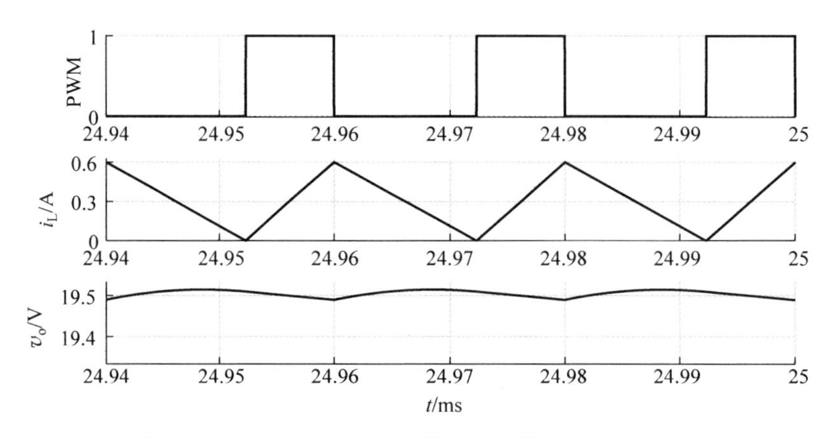

图 3.32　BCM 下 Boost 变换器的仿真结果(R=105.6Ω)

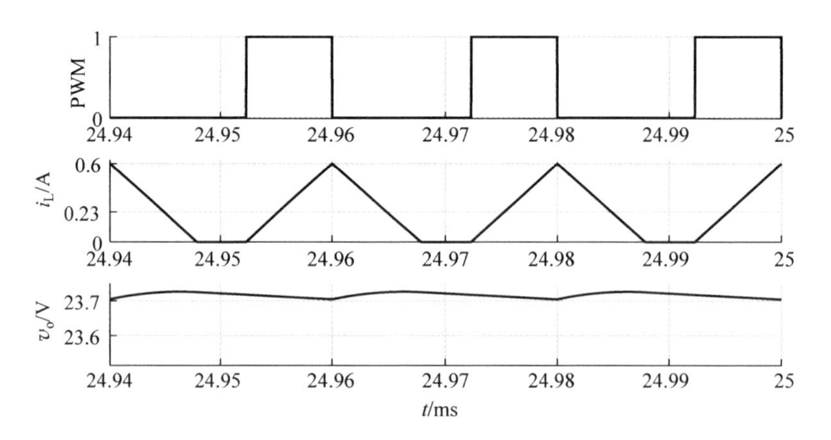

图 3.33　DCM 下 Boost 变换器的仿真结果(R=200Ω)

3.5　同极性升降压型变换器

Buck 和 Boost 拓扑受限于各自单一的降压和升压的功能，考虑到某些场合要求单个变换器具有灵活的电压变换比，以兼备升压和降压的变换功能。这种需求通常来自以下情况：

(1) 在宽范围内提供可编程输出电压的电源。

(2) 输入电压的变化范围很大，如光伏电池系统。

(3) 输入电压和输出电压都在很大的范围内变化，如光伏电池充电器。

当降压变换器和升压变换器都不符合设计要求时，可以考虑升降压拓扑。降压与升压的级联结构形成了同极性升降压型(NI Buck-Boost)拓扑，如图 3.34 所示。降压和升压电路之间共用一个电感作为互连元件。电路由四个开关组成，有两个开关节点，节点电压分别用 v_{sw1} 和 v_{sw2} 表示。电感两端的电压由 $v_{\mathrm{L}}=v_{\mathrm{sw1}}-v_{\mathrm{sw2}}$ 决定。为简化操作，两个有源开关 Q_1 和 Q_2 可以同步进行开/关切换并由一个 PWM 信号控制。当 Q_1 和 Q_2 都导通时，等效电路如图 3.35(a)所示，开关节点的状态为 $v_{\mathrm{sw1}}=V_{\mathrm{in}}$，$v_{\mathrm{sw2}}=0$。因此，两个二极管都是反向偏置的；同时，由于 $v_{\mathrm{L}}=V_{\mathrm{in}}>0$，电感电流在导通状态期间增加。在导通状态 T_{on} 期间，电感电流的增加量为

$$\Delta I_{\mathrm{L}}=\frac{V_{\mathrm{in}}\times T_{\mathrm{on}}}{L} \tag{3.36}$$

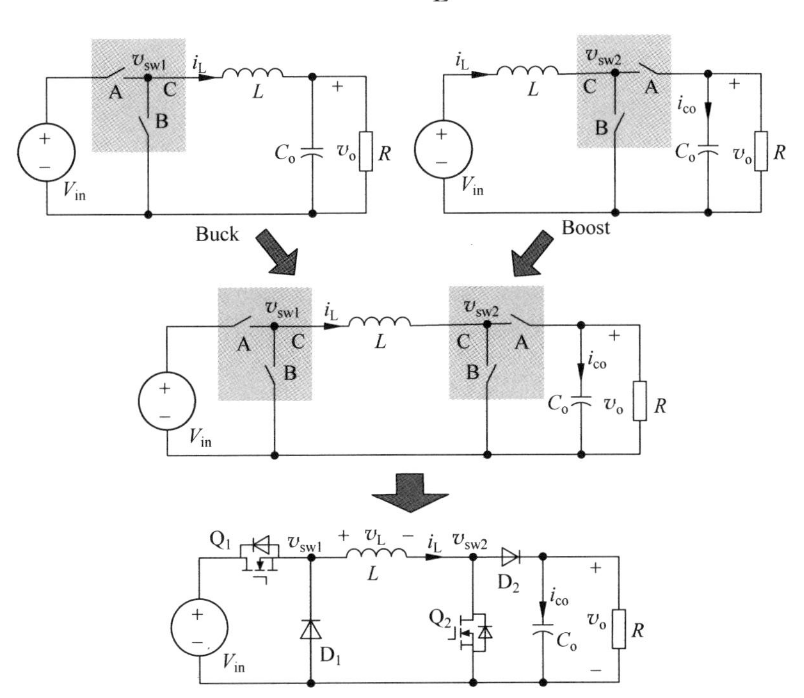

图 3.34　将 Buck 和 Boost 合并为同极性 Buck-Boost 拓扑

当 Q_1 和 Q_2 都关断时，等效电路如图 3.35(b)所示，电感 L 两端的电压由于 i_{L} 的突然减小而变为负值，从而维持电流 i_{L} 的连续性。然后，v_{L} 的电压值足够大到迫使两个二极管正向偏置。由于电感与电源隔离且负载消耗功率，因此 i_{L} 在有源开关关断状态下会减小。

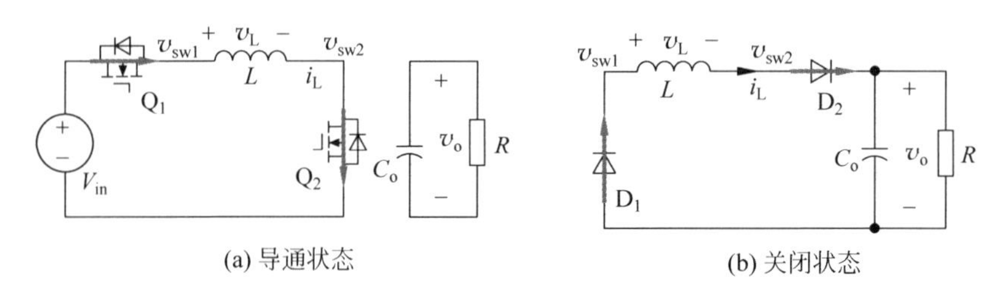

图 3.35 同极性 Buck-Boost 的等效电路

开关节点的状态变为 $v_{sw1}=0, v_{sw2}=v_o$ 和 $v_L=-v_o$。v_L 和 i_L 的稳态波形如图 3.36 所示，以显示它们在每个开关周期中的变化情况。离散时域下的分析表明，电感电流 i_L 下降期间的电流减少量为

$$-\Delta I_L=-\frac{V_o\times T_{down}}{L} \tag{3.37}$$

稳态时，i_L 的平均值为常数，因此电感电流的增加量和减少量相同，如图 3.36 所示。

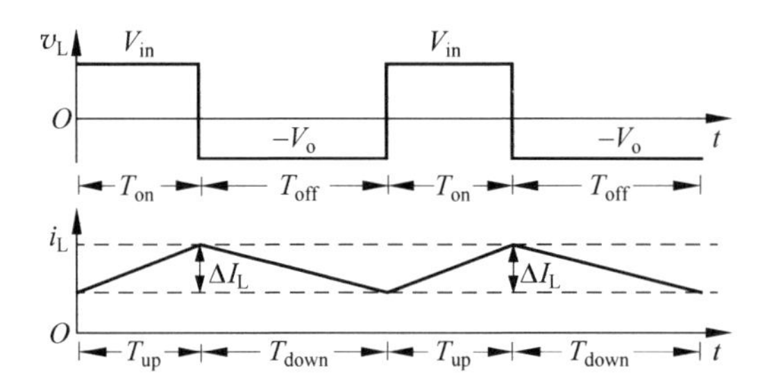

图 3.36 CCM 下同极性 Buck-Boost 的波形

由式(3.36)和式(3.37)可得到稳态电压变换比，即

$$\frac{V_o}{V_{in}}=\frac{T_{on}}{T_{down}} \tag{3.38}$$

它表明输出电压的平均值仅取决于导通状态和关闭状态的时间比例。当 $T_{on}>T_{down}$ 时，变换器的电压变换比为 $V_o>V_{in}$，变换器呈升压运行状态。当 $T_{on}<T_{down}$ 时，变换器的电压变换比为 $V_o<V_{in}$，变换器呈降压运行状态。图 3.36 显示的是变换器的 CCM 情况，因为 $T_{up}=T_{on}$ 且 $T_{down}=T_{off}$。根据对通断状态占空比的定义，CCM 时的电压变换比为

$$\frac{V_o}{V_{in}}=\frac{D_{on}}{1-D_{on}} \quad 或 \quad \frac{V_o}{V_{in}}=\frac{D_{on}}{D_{off}} \tag{3.39}$$

尽管降压-升压的性能很有吸引力，但由于存在四个电源开关，增加了成本、复杂性和损耗，所以这种同极性拓扑的使用并不常见。

3.6 反极性升降压型变换器

升降压变换器的反极性型拓扑(Buck-Boost)如图 3.37 所示，其通常由一个有源开关和一个无源开关构成。“反极性”一词指的是输入端和输出端口之间的电压极性不同。由

图 3.37 可知，共地点被确定后，v_o 的值是负的。其独特之处在于变换器电路中电感器的并联，这不同于降压和升压拓扑。互联电感器与输出电容器被续流二极管 D 隔开。

图 3.37　反极性 Buck-Boost 型 DC/DC 变换器

3.6.1　稳态分析

当 Q 导通时，等效电路如图 3.38(a)所示，其中 $v_{sw}=V_{in}$。由于 v_o 值为负，因此开关管的导通使得二极管反向偏置。电源侧的接入使得能量存储于电感中，根据 $v_L=V_{in}$，电流 i_L 线性增加。稳态波形图绘制在图 3.39 中以供分析。根据开关管导通时间，i_L 的增加量为

$$\Delta I_L=\frac{V_{in}}{L}T_{on} \tag{3.40}$$

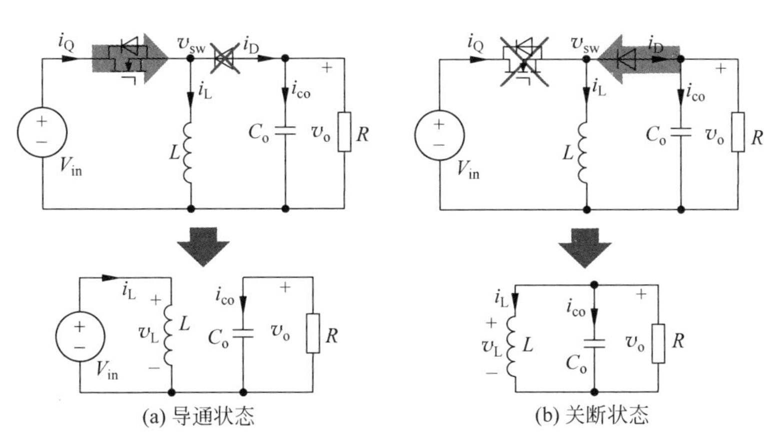

图 3.38　反极性 Buck-Boost 等效电路

当 Q 关断时，等效电路如图 3.38(b)所示，其中存储于 L 中的能量得以释放。开关管的突然关断导致电感两端电压极性发生改变。当 v_L 的值达到 v_o 的大小时，二极管正向偏置并开始导电，该状态对应的是电感电流开始下降后的开关管关闭状态或电感电流下降状态，如图 3.39 所示。根据 i_L 的变化，定义电流的上升状态和下降状态，分别用时间段 T_{up} 和时间段 T_{down} 表示。当有源开关导通时，电流的上升状态时间与导通状态时间相同，i_L 的减少量为

$$-\Delta I_L=\frac{V_o}{L}T_{down} \tag{3.41}$$

式中：V_o 为 v_o 的平均值。

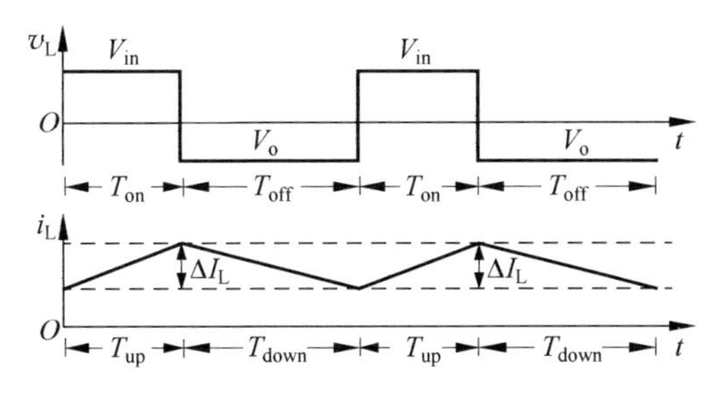

图 3.39　Buck-Boost 在稳态和 CCM 下的波形

在稳定状态下,i_L 的平均值是常数,因此电感电流的增加量和减少量相等。结合式(3.40)与式(3.41),得到电压变换比为

$$\frac{V_o}{V_{in}}=-\frac{T_{on}}{T_{down}} \tag{3.42}$$

结果表明,稳态输出电压的平均值仅取决于导通状态和下降状态的时间比例。在式(3.42)中可以确定图 3.37 中 v_o 的极性为负,表示输入和输出端共同接地。当 $T_{on}>T_{down}$ 时,$|V_o|>V_{in}$,电压变换比呈现输出电压上升;当 $T_{on}<T_{down}$ 时,电压变换比显示输出电压值的下降。

3.6.2 连续导通模式

如图 3.39 所示,CCM 状态时,关断状态和下降状态在数学上表示为

$$T_{off}=T_{down}, \quad T_{on}+T_{down}=T_{sw}$$

式中:T_{sw} 为一个开关周期。因此,在 CCM 中,稳态电压变换比为

$$\frac{V_o}{V_{in}}=-\frac{D_{on}}{1-D_{on}}=-\frac{D_{on}}{D_{off}} \tag{3.43}$$

式中:D_{on} 和 D_{off} 分别为通态和断态的占空比。

3.6.3 临界导通模式

在 BCM 时,变换器的电压变换比与式(3.43)相同。在稳态下,BCM 时的电感电流在每个关断状态结束时刻为零,如图 3.40 所示。BCM 时电感器电流的平均值由 $\mathrm{AVG}(i_L)=\frac{\Delta I_L}{2}$ 计算得出。在式(3.44)中,根据二极管电流 i_D 的平均值,可推导出临界负载条件下的等效负载电流为

$$I_{crit}=-\frac{\Delta I_L\times(1-D_{on})}{2} \tag{3.44}$$

表示临界负载条件的等效电阻为

$$R_{crit}=\frac{V_o}{I_{crit}}=-\frac{2V_o}{\Delta I_L\times(1-D_{on})} \tag{3.45}$$

式中:V_o 为额定输出电压,但其值为负。

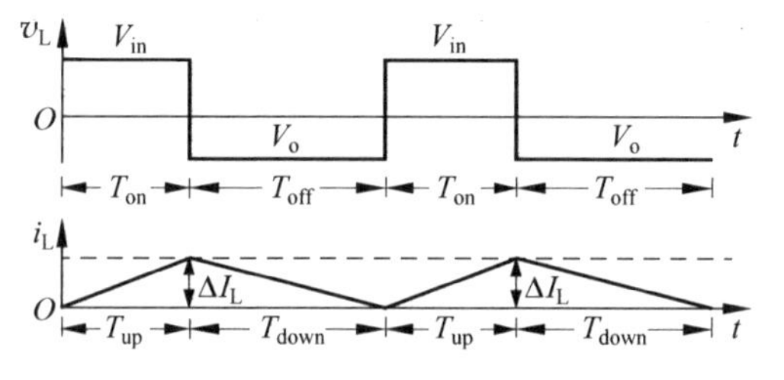

图 3.40 在 BCM 下稳态运行时的波形

当 $R\leqslant R_{crit}$ 时,理论上变换器保持 CCM 或 BCM 状态,否则,所要分析的变换器工作在 DCM。

3.6.4 断续导通模式

当 $\mathrm{AVG}(i_{\mathrm{L}})<\frac{\Delta I_{\mathrm{L}}}{2}$ 时，在图 3.37 所示的升降压变换器中使用续流二极管会导致变换器运行于 DCM。当存储在电感器中的能量在开关关断状态下被完全释放时，由于二极管只允许电流单向流动，因此电感电流下降到零。由于 Q 关闭且 $i_{\mathrm{L}}=0$，因此关闭状态的这部分被称为零状态。在零状态期间，所有的开关均断开，如图 3.41 所示。DCM 下的稳态波形如图 3.42 所示。在 T_{zero} 期间，$i_{\mathrm{L}}=i_{\mathrm{D}}=i_{\mathrm{Q}}=0$，$v_{\mathrm{sw}}=v_{\mathrm{L}}=0$。DCM 状态的数学表达式为 $T_{\mathrm{zero}}>0$，$T_{\mathrm{on}}+T_{\mathrm{down}}\neq T_{\mathrm{sw}}$ 或 $\mathrm{AVG}(i_{\mathrm{L}})<\frac{\Delta I_{\mathrm{L}}}{2}$。

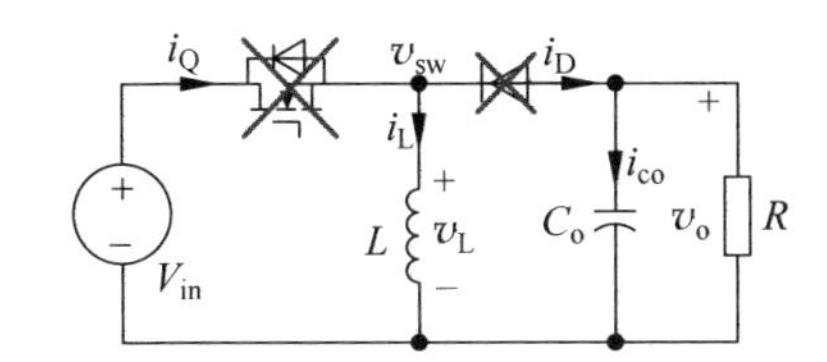

图 3.41 零状态下的 Buck-Boost 变换器

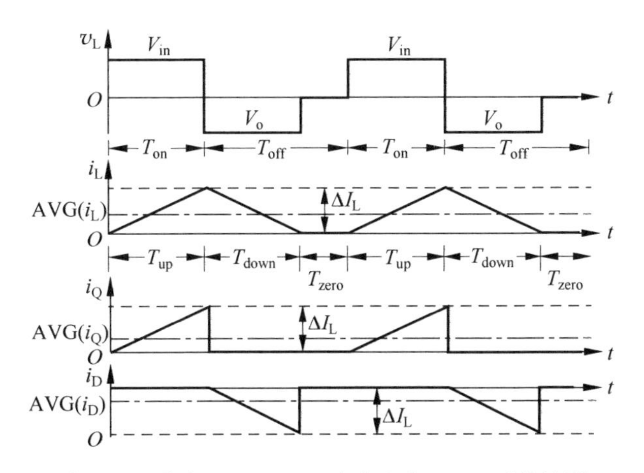

图 3.42 稳态 Buck-Boost 在稳态和 DCM 下的波形

DCM 的稳态分析遵循相同的推导规则，如式(3.40)和式(3.41)所示。由分析得到式(3.42)中电压变换比的一般形式。然而，因为时间段 T_{zero} 的划分取决于负载条件，无法通过所施加的 PWM 来确定，所以 T_{down} 未知。在 DCM 中，由于 V_{in} 和 T_{on} 都是已知的，ΔI_{L} 的大小可以由式(3.40)确定。i_{Q} 的平均值可以根据波形由下式推导出来(图 3.42)：

$$\mathrm{AVG}(i_{\mathrm{Q}})=\frac{\Delta I_{\mathrm{L}}T_{\mathrm{on}}}{2T_{\mathrm{sw}}}=\frac{V_{\mathrm{in}}T_{\mathrm{on}}^{2}}{2LT_{\mathrm{sw}}} \tag{3.46}$$

在稳定状态下，不考虑功率损耗，可以推导出从输入端到输出端的功率平衡为

$$V_{\mathrm{in}}\times\mathrm{AVG}(i_{\mathrm{Q}})=\frac{V_{\mathrm{o}}^{2}}{R} \tag{3.47}$$

结合式(3.46)和式(3.47)，稳态 DCM 下的电压变换比为

$$\frac{V_o}{V_{in}} = -T_{on}\sqrt{\frac{R}{2LT_{sw}}} \quad 或 \quad \frac{V_o}{V_{in}} = -T_{sw}D_{on}\sqrt{\frac{R}{2LT_{sw}}} \tag{3.48}$$

其中考虑了负载条件 R。在 DCM 情况下，V_o/V_{in} 取决于负载条件，不再遵循 CCM 时的电压变换比。当 V_o 被预先设定好时，可以据此确定通态占空比，实现 DCM 下的电压调节。

3.6.5 电路设计与案例研究

本案例研究采用了以下场景：一台笔记本电脑由一个光伏电池板供电，根据太阳辐射强度和温度其输出电压从 14.4V 急剧变化到 21.6V。选择 Buck-Boost 拓扑来满足其升压或降压的电压变换要求。表 3.4 给出了变换器规格，其中额定输入电压被指定为 18V 以供分析和设计。输出电压为－19.5V，设计过程与图 3.12 所示的步骤相同。CCM 稳态运行时，通态占空比由式(3.43)导出：

$$D_{on} = \frac{V_o}{V_o - V_{in}} \tag{3.49}$$

表 3.4 Buck-Boost DC/DC 变换器规格

参数符号	单 位	说 明	参 数 值
P_{norm}	W	额定功率	36
V_{in}	V	额定输入电压	18
V_o	V	额定输出电压	−19.5
f_{sw}	kHz	开关频率	50
ΔI_L	A	电感电流的额定变化量	0.6
ΔV_o	V	电容电压的额定变化量	0.2

表 3.4 列出了额定 CCM 运行所确定的参数：$D_{on}=52.00\%$ 和 $T_{on}=\dfrac{D_{on}}{f_{sw}}=10.40(\mu s)$。

在导通状态下，变换器被分离成可单独分析的两个部分，如图 3.38(a)所示。i_L 的增加量用式(3.40)表示，可用它来确定电感值的大小，即

$$L = \frac{V_{in}}{\Delta I_L}T_{on} \tag{3.50}$$

在这种情况下，电感值 $L=312\mu H$。

在导通状态之后的断态期间，由于电源和电感器断开连接，负载电压会下降。输出电压由输出电容 C_o 放电来维持，以支持负载电压稳定。在 T_{on} 时间段内，输出电压随时间的变化量关系为

$$-C_o\frac{\Delta V_o}{T_{on}} = \frac{V_o}{R} \quad \Rightarrow \quad C_o = -\frac{V_oT_{on}}{\Delta V_oR} \tag{3.51}$$

其中输出电压 V_o 相对稳定，为额定的 V_o 值。因此，在这种情况下，电容器的大小可设置为 $C_o=96\mu F$。根据表 3.4 的规格参数，BCM 的临界负载条件可由式(3.44)求得 $I_{crit}=0.144A$，由式(3.45)求得 $R_{crit}=135.42\Omega$。

3.6.6 仿真与概念验证

当 Q 处于导通状态时，变换器系统的动态特性在数学上可以用下式表示：

$$i_{\mathrm{L}}=\frac{1}{L}\int V_{\mathrm{in}}\mathrm{d}t,\quad v_{\mathrm{o}}=\frac{1}{C_{\mathrm{o}}}\int(-i_{\mathrm{o}})\mathrm{d}t \tag{3.52}$$

当Q处于关闭状态时,变换器系统的动态特性在数学上可以用下式表示:

$$i_{\mathrm{L}}=\frac{1}{L}\int v_{\mathrm{o}}\mathrm{d}t,\quad v_{\mathrm{o}}=\frac{1}{C_{\mathrm{o}}}\int(-i_{\mathrm{L}}-i_{\mathrm{o}})\mathrm{d}t \tag{3.53}$$

根据开/关状态和积分运算,通过Simulink可建立如图3.43所示的仿真模型。该模型显示的是一个没有考虑非理想因素的理想反极性升降压变换器。

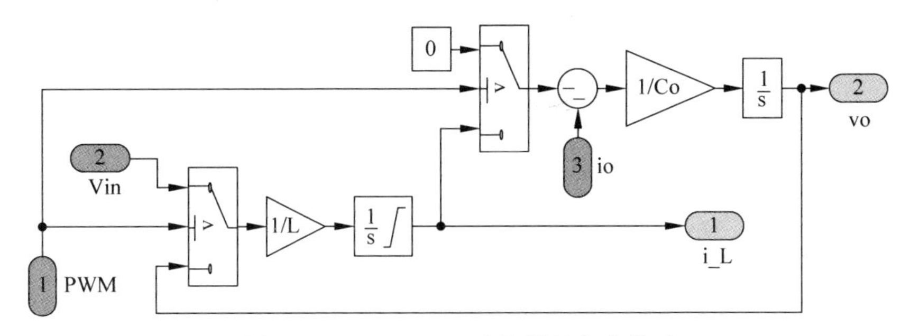

图3.43 Buck-Boost变换器的仿真模型

Simulink模型中使用两个SPDT开关在开、关两种状态之间进行动态切换,分别用式(3.52)和式(3.53)表示。它包括三个输入,分别是开关的PWM指令信号、输入电压V_{in}和取决于负载条件和输出电压v_{o}的输出电流i_{o}。该模型有两个重要的输出信号,即电感电流i_{L}和输出电压v_{o}。积分模块中所示的饱和符号将电感器电流i_{L}限制为正以反映对续流二极管的利用。

图3.44为i_{L}和v_{o}的仿真波形。该稳态结果表明,v_{o}的平均值为-19.5V,符合变换器额定输出电压规格。负载电阻指定为10.56Ω,以保证额定功率。i_{L}和v_{o}的峰-峰值纹波的放大图如图3.45所示。当通态占空比为52.00%时,仿真结果显示$\Delta I_{\mathrm{L}}=0.6$A,$\Delta V_{\mathrm{o}}=0.2$V,与设计要求相同。图3.46分别给出了开关管电流i_{Q}和二极管电流i_{D}的波形,当$R=R_{\mathrm{crit}}=135.42\Omega$时,变换器的运行状态会变为BCM的临界状态。图3.47是验证分析的仿真结果,电流i_{L}持续导通,但在每个开关周期中会减小到零。当$R=200\Omega>R_{\mathrm{crit}}$时,变换器应运行在DCM,其中PWM占空比为52.00%时,输出电压的平均值为23.7V,这可以通过相同的仿真过程来验证。

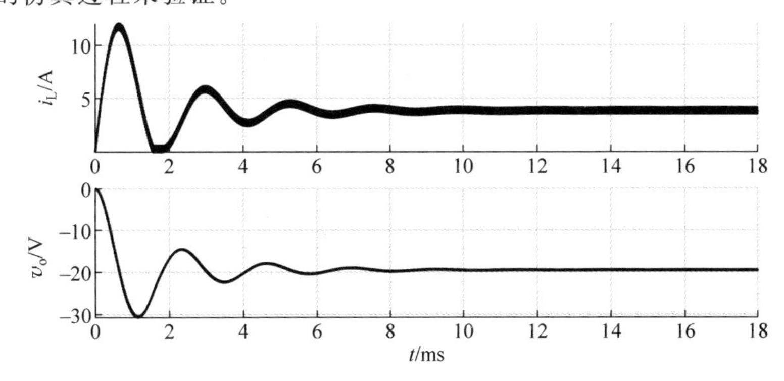

图3.44 额定运行的仿真结果($R=10.56\Omega$)

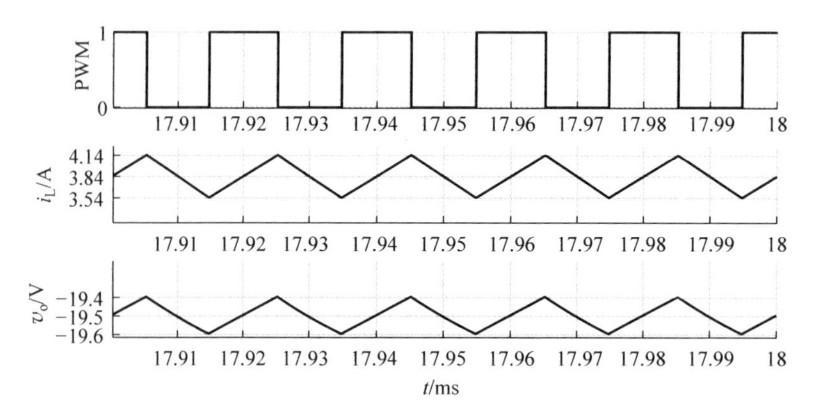

图 3.45 额定运行时用于检验 i_L 和 v_o 纹波的仿真结果

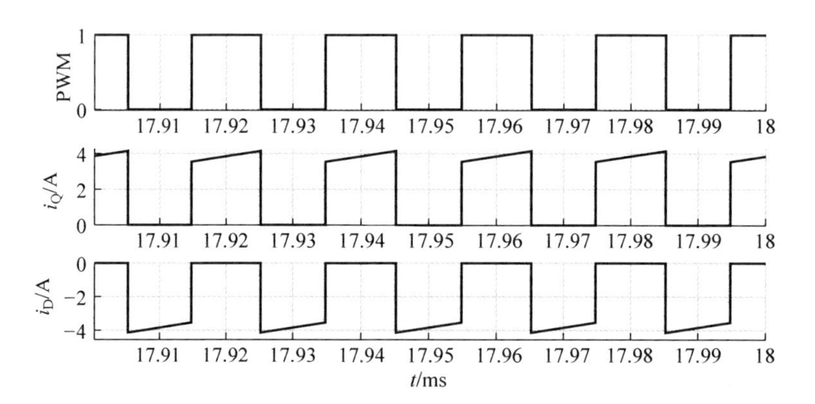

图 3.46 额定运行时用于检验 i_Q 和 i_D 纹波的仿真结果

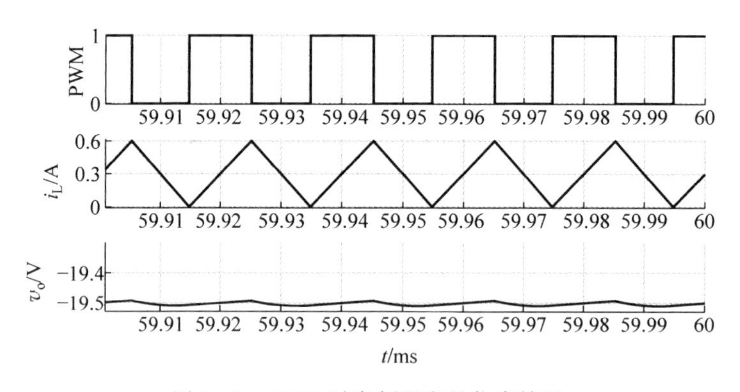

图 3.47 BCM 时案例研究的仿真结果

反极性 Buck-Boost 的拓扑结构一般表现出比 Buck 或 Boost 更灵活的电压变换比。然而,它的缺点是共地的输入端和输出端之间的极性不同。另一个缺点是即使变换器在 CCM 运行,其输入端和输出端也会出现脉冲电流波形,如图 3.46 所示。另外,电感可以存储和释放能量以支持电压变换,但不提供滤波功能,这也与降压和升压拓扑不同。在没有较大滤波器的情况下,输入和输出端口的电能质量都较低。

3.7 Ćuk 变换器

人们希望变换器的电压变换比变化范围宽，但也希望克服 Buck-Boost 变换器所存在的缺点。Ćuk 变换器即是为了实现这一目标而发明的，它以加州理工学院的 Slobodan Ćuk 教授命名。该拓扑结构已获得美国专利，并被命名为“具有零输入和输出电流纹波及集成磁电路的 DC/DC 开关变换器”。Ćuk 变换器电路包括 v_Q 和 v_D 两个开关节点，如图 3.48 所示。开关点之间的连接元件是电容器 C_{sw}，其用于能量存储与释放。输入部分类似于 Boost 变换器的前置电感 L_1。输出电路，包括 LC 滤波器，与 Buck 变换器类似。这种包含了四个无源元件的变换器电路通常比升降压拓扑更复杂。

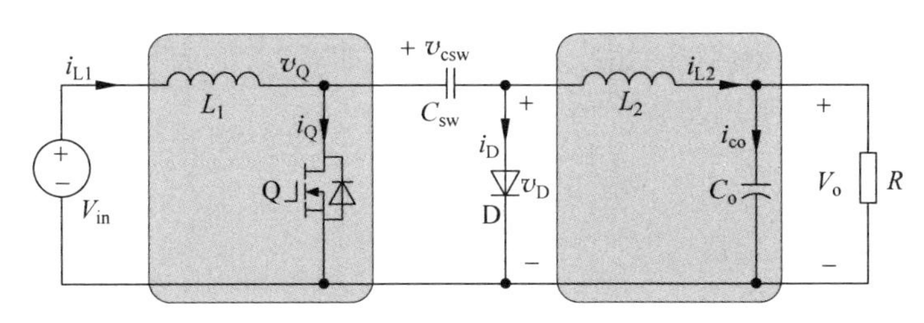

图 3.48　Ćuk 变换器电路

3.7.1 稳态分析

当 Q 导通时，来自电源的能量存储在 L_1 中，表达式为

$$L_1 \frac{\mathrm{d}i_{L1}}{\mathrm{d}t} = V_{in} \tag{3.54}$$

同时，开关节点电压 $v_Q=0$，如图 3.49(a)所示。由于 $v_D=-v_{csw}$，另一个开关二极管 D 反向偏置。通过 C_{sw} 的电流由下式表示：

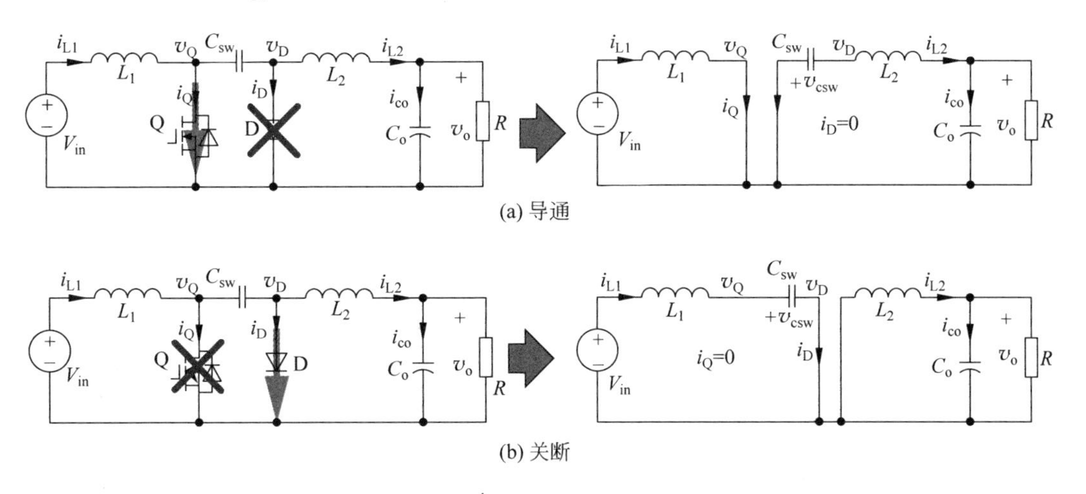

图 3.49　Ćuk 变换器的等效电路

$$C_{sw}\frac{dv_{csw}}{dt}=i_{L2} \tag{3.55}$$

在等效电路的右侧部分，动态特性由以下两式表示：

$$L_2\frac{di_{L2}}{dt}=-v_{csw}-v_o \tag{3.56}$$

$$C_o\frac{dv_o}{dt}=i_{L2}-\frac{v_o}{R} \tag{3.57}$$

当Q关断时，电感电流迫使D正向偏置以形成 i_{L1} 和 i_{L2} 的电流路径，如图3.49(b)所示。储存在 L_1 中的能量被释放并向 C_{sw} 充电，并导致 v_{csw} 按下式增加：

$$C_{sw}\frac{dv_{csw}}{dt}=i_{L1} \tag{3.58}$$

由于 $v_{csw}>V_{in}$，电感电流 i_{L1} 由于放电而减小，如式(3.59)所示。在等效电路的右侧部分，动态特性式由以下两式表示：

$$L_1\frac{di_{L1}}{dt}=V_{in}-v_{csw} \tag{3.59}$$

$$L_2\frac{di_{L2}}{dt}=-v_o \tag{3.60}$$

i_{L1}、i_{L2} 和 v_{csw} 的平均值在稳定状态下是恒定的。这表明 i_{L1}、i_{L2} 和 v_{csw} 的增加量和减少量在每个开关周期内是相等的。在导通状态下，v_{csw} 的动态变化用式(3.55)表示，电压的减少值为

$$-\Delta V_{csw}=\frac{I_{L2}}{C_{sw}}T_{on} \tag{3.61}$$

式中：T_{on} 为导通时间；I_{L2} 为稳态时 i_{L2} 的平均值。

如图3.50所示，显示了稳态波形 v_{csw} 和流过电容 C_{sw} 的电流 i_{csw}。由图3.50的关系，可得到关断状态下 v_{csw} 增加量为

$$\Delta V_{csw}=\frac{I_{L1}}{C_{sw}}T_{off} \tag{3.62}$$

式中：T_{off} 为关断时间；I_{L1} 为稳态时 i_{L1} 的平均值。

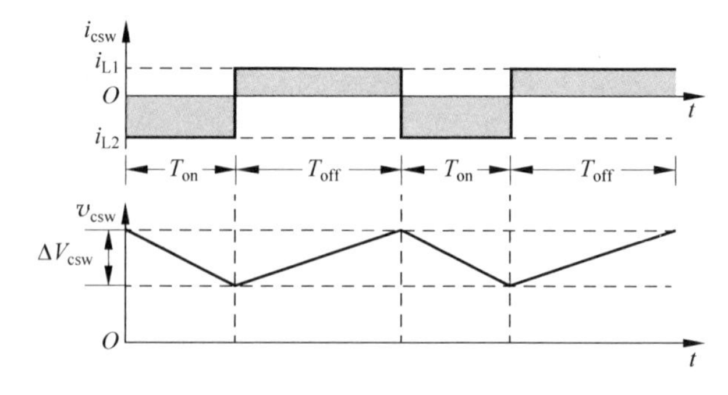

图3.50 Ćuk变换器的稳态波形

结合式(3.61)与式(3.62)得到电流等式,即

$$-I_{L2}T_{on}=I_{L1}T_{off} \tag{3.63}$$

在不考虑损耗的情况下,因为 i_{L1} 表示来自电源的输入电流,而 i_{L2} 相当于到负载的输出电流,所以功率平衡关系为

$$V_{in}\times I_{L1}=V_o\times I_{L2} \tag{3.64}$$

在 CCM 中,理论上可以确定电压变换比,即

$$\frac{V_o}{V_{in}}=-\frac{T_{on}}{T_{off}} \quad 或 \quad \frac{V_o}{V_{in}}=-\frac{D_{on}}{1-D_{on}} \tag{3.65}$$

式中:D_{on}、D_{off} 分别为通态和断态占空比。

稳态电压变换的表达式与 Buck-Boost 拓扑相同,如 3.6 节所述。与 Buck-Boost 拓扑相比,Ćuk 变换器由于配置了电感,从而在输入和输出电流平滑,但其缺点也很明显,采用元器件数量变得更多。

3.7.2　规格与电路设计

Ćuk 变换器的规格要求应包括 ΔI_{L1}、ΔI_{L2}、ΔV_{csw} 和 ΔC_o 的额定值,它们分别指的是 i_{L1}、i_{L2}、v_{csw} 和 v_o 的峰-峰值纹波水平。图 3.51 提供了 Ćuk 变换器的设计过程,L_1、L_2、C_{sw} 和 C_o 的参数应在基于 CCM 运行状态确定。T_{sw} 和 I_o 分别代表开关周期和额定输出电流,由额定功率和额定输出电压 V_o 来决定。通过稳态分析,逐步推导出四个无源器件的参数。该案例研究所遵循的变换比和功率容量与 3.6.5 节中讨论的 Buck-Boost 案例相同。为进行对比研究,输出电压所规定的峰-峰值纹波与 Buck-Boost 的情况相同,为 0.2V。表 3.5 总结了设计 Ćuk 变换器的详细规范。根据图 3.51 所示的规范和设计步骤,所确定的电路参数如表 3.6 所示,电路图及参数如图 3.48 和图 3.49 所示。

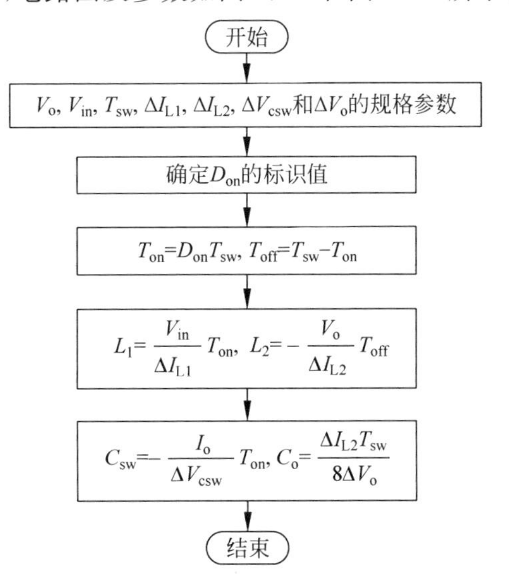

图 3.51　Ćuk 变换器的设计步骤

表 3.5 Ćuk 变换器的规格参数

参数符号	单位	说明	参数值
P_{norm}	W	额定功率	36
V_{in}	V	额定输入电压	18
V_{o}	V	额定输出电压	−19.5
f_{sw}	kHz	开关频率	50
ΔI_{L1}	A	电感电流 i_{L1} 的额定变化量	0.4
ΔI_{L2}	A	电感电流 i_{L2} 的额定变化量	0.4
ΔV_{o}	V	电容电压 C_{o} 的额定变化量	0.2
ΔV_{csw}	V	电容电压的额定变化量	1.0

表 3.6 电路设计及参数

D_{on}	$T_{\text{on}}/\mu\text{s}$	$T_{\text{off}}/\mu\text{s}$	$L_1/\mu\text{H}$	$L_2/\mu\text{H}$	$C_{\text{sw}}/\mu\text{F}$	$C_{\text{o}}/\mu\text{F}$
0.52	10.4	9.6	468	468	19.2	5

3.7.3 建模与仿真

应用开关动态特性理论建立了 Ćuk 变换器的仿真模型。当 Q 处于导通状态时，如图 3.49(a)所示，系统的动态特性可用以下积分式表示：

$$i_{\text{L1}}=\frac{1}{L_1}\int V_{\text{in}}\,\mathrm{d}t \tag{3.66}$$

$$i_{\text{L2}}=\frac{1}{L_2}\int(-v_{\text{csw}}-v_{\text{o}})\,\mathrm{d}t \tag{3.67}$$

$$v_{\text{csw}}=\frac{1}{C_{\text{sw}}}\int i_{\text{L2}}\,\mathrm{d}t \tag{3.68}$$

$$v_{\text{o}}=\frac{1}{C_{\text{o}}}\int\left(i_{\text{L2}}-\frac{v_{\text{o}}}{R}\right)\mathrm{d}t \tag{3.69}$$

当 Q 处于关断状态时，如图 3.49(b)所示，系统的动态特性可用以下积分式表示：

$$i_{\text{L1}}=\frac{1}{L_1}\int(V_{\text{in}}-v_{\text{csw}})\,\mathrm{d}t \tag{3.70}$$

$$i_{\text{L2}}=\frac{1}{L_2}\int(-v_{\text{o}})\,\mathrm{d}t \tag{3.71}$$

$$v_{\text{csw}}=\frac{1}{C_{\text{sw}}}\int i_{\text{L1}}\,\mathrm{d}t \tag{3.72}$$

$$v_{\text{o}}=\frac{1}{C_{\text{o}}}\int\left(i_{\text{L2}}-\frac{v_{\text{o}}}{R}\right)\mathrm{d}t \tag{3.73}$$

基于开关状态和积分运算，可以通过 Simulink 建立仿真模型，如图 3.52 所示。该模型基于一个理想的 Ćuk 变换器，忽略了非理想因素。LCR 模型与 Buck 拓扑中所示的情况一样，如图 3.14 所示。

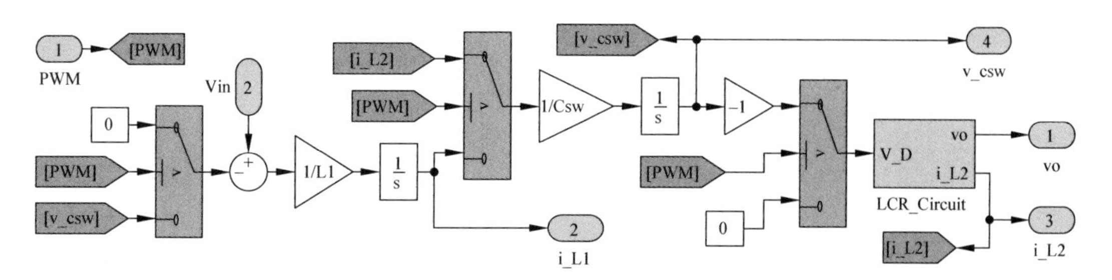

图 3.52 Ćuk 变换器的仿真模型

图 3.53 给出了通态占空比为 52.00%时,从启动到稳态响应的仿真结果。负载电阻为 10.56Ω,输出功率等于额定功率。图 3.54 显示了 v_o、v_{csw}、i_{L1} 和 i_{L2} 在额定工况下的稳态波形。图 3.54(a)显示了 v_o 和 v_{csw} 的稳态波形,电压值和峰-峰纹波值符合表 3.5 的要求。图 3.54(b)显示了电感电流 i_{L1} 和 i_{L2} 的稳态波形,峰间纹波为 0.4A,符合规范。输入端和输出端均呈现了连续的电感电流,证明 Ćuk 拓扑优于 Buck-Boost 拓扑。

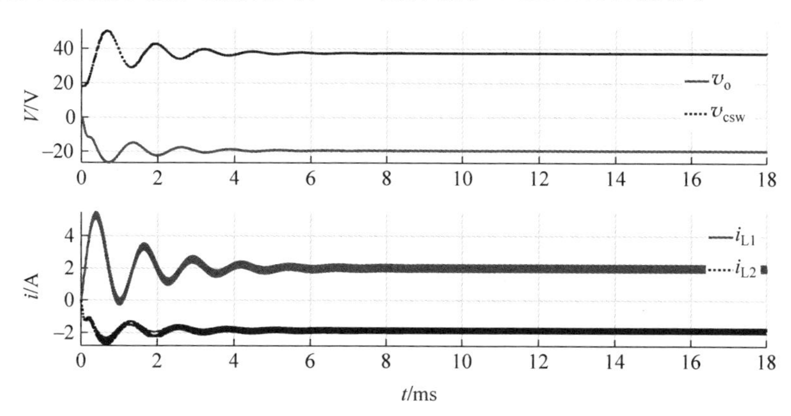

图 3.53 从初始态到稳态的仿真结果

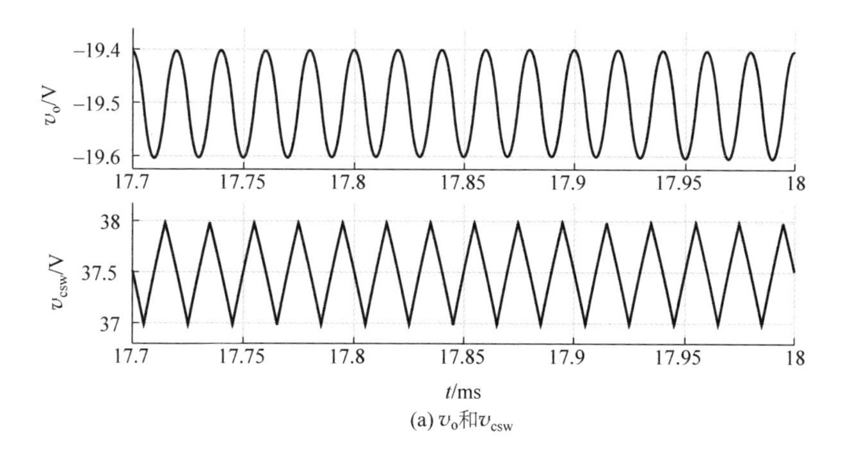

(a) v_o和v_{csw}

图 3.54 Ćuk 变换器的稳态波形

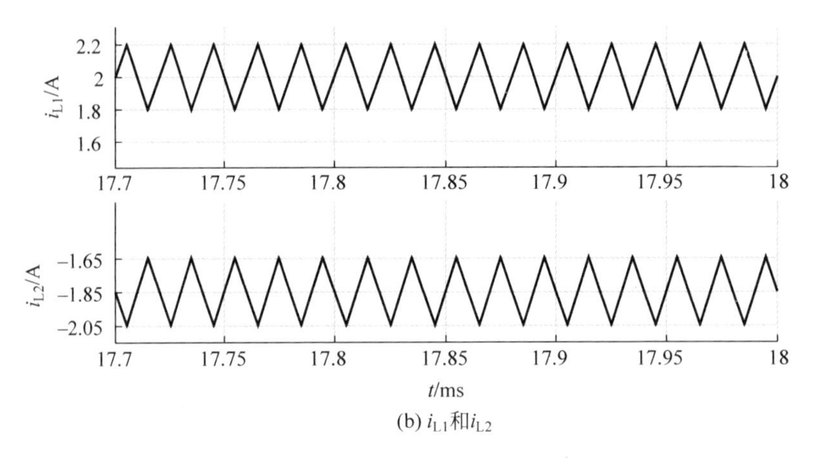

(b) i_{L1}和i_{L2}

图 3.54 （续）

与 Buck-Boost 拓扑相比，Ćuk 变换器表现出更快的动态响应。除了 Ćuk 拓扑的无源元件额定值更高之外，这两个变换器基本上遵循相同的设计规范。对 Buck-Boost 变换器和 Ćuk 变换器输出电压进行了比较，如图 3.55 所示。结果表明，Ćuk 变换器在启动稳定时所需时间更短，所受冲击更少。

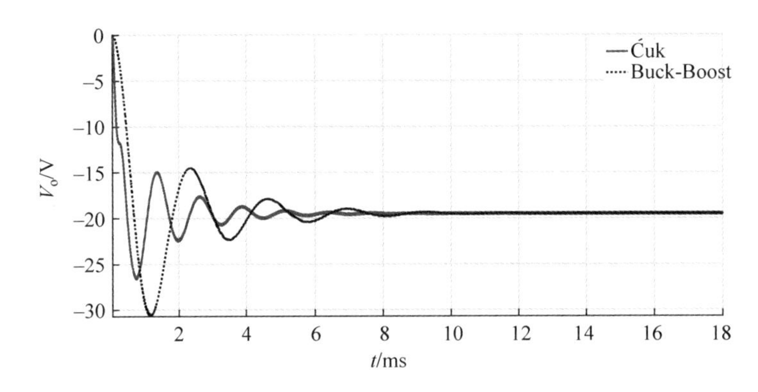

图 3.55 Buck-Boost 变换器和Ćuk 变换器的阶跃响应比较

3.8 同步开关

非隔离型 DC/DC 变换器广泛应用于 ELV 场合。标准的 Buck、Boost 和 Buck-Boost 拓扑利用续流二极管来保持电感电流的连续流动，从而提供简单且低成本的解决方案。然而，二极管的导通压降损耗在 ELV 应用中所占的损耗比重很大，因此该损耗不能被忽视。最新的 DC/DC 变换器采用越来越多的同步开关拓扑，将续流二极管替换为 MOSFET，以降低导通损耗。同步降压变换器的应用非常广泛，如图 3.7 所示。对两个有源开关进行同步控制以防止击穿，并实现与传统降压变换器相同的开关操作。当用所添加的 MOSFET 替代二极管来实现续流功能时，同步技术也可扩展到升压和升降压拓扑中。

3.9 本章小结

无损耗功率变换这一概念可直接演变为非隔离型降压拓扑。双开关电桥将直流电压斩波成脉动波形并降低功率输出的机制，低通滤波器用于减轻高频纹波并产生高质量直流电压波形。采用PWM技术可有效地控制输出电压和能流。在CCM中，电压变换比理论上与PWM的通态占空比成正比，这体现了Buck变换器的优点。

Boost变换器可以在输出端把输入电压提升到更高的水平。互联电感直接在输入侧，使得输入电流平滑。Buck-Boost拓扑在升压或降压方面表现出卓越的灵活性，同极性Buck-Boost由于电路复杂而不常用，反极性Buck-Boost变换器的不足在于电路简单，但当公共地确定时，其输入和输出端之间的极性不同。另一个缺点是，由于功率电感的连接方式，使得输入和输出端电流为脉冲电流，需要较大且笨重的滤波器来获得平滑的电压。

稳态是指在开关周期内电感电流和电容电压的平均值保持恒定。电感器在储存和释放能量以进行功率变换方面发挥着重要作用。因此，电感电流在稳态下的波形可用于分析和设计Buck、Boost和Buck-Boost变换器。就电感的工作方式而言，Buck变换器不同于其他变换器，Buck变换器在导通状态期间将能量从电源直接传送到输出端，Boost和Buck-Boost变换器在导通状态期间将能量存储到电感中。然后在关断状态期间，Buck变换器中电感所存储的能量将自动传输到负载侧，Boost和Buck-Boost变换器中的电感通常遵循反激原理，即用一定的时间来恢复磁能并执行电压变换。

由于电感的位置，Buck变换器的输出电容电流应力较低；此外，Boost变换器使得输入电流平滑，但为减轻输出纹波，其输出电容会承受较大的脉动电流应力。Boost和Buck-Boost变换器的输出侧通常存在大容量的输出电容，但这会增加成本、加剧应力并使系统的动态特性变慢。此外，Buck-Boost变换器在输入侧会产生不连续的电流，且存在其他缺点。因此，三种拓扑的快速选择可以遵循以下准则：

(1) 若明确要求降压变换，则选择Buck拓扑。Buck拓扑通常比其他非隔离拓扑更有效，系统动态速度更快。

(2) 若明确要求升压变换，则选择Boost拓扑，输入电流更平滑。

(3) 若需要兼具升压和降压变换，Buck-Boost变换器是唯一的选择。但在输入和输出部分会出现不连续的电流，且输入和输出之间的极性不同。

对CCM、BCM和DCM的定义取决于电感电流在稳态下的状态。通常推荐CCM，因为变换器在CCM下的功率密度较高，且电压变换比可预测。即使变换器理论上设计运行于CCM，DCM也会在轻载条件下发生。关键问题在于识别临界负载状态，这与BCM的定义有关。DCM下对电压变换比与CCM时表达式不一致，其值取决于负载条件。通过调节PWM的占空比，变换器实现了较宽的电压变换比。占空比的极值通常定义为大于80%或小于20%，这将导致较高的电压变换比。由于应力大、效率低，在实际应用中一般不推荐使用占空比极值。Boost和Buck-Boost拓扑应严格防止100%通态，否则会导致短路。

要特别注意的是Ćuk变换器，该变换器具有与Buck-Boost拓扑相同的电压变换特性。与Buck-Boost变换器相比，Ćuk变换器的显著优势是采用了双电感配置，其输入和输出端的电流都能保持平滑。案例研究还表明，Ćuk 变换器的响应速度比 Buck-Boost 拓扑更快。将开关电容器用作互连这一概念对于 Ćuk 拓扑而言是独一无二的，但 Ćuk 拓扑与其他拓扑相比，无源器件的数量增加了。

稳态分析和设计是全面的，可用于各种 DC/DC 拓扑，例如 SEPIC，所有设计案例均基于 CCM 的理论分析，不考虑非理想因素。这被认为是分析、设计和仿真功率变换器的初始步骤。由于非理想因素的非线性、温度依赖性和时变特性，对非理想因素的辨识并得到其精确表达式是一个难题。

仿真是证明概念设计和分析的有效工具，在案例研究中广泛涉及。变换器及其工作模型的建立是基于对电感电流和电容电压的动态分析，该建模过程对于开发和模拟其他拓扑的仿真模型也是可行和通用的。

参考文献

[1] Xiao W D. Photovoltaic power systems：modeling，design，and control[M]. Wiley，2017.

[2] Zhu Y，Xiao W D. A Comprehensive Review of Topologies for Photovoltaic I-V Curve Tracer[J]. Solar Energy，2020，196：346-357.

习题

3.1 有一个基于 10MHz 时钟和 16 位寄存器的数字计数器，当该计数器用于产生 100kHz 的 PWM 信号时，试确定占空比的最佳分辨率。

3.2 按照仿真建模过程，为 Buck、Boost 和 Buck-Boost 变换器构建模型，通过本章的实例验证模型的准确性和局限性。

3.3 按照图 3.12 所示的步骤和拓扑选择策略，进行 CCM 降压变换器的概念设计。通过仿真验证设计是否符合表 P3.3 的规范。

表 P3.3 DC/DC 变换器的规格参数

参数符号	单位	说明	参数值
P_{norm}	W	额定功率	24
V_{in}	V	额定输入电压	48
V_o	V	额定输出电压	12
f_{sw}	kHz	开关频率	100
ΔI_L	A	电感电流的额定变化量	0.5
ΔV_o	V	电容电压的额定变化量	0.1

(1) 根据图 3.8(a)所示的拓扑，在不考虑任何损耗的情况下，确定当负载电阻为 48Ω 及施加指定占空比时拓扑的输出电压，并通过仿真验证计算结果。

(2) 根据图 3.8(a)所示的拓扑，确定当负载电阻变为 100Ω 及施加指定占空比时拓扑的输出电压，并通过仿真验证计算结果。

3.4 按照图 3.12 所示的步骤和拓扑选择策略，进行 CCM 升压变换器的概念设计。使用仿真验证设计是否符合表 P3.4 的规范。

表 P3.4　Boost DC/DC 变换器的规格参数

参数符号	单　位	说　明	参数值
P_{norm}	W	额定功率	48
V_{in}	V	额定输入电压	12
V_o	V	额定输出电压	48
f_{sw}	kHz	开关频率	100
ΔI_L	A	电感电流的额定变化量	1
ΔV_o	V	电容电压的额定变化量	0.5

(1) 根据图 3.22(a)所示的拓扑，在不考虑损耗的情况下，确定当时负载电阻为 384Ω 及施加相同占空比时拓扑的输出电压，并通过仿真验证计算结果。

(2) 根据图 3.22(a)所示的拓扑，在不考虑损耗的情况下，确定当时负载电阻为 500Ω 及施加相同占空比时拓扑的输出电压，并通过仿真验证计算结果。

3.5　Buck-Boost DC/DC 变换器如图 3.37 所示。输入电压 V_{in} 来自额定电压为 12V 的电池，但其电压会根据充电状态在 12～14V 变化。对于直流负载，输出电压的幅度应始终保持在−24V。额定负载电阻为 $R_{norm}=12\Omega$；开关频率为 $f_{sw}=50\text{kHz}$。稳态时电感电流的变化量 $\Delta I_L=1\text{A}$。输出电压的变化量 $\Delta V_o=0.24\text{V}$。

(1) 根据连续导通模式，确定输入电压为 12V 和 14V 时对应的 PWM 的通态占空比。

(2) 在连续导通模式的基础上，考虑输入电压的变化，确定合适的电感值 L 和输出电容值 C_o，使纹波小于规格要求。

(3) 当 $V_{in}=12\text{V}$，占空比为额定值时，计算负载电阻的临界值 R_{crit}，即 CCM 和 DCM 之间的边界。

(4) 当负载电阻为 200Ω，$V_{in}=14\text{V}$，PWM 的通态占空比为 50%时，计算输出电压值并通过仿真验证分析结果。

3.6　Ćuk DC/DC 变换器如图 3.48 所示。输入电压 V_{in} 来自 12V 额定直流电源。对于直流负载，输出电压的幅值应持续保持在−24V。额定负载电阻 $R_{norm}=12\Omega$，开关频率 $f_{sw}=50\text{kHz}$。稳态时电感电流的变化量 $\Delta I_{L1}=1\text{A}$，$\Delta I_{L2}=0.5\text{A}$。输出电压的变化量 $\Delta V_o=0.24\text{V}$。开关电容器的变化量额定为 $\Delta V_{sw}=3\text{V}$。

(1) 根据连续导通模式，确定额定输入电压条件下的 PWM 通态占空比。

(2) 根据连续导通模式，确定合适的电感值 L_1 和 L_2，以满足电流纹波规格要求。

(3) 根据连续导通模式，根据纹波规范确定合适的输出电容值 C_o 和开关电容值 C_{sw}。

(4) 通过仿真验证分析结果。

第4章

计算与分析

本章介绍基本的功率计算，以评估功率等效性、功率损耗和电能质量。讨论功率时，应明确区分所参考的是瞬时值、平均值还是有效值。电压或电流的纹波在电力电子学中很常见，因此，平均值和有效值可以体现对功率大小的衡量指标。无论波形的形状如何，从 T_1 到 T_2 一定时间内的平均值都可以用以下公式确定：

$$\mathrm{AVG}[f(t)]=\frac{1}{T_2-T_1}\int_{T_1}^{T_2}f(t)\mathrm{d}t \tag{4.1}$$

式中：$f(t)$通常是关于电压、电流或功率的函数。

$T_1\sim T_2$ 时间段内所传递的能量为

$$E=\int_{T_1}^{T_2}p(t)\mathrm{d}t \tag{4.2}$$

式中：$p(t)$为随时间变化的瞬时功率，$p(t)=v(t)i(t)$。

$T_1\sim T_2$ 时间段内的平均功率为

$$\mathrm{AVG}[p(t)]=\frac{1}{T_2-T_1}\int_{T_1}^{T_2}p(t)\mathrm{d}t \tag{4.3}$$

在某个稳态周期内的平均功率值代表功率的大小和方向。

4.1 有效值

电力电子中通常存在不同形式的直流和交流，需要找到一个用来量化直流电或交流电等效性和差异性的标准。这就引出了有效值(RMS)的定义。当额定电压为 V_{DC} 的恒定直流电压源作用于电阻上时，其瞬时功率不随时间变化，为常数 $P=\frac{V_{\mathrm{DC}}^2}{R}$。当施加时变电压 $v(t)$时，其瞬时功率随时间变化，可由 $p(t)=\frac{v^2(t)}{R}$计算。当 $v(t)$是一个周期电压时，每个周期内功率传输在稳态时是恒定的。问题是当应用场合不一致时，如何根据功耗建立其等效性的衡量标准。

图 4.1 给出了理想直流电源与时变直流或交流电源的等效功耗。当考虑的是电压源时，如图 4.1(a)所示，阻性负载平均功耗的表达式为

$$\frac{V_{\mathrm{DC}}^2}{R}=P_{\mathrm{EQ}}=\underbrace{\frac{1}{T}\int_0^T p(t)\,\mathrm{d}t}_{\text{平均}}=\frac{1}{R}\underbrace{\left[\frac{1}{T}\int_0^T v^2(t)\,\mathrm{d}t\right]}_{V_{\mathrm{RMS}}^2}=\frac{V_{\mathrm{RMS}}^2}{R} \tag{4.4}$$

式中：V_{DC} 为恒定电压的理想直流电压源；T 为 $v(t)$的周期。

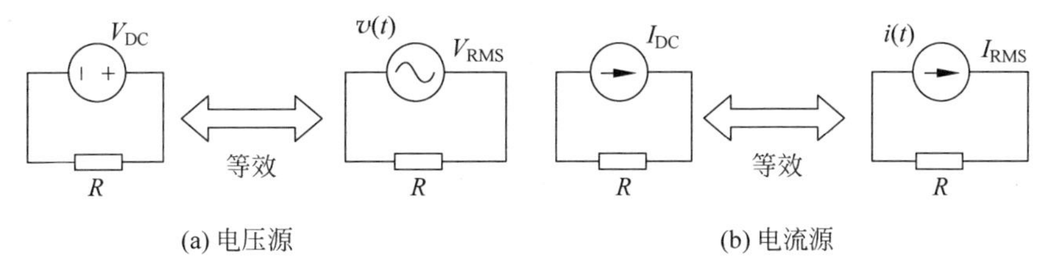

图 4.1 理想直流电源与有效值之间的等效性

无论 $v(t)$是交流还是直流，它都以一定的频率做周期性变化。等效衡量标准遵循的是同一电阻上的平均功耗 P_{EQ} 相同。

因此，$v(t)$的 RMS 值可由下式推导和定义：

$$\frac{V_{\mathrm{DC}}^2}{R}=\frac{V_{\mathrm{RMS}}^2}{R} \quad\Rightarrow\quad V_{\mathrm{RMS}}=\sqrt{\frac{1}{T}\int_0^T v^2(t)\,\mathrm{d}t} \tag{4.5}$$

当该电压作用于纯电阻负载时产生的平均功率大小，等于电压为 V_{DC} 的理想直流电压源作用于该纯电阻时产生的功率。该 RMS 值对于各种电压信号（直流或交流）具有通用性和代表性。

当理想直流电流源 I_{DC} 为电阻供电时，随时间变化的瞬时功率与由 $P=I_{\mathrm{DC}}^2R$ 计算得到的平均功率相同。当时变电流源 $i(t)$给阻性负载供电时，如图 4.1(b)所示，瞬时功率随时间而变化，为 $p(t)=i^2(t)R$。电阻负载上的平均功耗等值为

$$P_{\mathrm{EQ}}=\frac{1}{T}\int_0^T p(t)\,\mathrm{d}t=R\underbrace{\left[\frac{1}{T}\int_0^T i^2(t)\,\mathrm{d}t\right]}_{I_{\mathrm{RMS}}^2}=I_{\mathrm{RMS}}^2R \tag{4.6}$$

式中：T 为 $i(t)$的周期。

无论是交流电还是直流电，$i(t)$都以一定的频率周期性变化。等效衡量标准遵循的是同一电阻上的平均功耗 P_{EQ} 相同。

因此，$i(t)$的 RMS 值由下式推导和定义：

$$I_{\mathrm{RMS}}=\sqrt{\frac{1}{T}\int_0^T i^2(t)\,\mathrm{d}t} \tag{4.7}$$

当该电流作用于纯电阻负载时产生的平均功率大小，等于电流为 I_{RMS} 的理想直流电流源作用于该纯电阻时产生的功率。该 RMS 值对于各种电流信号（直流或交流）具有通用性和代表性。一般来说，恒定阻性负载的平均功耗可以用 I_{RMS}^2R 或 $\frac{V_{\mathrm{RMS}}^2}{R}$ 计算。

4.1.1 直流波形有效值

在第 3 章中讨论的 DC/DC 变换展示了用于分析和研究的各种直流波形，它们是证明直流量有效值的样例。按照 3.3.5 节中对降压变换器的案例研究，额定工作条件下的波形

如图 4.2 所示，给出了电容电流 i_{co} 和输出电流 i_o 的波形。

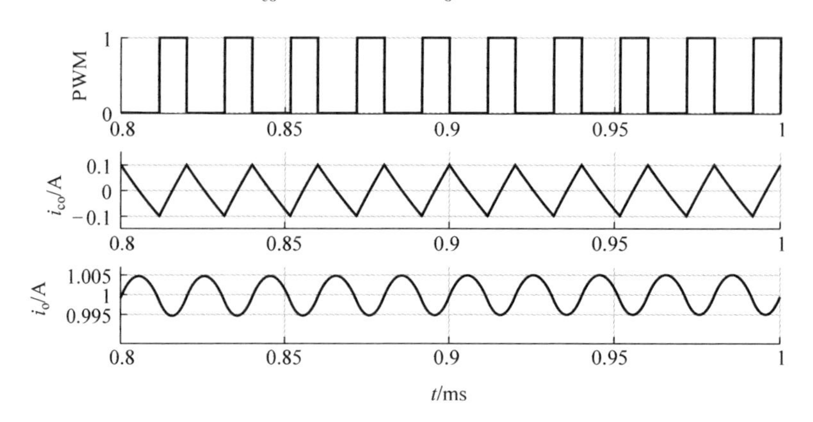

图 4.2 降压变换器额定功率运行时的仿真结果

i_o 的波形是在正弦纹波的基础上叠加了一个直流偏置电压，可以通过 $i(t)=I_a+I_m\sin(\omega_{sw}t)$ 对其进行数学描述，其中，$I_a=1\text{A}$，$I_m=0.005\text{A}$，ω_{sw} 是开关角频率。用上式推导出有效值并将其应用于计算负载电阻上的实际功耗。有效值的推导如下式所示：

$$\text{RMS}(i_o)=\sqrt{\frac{1}{2\pi}\int_0^{2\pi}[I_a+I_m\sin(\omega_{sw}t)]^2\,\mathrm{d}t}=\sqrt{I_a^2+\frac{I_m^2}{2}} \tag{4.8}$$

理想的直流量表现为 $I_a \gg I_m$，其中 i_o 的有效值非常接近平均值 I_a。

DC/DC 变换器产生的有源开关电流 i_Q 波形如图 4.3 所示。在开关管导通期间，电流从 I_B 上升到 I_T；当开关关断时，电流为零。根据波形和参数定义，有效值可由下式得出：

$$\text{RMS}(i_Q)=\sqrt{\frac{1}{T_{sw}}\int_0^{T_{on}}\left[I_B+\frac{I_T-I_B}{T_{on}}t\right]^2\mathrm{d}t}=\sqrt{D_{on}\frac{I_B^2+I_T^2+I_TI_B}{3}} \tag{4.9}$$

式中：D_{on} 为通态占空比，$D_{on}=\dfrac{T_{on}}{T_{sw}}$。

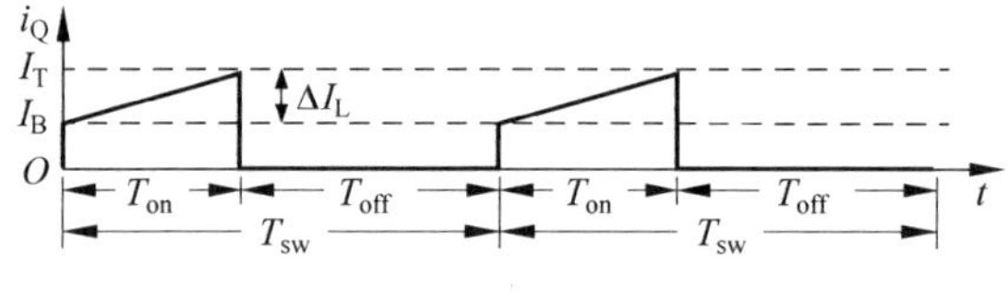

图 4.3 梯形直流波

按照 3.3.5 节所描述的案例研究，可以得到参数 $I_B=0.9\text{A}$，$I_T=1.1\text{A}$，$D_{on}=41.57\%$。应用式(4.9)，电流 i_Q 的有效值为 0.6466A。$\text{AVG}(i_Q)=D_{on}\dfrac{I_B+I_T}{2}=0.42(\text{A})$，远低于其对应的有效值。

图 4.4 给出了具有直流偏置的三角形波纹，该波形为非隔离 DC/DC 变换器在连续导通模式下的电感电流波形，其平均值为 $\text{AVG}(i_L)=\dfrac{I_B+I_T}{2}$。$i_L$ 的波形由两部分组成，其有效值可以由下式得到：

$$\mathrm{RMS}(i_L)=\sqrt{\frac{I_B^2+I_T^2+I_TI_B}{3}} \tag{4.10}$$

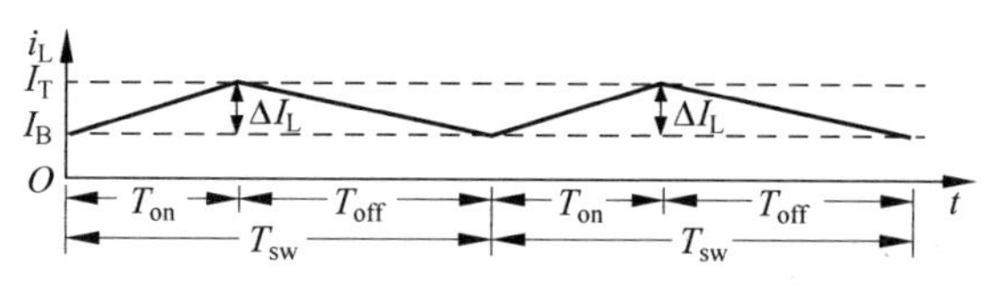

图 4.4 三角形直流波

参考 3.3.5 节的案例研究，图 3.18 中电感电流波形参数为 $I_T=1.1\text{A}$ 和 $I_B=0.9\text{A}$。稳态时电感电流有效值由式(4.10)确定为 1.0017A，略高于其平均值 1A。

当 DC/DC 变换器进入断续导通模式时，在每个开关周期中都出现零状态，图 3.42 给出了 Buck-Boost 变换器的一个例子。在典型的 DC/DC 拓扑中，波形 i_L、i_Q 和 i_D 代表电感、开关管和二极管的电流。根据图 3.42 中的说明和定义，DCM 中的有效值由下式推得：

$$\mathrm{RMS}(i_L)=\Delta I_L\sqrt{\frac{T_{up}+T_{down}}{3T_{sw}}} \tag{4.11}$$

$$\mathrm{RMS}(i_Q)=\Delta I_L\sqrt{\frac{T_{up}}{3T_{sw}}} \tag{4.12}$$

$$\mathrm{RMS}(i_D)=\Delta I_L\sqrt{\frac{T_{down}}{3T_{sw}}} \tag{4.13}$$

同样，式(4.11)～式(4.13)也可用于确定 DC/DC 变换器中临界导通模式下的均方根，其波形的形状也是三角形。由于 $T_{sw}=T_{up}+T_{dwon}$，因此电流 i_L 的有效值变为$\frac{\Delta I_L}{\sqrt{3}}$。非理想的直流量一般表现为有效值高于平均值。因此，平均值与均方根值的比值是衡量直流电能质量的一个指标，比值越高，电能质量越差。

4.1.2 交流波形有效值

典型的交流电压是指用 $v_{ac}(\omega t)=V_m\sin(\omega t)$表示的正弦波形，当电压通过纯电阻负载时，电流波形与电压波形同相，用 $i_o=\frac{V_m\sin(\omega t)}{R}$表示。电压的有效值为$\frac{V_m}{\sqrt{2}}$，电流的有效值为$\frac{V_m}{\sqrt{2}R}$。功率图显示了从交流电源到电阻负载的单向功率流动，如图 1.6 所示。理想正弦交流电的平均功率为

$$\mathrm{AVG}(p_o)=\mathrm{RMS}(v_{ac})\times\mathrm{RMS}(i_o)=\frac{V_m^2}{2R} \tag{4.14}$$

就功率大小和方向而言等效于用直流功率所表示。

非正弦交流波形在电力电子中普遍存在，如 1.6.1 节所述。如图 4.2 所示的电流 i_{co} 的三角波形就是一个例子，它是降压变换器 CCM 时的电容电流。它的平均值为零，RMS 值为

$$\mathrm{RMS}(i_{co})=\frac{\Delta I}{2\sqrt{3}} \tag{4.15}$$

式中：ΔI 为三角波形的峰-峰值。

图 4.2 中 i_{co} 的有效值为 0.0577A，其中 $\Delta I=0.2\mathrm{A}$。

4.2 损耗分析与降损

变换器电路的功率损耗会产生热量，从而导致功率器件老化、损坏和寿命缩短。损耗建模对于识别损耗来源和热分布具有重要意义。变换器的总损耗是以下各项功率损耗的估计值之和：

(1) 所有物理元件的导通损耗或焦耳热损耗。

(2) 由开/关切换的开关器件所造成的开关损耗。

(3) 磁性元件的高频损耗。

导通损耗对于所有元件来说都是普遍的，它是等效串联电阻(ESR)或功率半导体器件的电压降引起的。功率变换器依赖于开关技术，即功率半导体在高频下以开通或关断的方式工作，开关损耗区别于导通损耗，它是开关器件的状态切换引起的，损耗大小与开关频率成正比。另一类损耗与磁性元件的工作频率有关，磁芯损耗是磁滞回线和涡流的特性引起的，铁氧体铁芯材料在高频工作中具有相对较小的铁芯损耗。相反，铁磁材料或硅钢一般表现出较高的铁损；然而，较低的成本使得硅钢片在低频(50Hz 或 60Hz)变压器和电感器中得到广泛应用。集肤效应可导致线圈相邻导体的高频损耗变大，利兹线通常用于减小集肤效应造成的损耗，其一般用于大于 100kHz 的高频电路中。

4.2.1 导通损耗

无源元件(如导体、电容和电感)的导通损耗是 ESR 引起的。对于基于 ESR 的功率计算，其损耗用下式表示：

$$P_{\mathrm{loss(cond)}}=\mathrm{ESR}\times I_{\mathrm{RMS}}^{2} \tag{4.16}$$

式中：I_{RMS} 为稳态时通过该电阻的电流有效值。

场效应晶体管(FET)在导通状态下，等效为额定值是 $R_{\mathrm{ds(on)}}$ 的电阻。该特性与 ESR 损耗的影响相同。其导通损耗用 $I_{\mathrm{RMS}}^{2}\times R_{\mathrm{ds(on)}}$ 计算。

功率半导体，如二极管、双极结型晶体管、绝缘栅双极型晶体管和晶闸管等，具有正向压降的非理想因素。在稳态运行期间，电压相对稳定。损耗可以被建模为恒压负载，其导通损耗用下式估计：

$$P_{\mathrm{loss(cond)}}=V_{\mathrm{drop}}\times I_{\mathrm{avg}} \tag{4.17}$$

式中：V_{drop} 为导通时通过功率半导体的压降；I_{avg} 为稳态下通过半导体的电流的平均值。

4.2.2 开关损耗

功率开关的导通过程显示了其从关断状态到导通状态的转变，其中开关中的电流跃升至额定值，而端电压降为零。另外，在从导通状态到关断状态的关断切换过程中，开关的电压跃变到高电压值，电流降为零。硬开关是指在开/关切换过程中开关器件的端电压和其通过的电流发生剧烈变化的情况。

理想的硬开关是指在导通过程中，器件的端电压下降到零，流过开关的电流无延迟地跳变到额定电流大小，如图 4.5 所示。同样地，在关断过程中流过开关的电流降至零，端电压在没有任何时间延迟的情况下达到额定水平。在每个开关切换过程中，V_{sw} 和 I_{sw} 之间的重叠时间为零，因此不会产生开关损耗。然而，最新的功率半导体技术无法实现理想的硬开关。

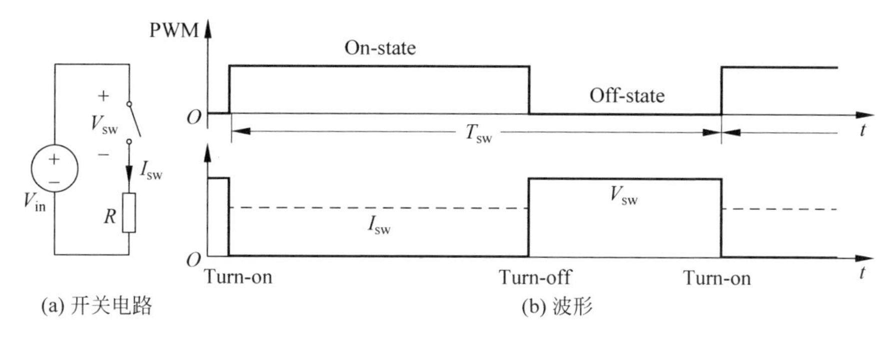

图 4.5　理想硬开关的操作说明

图 4.6 说明了 MOSFET 在开、关时导致开关损耗的原理。所测量的是开关开始传输电流，但是电压还未降至零的时间段 T_{ton}，电压值和电流值在这段时间内同时不为零，造成了功率损失。另一个时间段 T_{toff}，它会导致关断损耗。在 T_{toff} 期间，MOSFET 的端电压开始上升，然而，流过开关的电流不为零，导致电压电流重叠。开关损耗可由下式来确定：

$$P_{loss(sw)}=\frac{V_{DS}\times I_{DS}}{2}(T_{ton}+T_{toff})f_{sw} \tag{4.18}$$

式中：f_{sw} 为开关频率，对应开关周期为 T_{sw}，其他参数见图 4.6 中的定义。

该结果表明，开关损耗与开关频率 f_{sw} 成正比。功率在 MOSFET 内部耗散，并导致其结温上升。由于电力电子器件的开关频率越来越高，因此器件的开关损耗越来越受到重视。注意，由于实际系统在通断状态的转换过程中会出现更复杂的现象，因此图 4.6 中的波形仅作说明。然而，这种开关损耗机制与每次开关转换过程中电压和电流重叠引起的开关损耗机制是相同的。

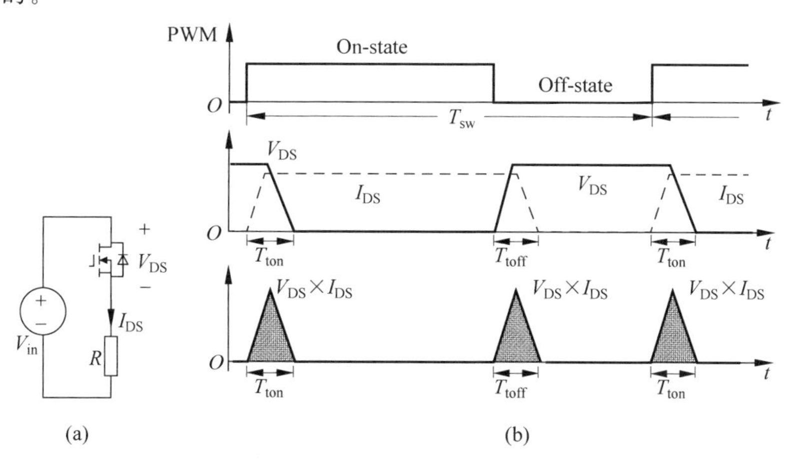

图 4.6　MOSFET 的开关损耗说明

4.2.3 开关延迟的原因

MOSFET 和 IGBT 是电压控制型器件，其表现出了快速开关的能力。然而，现有的器件制造技术表明，实际器件无法避免寄生元件的存在。本节给出了如图 4.7 所示的 MOSFET 和 IGBT 的动态模型，用于开关分析，其中，寄生电容是造成开关延时和损耗的主要原因。

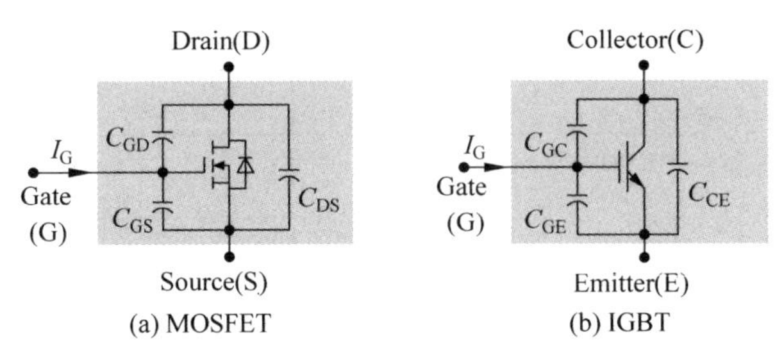

图 4.7 器件的动态模型

MOSFET 的动态模型包括栅-源电容(C_{GS})、漏-源电容(C_{DS})和栅-漏电容(C_{GD})，由于电容的影响，器件三个端子之间的任何突然电压变化都将会出现时间延迟。例如，由于 C_{GS} 和 C_{GD} 的存在，栅-源电压 V_{GS} 不能立即达到开通或关断器件所需的电压大小。在通/断的开关过程中，电容器延长了切换过程，最终使得每个开关切换过程中电压电流重叠，如图 4.6 所示。寄生参数通常由一个通用值表示，如 Q_G 来表征开关速度，如 2.3 节所述。IGBT 的动态模型显示了包括栅极-发射极电容(C_{GE})、集电极-发射极电容(C_{CE})和栅极-集电极电容(C_{GC})在内的寄生参数，如图 4.7(b)所示。电容值越高，重叠时间越久，开关损耗越大。

寄生电容的参数可以在器件说明书中找到，并用作估计重叠时间的参考。许多资料提供了开关损耗的估计方法。然而，寄生参数是根据非常具体的测试条件来确定的。由于寄生电容是时变的，且受温度、电压、电流、工作频率等因素的影响，重叠时间段的精确值难以准确被估计。

4.2.4 开关损耗最小化

降低开关频率一直是降低开关损耗的有效方法，但这种方法并不可取。现代电力电子倾向于采用高开关频率来减小器件的尺寸和无源器件的大小，如电感、变压器和电容在高频工作时获得相同性能的情况下设计得更小。近年来，无源器件在现代电力电子产品的尺寸和成本方面越来越重要。除了开关频率，开关每次切换过程中端电压与电流的重叠区时间也会影响损耗，如图 4.6 所示。开关损耗的最小化应当注重于减小重叠区域的面积。如果在开关切换期间减少以下任何一个参数，重叠区域就会缩小：

(1) 切换时间 T_{ton} 和 T_{toff}。

(2) 每次切换期间的电压幅值 V_{DS}。

(3) 每次切换期间的电流幅值 I_{DS}。

在切换期间，当 V_{DS} 或 I_{DS} 为零时，开关损耗为零，如式(4.18)所示。在切换阶段前降低电压和电流的操作发明了软开关技术。零电压开关(ZVS)是在开关开通之前通过将开关端电压大小降低到零来实现的。同样地,零电流开关(ZCS)技术可以在开关关断之前通过将电流大小降低到零来实现的。Buck 变换器的 DCM 运行给出了一个 ZCS 示例,如图 3.10 所示。有源开关从零电流开始导通,同时,二极管的关断遵循 ZCS。因此,DCM 时,开关器件总是在一定程度上实现 ZCS,因为电流在每个开关周期中自然降低到零。软开关可完全通过设计专用电路或特殊的变换器如谐振变换器拓扑结构来实现。

同步型 Buck 变换器实现了部分 ZVS,其拓扑结构如图 3.7 所示。在特低电压(ELV)应用中,使用两个 MOSFET 代替续流二极管,以最大限度地减少导通损耗,如 3.8 节所述。每个 MOSFET 均有一个反并联二极管,可以是体二极管或外加并联二极管。采用如图 4.8 所示的 PWM 信号时,Q_L 的通/断切换可以实现 ZVS。为了避免开关击穿,并考虑到开关的非理想性,应对死区时间进行调控,以确保只有一个 MOSFET 导通。死区时间的设计可参考图 4.8 中显示为 $T_1 \sim T_2$ 和 $T_3 \sim T_4$。

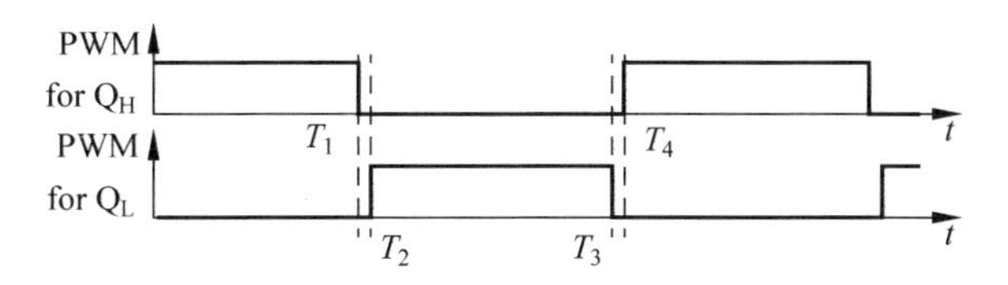

图 4.8 应用于高侧和低侧开关的 PWM 信号

图 4.9 显示了同步 Buck 变换器在一个开关周期内的运行模态图。Q_L 的导通和关断时刻分别发生在 T_2 和 T_3 时刻,如图 4.9(d)、(f)所示。在导通过程期间,当反并联二极管 D_L 在施加门极信号之前正向偏置时,Q_L 的端电压 V_{DS} 被钳位为零。在关断过程期间,Q_L 的端电压保持为零,这是因为在 T_3 时刻施加用于关断的栅极信号时,D_L 正向偏置。在每次开关转换期间电流方向遵循规定的方向时,反并联二极管可有效支持 ZVS 操作。因此,Q_L 的开关损耗占总损耗的比例微不足道,这显示了同步降压变换器的优势。

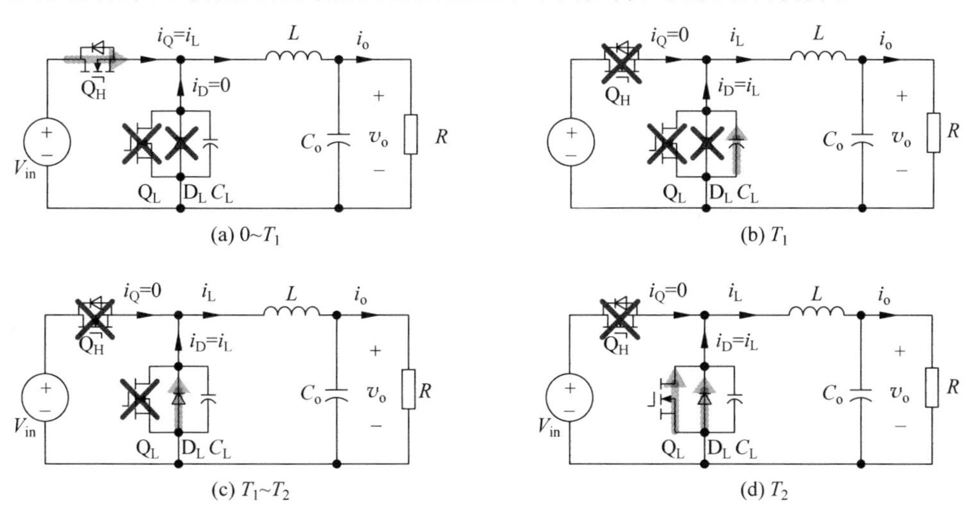

图 4.9 同步 Buck 变换器在各阶段的稳态分析

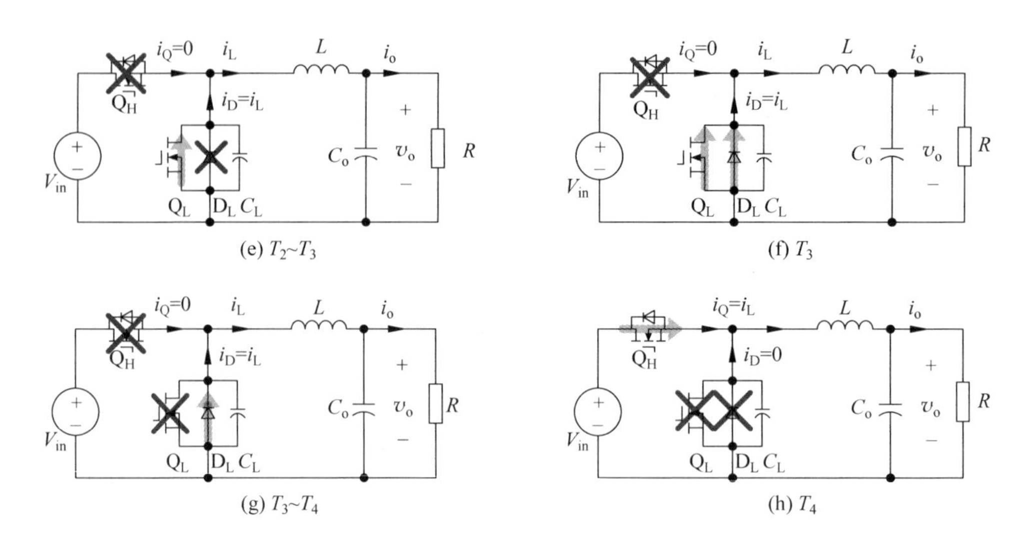

图 4.9 （续）

从图 4.6 可以看出,减小 T_{ton} 和 T_{toff} 可以有效地限制重叠面积,减小开关损耗。缩短切换时间取决于先进的半导体技术和改进的有源开关驱动电路两个方面。对半导体的研究试图于降低寄生电容并提供理想的开关,包括 GaN-FET 和 SiC-FET 技术在内的最新宽禁带半导体开关显示出支持快速开关和低损耗、低寄生电容的优势。使用栅极驱动电路是实现快速开关和限制开关损耗的一种方式。因此,栅极驱动电路通常用于功率变换器电路中的 MOSFET 和 IGBT 开关动作。

4.3 栅极驱动电路

MOSFET 和 IGBT 的动态模型显示了连接在栅极的寄生电容,如图 4.7 所示。电容电压表示为 $v_C=\frac{1}{C}\int i_C \mathrm{d}t$,其中 v_C 是电容端电压,i_C 是所施加的电流。电压的变化速度取决于电容大小和施加的电流 i_C 两个因素。正的 i_C 值导致电压增大;相反,负的 i_C 值使得 v_C 下降。可以在快速充电和放电应用中施加大电流 i_C 来实现电压的快速变化。数字芯片或 PWM 芯片的 PWM 信号一般不足以提供高 i_C 值,因此栅极驱动电路被设计,它是 PWM 信号与开关栅极之间的接口。栅极驱动电路是一个跟随 PWM 信号但提供高驱动电流的放大器,该电路可最大限度地减少重叠时间和开关损耗。当寄生电容充电到所需的电压大小时,驱动电路维持寄生电容的端电压稳定,驱动电路此时的输出电流为零;与此同时,MOSFET 和 IGBT 保持导通状态。

4.3.1 低侧栅极驱动电路

当有源开关并联连接时,需要低侧栅极驱动电路来连接 PWM 控制信号并支持驱动电流。Boost 变换器需要低侧驱动电路来控制 MOSFET 的栅源电压 v_{gs},如图 4.10(a)所示。驱动电路的电源与电源系统电路和 MOSFET 的 S 端共地。低侧驱动电路应提供或吸收大电流 i_g 以实现快速开关切换。

双射极跟随器(DEF)由 BJT 或 MOSFET 构成,提供大的充电电流和放电电流以放大逻辑信号。DEF 电路也称为推挽放大器或图腾柱电路,使用一对 NPN 和 PNP 的 BJT,如图 4.10(b)所示。当 PWM=1 时,NPN 管导通并提供寄生电容的充电电流 $i_g>0$,从而将 v_{gs} 增加到 V_{CC};当 PWM=0 时,PNP 管导通并通过 R_G 连接到地,导致放电电流 $i_g<0$,使 v_{gs} 在 PWM=0 时 v_{gs} 低于阈值电压。

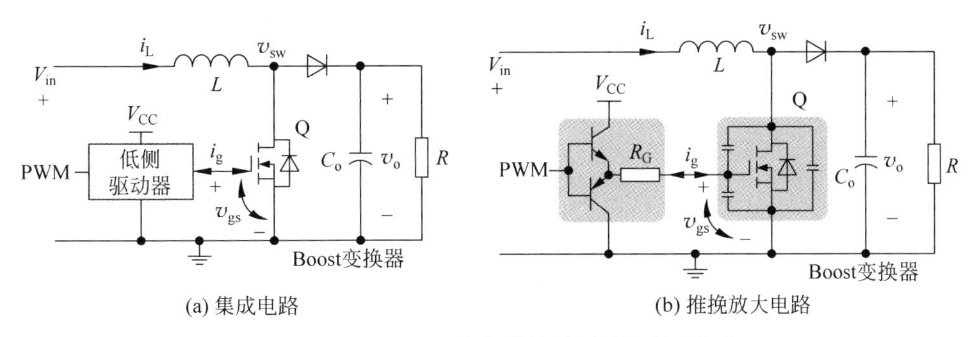

图 4.10 用于 Boost 变换器的低侧栅极驱动电路

在 PWM 信号之后,DEF 形成一个放大器,以产生大电流对寄生电容充电开通和放电关断。栅极驱动电路由一个基于共地的电源独立提供,并用直流电压 V_{CC} 表示。i_g 的瞬时峰值可以在充、放电两个方向上达到 V_{CC}/R_G 的电平,如图 4.10(b)所示。为满足 i_g 高瞬时值的需求,V_{CC}、R_G、NPN 和 PNP 的额定值应当合理设计。N 沟道和 P 沟道 MOSFET 也可以代替 NPN 和 PNP 来构造 DEF 电路。

4.3.2 高侧栅极驱动电路

另一种常见的布局是有源电源开关的串联,如 Buck 和 Buck-Boost。图 4.11(a)给出了一个 Buck 变换器,其中包括一个用于控制 MOSFET 的栅极驱动电路。根据半桥的结构,主开关位于高侧而不是低侧,因此需要一个高侧栅极驱动电路根据开关节点电位 v_{sw} 来控制栅源电压 v_{gs}。当 $v_{gs}>V_{TH}$ 时,开关导通,其中 V_{TH} 是 MOSFET 导通的阈值电压。

DEF 拓扑也可应用于高侧驱动电路,产生瞬时大电流从而实现快速开关,如图 4.11(b)所示。自举电路采用了更多的器件来处理 v_{sw} 变化产生的浮动电压 v_{gs}。当开关 Q 导通时,$v_{sw}=V_{in}$;当 Q 关断时,二极管 D 正向偏置,原则上 $v_{sw}=0$。在关闭状态期间,自举电容 C_P 通过正向偏置二极管 D_P 充电至 V_{CC},其中 V_{CC} 代表驱动电路的电源电压。以地电位为零电位,开关管导通器件,v_{boot} 的电压大小提升到 $V_{in}+V_{CC}$。因此,无论 V_{in} 的电压大小如何,v_{boot} 的电压电位始终保持高于 v_{sw}。这样实现了 v_{gs} 的电压电位为 V_{CC} 或零,从而控制了有源开关 Q 的通/断。

在不考虑损耗的情况下,理论上可以将 100%的通态占空比应用于 Buck 变换器,从而实现单位电压变换,即 $v_o=V_{in}$。然而,当自举电路用在如图 4.11(b)所示的高侧栅极驱动电路时,这是不切实际的。当 $V_{in}>V_{CC}$ 时,100%的占空比下没有时间为 C_P 充电,有源开关的持续导通状态会释放 C_P 所存储的能量,降低其电压至 V_{TH} 以下,并最终关断开关。当 Buck 变换器用于为电池充电时,自举电路表现出启动开关的限制,这是因为输出电压不再从零开始。

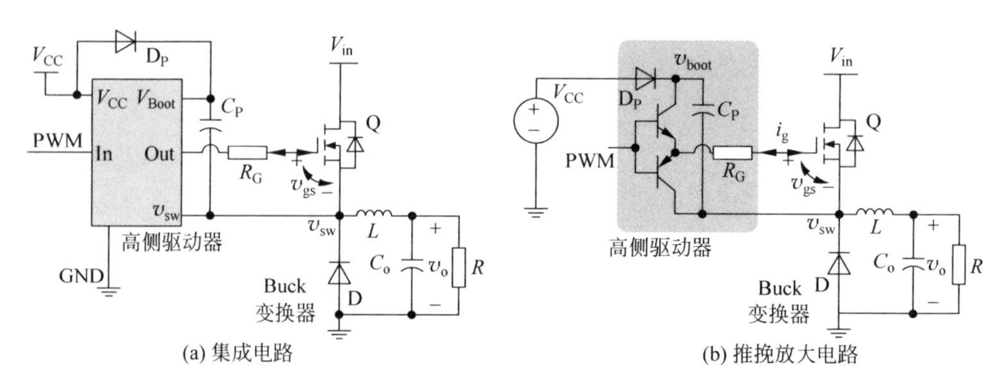

图 4.11　用于 Buck 变换器的低压栅极驱动电路

一种解决方案是使用放大器电路专用的电流隔离电源，如图 4.12 所示。隔离电源不与 Buck 变换器共用接地，而是直接基于开关节点的电位。由于不再需要自举电路，因此栅极驱动操作更像低侧栅极驱动电路。该实施方案还支持 100%占空比的开关操作和电池充电器的应用。

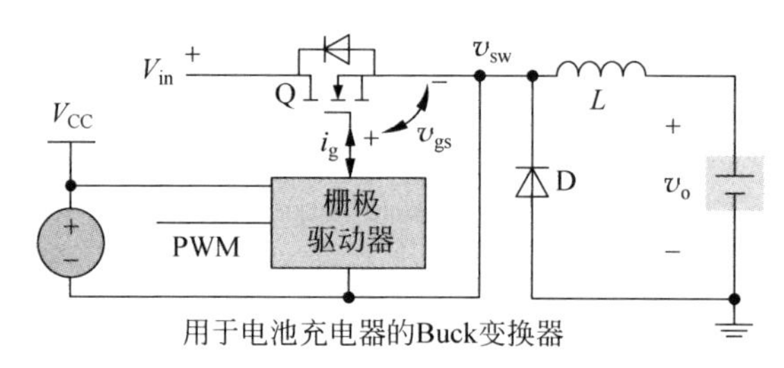

图 4.12　由隔离电源供电的 Buck 变换器的高侧栅极驱动电路

4.3.3　半桥驱动电路

功率开关器件通常用来构成桥式变换器，这在 2.4 节中已经讨论过。半桥变换器包含两个有源开关，分别对应高侧开关和低侧开关。为了降低开关损耗，半桥变换器同时需要高侧驱动和低侧驱动。集成驱动电路的一个应用是同步 Buck 变换器，如图 4.13 所示。市场上可购买到相关的集成电路驱动芯片，且易于实现，表 4.1 列出了两个驱动芯片的例子，以帮助读者了解驱动芯片的重要参数，两个芯片都是基于自举电路的高侧驱动芯片。

表 4.1　半桥式栅极驱动芯片参数

型号	V_{boot}	驱动电流	放电电流	PWM	V_{CC}
UCC27211	120V	4A	4A	3.3V	8～17V
FAN7390	600V	4.5A	4.5A	3.3V 或 5V	10～22V

驱动充电电流和驱动放电电流额定值分别表示驱动电路在开关导通和关断时所支持的最高栅极电流。该值越高，充电或放电越快，使每次开关切换过程的重叠时间最小。自举电路运行的电压受限于电压值 V_{boot} 的大小，它取决于变换器电压的大小，额定值为 $\max(V_{in})+$

V_{CC}。UCC27211 是低压版本的型号，因为 V_{boot} 额定值为 120V。根据 V_{boot} 的额定值，FAN7390 支持更高电压的应用。电源电压 V_{CC} 为驱动电路提供电源，额定电压一般为 7～25V。这两个驱动电路不能应用于某些 v_{gs} 电压在 5V 大小的 GaN-FET。PWM 一栏表示 PWM 逻辑输入电平识别为'1'额定电压值。

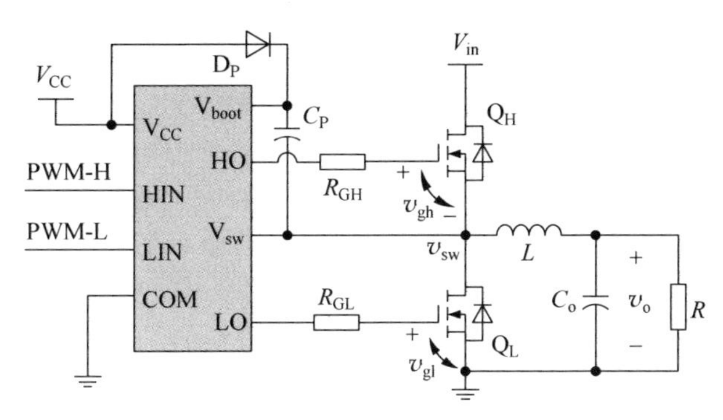

图 4.13 高、低侧驱动电路的集成电路

4.4 傅里叶级数

周期函数 $f(\omega t)$可以用傅里叶变换(FT)级数表示，周期函数 $f(\omega t)$包括了许多不同频率和幅度的正弦波。该级数在数学上可由下式表示(其中阶数 n 是整数)：

$$f(\omega t)=\underbrace{a_0}_{\text{DC}}+\underbrace{\sum_{n=1}^{\infty}[a_n\cos(n\omega t)+b_n\sin(n\omega t)]}_{\text{AC component}} \tag{4.19}$$

式中

$$a_0=\frac{1}{2\pi}\int_{-\pi}^{\pi}f(\omega_0 t)\mathrm{d}(\omega_0 t),$$

$$a_n=\frac{1}{\pi}\int_{-\pi}^{\pi}f(\omega_0 t)\cos(n\omega_0 t)\mathrm{d}(\omega_0 t),$$

$$b_n=\frac{1}{\pi}\int_{-\pi}^{\pi}f(\omega_0 t)\sin(n\omega_0 t)\mathrm{d}(\omega_0 t)$$

a_0 表示直流或零频率分量的幅值。一个理想的直流波形由直接用参数 a_0 表示，因为其他频率分量的幅值为零。一个理想的交流电仅包含基波频率分量。快速傅里叶变换（FFT）或离散傅里叶变换(DFT)是此类分析的重要工具，MATLAB 中的函数"fft"支持傅里叶分析并显示频谱。

4.5 交流电能质量

"电能质量"一词主要是指用正弦波形表示理想交流电"清洁度"。总功率因数的定义为

$$\mathrm{PF}_{\text{total}}=\frac{\mathrm{AVG}(p_{ac})}{\mathrm{RMS}(v_{ac})\times\mathrm{RMS}(i_{ac})} \tag{4.20}$$

它是交流电力系统电能质量的常见衡量指标。评估包括电压 v_{ac} 和电流 i_{ac}。功率的瞬时值由 $p_{ac}=v_{ac}i_{ac}$ 表示。平均值 AVG(p_{ac})表示从一侧传递到另一侧的实际功率水平，与

p_{ac}、v_{ac} 和 i_{ac} 的波形形状无关。理想交流波形如图 1.6 所示，表达式如式(4.14)所示，表示总功率因数 $PF_{total}=1$，即单位功率因数。交流电力系统中 PF_{total} 为非单位值时，其由位移和畸变两个分量引起，由标准 IEEE-519 定义。

4.5.1 位移功率因数

根据标准 IEEE-519，位移功率因数(DPF)定义为基波的有功功率(W)与基波的视在功率(V·A)的比率。基波通常指交流电源系统中的 50Hz 或 60Hz，该定义主要是指在不考虑谐波畸变的情况下，电流的基波与电压基波之间相位差的影响。

位移功率因数与系统电抗有关，系统电抗可以是感性的，也可以是容性的。位移功率因数为单位值表示瞬时功率仅在一个方向流动，且没有无功功率存在。它主要是指交流电压和电流同相位的阻性传导。电路中的储能元件增加了出现无功功率的概率，从而导致 DPF 不为单位值。在输配电系统中，由于线路上的无功功率增加了线路负担并导致电力损耗变大，因此往往要尽量避免系统中出现无功功率。

图 4.14(a)给出了一个简单的电路，理想的交流电压源 $v_{ac}=V_m\sin(\omega t)$ 向由 L 和 R 形成的负载供电，与 v_{ac} 的波形相比，L 的性质导致 i_{ac} 的相位滞后。图 4.15 显示了时域仿真结果，包括信号波形 v_{ac}、i_{ac} 和 $v_{ac}i_{ac}$。本案例中的电流波形，用 $i_{ac}=\dfrac{V_m}{R}\sin\left(\omega t-\dfrac{\pi}{3}\right)$表示，表明电流 i_{ac} 滞后 v_{ac} 的相位为$\dfrac{\pi}{3}$。如图 4.14(b)所示，相量图中的三角形关系也常用来表示相位差，并表示有功、无功和视在功率之间的关系。位移功率因数可通过利用式(4.21)或式(4.22)计算确定为 0.5。总功率因数可以通过式(4.20)来确定，在这种情况下，它与 $PF_{displace}$ 的值相同。无功功率值可以用式(4.23)来确定。

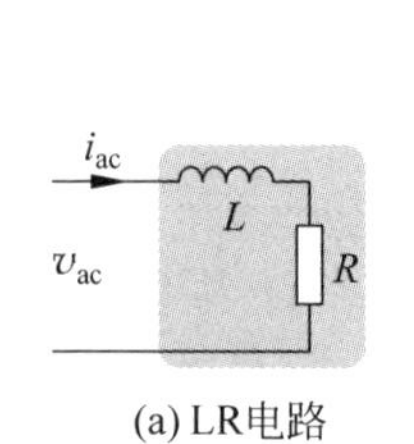

(a) LR电路

(b) 相量图

图 4.14 位移功率因数说明

$$PF_{displace}=\frac{P}{|S|} \tag{4.21}$$

式中：P 为有功功率；$|S|$为视在功率，$|S|=\mathrm{RMS}(v_{ac})\times\mathrm{RMS}(i_{ac})$。

$$PF_{displace}=\cos\phi \tag{4.22}$$

$$Q=\sqrt{S^2-P^2} \tag{4.23}$$

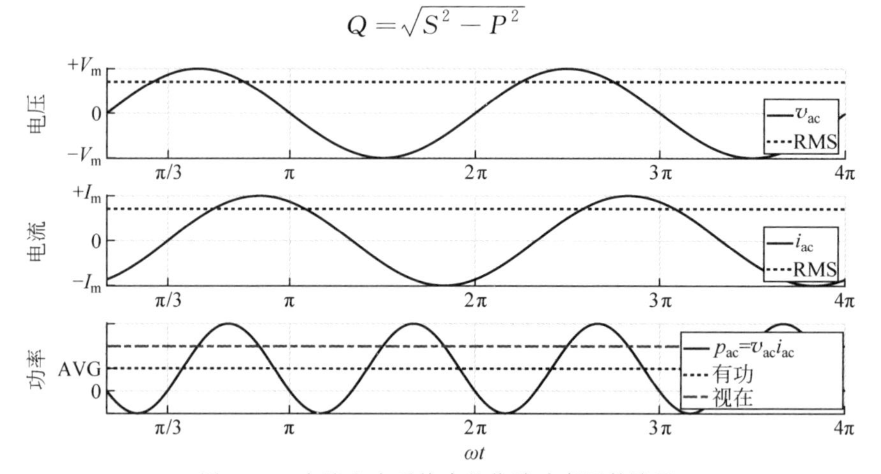

图 4.15 交流电力系统中的位移功率因数演示

4.5.2 总谐波畸变

DC/AC 变换的开关操作可以产生正、负脉冲的交流方波。当这种电压源应用于电阻负载时，电流波形 i_{ac} 与电压 v_{ac} 具有相同的形状和相位，如图 4.16 所示。无论 v_{ac} 和 i_{ac} 的交流波形如何，瞬时功率被绘制成一条具有恒定值为 $V_{in}I_m$ 的直线，对应无功功率为零，因此总功率因数为 1。然而，其表现形式不同于理想的弦波形交流电，这种差异引起了对交流谐波畸变的关注。

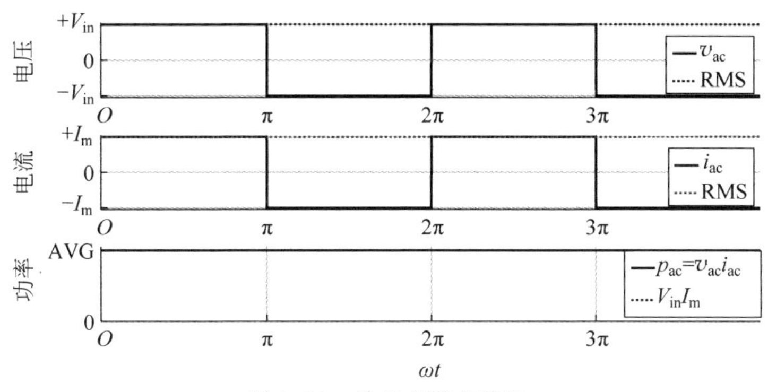

图 4.16　单相交流方波图

许多行业标准要求谐波畸变限制在某一范围内，如标准 IEEE-519。评价交流电压和电流质量的一个指标是总谐波畸变(THD)，它被定义为所有谐波分量的功率之和与基频功率之和的比值。电压信号 v_{ac} 和电流信号 i_{ac} 的 THD 值可以分别通过以下两式进行计算：

$$\mathrm{THD}_V=\frac{\sqrt{[\mathrm{RMS}(v_{ac})]^2-[\mathrm{RMS}(v_1)]^2}}{\mathrm{RMS}(v_1)} \tag{4.24}$$

$$\mathrm{THD}_I=\frac{\sqrt{[\mathrm{RMS}(i_{ac})]^2-[\mathrm{RMS}(i_1)]^2}}{\mathrm{RMS}(i_1)} \tag{4.25}$$

式中：v_1、i_1 分别为 v_{ac} 和 i_{ac} 基波电压和电流的瞬时值。

频域分量可以通过 FFT 或 DFT 从时域数据中计算得到。如图 4.16 所示，方波没有显示直流偏移；因此，其平均值为零。用式(4.19)中的傅里叶级数表示，余弦项的幅值等于零，表示为 $a_n=0, n=0,1,2,\cdots,\infty$；正弦波的基波分量用 $v_1=b_1\sin(\omega t)$ 表示，其中 $b_1=\frac{4V_{in}}{\pi}$ 且 $\mathrm{RMS}(v_1)=\frac{4V_{in}}{\sqrt{2}\pi}$。为便于比较，电压波形被绘制成方波，如图 4.17 所示。

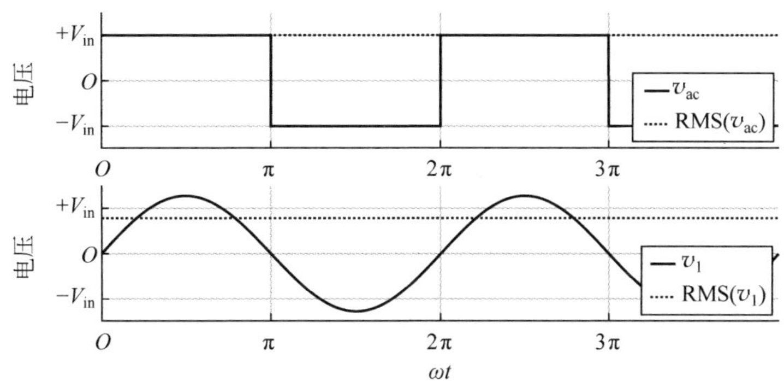

图 4.17　从方波派生的基波分量图

$$b_1=\frac{1}{\pi}\int_{-\pi}^{\pi}f(\omega t)\sin(\omega t)\mathrm{d}(\omega t)$$
$$=\frac{1}{\pi}\left[V_{\text{in}}\cos(\omega t)\Big|_{-\pi}^{0}-V_{\text{in}}\cos(\omega t)\Big|_{0}^{\pi}\right]=\frac{4V_{\text{in}}}{\pi} \tag{4.26}$$

方波的 THD 值可以根据 v_{ac} 和 v_1 的有效值，由式(4.24)确定。在功率因数和位移功率因数均等于 1 时，方波的 THD 值为 48.34%。其他频率分量由 $v_n=b_n\sin(n\omega t)$表示，根据 FT 级数，方波由基波 $n=1$ 和奇次谐波 $n=3\sim\infty$中的奇数表示：

$$\underbrace{v_{\text{ac}}}_{\text{方波}}=\underbrace{b_1\sin(\omega t)}_{\text{基波}}+\underbrace{\sum_{3,\text{odd}}^{\infty}b_n\sin(n\omega t)}_{\text{奇次谐波}} \tag{4.27}$$

式中：$b_n=\dfrac{4V_{\text{in}}}{n\pi}$，$n$ 是 $1\sim\infty$中的奇数。

频谱如图 4.18 所示，可以直接量化基波分量($n=1$)与 $n=3$ 的谐波分量的权重。

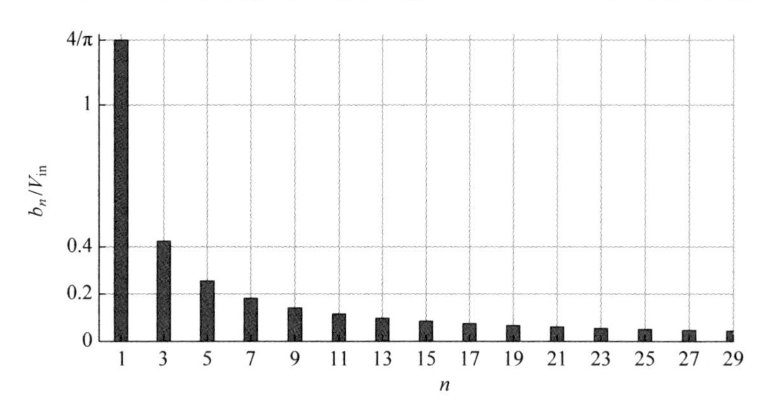

图 4.18 傅里叶级数下的交流方波的频谱

方波是演示谐波分量和 THD 值推导的一个简单案例。然而，交流波形可能比方波更复杂，并导致分析困难。FFT 能够识别各种时域波形以进行频域表示。为了便于说明，方波的案例研究通过 MATLAB 函数进行分析并绘制在图 4.19 中，其中 ω 为基波频率。

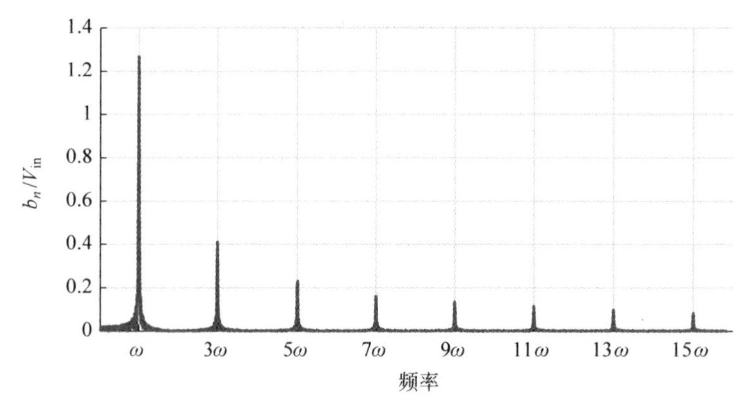

图 4.19 由 FFT 绘制的交流方波的频谱

4.6 直流电能质量

根据 4.5 节的介绍，交流电的电能质量可以被很好地定义与标准化。由于直流电的频率为零，对直流电的电能质量的评估相对简单。在稳态下，非理想直流波形可以认为是理想直流电与交流电的组合波形。因此，由于没有位移功率因数，直流电能质量主要与波形畸变和波纹有关。评价交流电压和电流质量的一个指标是总谐波畸变，它被定义为所有谐波分量的功率之和与基频功率之和的比值。电压信号 v_{ac} 和电流信号 i_{ac} 的 THD 值分别由式(4.24)和式(4.25)计算。

图 4.20 说明了在 3.3.5 节中介绍的降压变换器中的主要电流波形。FFT 可以用来分解不同的频率成分的谐波分量。参考图 4.20 的时域 i_L、i_Q、i_o 波形，得到了如图 4.21 对应的频谱。其中直流分量占主导地位，并称为零频率，第一个谐波频率是 50kHz，它是 Buck 变换器的开关频率。对于 i_L 和 i_Q 的波形，可以识别其在 50kHz 处的谐波。i_Q 在 100kHz 和 150kHz 纹波频率下的谐波也很突出，因为它们是开关频率的整数倍。Buck 变换器中的 LC 滤波器可以减小 50kHz 谐波和相对纹波的影响，以保持输出电压和电流的良好电能质量。从图 4.21 的频率分析和图 4.20 的时域图中可以看出，i_o 频谱中的谐波可以忽略。

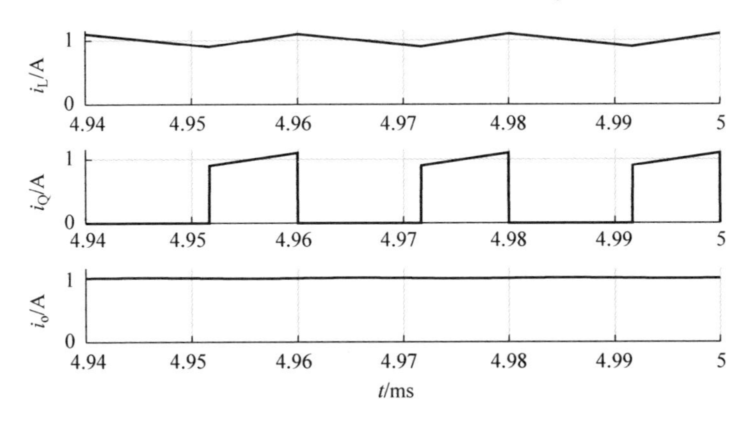

图 4.20 CCM 中 Buck 转换器的波形比较

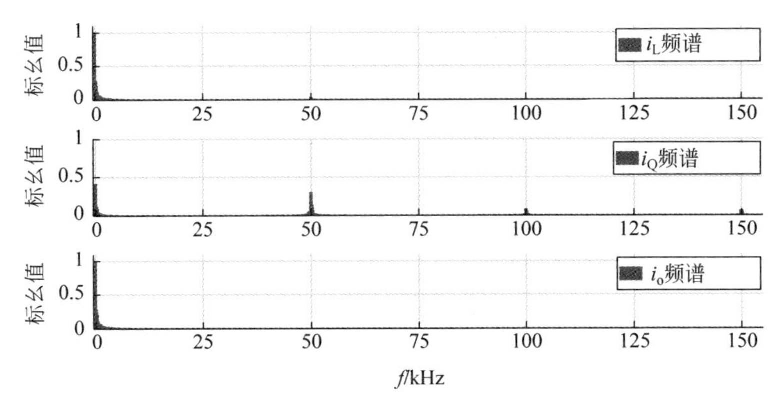

图 4.21 Buck 变换器中关键电流波形的 FFT 频谱

直流电压或电流的质量普遍采用平均值和有效值的比值来评价，用下式表示：

$$FF_{DC}=\frac{AVG}{RMS} \tag{4.28}$$

这个比值命名为形式因子(FF)。单位 FF 是指电压或电流为理想直流。对于稳定状态下的均匀直流信号，峰-峰值纹波可以作为识别电能质量的另一种方法，这已在第 3 章中指定和讨论。

电磁干扰(EMI)会影响附近的敏感设备，甚至导致异常操作。一个理想的直流量如仅包含一个零频率分量，其不会表现出 EMI 的问题。然而，用于 DC/DC 变换的高频开/关切换会产生大量辐射，在 Buck 变换器的案例研究中，EMI 频率可以确定为开关频率 50kHz 及其倍数。关于辐射和传导 EMI 的标准从国际标准到特定的各国标准都有其定义。根据频谱分析和识别，可通过合理设计 EMI 滤波器、接地、屏蔽等方法降低电磁干扰水平。软开关是另一种最大程度减少开关操作和最小化 EMI 的方法。线性稳压器通常比开关稳压器表现出更低的电磁干扰。

4.7 热应力及其分析

热学与电子学没有直接的关系，但对实际设计和实现很重要。功率半导体的额定值是由结温的最大允许值决定的，如 2.3 节所述。当温度超过限制时，器件就会损坏。如 2.5 节所述，电力电容器也是根据运行的温度值来预测其寿命的。因此，按照图 2.13 所示的步骤，热评估对于选择功率元件而言是必不可少的。所以，器件结温是预测器件老化和失效的重要指标。定义热阻 R_θ 用于温度估算(℃/W)：

$$R_\theta=\frac{\Delta T}{P_\theta} \tag{4.29}$$

式中：ΔT 为温差；P_θ 为热功率。

器件的核心温度可以通过环境温度和自功率耗散引起的附加温升来估计。物理器件内部的功率损耗是热功率和温度升高的原因，PN 结至环境的热阻通常用于评估功率半导体的热应力：

$$R_{\theta JA}=\frac{T_J-T_a}{P_{loss}} \tag{4.30}$$

式中：T_J 为器件核心温度；T_a 为环境温度；P_{loss} 为损耗引起的自功率耗散，与 P_θ 等效。

热分析估算堆芯温度的过程如图 4.22 所示。

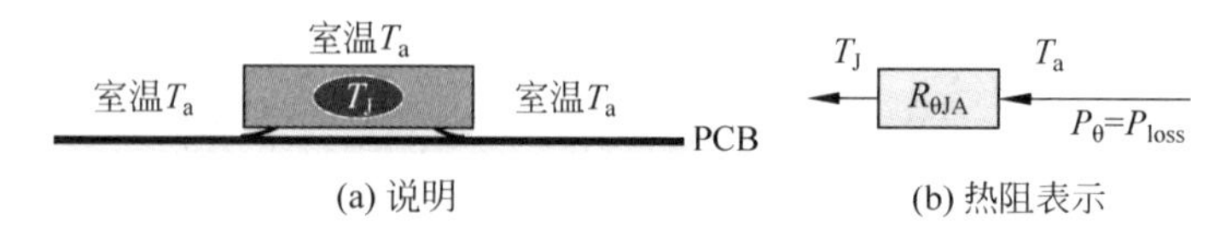

图 4.22 热分析估算堆芯温度

型号为 STF60N55F3 的 MOSFET 的热应力评估可以作为研究热应力的一个案例。表 4.2 总结了器件的热规范，$T_{J(max)}$ 的参数代表结温的上限，$R_{\theta JC}$ 的额定值为结壳热阻，其额定值低于 $R_{\theta JA}$。分析从预测最坏情况下的环境温度 $T_{ambient}$ 开始，器件的最大自功耗可以通过下式计算：

$$P_{crit}=\frac{T_{J(max)}-T_{ambient}}{R_{\theta JA}} \tag{4.31}$$

表 4.2　功率半导体的热规范

型　　号	封　　装	T_J(max)/℃	$R_{\theta JA}$/(℃/W)	$R_{\theta JC}$/(℃/W)
STF60N55F3	TO-220	175	62.5	1.36

根据式(4.31)和 MOSFET 说明书，当所考虑的最高的 $T_{ambient}=55$℃时，$P_{crit}=1.92$W。若电路中的损耗分析显示 $P_{loss}<P_{crit}$，则器件原则上可以安全工作；否则，在稳态运行期间器件会出现热损坏。总损耗来自不同方面，如传导损耗和开关损耗。若热应力高于耐受水平，则可以考虑使用散热器进行补救，散热器可以降低总热阻，因为从 PN 结到环境的热阻不遵循指定值 $R_{\theta JA}$，从 PN 结到环境的总热阻用下式计算：

$$R_{\theta JA(sum)}=R_{\theta JC}+R_{\theta CH}+R_{\theta HA} \tag{4.32}$$

式中：$R_{\theta JC}$ 为从结到元件壳体的热阻；$R_{\theta CH}$ 为元件壳到散热器的热阻；$R_{\theta HA}$ 为从散热器到环境条件的热阻。

图 4.23 指示了评估结温的热电阻累积流程。由于散热器提供了更多的散热空间，因此 $R_{\theta JC}$、$R_{\theta CH}$ 和 $R_{\theta HA}$ 的累积值预计会低于器件额定值 $R_{\theta JA}$。因此，结温由下式计算：

$$T_J=P_{loss}R_{\theta JA(sum)}+T_a \tag{4.33}$$

TO-220 封装的散热器其热阻通常在 10～30℃/W 范围内。$R_{\theta CH}$ 的值取决于散热器在电气隔离和安装方法方面的实施情况，通常低于 2℃/W。因此，可使用散热器显著降低从环境到 PN 结的总热阻 $R_{\theta JA(sum)}$。散热器允许功率半导体器件内部承受更大的功率损耗或降低结温以实现高可靠性和长寿命。因此，大多数电力电子元件可以受益于额外的散热器解决方案，因为它们通常需要一个较低的温度，以实现高效率、高可靠性和长寿命。

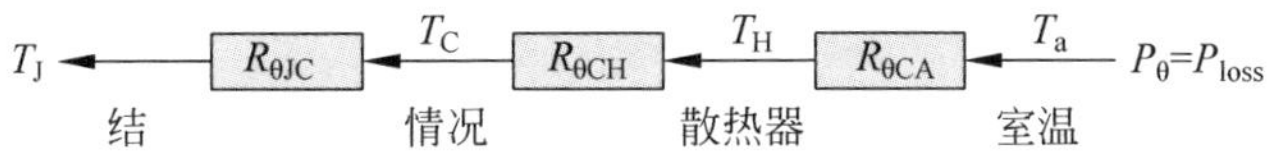

T_J ← $R_{\theta JC}$ ← T_C ← $R_{\theta CH}$ ← T_H ← $R_{\theta CA}$ ← T_a ← $P_\theta=P_{loss}$

结　　情况　　散热器　　室温

图 4.23　用于评估结温的热电阻累积流程

主动冷却通过风冷或循环液体来增强热交换，有效地降低了设备的温度。现代电力电子往往更多地依赖自然通风(如散热器)，而不是主动冷却方法。首先，最新的功率变换中的低功率损耗可以避免使用主动冷却，例如，太阳能光伏产业已将变换器效率的基数提高到 94%以上。其次，由于运动部件的机械性能退化，主动冷却的实施会导致成本和低使用寿命的问题。例如，最新的计算机电源最大限度地减少了冷却风扇的运行，并且仅在温度高于阈值时才打开。此外，功率变换操作主要是基于自然通风，如散热器，以提高效率和寿命。现代电力电子系统中的固态解决方案没有运动部件，从而提高了可靠性和使用寿命。

4.8　本章小结

功率变换器的设计涉及转换效率、电能质量和可靠性等因素。功率质量与损耗分析是基于电压和电流的平均值和有效值计算的。功率变换器产生不同类型的波形来表示直流和交流。理解有效值的概念并计算开关操作所引起的各种电流波形的值很重要。

功率开关损耗涉及导通损耗和开关损耗。稳态传导的计算相对简单。然而，由于各种寄生元件的时变特性，开关损耗难以准确识别。寄生电容值越小，开关损耗越低，这与功率半导体技术的改进有关。MOSFET 和 IGBT 被认为是电压驱动型器件，因为栅极端的电压大小决定了开关的通/断，因此理论上不需要电流维持通态状态。然而，栅极驱动电路通常用于提供或吸收高瞬时电流，以加速开关切换和最小化开关功率损失。尽管栅极驱动电路引入了额外的损耗，但它有助于降低开关损耗并最终提高整体转换效率。

交流系统的电能质量在电压和电流的功率因数和总谐波畸变方面得到了很好的定义。直流电的质量评估相对简单，因为它主要是指纹波幅值。总功率因数广泛用于评价直流和交流的电能质量。FT 级数是识别谐波分量的基础，FFT 是确定不同频率分量频谱的有效工具。形式因子是一个简单但很有用的指标，它用于量化直流电能的质量。

热分析在电力电子中不可忽视，因为它关系到可靠性和预期寿命。大多数器件容易因高温而出现早期故障。有些器件对温度更敏感，如铝电解电容器和电池。热阻是将器件功率损失与内部温升联系起来的标准参数，其用于热评估和寿命预测。额外的散热器可以有效降低温度，从而实现高性能和长寿命；然而，它们增加了系统成本和尺寸。通过风冷或循环液体的主动冷却方法被认为是保持低温的最有效措施。

参考文献

[1] Xiao W D. Photovoltaic power systems: modeling, design, and control[M]. Wiley, 2017.

[2] Erickson R W, Maksimovic D W. Fundamentals of power electronics[M]. 2nd ed. Springer, 2007.

[3] Hart D W. Power electronics[M]. McGraw-Hill, 2011.

[4] IEEE Std 519-2014. IEEE Recommended Practice and Requirements for Harmonic Control in Electric Power Systems[S]. IEEE standard, 2014.

习题

4.1 根据 3.3.5 节的案例分析和表 3.2 的额定稳态参数，确定如下几点：

(1) 稳态时通过电感器的电流平均值。

(2) 稳定状态下通过二极管 D 的电流平均值。

(3) 稳态时通过电感器的电流的 RMS 值。

(4) 稳定状态下通过有源开关 Q 的电流的 RMS 值。

(5) 稳定状态下通过二极管 D 的电流的 RMS 值。

(6) 稳定状态下通过输出电容器 C_o 的电流的 RMS 值。

(7) 输出电压的 RMS 值。

(8) ESR 为 10mΩ 时互连电感的导通损耗。

(9) $R_{ds(on)}$ 时 8mΩ 时 MOSFET 的导通损耗。

(10) 正向压降为 0.45V 时二极管的导通损耗。

(11) 若 ESR 为 12mΩ，输出电容器的导通损耗。

(12) 引起最高导通损耗的元件。

(13) 变换器所需的栅极驱动电路类型,查找栅极驱动 IC 型号并讨论其重要规范。

4.2 根据 3.4.5 节的案例分析和表 3.3 的稳态额定参数,确定如下几点:

(1) 稳态时通过电感器的电流平均值。

(2) 稳定状态下通过二极管 D 的电流平均值。

(3) 稳态时通过电感器的电流的 RMS 值。

(4) 稳定状态下通过有源开关 Q 的电流的 RMS 值。

(5) 稳定状态下通过二极管 D 的电流的 RMS 值。

(6) 稳定状态下通过输出电容器 C_o 的电流的 RMS 值。

(7) 输出电压的 RMS 值。

(8) ESR 为 10mΩ 时互连电感的导通损耗。

(9) $R_{ds(on)}$ 为 8mΩ 时 MOSFET 的导通损耗。

(10) 正向压降为 0.45V 时二极管的导通损耗。

(11) ESR 为 6mΩ 时输出电容器的导通损耗。

(12) 引起最高导通损耗的组件。

(13) 有源功率开关所需的栅极驱动电路类型,以尽量减少其开关损耗。查找用于栅极驱动的商用 IC 型号并讨论其重要规范。

4.3 根据 3.6.5 节的案例分析和表 3.4 的稳态额定参数,确定如下几点:

(1) 稳态时通过电感器的电流平均值。

(2) 稳定状态下通过二极管 D 的电流平均值。

(3) 稳态时通过电感器的电流的 RMS 值。

(4) 稳定状态下通过有源开关 Q 的电流的 RMS 值。

(5) 稳定状态下通过二极管 D 的电流的 RMS 值。

(6) 稳定状态下通过输出电容器 C_o 的电流的 RMS 值。

(7) 输出电压的 RMS 值。

(8) ESR 为 10mΩ 时互连电感的导通损耗。

(9) $R_{ds(on)}$ 为 8mΩ 时 MOSFET 的导通损耗。

(10) 正向压降为 0.45V 时二极管的导通损耗。

(11) ESR 为 12mΩ 时输出电容器的导通损耗。

(12) 引起最高导通损耗的组件。

(13) 有源功率开关所需的栅极驱动电路类型,以尽量减少其开关损耗。查找用于栅极驱动的商用 IC 型号并讨论其重要规范。

4.4 MOSFET 在栅源端的等效电容 $C_G=10\text{nF}$,v_{gs} 的阈值电压 $V_{TH}=2.5\text{V}$。为了使其在额定电流下完全导电,栅源电压 $v_{gs}=4.5\text{V}$。采用推挽电路作为栅极驱动电路,如图 P4.4 所示。额定电压 $V_{CC}=12\text{VDC}$;$R_G=4\Omega$。PNP 和 NPN 被认为是理想的,无功率损耗。确定以下几点:

(1) 施加 PWM 信号进行接通时,v_{gs} 从 0V 上升到 V_{TH} 的时间。

(2) 保持 PWM 信号接通时,v_{gs} 从 V_{TH} 上升到 4.5V 的时间。

(3) 施加 PWM 信号进行接通时,v_{gs} 从 12V 下降到 4.5V 的时间。

(4) 保持 PWM 信号接通时,v_{gs} 从 4.5V 下降到 V_{TH} 的时间。

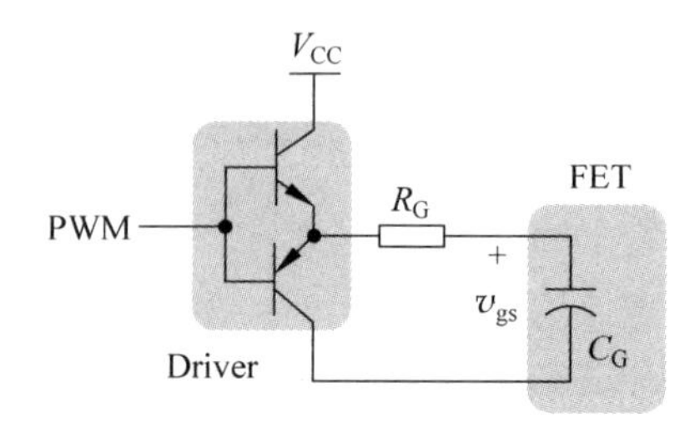

图 P4.4 驱动分析电路

4.5 在升压变换器电路中,通过有源开关的电流如图 4.3 所示,其中 $I_B=50A$,$I_T=80A$,$T_{on}=30\mu s$,$T_{off}=50\mu s$,有源开关可以选择一种 MOSFET 型号,在稳态下额定值 $R_{ds(on)}=40m\Omega$,也可以选择一种 IGBT 型号,从 C 到 E 的额定正向压降为 $V_{drop}=2V$。

(1) 如采用 MOSFET,试确定导通损耗功率大小。

(2) 如采用 IGBT,试确定导通损耗功率大小。

(3) 两种方案中,哪一种的损耗更小?

4.6 基于 4.5.2 节中的案例研究,继续研究方波的 FT 级数,并确定正弦项 b_n 的参数,其中 n 为从 2 开始的偶数。

4.7 基于 4.5.2 节中的案例研究,继续研究方波的 FT 级数,确定正弦项 b_n 的参数,其中 n 为从 3 开始的奇数,并用谐波分量的形式表示。

4.8 根据 3.4.5 节中的案例研究,评估在额定功率条件下输入端口和输出端口的功率因数。哪一边功率因数高?

4.9 根据 3.6.5 节中的案例研究,评估在额定功率条件下输入端口的功率因数端口和输出端口的功率因数。哪一边功率因数高?

4.10 基于 3.6.5 节的案例研究,使用 FFT 计算输入电流的基波和谐波分量的值。

4.11 搜索额定电压为 650V 的两种 IGBT 型号,一种封装是 TO-220,另一种是 TO-247。两种封装的功率损耗和环境温度相同,均为 2W 和 50℃。使用产品说明书,评估热性能,并确定无须任何额外的冷却情况下的结温是否符合要求。

第5章

直流/单相交流电力变换

执行直流/交流变换的设备通常称为逆变器，不间断电源(UPS)和由汽车电池供电的逆变器例子中的逆变器通常工作在较低的功率，电力变换后直接向负载提供单相交流输入。UPS分为离线式(或后备式)和在线式两种，如图5.1所示。在离线式UPS中，单刀双掷(SPDT)继电器连接关键负载与电网，如图5.1(a)所示。电池组通过充电器进行充电，当电网可用时，充电器进行交流/直流功率变换；当发生停电时，启动直流到单相交流电的变换器，将来自电池的直流电进行功率变换，并为关键交流负载提供电能。电网正常时，直流/交流逆变器处于待机状态，即此时逆变器不工作。离线式UPS的缺点是由于SPDT存在过渡时间和逆变器需要启动时间，使得电网供电切换到逆变器输出供电的过程中存在短时延。但这种延迟时间通常较短，可维持台式计算机不间断地工作。同时，固态继电器可以取代机械继电器，其由功率半导体构成，可缩短过渡时间，从而实现无缝切换。

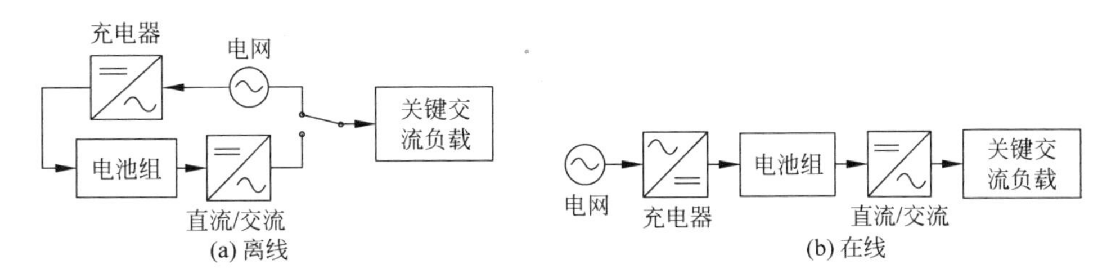

图5.1　不间断电源框图

在线式UPS系统可以消除过渡时间，其中直流/交流变换器一直处于工作状态并向负载提供交流电，如图5.1(b)所示。电池组成为充电器和直流/交流变换之间的直流环节，在突然停电时，充电器停止工作，但直流/交流变换继续运行，呈现出无缝隙切换。然而，由于直流/交流变换一直运行，变换器中的功率损耗较大，因此该解决方案的成本通常高于后备式UPS解决方案。UPS的直流/交流变换属于独立的单相交流供电系统，它向单相交流负载提供输出电压和频率稳定的电能。

目前,另一种直流/单相交流变换器被用于新能源并网发电系统中。最常见的应用场景是光伏并网系统,全世界的许多家庭和建筑中都安装了该系统。图 5.2 显示了简易的光伏并网发电系统,其中,直流电由光伏电池板产生,太阳能通过光伏电池板转换为不稳定的直流电能后,通过逆变器变换为单相交流电,经过滤波,最后注入电网。

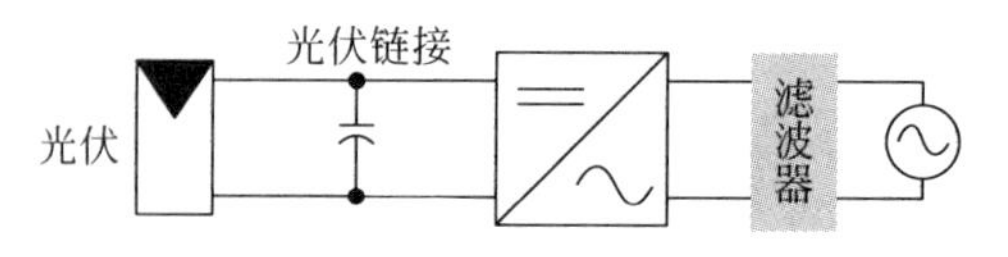

图 5.2　简易光伏并网发电系统

在 2.4 节中介绍的有源四开关全桥逆变器便是用于直流到单相交流变换最常见的拓扑。桥式拓扑通常由场效应晶体管或绝缘栅双极晶体管构成,如图 5.3 所示。开关的选择取决于功率和电压大小,如 2.3.5 节所述。四开关桥逆变器由两个并联的桥臂组成,分别标记为 A 和 B。交流输出 $v_{ab}=v_{ag}-v_{bg}$,其中 v_{ag} 和 v_{bg} 分别表示桥臂 A 和桥臂 B 到公共直流接地点的电压差。同一桥臂上的一个开关导通时,另一个开关必须关闭,以避免产生桥臂直通现象。

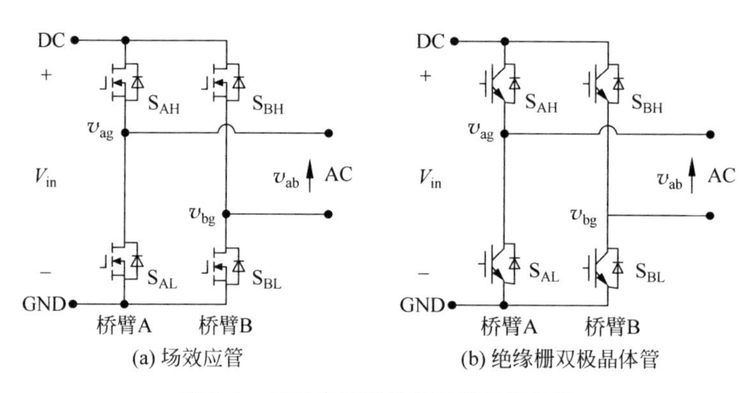

图 5.3　用于直流到单相交流变换的桥

5.1　交流方波

如图 5.4 所示,器件的开/关切换可以产生方波,四开关桥逆变器的对角线开关模式可以在 AC 端产生正输出或负输出。在正半周期,对角开关 S_{AH} 和 S_{BL} 导通,四开关桥逆变器的交流端电压 $v_{ab}=V_{in}-0=V_{in}$。在负半周期,S_{BH} 和 S_{AL} 导通,四开关桥逆变器的交流端电压 $v_{ab}=0-V_{in}=-V_{in}$。如图 5.5 所示,当正、负半周期时间相等时,输出电压 v_{ab} 即为交流波形。这种简单的开关机制产生了直流到单相交流的变换。

这种开关操作很简单,在特定开关频率控制下,通过四开关桥逆变器产生了频率固定的交流方形波形,如 50Hz 或 60Hz。然而,这种调制方式下不能输出幅值为 V_{in} 的交流电压 v_{ab}。

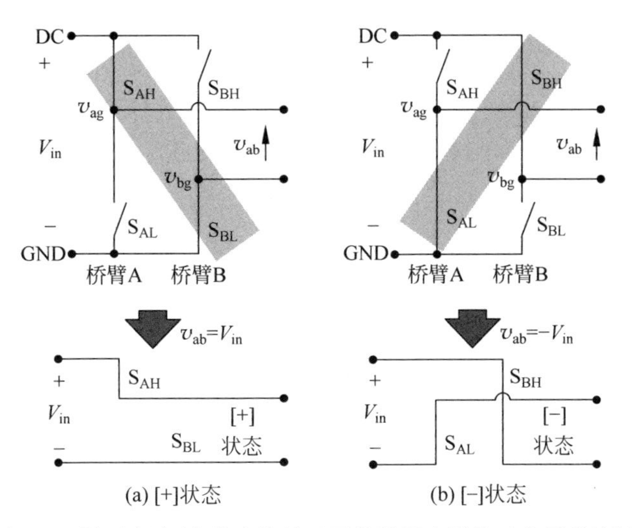

图 5.4　用于直流/交流变换的四开关桥逆变器的对角开关控制

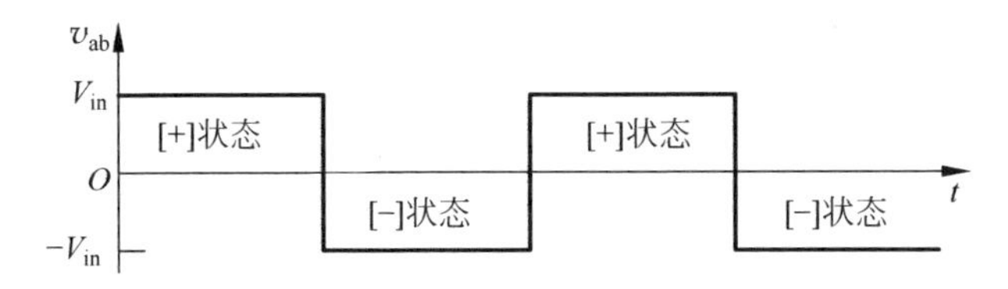

图 5.5　有源四开关桥逆变器产生的交流方波

5.1.1　斩波

基于图 5.3 中的四开关桥逆变器，可以采用另外两个开关状态以产生零输出电压，即零状态。图 5.6 说明了这两种状态，也称为平坦开关模式。两个高侧开关或两个低侧开关同

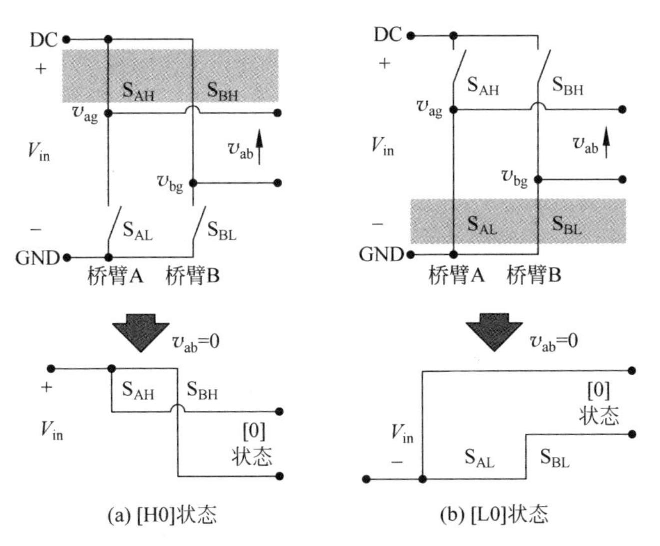

图 5.6　用于直流/交流变换的四开关桥逆变器的零状态

时处于导通状态，这使得 $v_{ab}=v_{ag}-v_{bg}=0$。定义零状态[H0]和[L0]，分别对应高侧开关和低侧开关的导通状态。当在[+]状态和[−]状态之间引入两个零状态时，v_{ab} 可以产生斩波方波，如图 5.7 所示。采用 T_+、T_- 和 T_0 分别代表正、负和零状态的时间，则 v_{ab} 的有效值可以通过调整各状态的比例进行控制。

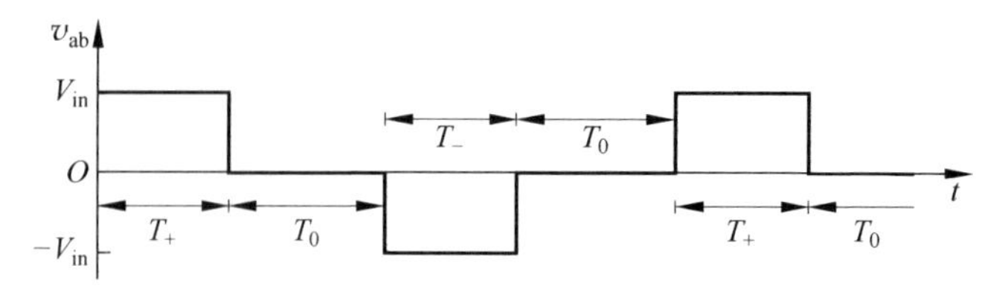

图 5.7 四开关桥逆变器所产生的斩波交流方波

5.1.2 移相和调制

信号调制可以产生如下所述的开关顺序：

(1) S_{AH} 开通⇒S_{AL} 关断⇒$v_{ag}=V_{in}$ & $v_{bg}=0$⇒$v_{ab}=V_{in}$⇒[+]状态。

(2) S_{BH} 开通⇒S_{BL} 关断⇒$v_{ag}=V_{in}$ & $v_{bg}=V_{in}$⇒$v_{ab}=0$⇒[H0]状态。

(3) S_{AH} 关断⇒S_{AL} 开通⇒$v_{ag}=0$ & $v_{bg}=V_{in}$⇒$v_{ab}=-V_{in}$⇒[−]状态。

(4) S_{BH} 关断⇒S_{BL} 开通⇒$v_{ag}=0$ & $v_{bg}=0$⇒$v_{ab}=0$⇒[L0]状态。

在每个开关时刻，一个开关打开，同一桥臂上的另一个开关必须关闭。每个开关占空比等于 0.5，从而产生矩形波 v_{ag} 和 v_{bg}。在 S_{AH} 和 S_{BH} 的导通时刻之间有一个时间延迟，该时间延迟代表[+]状态，其情况与[−]状态类似。图 5.8 给出了一个开关周期内开关模态的四个等效电路。

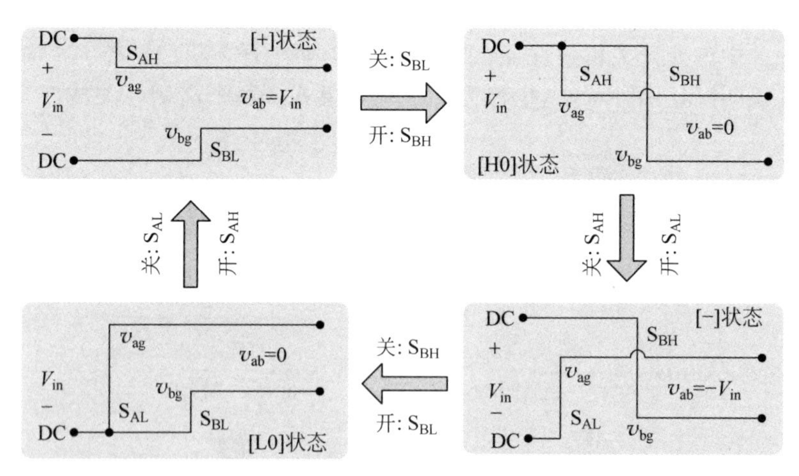

图 5.8 逆变器一个开关周期内开关模态的四个等效电路

上述操作可以在相位波形中进行解释说明，如图 5.9 所示。两个矩形波之间的移相是一种常见的调制技术，它可以产生用于直流到单相交流变换的斩波方波。用 ϕ 表示相位值以进行分析。如图 5.9 所示，[+]状态和[−]状态的脉冲宽度为 ϕ，零状态[H0]和[L0]使得输出电压为零，交流输出电压的有效值由相移角值 ϕ 控制。根据稳态的一个半周期和

图 5.9 所示的波形，可以通过下式推导出 v_{ab} 的有效值：

$$\mathrm{RMS}(v_{ab})=\sqrt{\frac{1}{\pi}\int_0^{\phi}V_{in}^2\mathrm{d}(\omega t)}=V_{in}\sqrt{\frac{\phi}{\pi}} \tag{5.1}$$

当 $\phi=0$ 时，v_{ag} 和 v_{bg} 的矩形波形重叠，使得输出电压 $v_{ab}=0$。当 $\phi=\pi$ 时，出现了方波，代表直流到单相交流的最高电压变换比。当 $\phi=\frac{\pi}{2}$ 时，RMS 值确定为 $\frac{V_{in}}{\sqrt{2}}$。

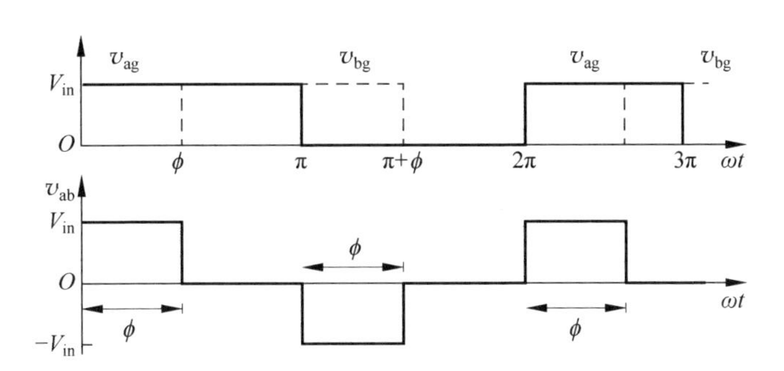

图 5.9　移相所产生的单相交流波形

为了与正弦波比较，斩波方波的脉冲在每个半周期居中，如图 5.10 所示，此时 $\phi=\frac{\pi}{2}$。裕角 α 被定义为代表零状态 T_0 对应相角的一半。由于关系定义为 $2\alpha+\phi=\pi$，因此 ϕ 或 α 都可以作为输出电压调节的调制比。输出电压的有效值也可以由下式推得：

$$\mathrm{RMS}(v_{ab})=V_{in}\sqrt{1-\frac{2\alpha}{\pi}} \tag{5.2}$$

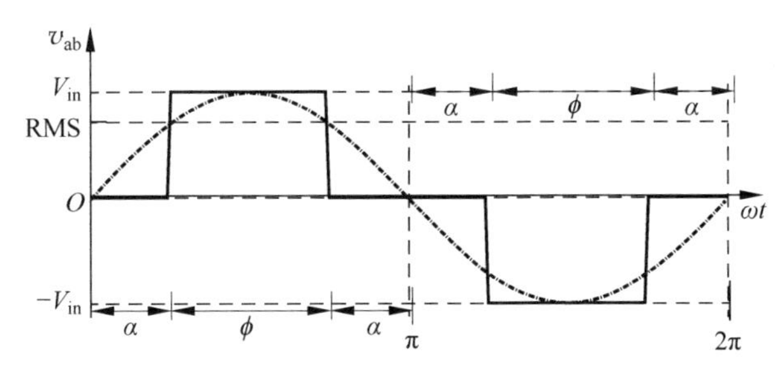

图 5.10　正弦波与斩波方波的等效性

5.1.3　总谐波畸变

移相技术可以调制四开关桥，产生电压可控的单相交流输出。但与电力系统中理想的交流信号相比，波形失真是该技术主要的问题。在 4.5.2 节中引入了总谐波畸变(THD)来量化差异。对于斩波方波 v_{ab}，其傅里叶级数表示为

$$v_{ab}=\sum_{n,\mathrm{odd}}V_n\sin(n\omega_0 t) \tag{5.3}$$

其中基波频率为 ω_0，v_{ab} 中所含的谐波是奇数次谐波。斩波方波的第 n 次谐波(奇数次谐波)分量的幅值由下式表示：

$$V_n = \frac{2}{\pi}\int_{\alpha}^{\pi-\alpha} V_{\text{in}} \sin(n\omega_0 t)\text{d}(\omega_0 t) = \frac{4}{n\pi}V_{\text{in}}\cos(n\alpha) \tag{5.4}$$

基波分量 v_1 的幅值和有效值可从以下两式推得：

$$V_1 = \frac{4}{\pi}V_{\text{in}}\cos\alpha \tag{5.5}$$

$$\text{RMS}(v_1) = \frac{4V_{\text{in}}}{\sqrt{2}\pi}\cos\alpha \tag{5.6}$$

根据式(4.24)中电压的THD定义，斩波方波的值可以通过下式确定：

$$\text{THD} = \frac{\sqrt{[\text{RMS}(v_{\text{ab}})]^2 - [\text{RMS}(v_1)]^2}}{\text{RMS}(v_1)} \tag{5.7}$$

式中：$\text{RMS}(v_{\text{ab}})$、$\text{RMS}(v_1)$可以分别由式(5.2)和式(5.6)确定。

图5.11说明了THD值与调制比即裕角 α 之间的关系。$\alpha=0$ 时纯方波的THD值已在4.5.2节讨论，为48.43%。在 $0<\alpha<\frac{\pi}{4}$ 区域内可表现出相对较低的THD值。

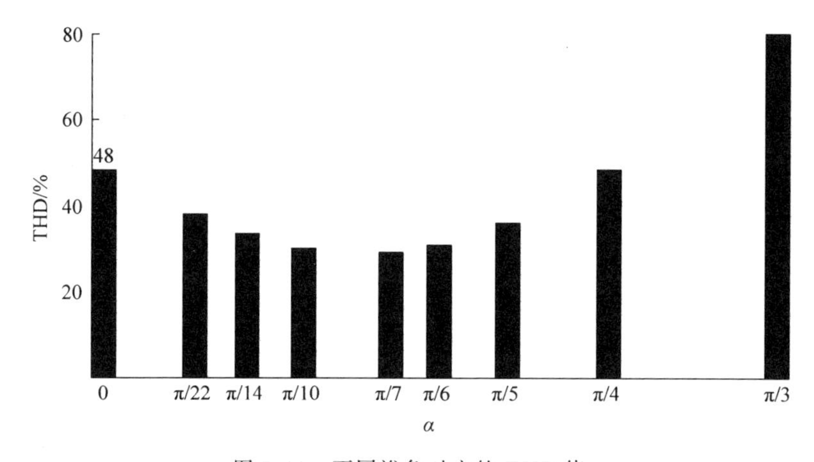

图5.11 不同裕角对应的THD值

由于斩波方波能在相对较低的频率上进行简单的移相调制，所以常被用作低成本、低容量交流电源。逆变器输入电源通常来自可充电电池，如汽车蓄电池，并为许多家用交流电器提供电力。直流到单相交流的变换通常称为“调制型正弦波逆变器”，它是指将斩波方波作为逆变器的交流输出。然而，类方波波形的THD值总是高于20%，这是各种行业标准无法接受的，特别是在大容量交流供电或电网互联的情况下更是不允许的。

5.2 正弦波-三角波调制

工业界需要从直流/交流变换中获得高质量的交流输出，而利用高频脉宽调制和低通滤波技术可以达到这一目的。工业界有时将这种直流/交流变换称为“纯正弦波逆变器”，这种调制技术通常称为正弦脉宽调制(SPWM)。

5.2.1　双极性脉宽调制

在3.1节中介绍了PWM操作,并在图3.2中说明了直流/直流变换。对于直流/交流变换,相同的比较机制可以应用于参考信号和载波信号的变化。参考信号应反映交流电压输出的性质,即参考信号要具有交流电压输出的基波频率。双极性脉宽调制是一种直接控制开关脉冲来进行直流/交流变换的方法,载波信号 v_c 为双极性三角波形,包括正、负半周期,如图5.12所示。参考信号 v_r 是一个正弦波形,其频率等于交流输出的基波频率 ω。v_c 的频率高于 v_r,这样可以产生精确的PWM脉冲。将 v_r 和 v_c 进行比较,得到如图5.12所示的PWM信号。

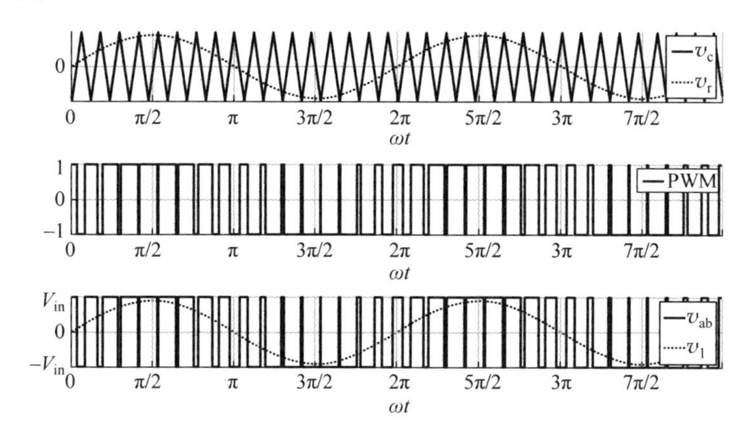

图5.12　对BPWM操作和输出波形的展示

当 $v_r>v_c$ 时,PWM输出'1'并控制 S_{AH} 和 S_{BL} 的对角开关对导通,如图5.4(a)所示,使得 $v_{ab}=+V_{in}$ 为正电压输出。当 $v_r<v_c$ 时,PWM输出'−1'并控制 S_{BH} 和 S_{AL} 对角开关对导通,如图5.4(b)所示,使得 $v_{ab}=-V_{in}$,为负电压输出。输出的 v_{ab} 为双极性脉冲波形,其中脉宽表示交流输出电压幅值的正、负,如图5.12所示。v_{ab} 的波形与BPWM输出信号的波形相同,开关频率与 v_c 频率一致,应远高于 ω。波形显示脉宽发生变化,表示所需的 v_1 正弦波的电压大小在改变。注意,正脉宽在正半周期的权重更大;同时,负脉宽在负半周期的宽度更大。对 v_{ab} 进行滤波可以消除脉动纹波,滤除其中谐波成分,使输出电压保留低频的正弦部分波形。

控制参考信号 v_r 的幅值和频率,输出所需的交流电压和频率。对于直流/交流变换,幅值调制比定义为 $m_a=\dfrac{V_R}{V_C}$,其中 V_R 和 V_C 分别代表 v_r 和 v_c 的幅值。v_{ab} 的脉宽取决于 m_a 的值。当 $0<m_a<1$ 时,v_{ab} 的大小可以通过与输入直流电压的线性关系来预测:

$$V_{OM}=m_a\times V_{in} \tag{5.8}$$

式中:V_{OM} 为逆变器输出电压中基波的电压幅值。

调频比定义为 $m_f=\dfrac{f_c}{f_r}$,其中 f_c 为载波频率,f_r 为参考信号的频率。根据公用电网标准,f_r 最常见的频率为50Hz或60Hz。在BPWM的演示案例中,$m_f=11$,如图5.12所示。每个基波周期的脉冲数计为11,基波周期为 2π,如图5.12所示。

输出 v_{ab} 可以通过快速傅里叶变换进行分析，其频谱如图 5.13 所示。在 FFT 图中，基波频率用 f_r 表示，幅值近似 m_aV_{in}。开关频率固定为 $f_c=m_ff_r$，v_{ab} 的频谱中主要谐波就是开关频率附近的谐波。较高的 m_f 值将使得谐波频率与基波频率分离得更远，因此为了更容易地滤除电压 v_{ab} 中的谐波成分，m_f 值越高越好。

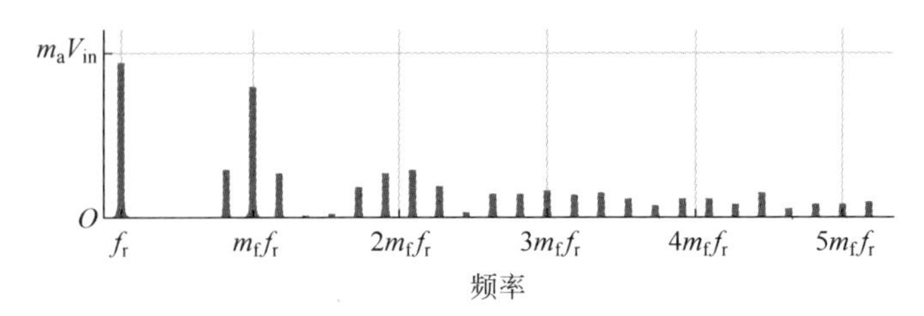

图 5.13 BPWM 操作所产生的输出波形的谐波频谱

5.2.2 单极性脉宽调制

BPWM 的概念易于理解且易于使用。对四开关桥进行调制，产生[+]或[−]周期，将直流变换为单相交流。如图 5.6 所示，零状态在 BPWM 调制中未得到体现。那么开关机制是否可以简化并变得更有效？希望调制目标有以下特征：

(1) v_{ab} 的正半开关周期仅由正脉冲和零状态形成，没有负脉冲。

(2) v_{ab} 的负半开关周期仅由负脉冲和零状态形成，没有正脉冲。

(3) v_{ab} 的脉宽应可调节，根据其宽度表示对应正弦波不同阶段。

单极性脉宽调制(UPWM)专为实现这一目标而设计。与 BPWM 不同，其使用两个正弦信号(v_{r+} 和 v_{r-})作为参考，它们幅值相等、相位相差 180°或 $v_{r-}=-v_{r+}$，如图 5.14(a)所示。载波信号 v_c 是双极性的，并与两个参考信号进行比较以输出两个 PWM 信号。UPWM 遵循以下规则：

(1) $v_{r+}>v_c \Rightarrow$ PWM-A=1 $\Rightarrow S_{AH}$ 开和 S_{AL} 关。

(2) $v_{r+}<v_c \Rightarrow$ PWM-A=0 $\Rightarrow S_{AL}$ 开和 S_{AH} 关。

(3) $v_{r-}>v_c \Rightarrow$ PWM-B=1 $\Rightarrow S_{BH}$ 开和 S_{BL} 关。

(4) $v_{r-}<v_c \Rightarrow$ PWM-B=0 $\Rightarrow S_{BL}$ 开和 S_{BH} 关。

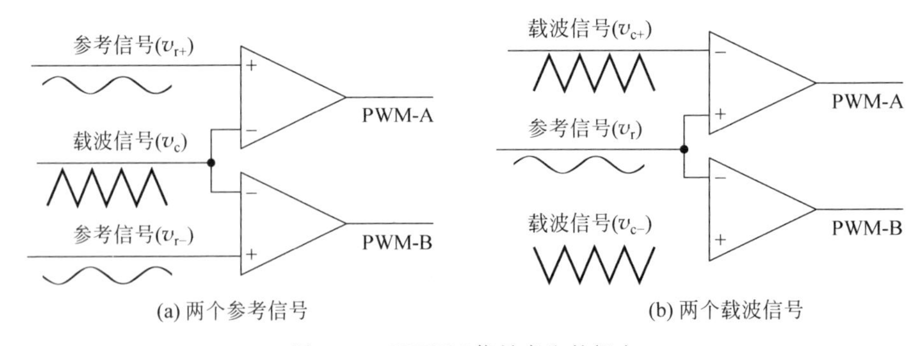

图 5.14 UPWM 信号产生的概念

v_{r+} 和 v_{r-} 的参考信号分别调制和产生 PWM-A 和 PWM-B 的 PWM 信号。UPWM 的操作如图 5.15 所示，图中显示了 v_{r+}、v_{r-}、v_c、PWM-A 和 PWM-B 的波形。PWM-A 和

PWM-B分别控制桥臂A和桥臂B的开关。图5.16为四开关电桥与UPWM所产生的相应电压波形。电压v_{ag}和v_{bg}相等时导致零状态，这是平坦开关模式所引起的。三角波显示载波频率$m_f=11$，表示信号v_r的每个半周期中有11个脉冲。

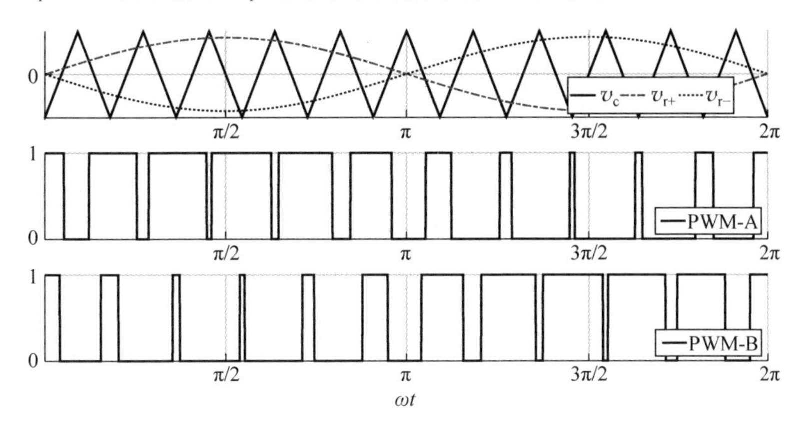

图5.15 UPWM产生的说明

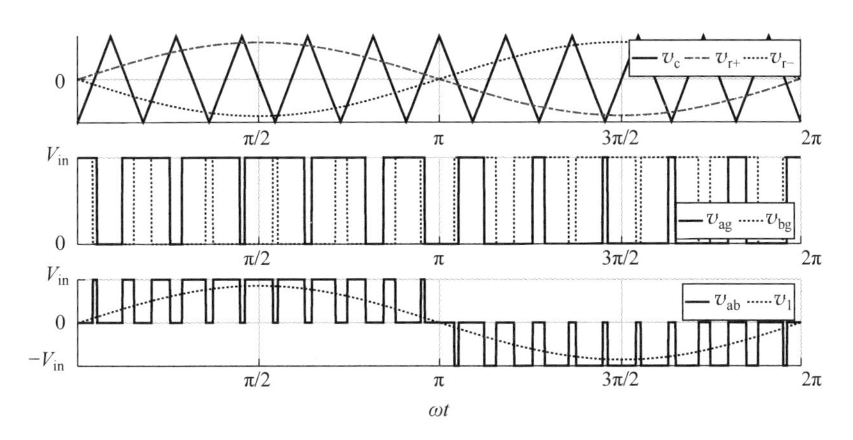

图5.16 与UPWM操作对应的波形

UPWM的另一种实现如图5.14(b)所示，包括两个载波信号(v_{c+}和v_{c-})，它们的相位相差180°或$v_{c-}=-v_{c+}$。一个参考信号v_r与两个参考信号进行比较，分别为桥臂A和桥臂B产生PWM信号。UPWM方法产生PWM信号来控制四开关桥，其规则如下：

(1) $v_r>v_{c+}\Rightarrow$PWM-A$=1\Rightarrow S_{AH}$开和S_{AL}关。

(2) $v_r<v_{c+}\Rightarrow$PWM-A$=0\Rightarrow S_{AL}$开和S_{AH}关。

(3) $v_r>v_{c-}\Rightarrow$PWM-B$=0\Rightarrow S_{BL}$开和S_{BH}关。

(4) $v_r<v_{c-}\Rightarrow$PWM-B$=1\Rightarrow S_{BH}$开和S_{BL}关。

尽管实现不同，但调制方法执行的功能与另一种UPWM技术相同。四开关电桥所产生的相应电压波形如图5.17所示。当频率和幅值的调制比相同时，调制方法所产生的v_{ag}、v_{bg}和v_{ab}在结果上相同，如图5.16所示。通过FFT图可以看出UPWM相较于BPWM的优点，如图5.18所示。f_c处的谐波消失。谐波从$2f_c$的频率开始，并显示出比图5.13所示的BPWM中更低的谐波幅值。UPWM通常实现起来更复杂，但性能优于其对应BPWM。

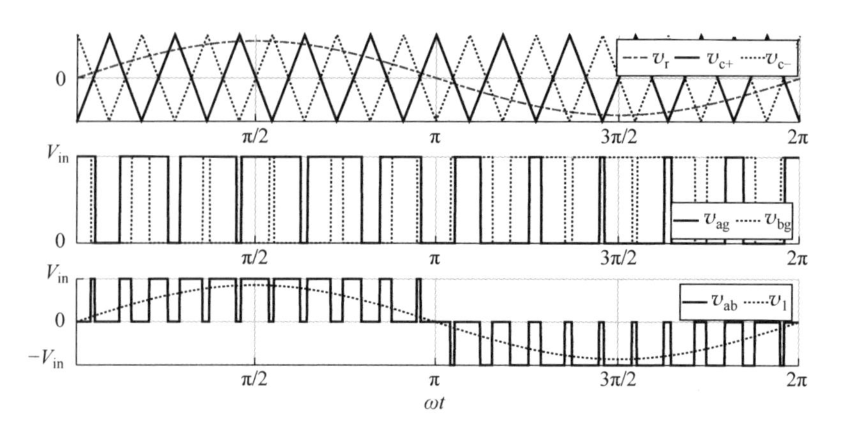

图 5.17　与 UPWM 操作对应的波形

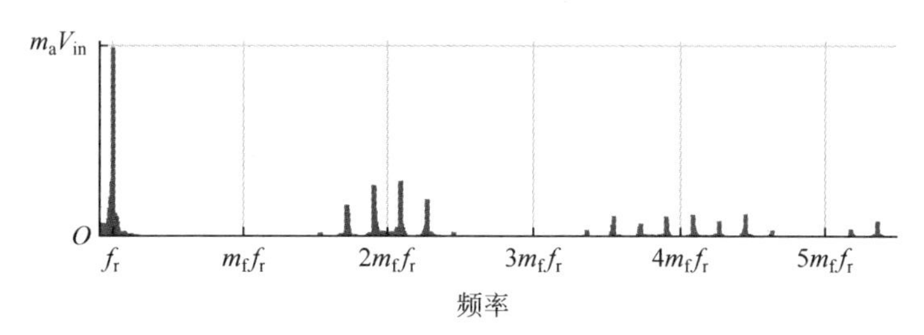

图 5.18　UPWM 操作所产生的输出波形的谐波频谱

5.2.3　平滑滤波电路

无论是 UPWM 还是 BPWM，其产生的 v_{ab} 波形都不是正弦波形。当采用低通滤波时，可以滤除其中的高频分量，从而得到纯净的正弦波。采用 LC 低通滤波器将四开关桥与负载连接，如图 5.19 所示。LC 滤波器的低通特性已在 2.7 节中有所描述，并用于 Buck 变换器。与 DC/DC 变换不同，电容 C_o 上的电压是双极性的，用于交流输出。

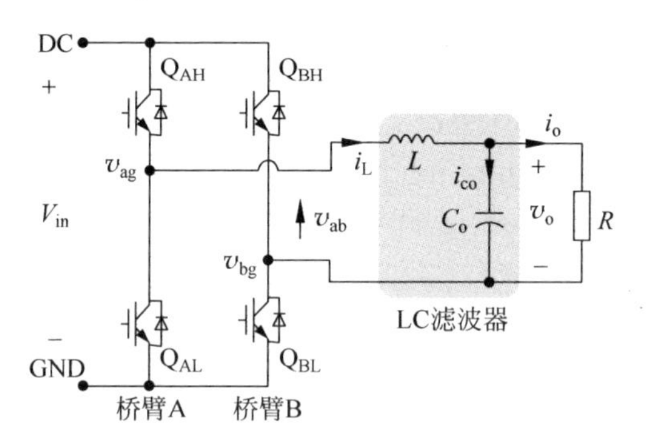

图 5.19　LC 滤波器应用于直流电的单相交流变换

2.7 节讨论了采用 L 或 LCL 滤波器后，从纹波电压得到平滑电流的例子。这种滤波常用于分布式发电并网，如图 5.20 所示。例如，直流侧可来自太阳能光伏的输出，这种情况需要直流到单相交流变换才能将电能注入电网。应适当对交流滤波器进行设计，从而尽量减

少注入电网的 i_L 中谐波含量。电感的特性起到了抑制 v_{ab} 电压波动的作用,并维持 i_L 为平滑的正弦波。

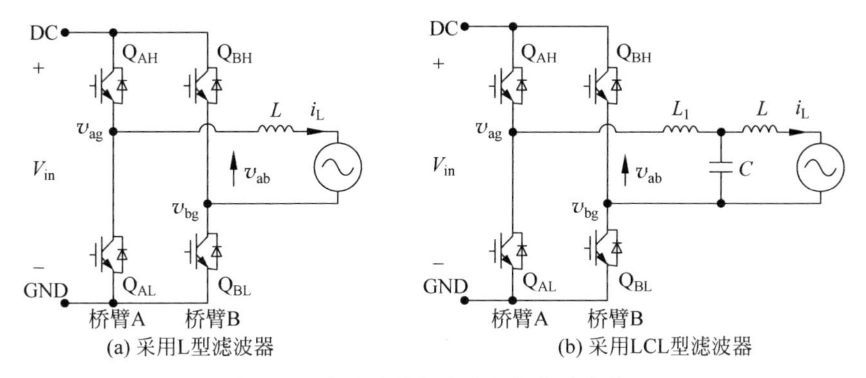

图 5.20 直流到单相交流变换的滤波处理

5.3 直流/交流变换的双开关桥

直流到单相交流的变换也可以由一个双开关桥和两个串联的电容器并联组成,如图 5.21 所示。输入电压 V_{in} 由两个电容 C_H 和 C_L 均分。稳态下 C_L 的端电压 $v_{bg}=0.5V_{in}$。运行情况如下(交流波形如图 5.22 所示):

(1) 当 Q_{AL} 导通时,交流输出为负值,即 $v_{ab}=v_{ag}-v_{bg}=-v_{bg}=-0.5V_{in}$。

(2) 当 Q_{AH} 导通时,交流输出为正值,即 $v_{ab}=v_{ag}-v_{bg}=0.5V_{in}$。

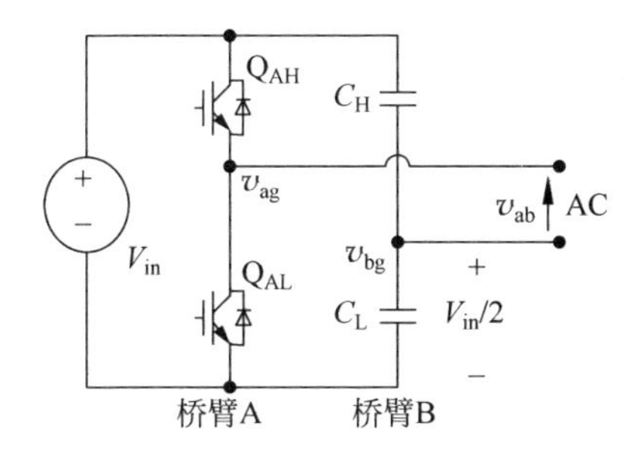

图 5.21 直流到单相交流变换的双开关桥电路

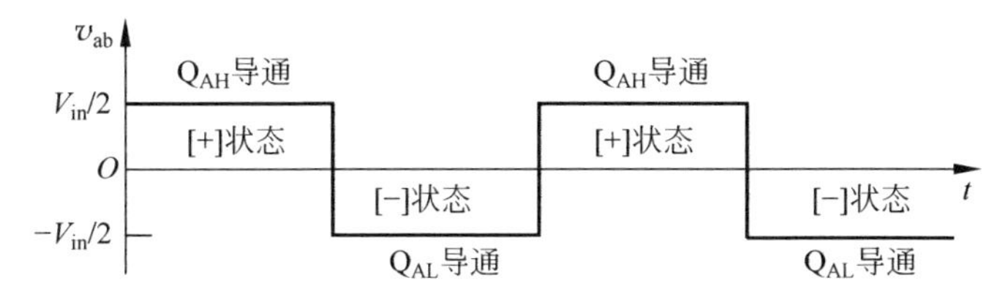

图 5.22 直流到单相交流变换的双开关电桥波形

与用于直流/交流变换的四开关桥相比,由于两个电容分压,双开关桥的电压变换比减半。因此,v_{ab} 可达到的最大电压为 $V_{in}/2$。调制技术也可以应用于双开关电桥,以将输出电压控制到所需的电压大小。

5.4 建模与仿真

仿真建模涵盖了四开关电桥、平滑滤波器和脉宽调制。

5.4.1 桥电路模型

四开关桥包括两个半桥,即桥臂 A 和桥臂 B。所构建的 Simulink 模型反映了两桥臂的配置,如图 5.23 所示。每个桥臂由 SPDT 开关表示,以模拟上、下开关之间的开关逻辑。如之前所述,同一桥臂上的开关不能同时处于开通状态。两个桥臂由开关命令信号 PWM-A 和 PWM-B 进行控制。直流输入电压在模型中用“Vin”表示,模型输出由 v_{ag}、v_{bg} 和 v_{ab} 的电压值表示,其中 $v_{ab}=v_{ag}-v_{bg}$。根据图 5.23,PWM 的逻辑对应于下列开关操作和电压大小:

(1) PWM-A='1' ⇒ S_{AH} 开和 S_{AL} 关 ⇒ $v_{ag}=V_{in}$。

(2) PWM-A='0' ⇒ S_{AH} 关和 S_{AL} 开 ⇒ $v_{ag}=0$。

(3) PWM-B='1' ⇒ S_{BH} 开和 S_{BL} 关 ⇒ $v_{bg}=V_{in}$。

(4) PWM-B='0' ⇒ S_{BH} 关和 S_{BL} 开 ⇒ $v_{bg}=0$。

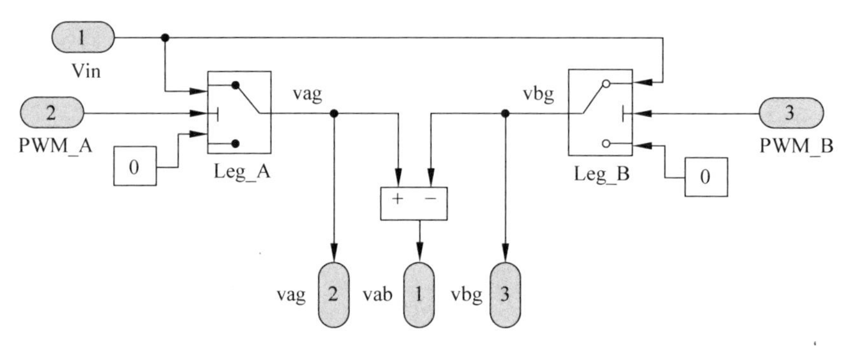

图 5.23 四开关桥的 Simulink 模型

5.4.2 移相调制

5.1.2 节介绍了直流到单相交流的变换,其利用移相技术产生斩波方波的交流输出。如图 5.24 所示的移相调制的 Simulink 模型可以构建出来。脉冲发生器发出占空比为 50%、基频为 ω 的矩形波,作为桥臂 A 的 PWM 信号,相位 ϕ 延迟值作为调制模块的输入。对于时域仿真,应根据 $t_i=\phi/\omega$ 将相位变换为时间延迟。时间延迟模块由 t_i 控制,输出作为桥臂 B 的 PWM 信号。如图 5.7 所示,时间延迟分别在“T_+”和“T_-”周期产生正脉冲周期或负脉冲周期。

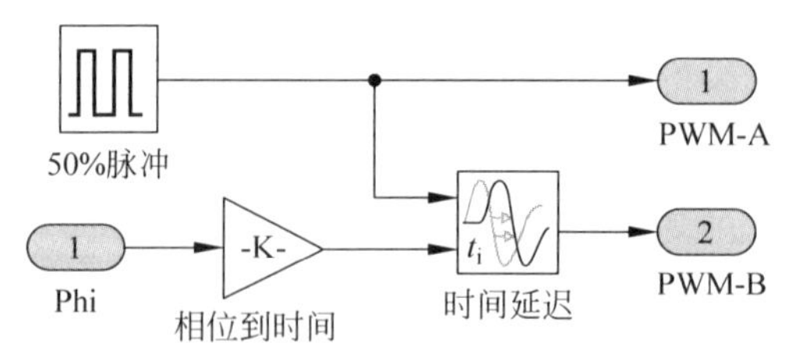

图 5.24 产生斩波方形交流输出的移相 Simulink 模型

5.4.3 双极性脉宽调制

根据载波与基准的比较机理,可以构建如图5.25所示的BPWM的Simulink模型。该建模过程与5.2.1节相同,载波信号是承载开关频率的锯齿信号或三角信号。调制比m_a是BPWM模块的输入,其与参考信号相乘载波信号进行比较以产生PWM输出。减法器后的符号模块是表示参考信号和载波间差值正、负的指示器,它体现了脉宽调制的比较机制。桥臂A和桥臂B的PWM信号使输出状态为正或负,正脉宽与负脉宽提供幅值和极性信息。调制比m_a是可调的,以便确定直流和单相交流之间的电压变换比。

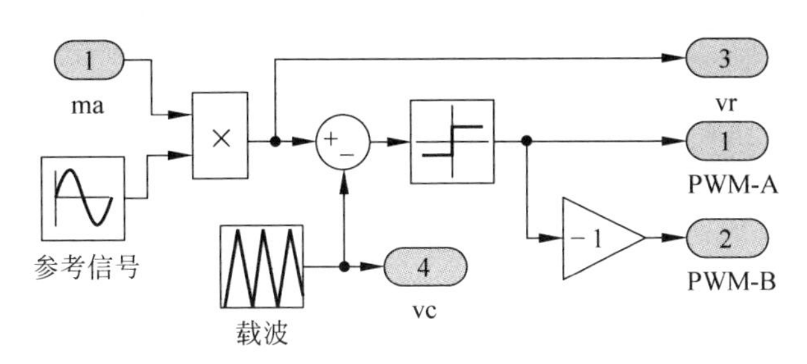

图5.25 用于直流到交流变换的BPWM的Simulink模型

5.4.4 单极性脉宽调制

UPWM已在5.2.2节中进行了介绍,并在图5.14中给出了说明。UPWM的概念可以用Simulink来构建,如图5.26所示。调制比m_a是用于控制所需交流输出的电压变换比的输入,所产生的两个参考信号显示为“vr+”和“vr−”,它们是正弦波形并且相位相差180°。将这两个参考信号与载波信号进行比较,所得到的输出信号“PWM-A”和“PWM-B”分别用于控制桥臂A和桥臂B的开关。

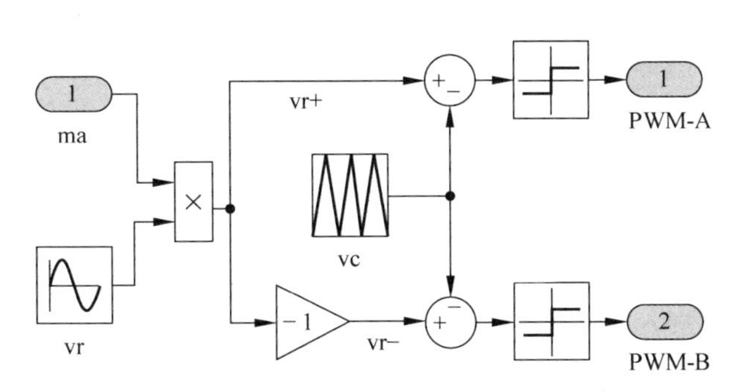

图5.26 用于直流/交流变换的UPWM的Simulink模型

5.4.5 用于仿真的集成形式

四开关电桥模型可以与直流到单相交流变换的相关调制方法进行集成。当应用移相调制时,集成模型如图5.27所示。移相角作为输入,调节作为交流输出的斩波方波v_{ab}。

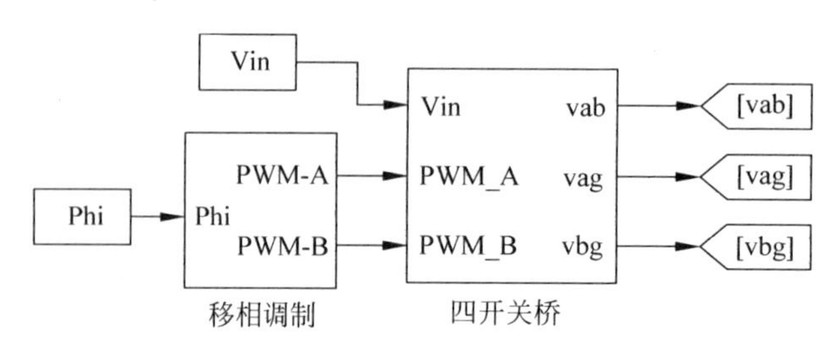

图 5.27 基于移相调制的直流到单相交流变换的集成模型

正弦波-三角波调制可以产生代表交流输出 v_{ab} 的高频脉冲。如图 5.28 所示的正弦波-三角波调制模块可以配置成 BPWM 或 UPWM。LC 滤波器模块包括平滑滤波器和负载的设置，关于负载的设置已在 3.3.6 节进行了建模，并在图 3.14 中进行了展示。模型中显示的是电阻性负载，可以用其他类型的负载，如非线性负载代替，以进行更高级的仿真。正弦波-三角波调制模块的输入是调制比，它决定了输出电压的幅值。

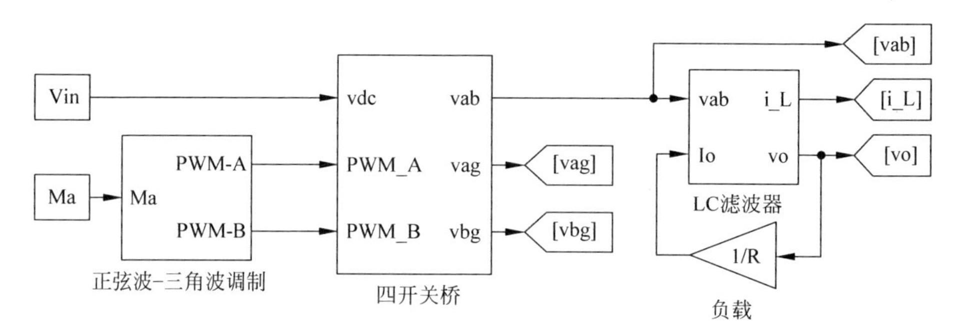

图 5.28 利用 SPWM 实现直流到单相交流变换的集成模型

5.5 案例研究

表 5.1 给出了直流到单相交流变换的案例研究技术参数，采用了不同的调制技术来验证其有效性。

表 5.1 直流到单相交流变换的技术参数

参数符号	单位	说明	参数值
V_{in}	V	额定输入直流电压	380
RMS(v_o)	V	额定输出交流电压的 RMS 值	240
f_b	Hz	额定输出交流频率	50
R	Ω	负载电阻	100

5.5.1 交流方波输出

若输出电压不考虑高 THD 值，则可以应用移相调制。根据表 5.1，延迟相位角 ϕ 可以通过式(5.1)确定为 0.4π 或 72°。对于 50Hz 交流输出，A 和 B 之间的 PWM 信号的时间差为 4ms。图 5.29 显示了与理想正弦波比较的仿真结果，等效有效电压为 240V。频谱可以

通过 v_{ab} 的 FT 级数求出，THD 值由式(5.7)计算为 65.45%。对于部分特定的电源应用，较大的 THD 是可以接受的。

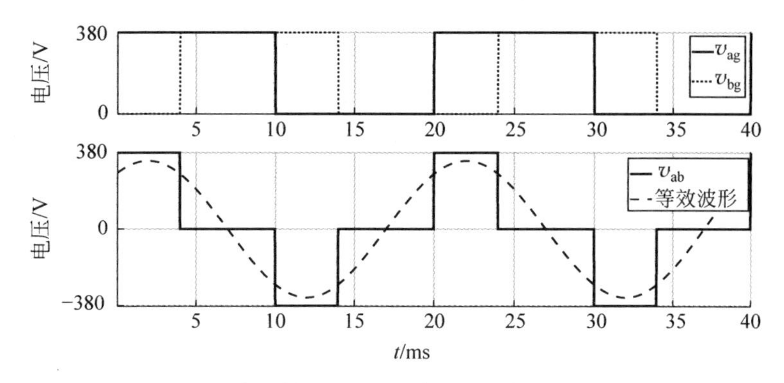

图 5.29 通过相移调制($\phi=0.4\pi$)将 380V 直流变换为 240V 交流

5.5.2 交流正弦波输出

根据图 5.19 所示的原理图，SPWM 可以用来输出正弦波电压 v_o。在案例中，幅值调制比可由式(5.9)确定为 $m_a=0.89$。参数如下：$m_f=17$，$L=20\text{mH}$，$C=10\mu\text{F}$。

$$m_a=\frac{V_m}{V_{in}} \tag{5.9}$$

式中：V_m 为输出交流电压的幅值。

采用 BPWM 时，v_{ab}、i_L 和 v_o 的仿真输出波形如图 5.30 所示。将 v_{ab} 和 v_o 的电压信号与额定正弦波一起绘制进行比较。由于滤波作用，输出电压 v_o 呈现正弦波形。开关频率可以确定为 850Hz，这是由 m_f 和基波频率 f_b 共同决定的。图 5.31 给出了谐波分量的频谱图。通过低通滤波后 v_o 的 THD 为 19%，与 v_{ab} 的 THD 实测值 123%相比明显降低。

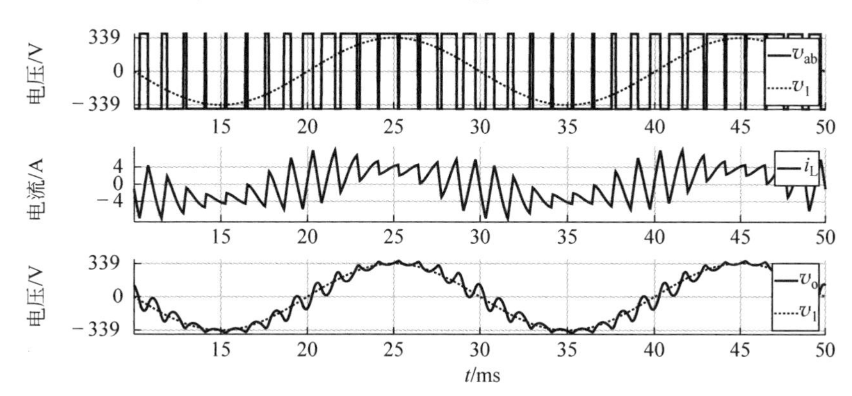

图 5.30 利用 BPWM 调制实现 380V 直流到 240V 交流的变换

同样地，设置 $m_a=0.89$，$m_f=17$，采用 UPWM 进行直流/交流变换。v_{ab}、i_L 和 v_o 的仿真输出波形如图 5.32 所示，将 v_{ab} 和 v_o 的电压信号与额定正弦波一起绘制进行比较。v_{ab} 的波形表现出单极性特征，可区分正半周和负半周。通过对 v_o 波形和 BPWM 的实例分析，可以看出其谐波失真较低。利用 FFT 对电压进行检测，得到了谐波分量和幅值。图 5.33 给

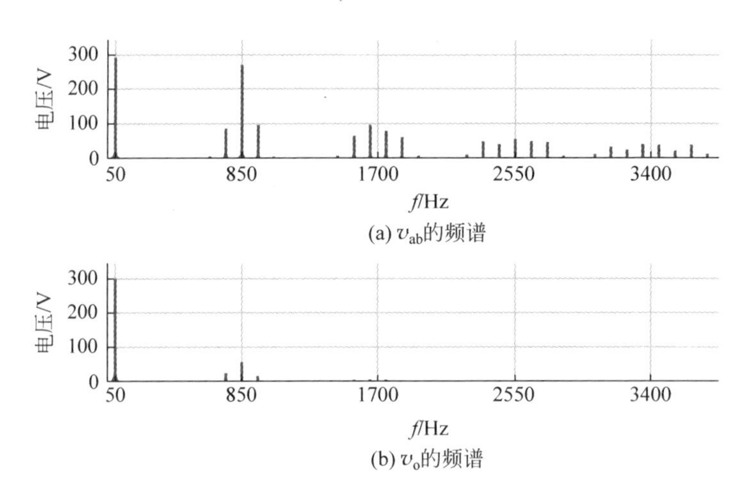

图 5.31　采用 BPWM 调制的电压信号的频谱

出了 v_{ab} 和 v_o 的频谱。谐波频率从 1.7kHz 开始，这是由 $2m_f f_b$ 的大小决定。v_o 的 THD 为 2.30%，而 v_{ab} 的 THD 值为 65.47%。采用 UPWM，即使电路设置与 BPWM 的案例研究相同，谐波失真也得以显著降低。在实际系统中，m_f 的设置值远高于 17，从而实现基频和开关频率间的较远分离。这是提高电能质量和减小低通滤波器尺寸的有效途径。

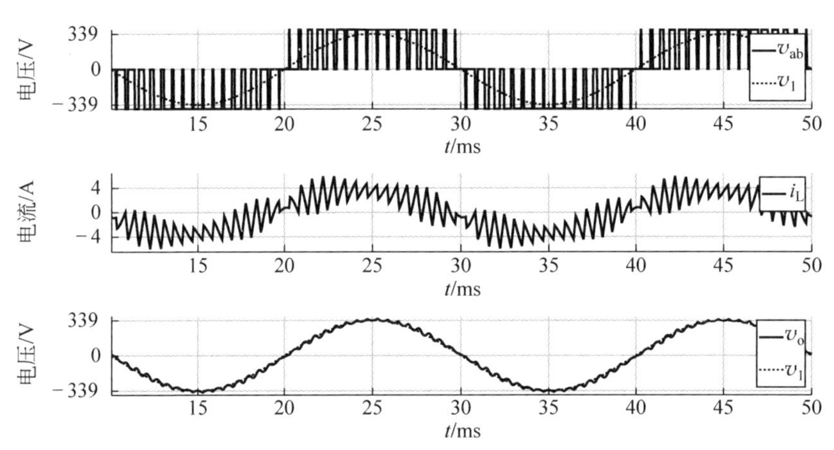

图 5.32　利用 UPWM 调制实现 380V 直流到 240V 交流的变换

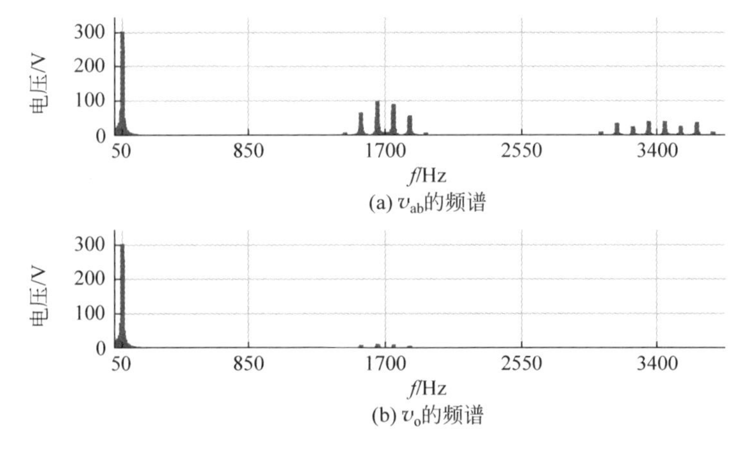

图 5.33　采用 UPWM 调制的电压信号的频谱

5.6 本章小结

直流到单相交流的变换已广泛应用于电池电源。最近的趋势是将可再生能源发电(如光伏)连接到小型交流并网系统,有源四开关桥是用于此类变换的常用拓扑。交流电可以用各种形式表示,如方波、斩波方波和正弦波。不同电压形状但有效值相同的交流电压作用于电阻负载时效果相同。移相调制可以调制电压大小并产生所需交流输出的有效值电压。该技术实现简单、开关频率低,可用于低功耗的应用。然而,输出的交流波形与理想交流所代表的正弦波形相比失真明显。调制后的方波可以采用傅里叶级数分解,以判别谐波分量并评估 THD 值大小。由于高谐波失真,输出斩波方波的电源不能用于多数应用场合。

正弦波-三角波调制可以控制有源四开关桥并产生高频脉冲,其宽度代表交流幅值。当采用平滑滤波器对高频分量进行滤波时,可以在端口实现正弦交流波形输出。BPWM 和 UPWM 都可以对直流到单相交流变换进行有效调制,这种调制技术通常称为正弦脉宽调制。控制变量定义为调制比 m_a,开关频率由调频比 m_f 决定。UPWM 在实现高质量交流输出方面通常优于 BPWM。基于相同的设置,案例研究表明,在 UPWM 中输出的 THD 值低于 BPWM 所对应输出的 THD 值。然而,UPWM 在实现上比 BPWM 稍微复杂,需要两个载波或两个参考信号进行比较。建立 Simulink 模型,对四开关电桥、移相调制、BPWM 和 UPWM 进行仿真。Simulink 模型用于仿真四开关电桥、相移调制、BPWM 和 UPWM,FFT 用于分析仿真结果以识别频谱和谐波,THD 值可以量化纯正弦波形的失真水平。

本章所介绍的直流/交流变换显示出降压特性,因为理论上最高输出电压与输入直流电压相同。调制技术提供了斩波效果,其原理与用于 DC/DC 变换的 Buck 变换器相同。同样,更高的开关频率可以获得更高的功率密度,因为可以显著减少滤波元件的大小。然而,这受限于功率半导体器件的开关损耗和器件特性。

参考文献

[1] Hart D W. Power electronics[M]. McGraw-Hill,2011.
[2] Ong C-M. Dynamic simulation of electric machinery using Matlab/Simulink[M]. Prentice Hall,1997.

习题

5.1 搭建直流到单相交流变换的桥式电路、移相调制、BPWM、UPWM、滤波电路仿真模型。

5.2 使用 5.5 节中的例子验证自己建立的仿真模型。

5.3 利用 MATLAB 函数“fft”分析问题 5.2 仿真产生的电压信号,如 v_{ab} 和 v_o。

5.4 设计一个直流到单相交流变换器,使直流输入 $V_{in}=380$V,交流输出分别为 220V 的 RMS 和 50Hz。具体要求如下:

(1) 确定使用相移调制时的相位角，对操作进行仿真以验证设计。识别输出的谐波分量和 THD 值大小。

(2) 确定使用 BPWM 时的调制比，其他设置包括 $m_f=23$，$L=23\text{mH}$，$C=8.6\mu\text{F}$。对操作进行仿真以验证设计，观测输出的谐波分量和 THD 值大小。

(3) 确定使用 UPWM 时的调制比，其他设置包括 $m_f=19$，$L=15\text{mH}$ 和 $C=5.6\mu\text{F}$。对操作进行仿真以验证设计，通过输出的 FFT 和 THD 值大小识别谐波分量。

第6章

单相交流/直流电力变换

由于大多数家庭和办公室的电力需求相对较低，而布线方式又较简单，因此被广泛采用单相交流供电。由于越来越多的设备采用直流供电，因此对交流/直流变换的需求日益增长。交流/直流变换和变换器通常分别称为整流和整流器。二极管会自动传递正向电流并阻挡反向电流，其单向传导的特性常被用于交流/直流变换的电路结构。

6.1 半波整流器

图6.1显示了仅使用一个二极管的简单整流电路。v_{ac}在正半周期时输出端才有电压并为负载供电，因此该拓扑称为半波整流器。交流电源电压 $v_{ac}=V_m\sin(\omega t)$。输入电源正半周期时，流经二极管的电流与输出电流相同，即 $i_d=i_o$，如图6.2所示。输出的平均电压为

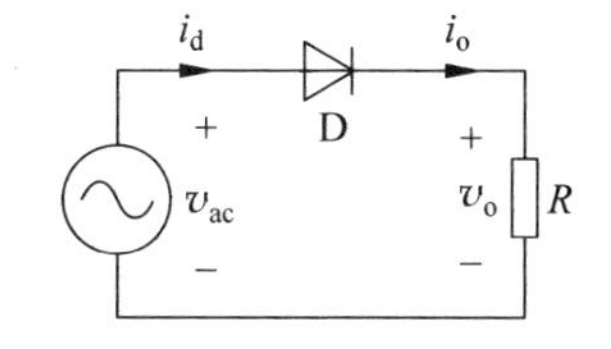

图6.1　使用一个二极管的半波整流电路

$$\text{AVG}(v_o)=\frac{1}{2\pi}\int_0^{\pi}V_m\sin(\omega t)\text{d}(\omega t)=\frac{V_m}{\pi}\tag{6.1}$$

有效值为

$$\text{RMS}(v_o)=\sqrt{\frac{1}{2\pi}\int_0^{\pi}[V_m\sin(\omega t)]^2\text{d}(\omega t)}=V_m\sqrt{\frac{1}{2\pi}\times\frac{\pi}{2}}=\frac{V_m}{2}\tag{6.2}$$

平均功率为

$$\text{AVG}(p_o)=\frac{[\text{RMS}(v_o)]^2}{R}=\frac{V_m^2}{4R}\tag{6.3}$$

当负载是一个纯电阻时，输出电压和电流是不连续的。输入和输出端的电能质量都相当低，交流侧的功率因数可计算为0.707。按照4.6节所讨论的直流质量，v_o的形式因子为0.637，也是较低的。

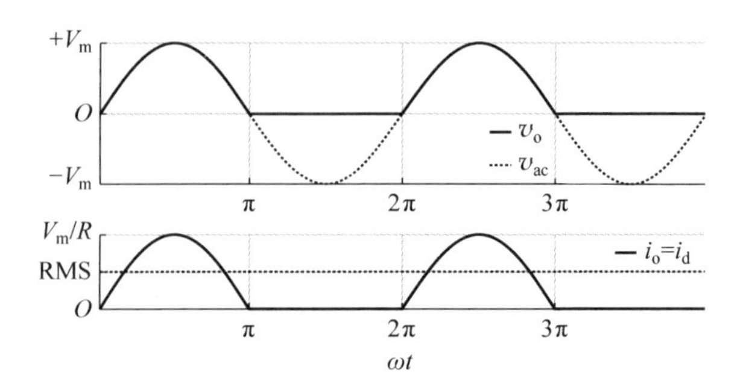

图 6.2　半波整流电路的波形

6.1.1　电容滤波

为提高 v_o 和 i_o 的直流质量,如图 6.3 所示,在负载上并联电容。电容器 C_o 会使得直流电压 v_o 变得平滑。只有当 v_{ac} 的瞬时值高于 v_o 时,二极管才会导通并连接源极。如图 6.4 所示,该时间段称为“D_{on}”。电压 v_o 在二极管的导通状态下与 $V_m\sin(\omega t)$ 相同。当 $v_{ac}=V_m\sin(\omega t)<v_o$ 时,二极管会在反向偏置条件下自然关闭。在二极管关断的状态下,负载由电容 C_o 中存储的能量进行供电,v_o 电压在这段时间内持续降低。电压的峰-峰值纹波为 ΔV_o,如图 6.4 所示。v_o 的平均值可以近似为

$$\mathrm{AVG}(v_o) \approx V_m - \frac{\Delta V_o}{2} \tag{6.4}$$

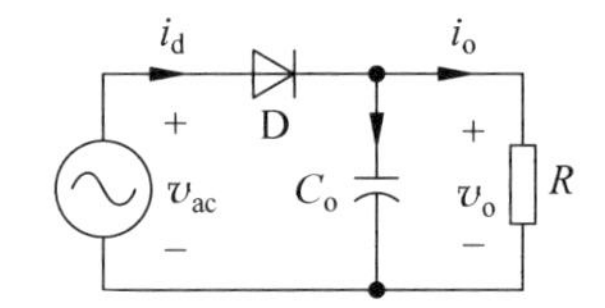

图 6.3　带电容滤波的半波整流器

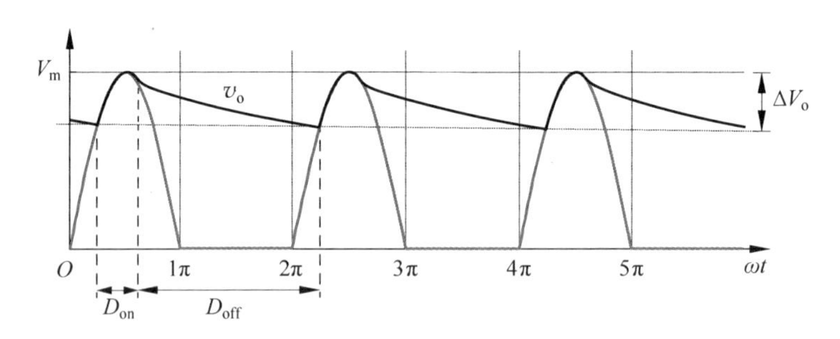

图 6.4　带 C 滤波器的半波整流电路波形

当 ΔV_o 足够低时,二极管 D 的导通时间远短于关断时间。如图 6.4 所示,该二极管在工频周期的大部分时间处于反向偏置和截止状态。当二极管 D 的关断状态近似为整个工频周期时,可以建立以下公式:

$$C_o \frac{\omega \Delta V_o}{2\pi} \approx \frac{\mathrm{AVG}(v_o)}{R} \tag{6.5}$$

根据式(6.5)，在指定 ΔV_o 的情况下，电容 C_o 的大小可以确定，表示为

$$C_o \approx \frac{2V_m - \Delta V_o}{2Rf_b \Delta V_o} \tag{6.6}$$

式中：f_b 为 v_{ac} 的基波频率，$\omega = 2\pi f_b$。

6.1.2 案例分析

这里给出一个案例研究以说明半波整流器的设计参数：输入交流电频率为50Hz、电压有效值为230V，输出电压的平均值为320V(直流)，且不考虑任何损耗，负载电阻的额定值 $R = 1024\Omega$。根据式(6.4)，输出电压的变化量 ΔV_o 可近似为10.54V，直流侧的电容可以通过式(6.6)确定为 $C_o = 593\mu F$。由于半周期导通的特点，半波整流器通常需要很大的电容来维持低纹波的输出电压以实现高额定功率。

6.2 全波桥式整流器

图6.5(a)给出了用于单相交流到直流变换的无源四开关桥，当输入电压 v_{ac} 为正半周期时，对角线二极管 D_{AH} 和 D_{BL} 正向偏置，如图6.5(b)所示，电流从 D_{AH} 到 R 再到 D_{BL} 返回电源。同时，另一对对角线对 D_{BH} 和 D_{AL} 是反向偏置的。当输入电压 v_{ac} 负半周时，对角线二极管 D_{BH} 和 D_{AL} 正向偏置，如图6.5(c)所示，电流从 D_{BH} 流向 R，然后从 D_{AL} 返回电源。不论 v_{ac} 的极性如何，输出电压始终为正，因此得名为全波整流。

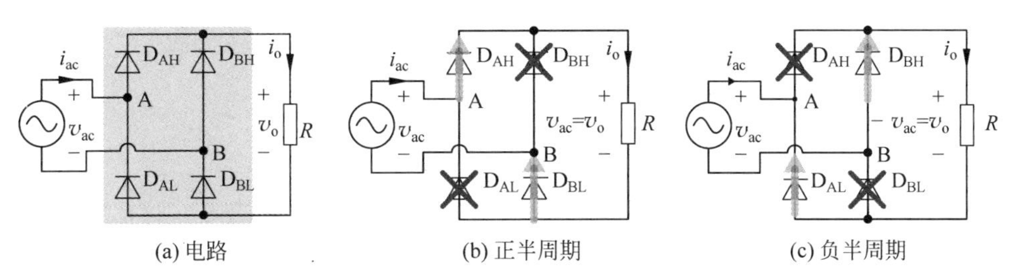

图6.5 用于单相交流到直流变换的全波整流器

假定二极管理想，则电压和电流的波形如图6.6所示。直流电压 v_o 是连续的，在每半个工频周期重复相同的电压。输出电压 v_o 频率是输入工频电压频率的2倍，根据交流电压的定义 $v_{ac} = V_m \sin(\omega t)$，其大小等于 2ω。输出的平均电压可以通过式(6.7)得到。此外，有效值可以通过式(6.8)计算，在不考虑任何非理想因素的情况下其与 v_{ac} 的有效值相同。输入的交流信号 v_{ac} 和 i_{ac} 是同相的，为单位功率因数，没有失真。在不进行滤波的情况下，由于峰值等于 V_m，直流负载的输出电能质量较低。推导得到全波桥式整流器的形式因子为 $\frac{2\sqrt{2}}{\pi} = 0.90$，这清楚地表明其直流质量要优于半波整流器。

$$\mathrm{AVG}(v_o) = \frac{1}{\pi}\int_0^{\pi} V_m \sin(\omega t)\,\mathrm{d}(\omega t) = \frac{2V_m}{\pi} \tag{6.7}$$

$$\mathrm{RMS}(v_o) = \frac{V_m}{\sqrt{2}} \tag{6.8}$$

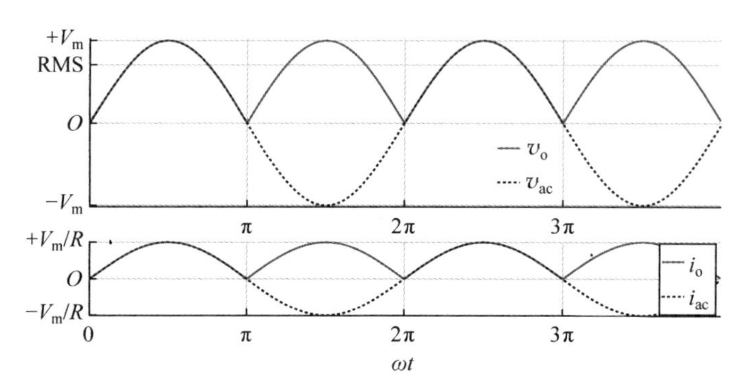

图 6.6 带电阻负载的全波整流器的波形

6.2.1 电容滤波

如图 6.7 所示，可以在负载上并联一个电容器以提高 v_o 的质量。因为二极管仅在 $|v_{ac}|>v_o$ 时导通，所以电路运行通常称为峰值检测。根据二极管 I-V 特性，其工作原理很简单，可表述如下：

(1) 当 $v_{ac}>v_o$ 时，对角二极管对 D_{AH} 和 D_{BL} 导通。

(2) 当 $-v_{ac}>v_o$ 时，对角二极管对 D_{BH} 和 D_{AL} 导通。

(3) 当 $|v_{ac}|>v_o$ 时，一组对角二极管对正向偏置；电容 C_o 充电，负载由交流电源供电。

(4) 当 $|v_{ac}|\leqslant v_o$ 时，所有二极管均为反向偏置，以将负载与电源隔离；C_o 放电以保持 v_o 稳定。

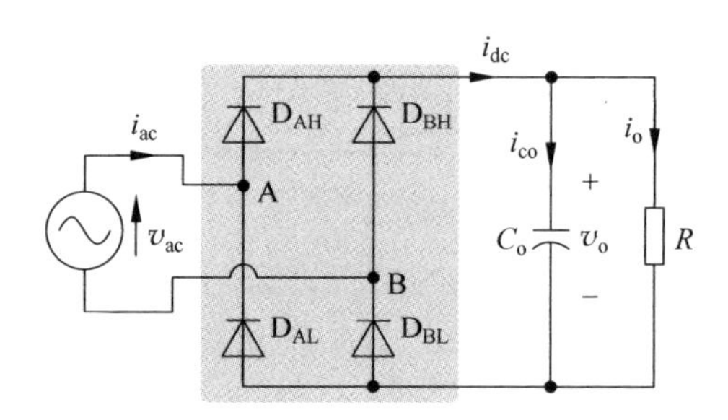

图 6.7 使用 C 和 R 工作的全波整流器电路

图中：电压源为 $v_{ac}=V_m\sin(2\pi f_b t)$。

当 C_o 的值很大时，全波整流器的工作波形如图 6.8 所示。v_o 的波形接近于一条直线，位于 $|v_{ac}|$ 的顶部。当所有二极管反向偏置时，交流电源与负载断开，右侧变成了一个简单的 RC 电路，电容 C_o 逐渐放电，电压 v_o 缓慢下降，如图 6.8 中的局部放大图所示。该状态可表示为

$$C_o\frac{\Delta V_o}{T_{off}}\approx\frac{v_o}{R} \tag{6.9}$$

式中：T_{off} 为关断时间；ΔV_o 为每个半周期内 v_o 从谷值到峰值的压降，如图 6.8 所示。

v_o 的平均值为

$$\mathrm{AVG}(v_o) \approx V_m - \frac{\Delta V_o}{2} \tag{6.10}$$

$\mathrm{AVG}(v_o)$的值确定时,可以确定电压峰-峰值纹波,即

$$\Delta V_o \approx 2 \times [V_m - \mathrm{AVG}(v_o)] \tag{6.11}$$

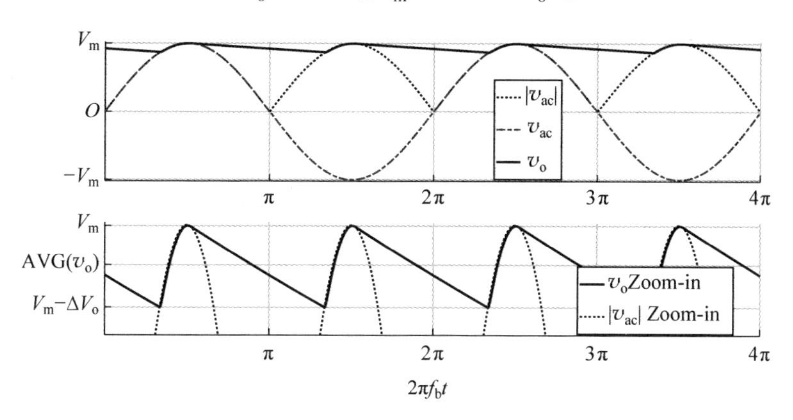

图 6.8 带电容滤波的全波整流器工作时的电压波形

将关断状态时间近似假设为半个周期,并表达为 $T_{off} \approx \frac{1}{2f_b}$。根据式(6.9)和 v_o 的纹波值,输出电容为

$$C_o \approx \frac{\mathrm{AVG}(v_o)}{2f_b R \Delta V_o} \tag{6.12}$$

当电容很大时,输出直流电压可保持良好的质量。然而,输入电流 i_{ac} 的质量却较差,如图 6.9 所示,与负载电流 i_o 相比,它显示出非常高的电流峰值,以平衡交流到直流的功率。二极管仅在每个半周期内短时间导通电流,i_{ac} 的失真波形经测量总谐波失真(THD)超过 100%。如果没有额外的功率因数校正(PFC),C 滤波器和电容滤波的桥式整流器只能满足低功率应用,以避免对电网的显著干扰。

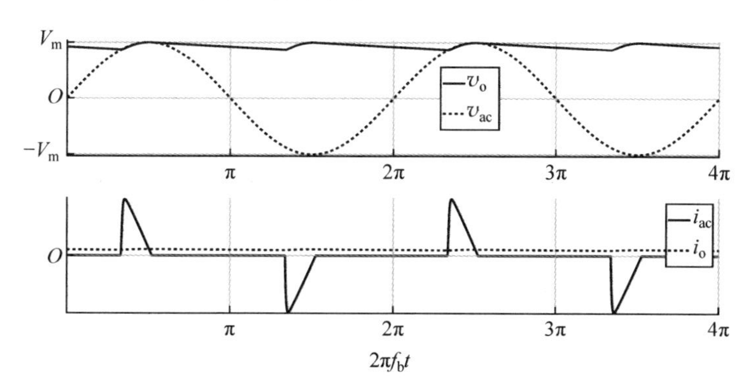

图 6.9 使用电容滤波的全波整流器的运行波形

图 6.7 给出了一个可以说明带有电容滤波的全波整流器的设计案例研究。输入电压为 v_{ac},其额定有效值为 230V,频率为 50Hz,输出电压的平均值指定为 320V(直流),不考虑任何损耗。负载电阻的额定值 $R=1024\Omega$。其规格参数与半波整流器的案例研究相同,以便

进行比较。根据式(6.11),输出电压的变化量 ΔV_o 可以近似为 10.54V。根据式(6.12),可以将直流侧的电容容量选定为 $C_o=297\mu F$。

6.2.2 电感滤波

直流波形的失真可以通过其他元件平滑,如电感器。当电感器与负载电阻串联时,如图 6.10 所示,根据式(6.13)可以预测电流 i_o 是平滑的。

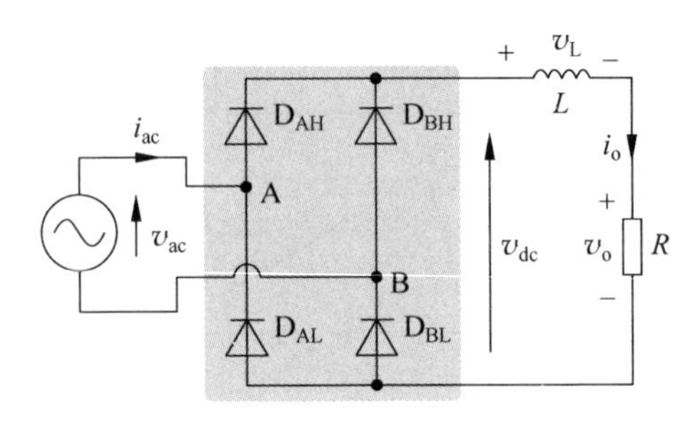

图 6.10 LR 全波整流电路

$$i_o=\frac{1}{L}\int(|v_{ac}|-v_o)\mathrm{d}t \tag{6.13}$$

式中:当 $|v_{ac}|>v_o$ 时,电感电流按式(6.13)上升。当 $|v_{ac}|<v_o$ 时,i_o 的大小会降低。稳态波形如图 6.11 所示,其显示了 v_o 的低波纹。在稳定状态下,L 上的平均电压为零;因此,在不考虑损失的情况下,可以得到与式(6.7)相同的结果。i_o 的平均值可由式(6.14)确定。当 L 值很大时,v_o 的波形平缓,用平均值 $AVG(v_o)$ 表示。因此,能量存储在 L 中并引起 i_o 从谷值到峰值的上升,由式(6.15)表示。

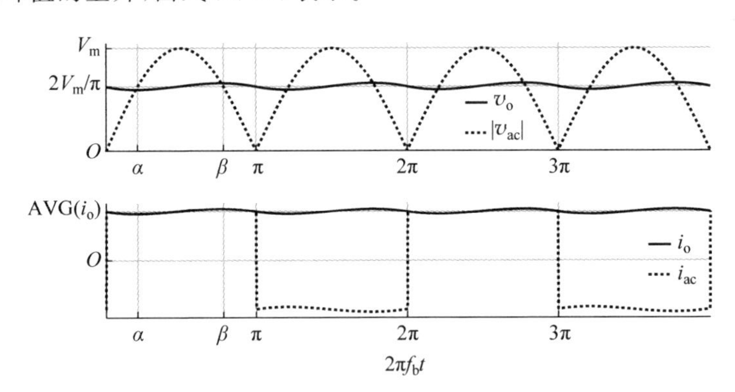

图 6.11 带电感滤波的全波整流器波形

$$AVG(i_o)=\frac{2V_m}{R\pi} \tag{6.14}$$

$$\frac{1}{2}LI_{top}^2-\frac{1}{2}LI_{bot}^2\approx\int_{T_{bot}}^{T_{top}}[v_{ac}i_{ac}-AVG(v_o)\times AVG(i_o)]\mathrm{d}t \tag{6.15}$$

式中:I_{top}、I_{bot} 为稳态时 i_o 的最大值和最小值;T_{top}、T_{bot} 分别为 $i_o=I_{top}$ 和 $i_o=I_{bot}$ 的时刻,T_{top}、T_{bot} 时刻可以用相位 α、β 表示为

$$\alpha=\arcsin\left[\frac{\mathrm{AVG}(v_{\mathrm{o}})}{V_{\mathrm{m}}}\right]=\arcsin\left(\frac{2}{\pi}\right)=0.22\pi \tag{6.16}$$

$$\beta=\pi-\alpha=0.78\pi \tag{6.17}$$

进一步推导可以得到式(6.18)和式(6.19)，若峰-峰值电流纹波已知，则根据式(6.19)可以确定电感 L 的大小。当负载为阻性时，输出电流的纹波百分比含量与输出电压的纹波百分比含量相等。

$$L\underbrace{\left(\frac{I_{\mathrm{top}}+I_{\mathrm{bot}}}{2}\right)}_{\mathrm{AVG}(i_{\mathrm{o}})}\underbrace{(I_{\mathrm{top}}-I_{\mathrm{bot}})}_{\Delta I_{\mathrm{o}}}\approx\frac{V_{\mathrm{m}}\mathrm{AVG}(i_{\mathrm{o}})}{2\pi f_{\mathrm{b}}}\int_{\alpha}^{\beta}\left[\sin(2\pi f_{\mathrm{b}}t)-\frac{2}{\pi}\right]\mathrm{d}(2\pi f_{\mathrm{b}}t) \tag{6.18}$$

$$L\approx\frac{V_{\mathrm{m}}}{14.92\Delta I_{\mathrm{o}}f_{\mathrm{b}}} \tag{6.19}$$

以下给出了一个带有电感滤波的全波整流器设计的案例研究。输入电压 v_{ac} 的额定值为 230V(RMS)，频率为 50Hz。额定负载电阻 $R=20.71\Omega$。稳态时 v_{o} 和 i_{o} 的平均值分别指定为 207.1V 和 10A。当 i_{o} 的变化量设计为 $\Delta I_{\mathrm{o}}=20\%\times\mathrm{AVG}(i_{\mathrm{o}})$ 时，同样的百分比值适用于 v_{o} 的电压纹波。电感可由式(6.19)确定为 $L=218\mathrm{mH}$。一般来说，L 越高，所能实现的 i_{o} 和 v_{o} 值就越平坦。

滤波的目的是改善直流电流输出的电能质量，但会引起关于输入电流电能质量的问题。如图 6.11 所示，i_{ac} 的波形与正弦形式相比严重失真。测量 i_{ac} 波形所得的 THD 值预计将很高。当 L 的值非常高时，i_{ac} 的波形接近方波。

6.2.3 LC 滤波器

图 6.12 展示了单相交流到直流的变换，其中包括一个 LC 滤波器。不控整流与 LC 滤波器集成很有效，因为电容器保持端电压不变，而电感能够平滑所通过的电流。由二极管构成的四开关桥只允许 $v_{\mathrm{dc}}\geqslant0$。因此，电感电流既可以是 CCM，也可以是 DCM。CCM 和 DCM 的定义与第 3 章相同。

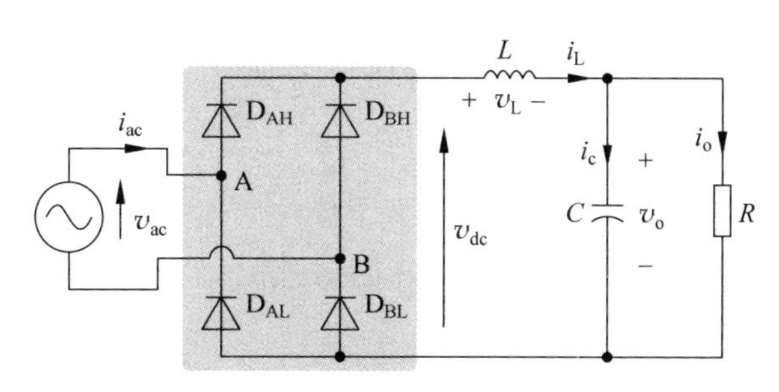

图 6.12 带 LC 滤波器的全波整流器电路

图 6.13 显示了 CCM 中电压和电流的稳态模型。v_{o} 的平均值由式(6.7)确定为固定值 $2V_{\mathrm{m}}/\pi$。与此同时，在稳态状态下，i_{c} 的平均值为零。因此，i_{L} 和 i_{o} 的平均值是相同的。因为 $v_{\mathrm{ac}}=V_{\mathrm{m}}\sin(2\pi f_{\mathrm{b}}t)$，所以直流侧电压中包含的纹波频率为 $2f_{\mathrm{b}}$，是交流频率的 2 倍。在 LC 滤波器设计裕量充足的情况下，电压波形趋于平缓，接近理想的直流信号。

i_{L} 的峰-峰值纹波与式(6.11)～式(6.19)的分析相同，得到的结果如下式所示：

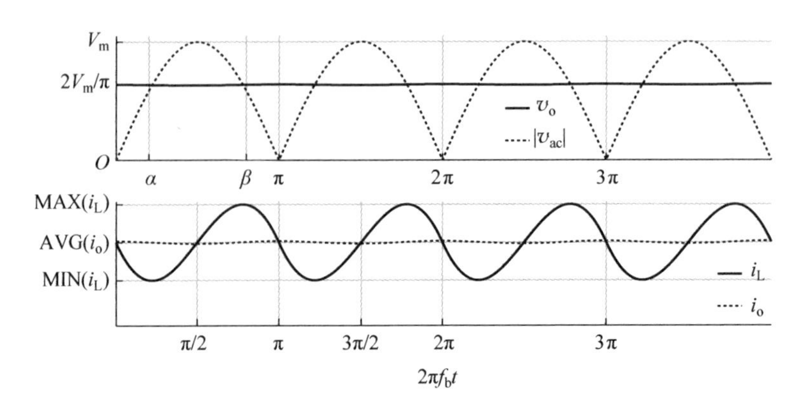

图 6.13 LC 滤波下的全波整流波形

$$L=\frac{V_m}{14.92 f_b \Delta I_L} \tag{6.20}$$

α 和 β 的值确定为 0.22π 和 0.78π，如图 6.13 所示。当 ΔI_L 确定时，电感的额定值可通过式(6.20)得到。

v_o 的上升或下降取决于 i_L 与 i_o 之间的差异，如图 6.14 所示。在 i_L 值高于 i_o 值时，$i_c=i_L-i_o>0$，多余的能量给电容 C_o 充电，使得 v_o 增加并储能。因此可得

$$\frac{1}{2}C_o V_{top}^2-\frac{1}{2}C_o V_{bot}^2 \approx \int_{T_{bot}}^{T_{top}}(v_o i_c)\mathrm{d}(t) \tag{6.21}$$

式中：V_{top}、V_{bot} 分别为 v_o 稳态时的最大值和最小值；T_{top}、T_{bot} 分别为 $v_o=V_{top}$ 和 $v_o=V_{bot}$ 的时刻。

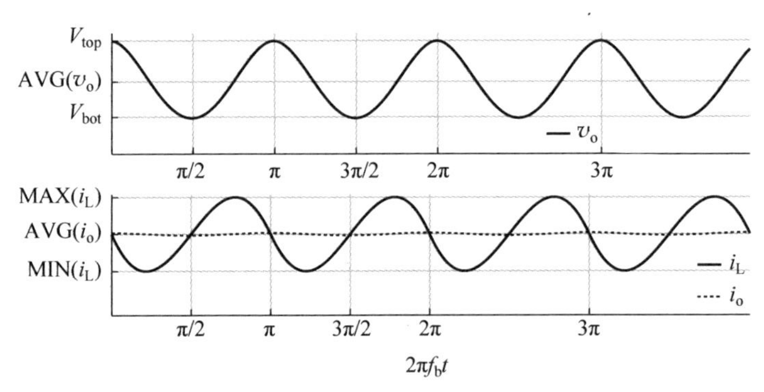

图 6.14 带 LC 滤波的全波整流器在 CCM 下的波形

在稳定状态下，i_c 的平均值为零。i_c 的幅值为 i_L 峰-峰值纹波的一半，即 $\frac{\Delta I_L}{2}$。因此，电容电流近似为 $i_c=-\frac{\Delta I_L}{2}\sin(2\omega t)$。时间点 T_{top} 用相位描述可被确定为 $\frac{\pi}{2}$，它是 $i_L>i_o$ 的开始时刻，如图 6.14 所示。时间点 T_{bot} 被确定为 π，因为它是 $i_L>i_o$ 的结束时刻，之后 v_o 下降。式(6.21)可以改写为

$$\underbrace{C_o\left(\frac{V_{top}+V_{bot}}{2}\right)}_{\mathrm{AVG}(v_o)}\underbrace{(V_{top}-V_{bot})}_{\Delta V_o} \approx \mathrm{AVG}(v_o)\,\frac{\Delta I_L}{4\pi f_b}\int_{0.5\pi}^{\pi}[\sin(2\omega t)]\mathrm{d}(\omega t) \tag{6.22}$$

因此，当电感电流和输出电压的纹波由 ΔI_L 和 ΔV_o 确定时，C_o 的电容值可以由下式确定：

$$C_o=\frac{\Delta I_L}{4\pi f_b \Delta V_o} \tag{6.23}$$

下面通过一个案例研究来说明具有 LC 滤波的全波整流器的设计。输入电压 v_{ac} 的额定值为 230V(RMS)，频率为 50Hz，额定负载电阻 $R=20.71\Omega$。基于 CCM，可以确定额定条件下 v_o 和 i_o 的平均值分别为 207.1V 和 10A。当 i_L 的变化量 $\Delta I_L=30\%\times \text{AVG}i_o=3(\text{A})$ 时，电感的额定值通过式(6.20)确定，即 $L=145\text{mH}$。当 v_o 的变化量 $\Delta V_o=1\%\times \text{AVG}(v_o)=2.1(\text{V})$ 时，电容 C_o 的额定值可根据式(6.23)确定，即 $C_o=2.3\text{mF}$。

当 $\text{AVG}(i_L)\geqslant\frac{\Delta I_L}{2}$ 时，电感电流为连续导通模式。临界状态的定义为 $\text{AVG}(i_L)=\frac{\Delta I_L}{2}$，称为临界导通模式。图 6.15 给出了临界导通模式下 $|v_{ac}|$、v_o、i_L 和 i_o 的波形，v_o 的平均电压与连续导通模式下 v_o 的平均电压相同。因此，临界导通模式下的负载电阻可以由下式确定：

$$R_{crit}=\frac{4V_m}{\Delta I_L \pi} \tag{6.24}$$

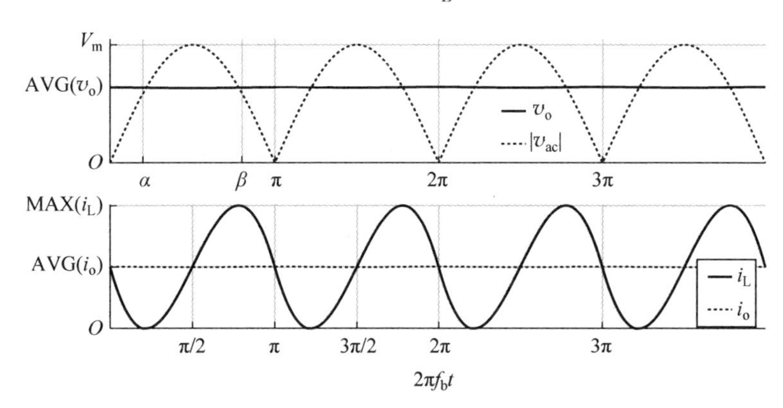

图 6.15　带 LC 滤波的全波整流器在 BCM 下的波形

对于先前讨论的同一案例研究，临界负载条件为 $R=138\Omega$，代表临界导通模式。当 $R>R_{crit}$ 时，将会看到 i_L 处于断续导通模式。

在断续导通模式时，电感电流在每个周期的一段时间内保持为零，如图 6.16 所示。由 α 和 β 表示的交叉点分别如式(6.16)和式(6.17)所示。但是，这些值取决于 v_o 的平均电压，这对于断续导通模式来说是未知的。图 6.16 显示 i_L 的非零值从 α 点开始，上升到峰值 β 点后，在 γ 点处下降到零，然后保持为零。电感电流的变化如下：

$$i_L(\omega t)=\frac{1}{\omega L}\int_{\alpha}^{\omega t}[V_m\sin(\omega t)-V_o]\text{d}(\omega t) \tag{6.25}$$

式中：$\omega=2\pi f_b$；$V_o=\text{AVG}(v_o)$。

因此，有

$$i_L(\omega t)=\frac{1}{\omega L}[V_m\cos\alpha-V_m\cos(\omega t)-V_o(\omega t-\alpha)] \tag{6.26}$$

在 $\omega t=\gamma$ 处，电感电流 i_L 的大小为零。该状态可表示为

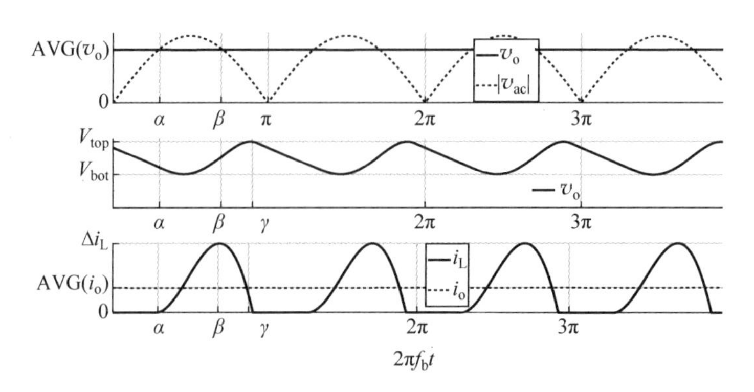

图 6.16 带 LC 滤波的全波整流器在 DCM 下的波形

$$i_L(\gamma)=0=V_m\cos\alpha-V_m\cos\gamma-V_o(\gamma-\alpha) \tag{6.27}$$

i_L 的平均值等于 i_o 的平均值。因此,通过这种等价性可得

$$\mathrm{AVG}(i_L)=\frac{V_o}{R}=\frac{1}{\pi\omega L}\int_{\alpha}^{\gamma}[V_m\cos\alpha-V_m\cos(\omega t)-V_o(\omega t-\alpha)]\mathrm{d}(\omega t) \tag{6.28}$$

进而可得

$$\frac{V_o}{R}=\frac{V_m}{\pi\omega L}[\cos(\gamma-\alpha)-\sin\gamma+\sin\alpha]-\frac{V_o(\gamma-\alpha)}{\pi\omega L} \tag{6.29}$$

未知数 α、γ 和 V_o 可以通过式(6.16)、式(6.27)和式(6.29)中的三个约束识别。该解决方案可以通过数值求解器实现,例如 MATLAB 中的“solve”或“fsolve”。根据本节前面讨论的案例研究,将负载条件更改为 $R=552\Omega>R_{crit}$,这将导致 DCM。通过数值求解器“fsolve”,α、γ 和 V_o 的值可以分别确定为 0.91rad、2.92rad 和 257.545V。其输出电压变得高于 CCM 下的输出电压。该分析将通过 6.5 节中的时域仿真进行验证。

6.3 有源整流器

前面介绍的单相交流到直流变换是通过无源开关即二极管来实现的。其输出直流电压被输入交流电压和电路中的器件钳位,因而不可控。当二极管被有源开关元件晶闸管取代时,晶闸管的可控功能增加输出电压的可调节特性。图 6.17 显示了由晶闸管构成的四开关桥。

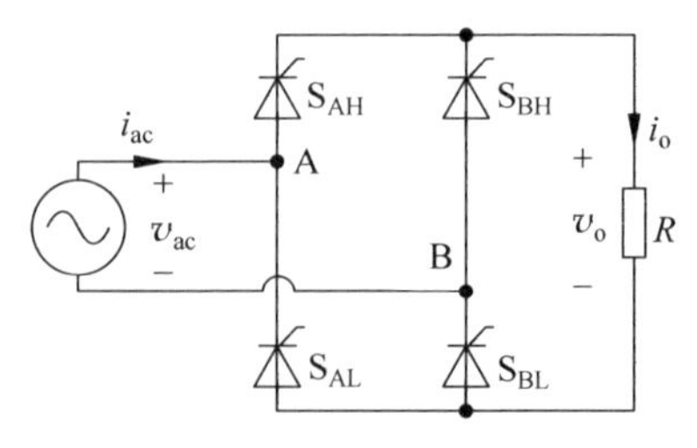

图 6.17 由晶闸管构成的全波整流器

晶闸管在正向偏置的情况下可以延迟电流的传导,触发角 α 用于控制延迟并限制每个半周期的导通时间,如图 6.18 所示,斩波时间可以降低输出端的电压大小并达到所需值。

这种操作也称为相位控制，需要进行调制以在每个工频周期内产生合理的斩波时间。图 6.18 展示了一种解决方案，它为正半周期和负半周期提供了两个锯齿载波。信号从过零点开始增加，并在半周期结束时重置为零，引入相位延迟并用 α 值表示。当 α 小于载波时，调制器输出触发信号以激活一对对角晶闸管导通，电路中的晶闸管在每次过零时关闭。v_o 的斩波波形如图 6.18 所示。输出电压的平均值和有效值分别为

$$\mathrm{AVG}(v_o)=\frac{1}{\pi}\int_{\alpha}^{\pi}V_m\sin(\omega t)\mathrm{d}(\omega t)=\frac{V_m}{\pi}(1+\cos\alpha) \tag{6.30}$$

$$\mathrm{RMS}(v_o)=\sqrt{\frac{1}{\pi}\int_{\alpha}^{\pi}V_m^2\sin(\omega t)^2\mathrm{d}(\omega t)}=V_m\sqrt{\frac{1}{2}-\frac{\alpha}{2\pi}+\frac{\sin(2\alpha)}{4\pi}} \tag{6.31}$$

式中：$v_{ac}=V_m\sin(2\pi f_b t)$。

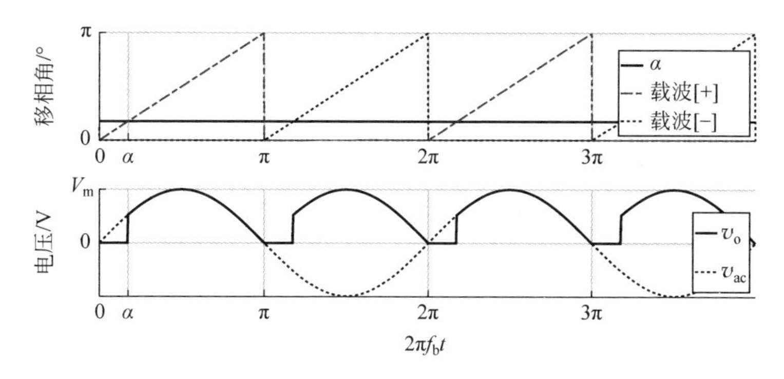

图 6.18 基于 SCR 的整流桥调压波形

斩波操作导致了输入电流的畸变，并引起了电能质量恶化。可用于衡量电能质量水平的总功率因数(PF)见式(4.20)，根据式(6.31)和式(4.20)，总 PF 值由式(6.32)表示为 α 的函数，即

$$\mathrm{PF}_{\mathrm{total}}=\sqrt{1-\frac{\alpha}{\pi}+\frac{\sin(2\alpha)}{2\pi}} \tag{6.32}$$

即使在纯电阻负载和理想开关条件下，斩波操作也会影响交流输入端的 PF。根据触发角 α 绘制如图 6.19 所示的 PF 图。随着 α 值增加，PF 值变小。电压变换比也受到触发角的影响，如式(6.31)和图 6.19 所示。

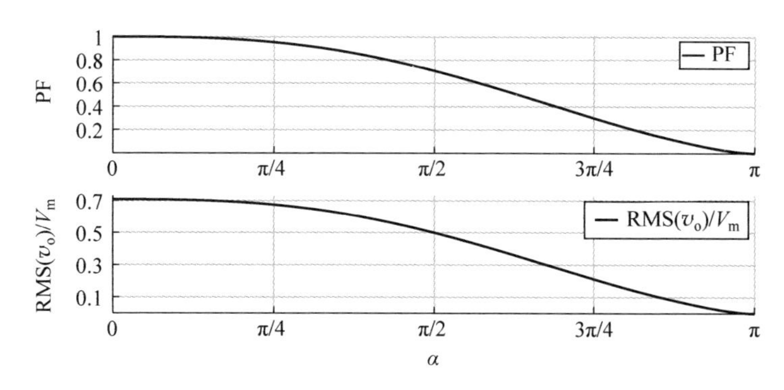

图 6.19 触发角 α 的影响

上述讨论是基于最简单的没有采用任何滤波的有源整流的情况，图 6.20 分别显示了带有 L 滤波器和 LC 滤波器的有源整流器。

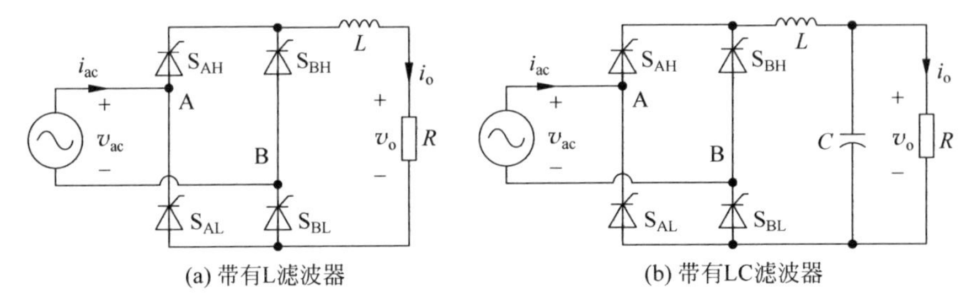

图 6.20　带有滤波器的有源整流器

以一个案例研究来说明有源整流器的设计，如图 6.17 所示。输入电压 v_{ac} 的额定值为 230V(RMS)，频率为 50Hz，输出电压的平均值控制在直流 120V，额定负载电阻 $R=10\Omega$。触发角可以由式(6.30)确定为 80.85°。用式(6.31)可以确定 v_o 的有效值为 178.28V(RMS)，在额定工况下的功耗为 3178W，交流侧的总 PF 可被估算为 0.7751。

6.4 整流器替代方案

四开关桥简单可靠，应用广泛。但还有其他可用于单相交流到直流变换的拓扑结构。

6.4.1 同步整流器

当用 MOSFET 代替桥式二极管时，同步整流得以实现，如图 6.21 所示。与晶体管不同的是，MOSFET 支持电流从源极流向漏极。需要调制以激活一对与正向偏置二极管并联的 MOSFET。若 MOSFET 的 $R_{ds(on)}$ 所引起的导通损耗低于与反并联二极管的电压降相关的损耗，则这种拓扑结构表现出效率变高。因此，同步整流通常应用于二极管压降显著影响效率的超低压(ELV)电路中。因此，同步整流的开关损耗可以忽略不计，同步开关一般支持软开关。

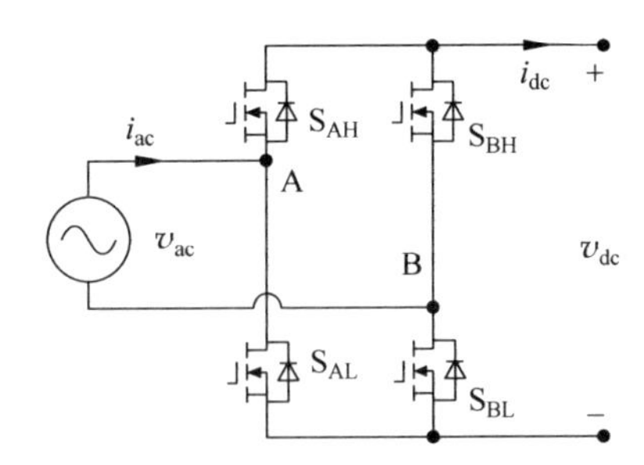

图 6.21　用于单相交流到直流变换的同步整流器

6.4.2 采用中心抽头变压器的全波整流器

在单相交流到直流变换中通常会配置一个变压器，以控制交流电压与直流电压的匹配。当变压器带有中心抽头时，无须使用四开关桥整流器而直接构建交流/直流变换来实现全波整流，如图 6.22 所示。指定变压器的中心抽头点处为零电压电位，v_{ac} 的正半周期二极管 D_P 导通，负载电压等于 v_{ac}，如图 6.22(a)所示；v_{ac} 的负半周期时，二极管 D_N 正向偏置并导通，负载电压等于 $-v_{ac}$。输出电压平均值和均方根值分别为

$$\mathrm{AVG}(v_o)=n\frac{1}{\pi}\int_0^{\pi}V_m\sin(\omega t)\mathrm{d}(\omega t)=n\frac{2V_m}{\pi} \tag{6.33}$$

$$\mathrm{RMS}(v_o)=n\frac{V_m}{\sqrt{2}} \tag{6.34}$$

式中：n 为绕组匝数比；$v_{ac}=V_m\sin(\omega t)$。

当 SCR 代替二极管完成整流时，如图 6.22(b)所示，输出电压可以通过斩波操作来实现调节。即使是正向偏置，SCR 也可以延迟导通时间从而实现输出电压调节。触发角 α 对应的直流输出电压的平均值和均方根值分别为

$$\mathrm{AVG}(v_o)=n\frac{V_m}{\pi}(1+\cos\alpha) \tag{6.35}$$

$$\mathrm{RMS}(v_o)=nV_m\sqrt{\frac{1}{2}-\frac{\alpha}{2\pi}+\frac{\sin(2\alpha)}{4\pi}} \tag{6.36}$$

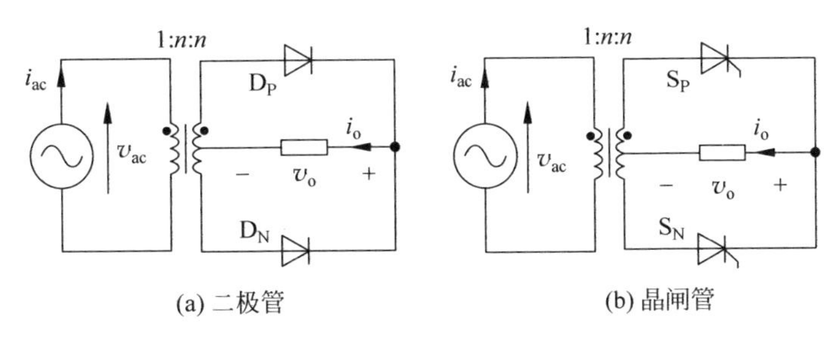

(a) 二极管　　(b) 晶闸管

图 6.22 采用抽头变压器的全波整流

此外，与四开关桥方案相比，采用抽头变压器的全波整流所需的开关数量减少了一半。二极管或晶闸管的导通损耗理论上可以降低一半。图 6.22 为采用中心抽头变压器的全波整流器的最简情况，可配置多绕组变压器，以支持多种不同的直流电压输出。直流侧可采用低通滤波器以改善直流电能质量，如 C、L、LC 电路。对采用中心抽头变压器的全波整流器的分析可以遵循前面章节讨论的相同步骤，此外还需要额外考虑绕组匝数比 n。

6.5 建模与仿真

本节讨论如何为不同的整流器建立仿真模型，包括半波和全波整流器，仿真模型考虑了二极管内正向压降的非理想因素。

6.5.1 电容滤波的半波整流器

用于仿真建模的单二极管整流器如图 6.23 所示，其中引入了等效串联电阻 R_C。在二极管开/关的变换过程中，电阻是限制浪涌电流的一个因素。因此，电路的动态特性如下式所示：

$$C_o \frac{dv_o}{dt} = i_d - \frac{v_o}{R} \tag{6.37}$$

由于二极管在每个工频周期内的较短时间导通，二极管电流 i_d 断续，如 6.1.1 节所述。考虑到二极管的正向压降 V_{drop}，i_d 可以由下式进行建模和确定：

$$i_d = \begin{cases} \dfrac{v_{ac} - v_o - V_{drop}}{R_C}, & v_{ac} > v_o + V_{drop} \\ 0, & \text{其他} \end{cases} \tag{6.38}$$

据此可以构造 Simulink 模型表示单二极管半波整流器，如图 6.24 所示。模型输入包括交流电源电压 v_{ac}、负载电流 i_o，模型输出包括输出电压 v_o、二极管电流 i_d，i_o 的电流值取决于输出电压 v_o 和负载曲线，对于阻性负载，电流由 $i_o = \dfrac{v_o}{R}$ 决定。该模型包括一个可编程的"V_drop"模块，用来表示二极管的压降 V_{drop}。饱和模块能有效地模拟电路运行状况和计算 i_d 的值，由式(6.38)表示。

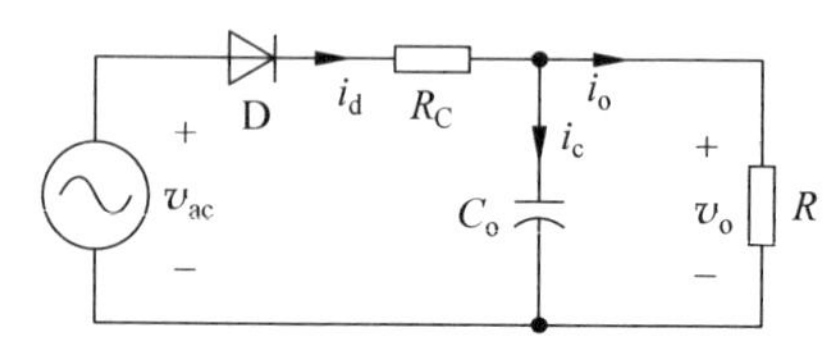

图 6.23 用于仿真建模的单二极管整流器电路

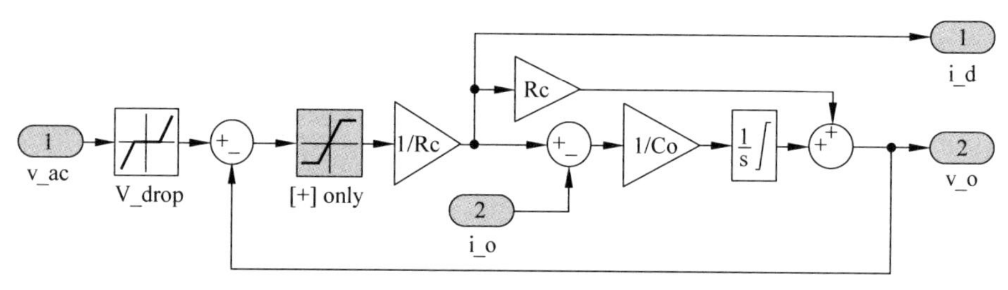

图 6.24 电容滤波器的半波整流器的 Simulink 模型

仿真可以验证 6.1.1 节最后所讨论的案例分析。图 6.25 给出了不考虑二极管正向压降的仿真波形，测得的 v_o 平均电压为 320.3V，峰-峰值纹波约为 10V。由于在设计阶段进行了近似等效，所得的平均值略高于设计要求。C_o 的大小源于二极管关断时间占整个工频周期的比例，而仿真波形也显示了二极管电流 i_d 在每个工频周期中导通时间较短。由于对 R_C 的设置值为 10mΩ，因此会出现较高的电流峰值。

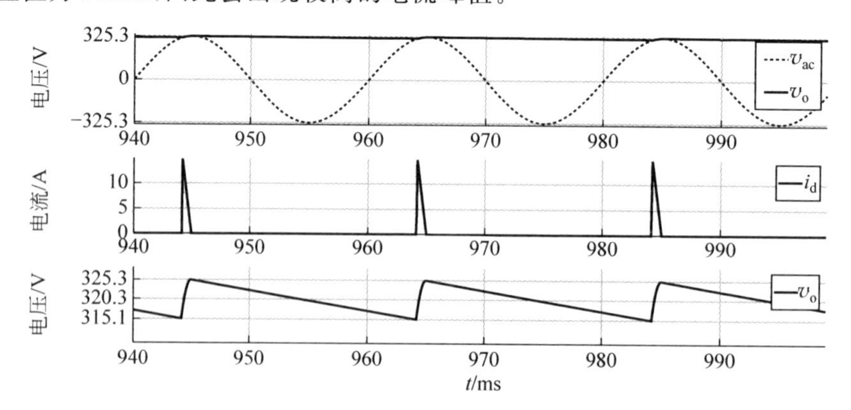

图 6.25 C 滤波器的单二极管半波整流器仿真结果

6.5.2 无滤波器的全波整流器

在不考虑滤波器的情况下，全波整流器如图 6.5 所示。根据四二极管桥整流器的原理，可以构建如图 6.26 所示的 Simulink 模型来表示一个全波整流器。交流电压输入用 v_{ac} 表示，利用 Simulink 中的"死区"模块，可以在"V_drop"模块中对两个二极管的压降进行编程。由于二极管对角线的两组二极管交替工作，只有当 $|v_{ac}|>2V_{drop}$ 时桥才处于导通状态，其中 V_{drop} 是每个二极管的正向电压。否则，当输入电压在其死区内时，二极管将截止。模型的输出是电压和电流，"ABS"模块用于在二极管桥全波整流器运行后，将交流电整流为直流电。

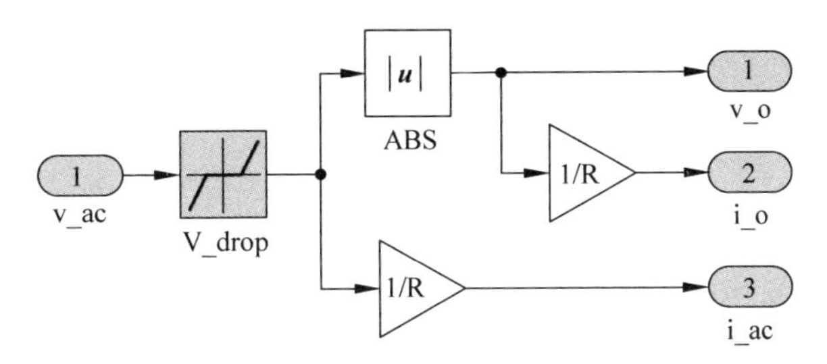

图 6.26 全波整流器的 Simulink 模型

图 6.27 给出了考虑二极管正向导通压降的仿真结果。案例研究基于输入电压 $v_{ac}=12\sin(2\pi f_b t)$，其中 $f_b=50\text{Hz}$。电流和电压 i_{ac}、i_o 和 v_o 的波形中均存在死区，负载电阻额定值 $R=12\Omega$。每个二极管的正向压降为 0.5V。在 i_{ac} 波形中可以发现死区和波形畸变，表现为幅值降低和存在死区时间。在本案例研究中，i_{ac} 的 THD 测量值为 5.2%。在 v_o 和 i_o 的波形中也存在死区。在本案例研究中，传导损耗为 0.56W，导致约 10% 的功率损耗。整流器最大效率仅在 90% 左右，电压电流失真和功率损耗促进了 ELV 电源同步整流的发展。

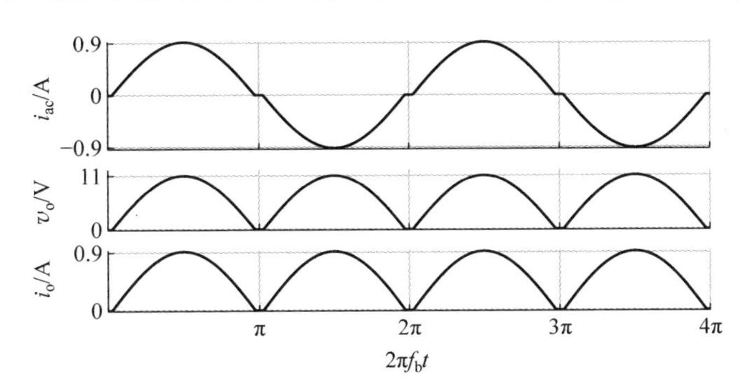

图 6.27 由二极管电压降引起的波形失真

6.5.3 电容滤波的全波整流器

全波整流电路如图 6.7 所示，其中负载与电容并联，以平滑输出电压。电路动态特性可以用式(6.39)来表示，其中 i_{dc} 因二极管的开/关状态而不连续。图 6.28 显示了关于二极管开/关操作的等效电路，其中，整流器中引入了等效串联电阻 R_C，在一对二极管突然正向偏置的情况下，该电阻是反映浪涌电流的一个因素。

$$C_o \frac{\mathrm{d}v_o}{\mathrm{d}t} = i_{dc} - \frac{v_o}{R} \tag{6.39}$$

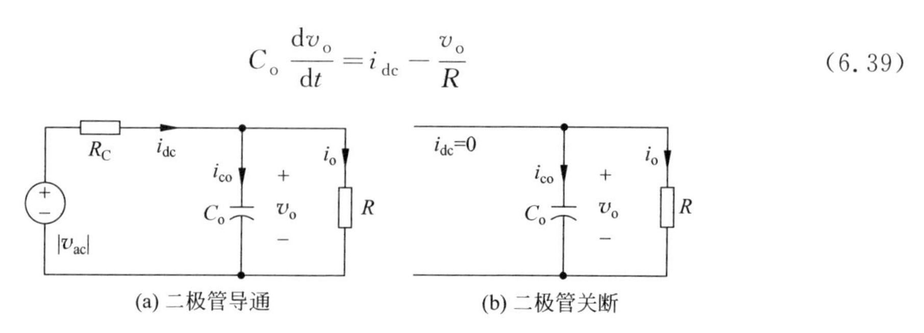

图 6.28　全波整流器的等效电路

当忽略二极管压降且$|v_{ac}|>v_o$时，其中一对对角二极管正偏，所得到的等效电路如图 6.28(a)所示，电流i_{dc}可以由下式确定：

$$i_{dc} = \frac{|v_{ac}| - v_o}{R_C} \tag{6.40}$$

当$|v_{ac}| \leqslant v_o$时，所有二极管均为反向偏置，如图 6.28(b)所示。据此，可以建立 Simulink 模型表示整流，如图 6.29 所示。交流信号v_{ac}是模型的输入，二极管的电压降由"V_drop"模块表示，"ABS"求取绝对值模块代表从交流到直流的整流变换。由于二极管成对工作，只有当$|v_{ac}|>v_o+2V_{drop}$时桥才处于导通状态，其中V_{drop}是每个二极管的正向压降。饱和模块表示峰值检测操作。电压v_o作用于负载产生电流i_o，对 6.2.1 节中的案例研究进行仿真。当二极管压降为零时，平均电压为 320.5V，峰-峰值纹波约为 10V，如图 6.30 所示。v_o的平均值略高于设计值，该误差是电容器的选定值与式(6.12)计算值之间的误差引起的。i_{ab}的波形有一个高的峰值，这表明二极管在每一个电压峰值附近的导通时间较短，峰值由对R_C设置产生，设置的R_C值为 5mΩ，造成i_{ac}的 THD 值相当高。

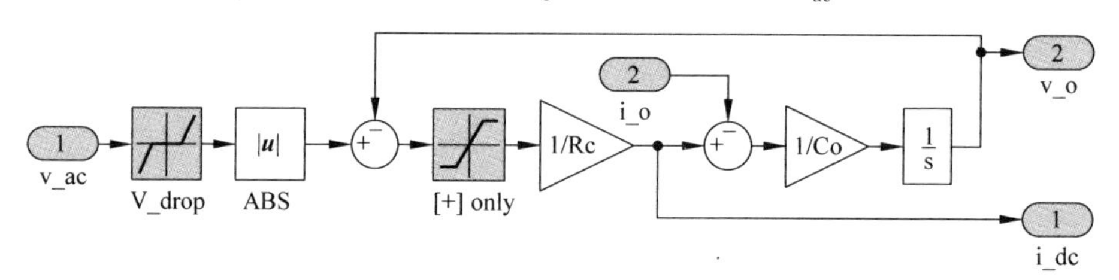

图 6.29　电容滤波的全波整流器的 Simulink 模型

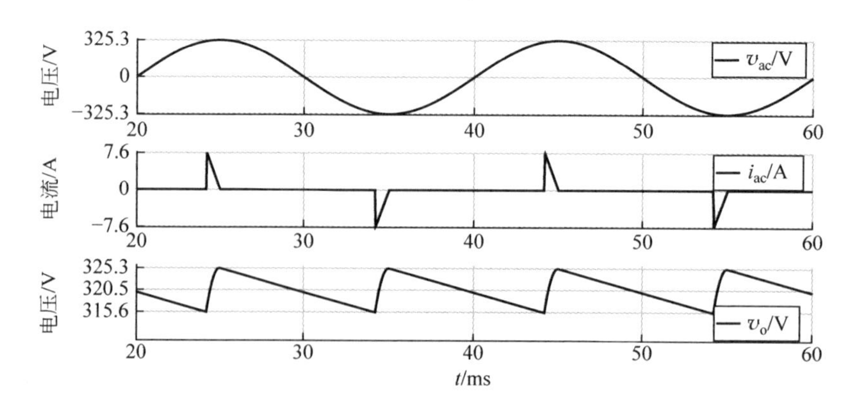

图 6.30　电容滤波器的全波整流器的仿真结果

6.5.4　电感滤波的全波整流器

6.2.2 节讨论了使用电感器平滑输出电流的整流器运行情况。按照图 6.10 所示的电路，输出电流可由式(6.13)推导得到。图 6.31 给出了模拟该整流器的模型，该模型以交流信号为输入，以电感电流 i_o 为输出。在有负载条件下，电感电流流经负载，产生输出电压并反馈到模型中。可以对 6.2.2 节中的案例研究进行仿真，以证明设计和建模的有效性。首先，在不考虑非理想因素的情况下来验证理论分析。图 6.32 给出了仿真波形，其中 v_o 的平均值为 207.1V，i_o 的平均值为 10A，峰-峰值纹波约为 2A，仿真结果符合设计要求。

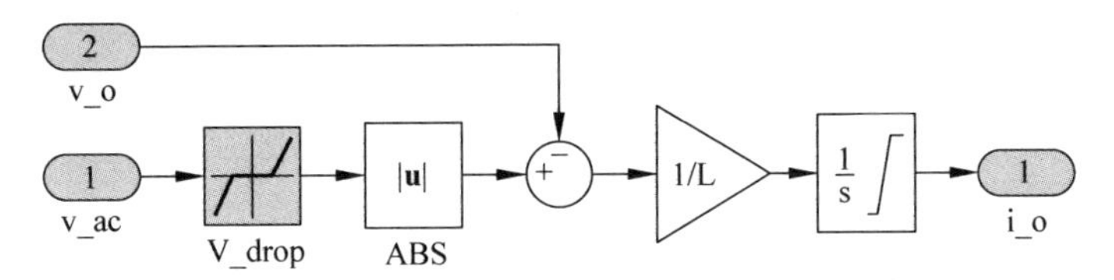

图 6.31　带 L 滤波器的全波整流器的 Simulink 模型

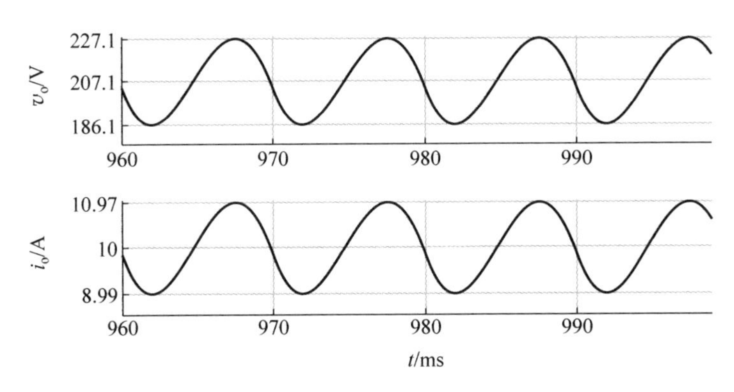

图 6.32　带 L 滤波器的全波整流器的仿真结果

6.5.5　LC 滤波的全波整流器

6.2.3 节讨论了 LC 滤波可实现高直流质量输出。电路的动态特性可以用 Simulink 模型表示，如图 6.33 所示，模型输出包括用于检查其连续性的电感电流。电感电流的积分模块带有饱和功能，以表示二极管的特性和 DCM 的可能性。其他定义见图 6.12 所示电路图。

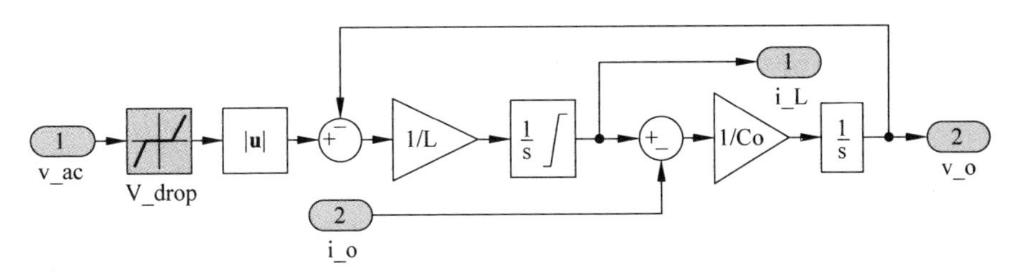

图 6.33　带 LC 滤波器的全波整流器仿真模型

可以对6.2.3节中讨论的CCM案例进行仿真，以证明模型的有效性。为验证理论分析，初始仿真不考虑非理想因素。仿真结果如图6.34所示，其中包括波形$|v_{ac}|$、v_o、i_L和i_o。AVG(v_o)、AVG(i_L)、ΔI_L、ΔV_o的值可以从波形中测得。v_o的平均值为207.1V，峰-峰值纹波为2.1V，约为AVG(v_o)的1%，符合设计要求。i_L和i_o的平均值为10A，可以反映负载情况。i_L的变化量为3A，符合设计要求。

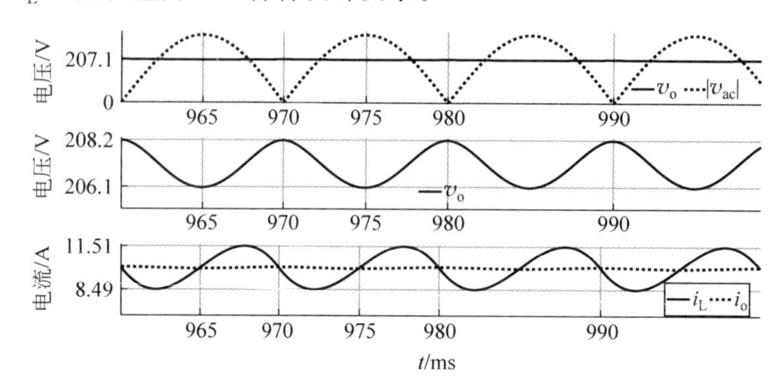

图6.34 带LC滤波器的全波整流器在CCM下的仿真结果

当负载条件变为$R=R_{crit}=138\Omega$时，根据理论分析预计模型处于BCM运行状态。图6.35给出了仿真结果，与BCM的预期结果一致。虽然每个工频周期中有两个时刻电流为零，但其具有连续导通特性。电压波形的定义与CCM案例研究的定义相同。

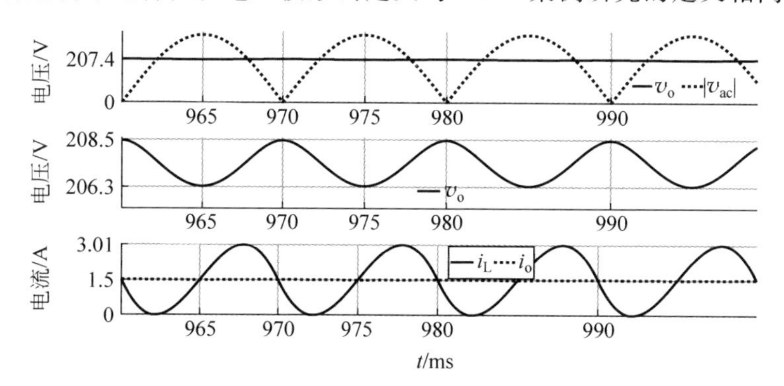

图6.35 带LC滤波器的全波整流器在BCM下的仿真结果

当$R=552\Omega>R_{crit}$时，根据6.2.3节中的分析，预计模型处于DCM运行状态。仿真结果如图6.36所示，其中包括波形$|v_{ac}|$、v_o、i_{ac}、i_L和i_o。在每个工频周期中，电感电流在一

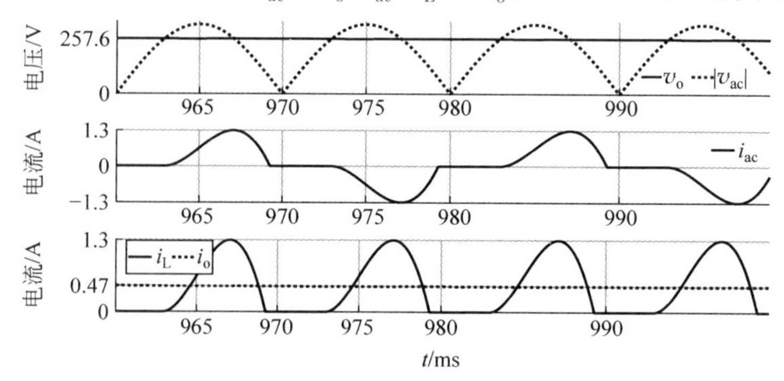

图6.36 带LC滤波器的全波整流器在DCM下的仿真结果

段时间内处于零电流状态，v_o 平均值为 257.56V，高于 CCM 运行时的输出电压值。该值与 6.2.3 节末的理论分析一致，i_{ac} 的波形失真是可见的。总的来说，时域仿真验证了应用 LC 滤波的整流器运行设计案例。

6.5.6　有源整流器

当使用晶闸管进行整流时，输入电压会被斩波从而实现了输出电压的调节。可根据晶闸管桥电路建立仿真模型，并通过相位控制操作来控制输出电压波形。图 6.37 显示了一个简化的 Simulink 模型，其中包含用于电压调节的相位控制功能。将触发角 α 信号与载波信号进行比较，产生触发信号来控制晶闸管，实现将输入电压到可控输出电压的功率变换。零状态时间段反映了相位延迟角，即触发角 α。

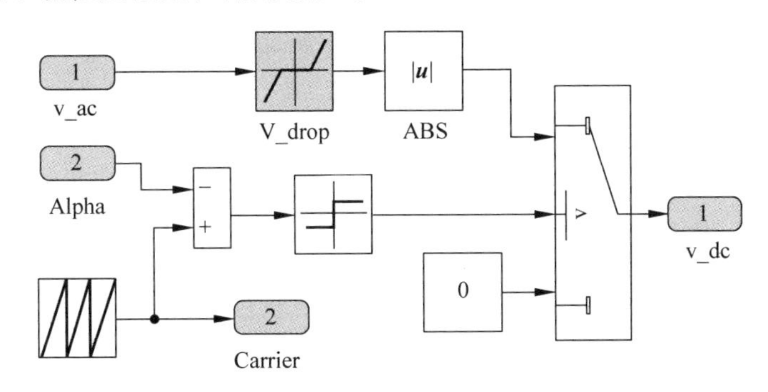

图 6.37　用于电压调节的 SCR 整流器的 Simulink 模型

通过对 6.3 节中的案例研究进行仿真，可以证明理论分析的正确性。仿真结果如图 6.38 所示，其中不包括非理想因素。将电压波形绘制在一起，可以直观地比较输入和输出之间的关系。当施加的触发角为 80.85°时，测得 v_o 的平均值为 120V。在 i_o 和 i_{ac} 的电流波形中，可以看出输出电压失真和相位延迟。由于没有 PF 校正，因此输入和输出的电能质量都较差。

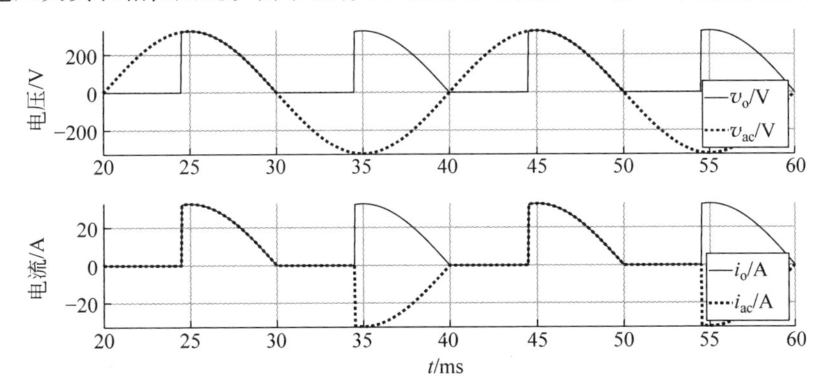

图 6.38　电压调节案例研究的仿真结果

6.6　本章小结

二极管的 I-V 特性自然符合 AC/DC 变换的功能。单相交流到直流的变换可以由一个二极管构成，称为半波整流器，该解决方案很简单，但其容量不能太大，其电能质量较低。大多数单相整流器是指四开关桥整流器或与变压器相结合的双开关全波整流器。当采用中心抽头变压器时，由于绕组匝数比的关系，电压变换比具有更大的可伸缩性。此外，与四开关桥方案相比，开关数和二极管导通损耗都降低了一半。尽管 SCR 桥可以为输出提供电压调节，但由于斩波效应，该方法通常会降低交流和直流侧的电能质量。随着 DC/DC 变换器的快速发展，AC/DC 变换阶段的电压调节不再那么必要。MOSFET 已广泛用于整流电路，以替代 ELV 应用中的二极管。

为实现高质量供电，LC 电路在整流中广泛用于低通滤波和平滑滤波。电感和电容的组合提供了比单个 L 或 C 实现更有效的解决方案。如本章所述，无源滤波的应用可以提高直流侧的质量。形式因子和纹波因数是衡量直流质量的指标，然而，输入电流 i_{ac} 严重失真。功率因数校正大多需要与整流器配合使用，以改善交流侧的电能质量。功率因数校正可以由无源补偿电路或专门设计的变换器组成，以在输入和输出端实现高电能质量。

参考文献

[1] Hart D W. Power electronics[M]. McGraw-Hill，2011.
[2] Xiao W. Photovoltaic power systems：modeling，design，and control[M]. Wiley，2017.

习题

6.1 按照 6.5.1 节，建立采用电容器滤波的半波整流器的仿真模型。通过一个案例验证模型。

6.2 基于图 6.3 的半波整流器采用以下规格设计：输入电压 v_{ac}，额定值为 120V(RMS) 和频率为 60Hz；输出电压的平均值指定为 165V(DC)，不考虑任何损耗。负载电阻的额定值 $R=225\Omega$。

(1) 估计输出电压的变化量 ΔV_o。

(2) 确定直流侧使用的电容(C_o)。

(3) 若二极管的电压降额定为 1V，电容器的 ESR 为 5mΩ，建立仿真模型并进行仿真运行。

6.3 根据图 6.7 设计全波整流器，方法与上述问题相同。

(1) 估计输出电压的变化量 ΔV_o。

(2) 确定直流侧使用的电容(C_o)。

(3) 建立模型，仿真运行，当二极管额定压降为 1V，电容 ESR 为 5mΩ 时的 v_o、i_o、i_{ac} 波形。

6.4 根据图 6.10 设计一个全波整流器，其规格：额定电压为 120V(RMS)，频率为 60Hz；$R=10.8\Omega$。v_o 的峰-峰值电压为平均值的 10%。

(1) 确定输出电压 v_o 的平均值和变化量。

(2) 确定输出电流 i_o 的平均值和变化量。

(3) 确定用于滤波的电感。

(4) 建立模型并仿真运行，当二极管额定压降为 1V 时 v_o、i_o、i_{ac} 的波形。

（5）估算 i_{ac} 的 THD 值。

6.5　根据图 6.12 设计一个全波整流器，其规格：额定电压为 120V(RMS)，频率为 60Hz；$R=10.8\Omega$。v_o 的峰-峰值电压为平均值的 2%。

（1）在 CCM 的情况下，确定输出电压 v_o 的平均值和变化量。

（2）确定输出电流 i_o 的平均值和变化量。

（3）当电感电流的变化量为 $\Delta I_L=4\text{A}$ 时，确定用于滤波的电感大小。

（4）确定 C_o 值以满足规格要求。

（5）确定 BCM 的临界负载条件。

（6）在不考虑任何损耗因素的情况下，建立模型并进行运行仿真，给出额定条件下 v_o、i_L、i_{ac} 的波形。

（7）估算 i_{ac} 的 THD 值。

6.6　按照上述问题相同的设计参数，负载电阻改为 216Ω。

（1）确定 v_o 的平均值。

（2）进行时域仿真验证。

6.7　采用晶闸管代替二极管进行全波桥式整流，如图 6.17 所示。规格：输入电压 v_{ac}，额定为 120V(RMS)和频率为 60Hz；负载电阻额定 $R=10\Omega$。输出的平均电压设计为 100V。

（1）确定触发角。

（2）确定 v_o 的有效值。

（3）确定额定负载情况下的有功功率。

6.8　根据习题 6.7 的规格，与负载串联增加一个电感，$L=100\text{mH}$，如图 6.20(a)所示。

（1）确定输出的平均电压。

（2）建立仿真模型，对有滤波电感的情况进行仿真。

（3）检查 v_o 的平均值是否为期望值。

（4）检查输出电压的变化量。

（5）检查电感电流的变化量。

6.9　根据习题 6.7 的要求，引入 $L=100\text{mH}$，$C_o=220\mu\text{F}$ 的 LC 电路对输出进行滤波，如图 6.20(b)所示。

（1）确定输出的平均电压。

（2）建立仿真模型，对有滤波电感情况进行仿真。

（3）检查 v_o 的平均值是否为期望值。

（4）检查输出电压的变化量。

（5）检查电感电流的变化量。

第7章

隔离型直流/直流变换

Buck、Boost 和 Buck-Boost 等非隔离型直流/直流变换器拓扑的输入和输出存在电气连线，例如，图 3.7 所示的 Buck 变换器，在有源开关短路故障的情况下，不能防止高压从输入侧传递到负载。在电气隔离型变换器中，输入侧和输出侧实现了完全的电气隔离。在某些场合下，电气规范与法规要求变换器实现电气隔离以提高安全性和可靠性。

变压器通过电磁感应实现一次绕组与二次绕组的电气隔离，并且其能实现大功率能量从一侧传输到另一侧。电力变压器按工作频率可分为工频(LF)变压器、中频(MF)变压器和高频(HF)变压器。额定频率为 50Hz 或 60Hz 的工频变压器广泛用于电力系统中，现代电力电子设备趋向于使用中频变压器或高频变压器，它们表现出绕组匝数低、体积小、重量轻、成本低等优点。高频变压器的应用推动了用于消费电子与工业小型电源变换器的发展。

数字消费设备的数量在过去几年中显著地增加，这些设备直接由直流供电。个人计算机(PC)通常由额定功率为 200W～1kW 的开关电源供电，它也称为离线电源。图 7.1 展示了典型的台式计算机 ATX 电源的典型系统图，该设备提供多个直流输出，所涵盖的额定电压有 12V、5V 和 3.3V，它的重要组成部分包括电磁干扰滤波器、单相 AC/DC 整流器、有源功率因数校正单元和多输出直流/直流变换器。为了安全起见，直流/直流变换器应包括电气隔离功能。隔离型变压器的使用可以支持不同电压等级的多个绕组同时输出，如图 7.1 所示。

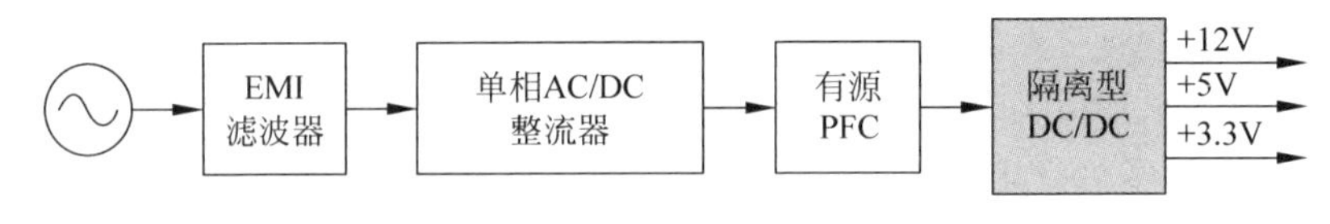

图 7.1 PC 直流电源系统图

7.1 磁场

开关电源变压器高频工作，其工作原理与电力变压器相同，即通过多绕组磁场耦合实现电压变换。开关电源中变压器的运行模式使得相关术语与电力变压器不一致，并且其设计与优化准则也不一样。

7.1.1 运行象限与分类

在 1.8 节中所讨论的 B-H 曲线说明了典型磁芯特性。开关操作可以使磁通根据线性化的 B-H 曲线只在一个象限内波动，如图 7.2(a)阴影部分所示。电感器磁芯通常工作于单个象限区域，然而，耦合电感也可以用于直流/直流变换拓扑中的并实现功率变换。与变压器一样，通过电磁感应原理，耦合电感可以将电能从一个绕组传递到另一个绕组。电感的储存电能的能力在变换器中起着重要作用。反激型变换器和正激型变换器的拓扑结构基于这种工作原理，因为对应的励磁电流在一个象限区域内工作，这在概念上类似于电感器。磁通密度与磁感应强度对应成比例，也在第一象限内变化。根据 B-H 曲线的工作区域可以对隔离型直流/直流变换器进行分类，如图 7.3 所示。

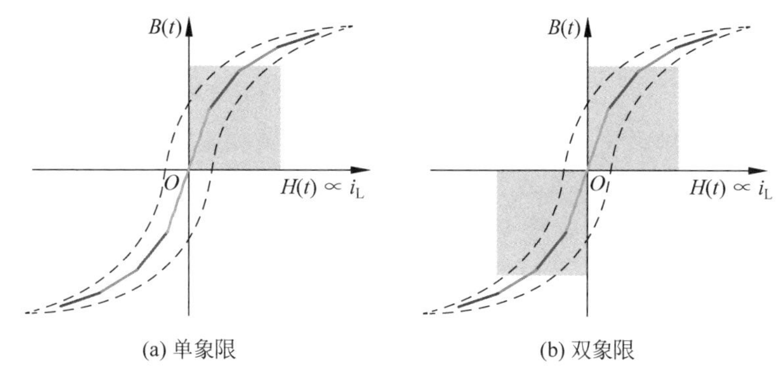

图 7.2　磁芯 B-H 曲线的工作区

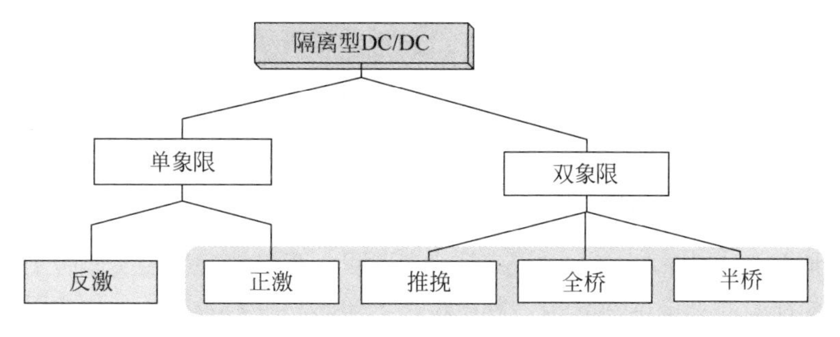

图 7.3　隔离型直流/直流变换器的分类

另一组隔离型直流/直流变换器包括推挽变换器、全桥变换器和半桥变换器，如图 7.3 所示。隔离型变压器允许磁通在两个象限内工作，如图 7.2(b)中阴影部分。励磁电流变为交流电，并呈现出正负循环，这与传统电力变压器的运行原理相同。与单象限运行的变压器方案相比，这种情况下的磁场更能得到最优利用。就磁性元件的工作象限而言，正激型变换器与反激型变换器属于同一组。而推挽变换器、全桥变换器和半桥变换器中的变压器属于另一组，称为降压派生变换器，因为其工作原理与非隔离型降压变换器密切相关。而反激型变换器工作情况特殊，它源自升降压变换器。

7.1.2 饱和的关键检测点

根据磁芯的大小和设计，其可以通过一定大小的磁通密度。当达到最大磁通密度时，磁芯的磁导率显著降低，如图 7.2 所示。磁芯饱和使得电感器或变压器偏离正常的工作区间达到磁芯饱和状态，并导致励磁电流幅值急剧上升。因此，在设计电感器或变压器时应具有足够的裕量，以避免饱和现象。

除了磁芯材料和尺寸的特性外，还需要考虑外加电压和频率。通过检测励磁电流可以检测磁芯的饱和状态。电流应随着所设计的电感(或励磁电感)和施加的电压而增加，在稳定状态下，当检测到电流突然增加时，就会发生饱和现象。磁通量为

$$\Phi(t) = \frac{1}{n}\int_{t_1}^{t_2} v(t)\mathrm{d}t \tag{7.1}$$

磁通密度为

$$B(t) = \frac{1}{nA_e}\int_{t_1}^{t_2} v(t)\mathrm{d}t \tag{7.2}$$

这些符号即 1.8.1 节讨论的相同变量，在构建电感器或变压器时，磁芯中磁通密度变得平缓的现象是过度施加的“伏秒积”造成的。磁芯数据表中给出了磁通密度的最大值 B_{max}，以供设计参考。

7.2 反激型拓扑

反激型变换器广泛用于小功率直流/直流变换器的拓扑，支持输入输出电气隔离和高电压变换比。反激型拓扑结构广泛应用于各种电子设备。通常认为反激型变换器是最简单的隔离拓扑，可以将配电网等级的电压变换到 5V。这种低功耗开关电源主要用于对手机、平板电脑等便携式电子产品的供电，个人电脑的电源采用容量较大的变换器单元。近年来，反激型拓扑也应用于太阳能光伏系统中，将单个光伏组件的低电压提升到适合电网等级的电压水平。

7.2.1 从升降压到反激型变换器的演变

反激型变换器是由非隔离 Buck-Boost 拓扑导出的。Buck-Boost 变换器的工作原理：在有源开关导通期间能量存储到电感器中；当有源开关关断后释放存储在电感中的磁能，这期间就会发生反激操作，电感电流自然会迫使所设计的电路将磁场中所存储的能量释放到负载。图 7.4 说明了从非隔离型变换器到具有电气隔离的反激型拓扑的演变过程。从 Buck-Boost 变换器到反激型拓扑的发展过程可描述如下：

(1) 从标准 Buck-Boost 变换器变换，如图 7.4(a)、(b)所示，将单绕组电感器改为双绕组电感器。

(2) 如图 7.4(c)所示，可以通过分离绕组并创建隔离的双绕组电感器来实现电气隔离。

(3) 变换构建的反激型变换器变为其标准形式，如图 7.4(d)所示，通过操纵点符号来规范极性并实现对低侧开关的驱动和控制。变压器的绕组匝数比提高了电压变换的灵活性。

传统变压器的磁路可瞬间将交流电从一次绕组传递到其他绕组。反激型变压器遵循相同的原理，即一对线圈共享一个公共磁芯并将电能从一个线圈传输到另一个线圈。然而，反激型

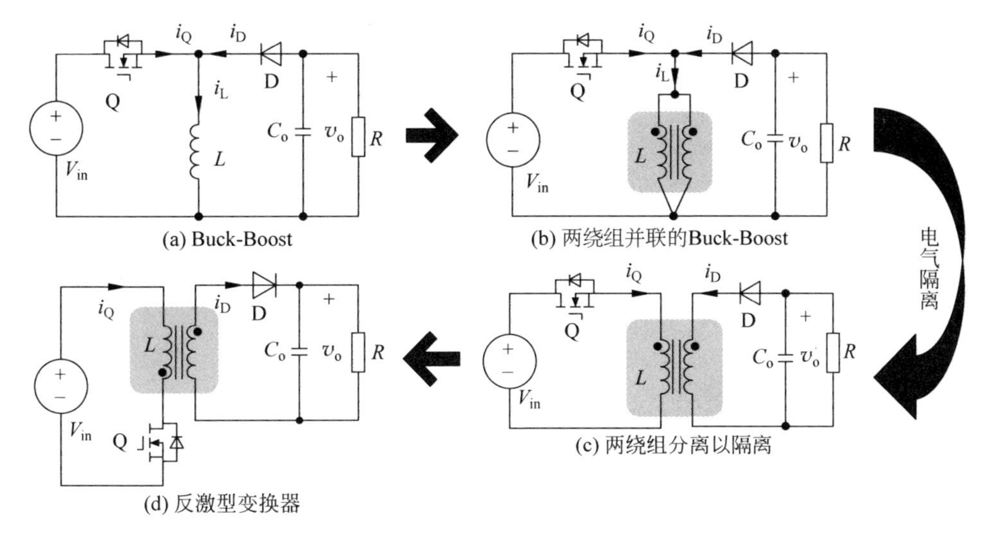

图 7.4 从 Buck-Boost 拓扑到反激型变换器的演变

变换器中的变压器工作原理与传统变压器的工作原理不同。反激型变压器的磁场遵循一象限工作原理,与 Buck-Boost 拓扑中的电感器相同,由于在稳态工作期间的短期进行能量存储,因此它通常称为耦合电感器。

7.2.2 反激型变换器运行原理

图 7.5 给出了反激型变换器的基本电路,其中包括一个有源开关和一个无源开关。变压器的设计有两个方面,分别是 1∶n 的绕组匝数比和励磁电感 L。图 7.6(a)为 Q 处于导通状态时反激型变换器的等效电路,一定量的能量通过与电源连接的一次绕组被存储在磁场中,L 为变压器一次侧的励磁电感,L 的值决定了 i_Q 的增加速率。Q 导通时,二极管截止,阻止电流从反激型变压器二次侧流到负载侧,导通状态的持续时间决定了所存储的能量大小。

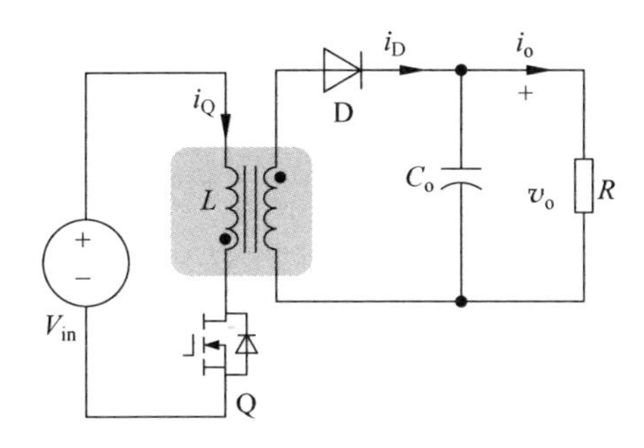

图 7.5 绕组匝数比为 1∶n 的反激型变换器电路

反激阶段在 Q 被关断时激活,等效电路如图 7.6(b)所示。Q 关断后,变压器一次侧电路电流等于 0,储存在变压器中的能量必须找到合适的通路释放,根据变压器绕组的同名端以及电磁感应关系,变压器的二次侧绕组同名端输出电流,且电流大小与变压器匝数比以及 Q 关断时刻一次侧绕组的电流直接相关,其等效原则就是 Q 关断时刻,变压器储能不变。从而出现在二次侧绕组的电流迫使二极管正向导通,变压器二次侧电压被输出电压 v_o 钳位。Q 断态时,通过二次绕组释放变压器中预先储存的能量,供给负载并给电容器充电。综上所述,通过反激型变压器传递的能量在每个开关周期中呈现出非同步模式,其原理与

Buck-Boost 变换器中所使用的电感相同。

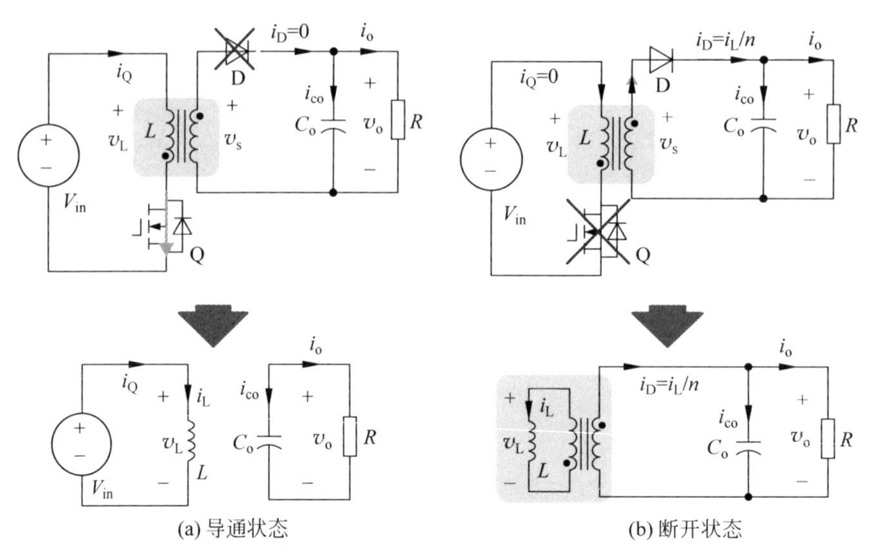

(a) 导通状态　　(b) 断开状态

图 7.6　绕组匝数比为 1∶n 的反激型变换器的等效电路

7.2.3　连续导通模式

电感电流 i_L 表示为通过 L 的电流，可以基于电感电流 i_L 对反激型变换器进行稳态分析，如图 7.7 所示。在稳定状态下，L 在导通状态下储存的能量应等于 Q 在关断状态下释放的能量，i_L 的平均值为常数。因此，电感电流的上升和下降幅度等于幅值 ΔI_L，如图 7.7 所示。在导通状态下，可以检测到电感电流等于通过 Q 的电流 i_Q。在导通状态 T_{on} 期间，电感电流的增加量为

$$\Delta I_L=\frac{V_{in}\times T_{on}}{L} \tag{7.3}$$

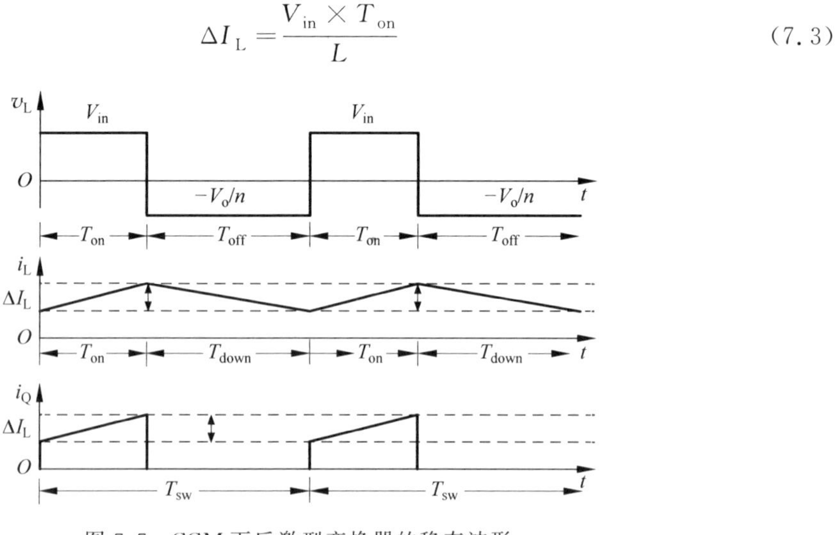

图 7.7　CCM 下反激型变换器的稳态波形

图 7.7 表明 $v_L=V_{in}$，$i_Q=i_L$。

在 Q 的关断状态期间，反激型变压器与电源断开连接。反激效应通过二次绕组和正向

导通二极管将 L 中存储的能量释放到负载。按照图 7.6(b)中的等效电路和图 7.7 中的稳态波形,电感电流的减少量为

$$-\Delta I_{L}=\frac{V_{o}\times T_{down}}{nL} \tag{7.4}$$

式中:T_{down} 表示 i_{L} 减小的时间段。

在关断状态下,电感电流不能直接测量,但可以从二极管电流的测量中推断,这是因为 $v_{L}=\frac{V_{o}}{n}$,$i_{D}=\frac{i_{L}}{n}$,其中 V_{o} 为负载电压。稳态条件下,电感电流纹波的峰值大小为常数。结合式(7.3)和式(7.4)得到电压变换比为

$$\frac{V_{o}}{V_{in}}=n\frac{T_{on}}{T_{down}} \tag{7.5}$$

根据图 7.7,连续导通模式在数学上可以表示为 $T_{down}=T_{off}$ 和 $T_{on}+T_{down}=T_{sw}$,其中 T_{sw} 是一个开关周期的时间。在 CCM 中,电压变换比为

$$\frac{V_{o}}{V_{in}}=n\frac{D_{on}}{1-D_{on}} \quad 或 \quad \frac{V_{o}}{V_{in}}=n\frac{D_{on}}{D_{off}} \tag{7.6}$$

式中:$D_{on}=\frac{T_{on}}{T_{sw}}$;$D_{off}=1-D_{on}$。

7.2.4 断续导通模式

在断续导通模式时,电感电流在每个开关周期的一段时间(T_{zero},图 7.8(b)所示)内为零。当存储在电感中的能量在 Q 的关闭状态结束前被完全释放时,反激型变换器就工作于 DCM。零状态下显示 $i_{L}=0$ 和 $i_{D}=0$,如图 7.8(a)所示,此时 Q 和 D 都处于关闭状态。v_{L}、i_{L}、i_{Q} 的稳态波形如图 7.8(b)所示。DCM 条件下的数学表达式为 $T_{zero}>0$,$T_{up}+T_{down}\neq T_{sw}$,或 $\mathrm{AVG}(i_{L})<\frac{\Delta i_{L}}{2}$。DCM 下的电压变换比遵循式(7.3)～式(7.5)的相同推导。但是,由于 T_{zero} 的值未知,T_{down} 不能直接由 T_{sw} 和 T_{on} 的差值确定。在 DCM 中,T_{on} 是控制变量,在下面的分析中是已知的。i_{L} 的纹波电流为

$$\Delta I_{L}=\frac{V_{in}}{L}T_{on} \tag{7.7}$$

按照式(7.7),由下式可得到 i_{Q} 的平均值:

$$\mathrm{AVG}(i_{Q})=\frac{\Delta I_{L}T_{on}}{2T_{sw}}=\frac{V_{in}T_{on}^{2}}{2LT_{sw}} \tag{7.8}$$

其波形如图 7.8(b)所示。若不考虑功率损失,稳态时从输入端到输出端的功率平衡可以表示为

$$V_{in}\times\mathrm{AVG}(i_{Q})=\frac{V_{o}^{2}}{R} \tag{7.9}$$

结合式(7.8)和式(7.9),可得 DCM 稳态电压变换比为(其中考虑了负载电阻 R)

$$\frac{V_{o}}{V_{in}}=T_{on}\sqrt{\frac{R}{2LT_{sw}}} \tag{7.10}$$

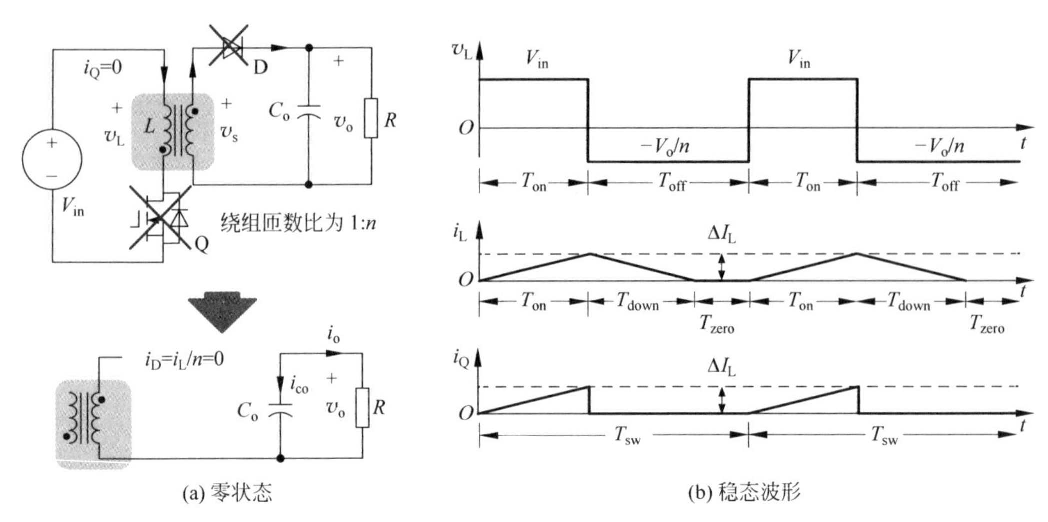

(a) 零状态　(b) 稳态波形

图 7.8　反激型变换器 DCM 下的示意图

临界状态模式是指介于 CCM 和 DCM 之间的临界状态。该状态在数学上由下式定义：

$$\mathrm{AVG}(i_{\mathrm{L}})=\frac{\Delta I_{\mathrm{L}}}{2} \tag{7.11}$$

其稳态分析与 CCM 相同，相应的电压变换比如式(7.6)所示。i_{D} 的平均值为

$$\mathrm{AVG}(i_{\mathrm{D}})=\frac{\Delta I_{\mathrm{L}}D_{\mathrm{off}}}{2n} \tag{7.12}$$

临界负载可以通过在稳态下的等式 $\mathrm{AVG}(i_{\mathrm{D}})=\mathrm{AVG}(i_{\mathrm{o}})$推导出，并由下式确定：

$$R_{\mathrm{crit}}=\frac{2nV_{\mathrm{o}}}{\Delta I_{\mathrm{L}}(1-D_{\mathrm{on}})} \tag{7.13}$$

当负载条件变为 $R>R_{\mathrm{crit}}$ 时，变换器的运行状态进入 DCM。

7.2.5　电路规格与设计

利用反激型变换器实现高降压变换，并为 USB 供电负载提供 5V 直流电压。CCM 下的反激型变换器设计可遵循以下顺序：

(1) 考虑额定条件下输入电压与输出电压的比值，确定绕组匝数比，使 D_{on} 接近 50%。

(2) 计算稳态下的通态占空比和导通时间：

$$D_{\mathrm{on}}=\frac{V_{\mathrm{o}}}{V_{\mathrm{o}}+nV_{\mathrm{in}}},\quad T_{\mathrm{on}}=\frac{D_{\mathrm{on}}}{f_{\mathrm{sw}}}$$

(3) 计算电感：由式(7.3)推导出

$$L=\frac{V_{\mathrm{in}}}{\Delta I_{\mathrm{L}}}T_{\mathrm{on}}$$

(4) 计算电容：由导通状态下的电压降幅值得出

$$C_{\mathrm{o}}=-\frac{V_{\mathrm{o}}T_{\mathrm{on}}}{\Delta V_{\mathrm{o}}R}\quad 或\quad C_{\mathrm{o}}=-\frac{I_{\mathrm{o}}T_{\mathrm{on}}}{\Delta V_{\mathrm{o}}}$$

(5) 根据平均输出电流和电阻确定 BCM。

表 7.1 列出了直流/直流级的规格参数。

表 7.1 反激型变换器的规格参数

参数符号	单位	描述	参数值
P_{norm}	W	额定功率	15
V_{in}	V	额定输入电压	300
V_o	V	额定输出电压	5
f_{sw}	kHz	开关频率	100
ΔI_L	mA	额定电感电流的变化量	20
ΔV_o	mV	额定电容电压的变化量	50

输入电压 V_{in} 是指额定条件下电路原理图中 v_{dc} 的平均值。根据规范和建议的设计流程，确定以下参数：

(1) 绕组匝数比指定为 $n=0.02$，因为电压变换为 300V 至 5V。

(2) CCM 的通态占空比：

$$D_{on}=\frac{V_o}{V_o+nV_{in}}=45.45\%,\quad T_{on}=\frac{D_{on}}{f_{sw}}$$

(3) 计算电感：

$$L=\frac{V_{in}}{\Delta I_L}T_{on}=68.2(\mathrm{mH})$$

(4) 额定功率表明输出电流：

$$I_o=P_{norm}/V_o=3(\mathrm{A}),\quad C_o=\frac{I_oT_{on}}{\Delta V_o}=273(\mu\mathrm{F})$$

(5) 临界负载条件：

$$I_{o,crit}=\frac{\Delta I_L(1-D_{on})}{2n}=0.2727(\mathrm{A})$$

$$R_{crit}=\frac{2nV_o}{\Delta I_L(1-D_{on})}=18.33(\Omega)$$

7.2.6 仿真

仿真模型的建立遵循图 7.5 中的原理图和开关机制。当 Q 处于导通状态时，系统的动态特性可表示为

$$i_L=\frac{1}{L}\int V_{in}\mathrm{d}t,\quad v_o=\frac{1}{C_o}\int(-i_o)\mathrm{d}t \tag{7.14}$$

当 Q 处于关断状态时，系统的动态特性可表示为

$$i_L=\frac{1}{L}\int\left(\frac{-v_o}{n}\right)\mathrm{d}t,\quad v_o=\frac{1}{C_o}\int\left(\frac{i_L}{n}-i_o\right)\mathrm{d}t \tag{7.15}$$

根据开关状态和相关动态，可以建立如图 7.9 所示的 Simulink 模型。该模型忽略了功率损失，是一个理想的反激型变换器。该模型与非隔离型 Buck-Boost 变换器相似，除了绕组匝数比和输出电压极性不同外。该模型包括三个输入，分别是开关的 PWM 命令信号、输入电压 V_{in} 和输出电流 i_o，i_o 的值取决于负载电阻 R 和外加电压 v_o 的变化。它输出两个

信号,即电感电流 i_L 和输出电压 v_o。饱和功能集成在各功能模块中,它限制电感电流 i_L 和输出电压 v_o 始终为正。当 i_L 等于零时,模型中的模块可支持 DCM 的零状态。

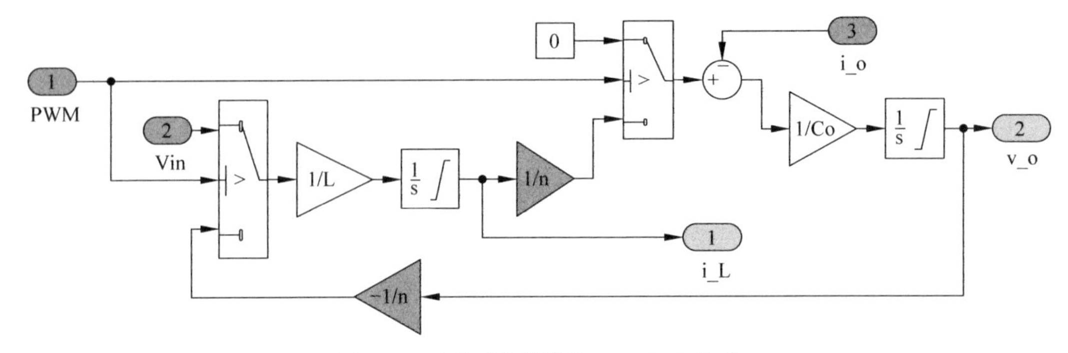

图 7.9　反激型变换器的 Simulink 模型

图 7.10 展示了 i_L 和 v_o 的仿真波形,对应于 45.45%的通态占空比。稳态时,v_o 和 i_L 的平均值分别为 5V 和 0.11A。仿真结果在额定输出电压和功率方面与变换器指标一致。根据额定工况,负载电阻为 1.67Ω。图 7.11 所示的放大图显示了 i_L 和 v_o 的峰-峰值纹波。仿真结果表明 $\Delta I_L \approx 20\text{mA}$ 和 $\Delta V_o \approx 50\text{mV}$,这与表 7.1 中的规格参数相同。当 $R = R_{crit} = 18.33\Omega$ 时,变换器运行状态进入 BCM 临界状态,通过将负载电阻赋值为 R_{crit},仿真验证了这一运行状态。

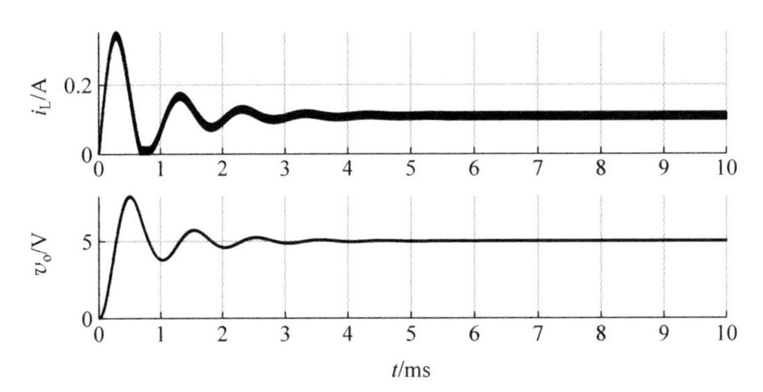

图 7.10　额定运行状态的仿真结果($R = 1.67\Omega$)

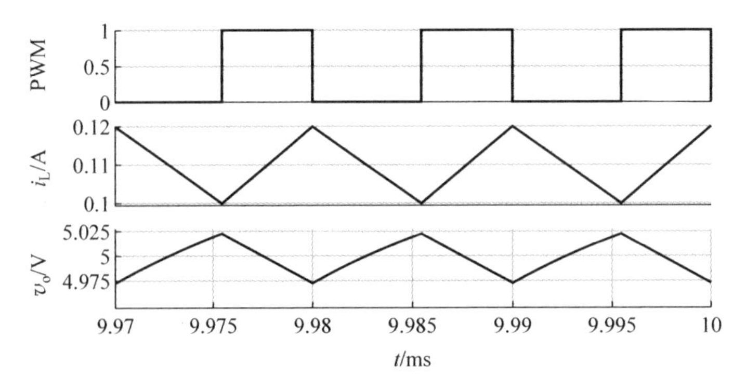

图 7.11　用于纹波校验的额定运行仿真结果

图 7.12 显示了 CCM 和 DCM 之间的临界稳态。当 $R=37\Omega$，大于 R_{crit} 时，运行状态进入 DCM。根据式(7.10)可知，当通态占空比为 45.45%时，稳态输出电压应为 7.10V，时域仿真结果可以验证这一点，如图 7.13 所示。在 i_L 的不连续波形中，每个开关周期中的零状态是非常明显的。

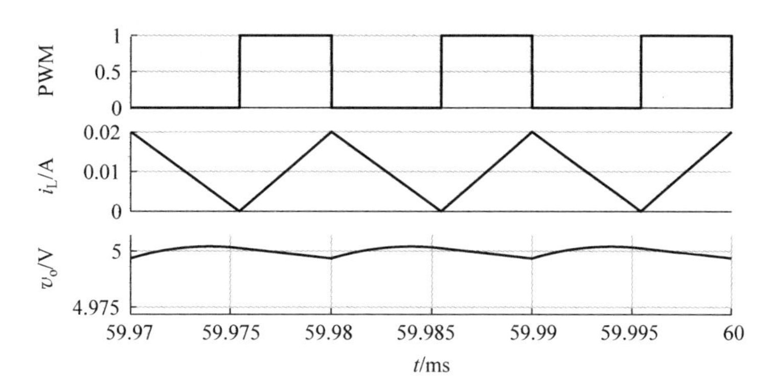

图 7.12　BCM 运行下的仿真结果($R=18.33\Omega$)

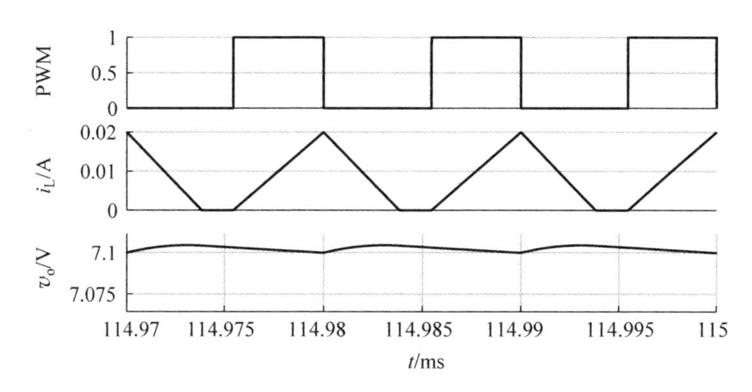

图 7.13　DCM 运行下的仿真结果($R=37\Omega$)

7.3　正激型变换器

正激型变换器为 B-H 曲线单象限运行的另一个示例，它是反激型拓扑应用的重要竞争者。与反激型拓扑不同，正激型变换器在功率开关处于导通状态下将能量从电源传输到负载。我们从双开关管正激型变换器开始讨论其工作原理，其工作原理易于理解。遵循相同工作原理的单开关管拓扑也将随后讨论。

7.3.1　双开关正激型变换器

图 7.14 显示的是双开关正激型变换器，该拓扑在一次绕组的两端使用功率半导体开关，右侧的功率电路与非隔离型降压变换器相同，变压器一次绕组的励磁电感为 L_m。

当所有有源开关都处于导通状态时，双开关正激型变换器的等效电路如图 7.15(a)所示。所有的续流二极管都是反向截止的。由于端电压为正，可以看到 i_{Lm} 和 i_L 将增加(导通状态下的输入电流表示为 $i_{in}=i_{Lm}+i_p$，其中 $i_p=ni_L$)：

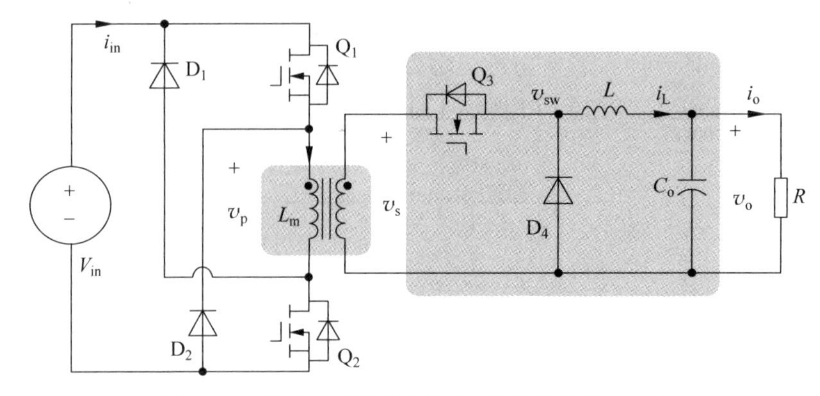

图 7.14　双开关正激型变换器(绕组匝数比 1∶n)

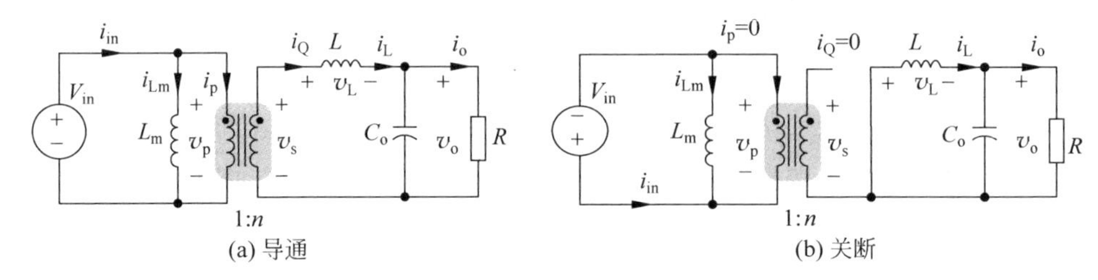

图 7.15　所有有源开关不同状态下对应的等效电路

$$L_m \frac{di_{Lm}}{dt} = v_p = V_{in} \tag{7.16}$$

$$L \frac{di_L}{dt} = v_s - v_o \quad \Rightarrow \quad L \frac{di_L}{dt} = nV_{in} - v_o \tag{7.17}$$

式中：$nV_{in} = v_s$。

$$\Delta I_{in} = T_{on} \frac{V_{in}}{L_m} \tag{7.18}$$

i_{Lm} 和 i_L 的增加量取决于通态时间 T_{on}：

$$\Delta I_L = T_{on} \frac{(nV_{in} - V_o)}{L} \tag{7.19}$$

式中：V_o 为稳态时 v_o 的平均值。

图 7.16 给出了开关的通/断的稳态波形。

当有源开关处于关断状态时，双开关正激型变换器的等效电路如图 7.15(b)所示，续流二极管 D_4 导通并给电感电路提供续流路径。该状态时，$v_p = -V_{in}$，$i_{in} = -i_{Lm}$，$i_p = 0$。由于端电压为负，i_{Lm} 和 i_L 的情况如下式所示：

$$L_m \frac{di_{Lm}}{dt} = v_p = -V_{in} \tag{7.20}$$

$$L \frac{di_L}{dt} = -v_o \tag{7.21}$$

i_{Lm} 和 i_L 的下降量分别为

$$-\Delta I_{in} = -T_{fall} \frac{V_{in}}{L_m} \tag{7.22}$$

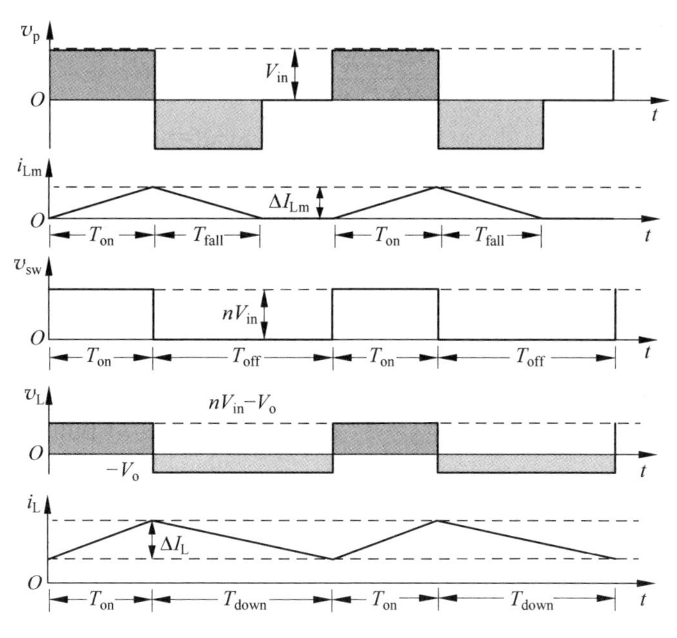

图 7.16 正激型变换器 CCM 时的稳态波形

$$-\Delta I_{L}=-T_{down}\frac{V_{o}}{L} \tag{7.23}$$

式中：$T_{down}=T_{off}=T_{sw}-T_{on}$，为 CCM 时 i_L 下降时间。

在稳态时，电感的平均电流是恒定的。由式(7.19)和式(7.23)中的电流纹波 ΔI_L 相等得到稳态下的电压变换比，可表示为

$$\frac{V_{o}}{V_{in}}=n\frac{T_{on}}{T_{on}+T_{down}} \tag{7.24}$$

CCM 时的电压变换比与稳态时的通态占空比 D_{on} 相关：

$$\frac{V_{o}}{V_{in}}=nD_{on} \tag{7.25}$$

即使变换比与通态占空比成正比，也应施加一个约束，即 $D_{on}\leqslant 50\%$。根据式(7.18)和式(7.22)，可以确定稳态下 i_{Lm} 的上升和下降时间为 $T_{on}=T_{fall}$。当 $D_{on}>50\%$时，L_m 中储存的能量会逐周期累积，这会导致磁芯饱和。因此，在正激型变换器中应保证每个开关周期中的 i_{Lm} 能够恢复为 0。当 $n=1$ 时，电压变换比与 i_L 为 CCM 的非隔离型降压变换器相同。除绕组匝数比和占空比限制外，正激型变换器的工作原理与非隔离型降压变换器相同。

7.3.2 单开关正激型变换器

双开关正激型变换器需要大量开关，这增加了成本和损耗。对该拓扑的进一步研究发现，可以通过改进电路结构减少功率开关的数量，简化电路设计。典型的正激型变换器拓扑结构由一个有源开关构成，如图 7.17 所示，称为单开关正激型变换器。磁复位可以通过附加绕组和二极管 D_2 实现。取绕组匝数比 1∶1∶n，以进行稳态分析。

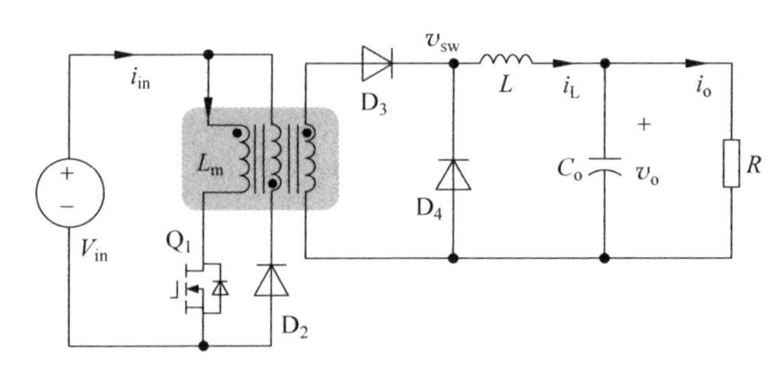

图 7.17 由一个带有复位绕组的主动开关构成的正激型变换器(绕组匝数比为 1∶1∶n)

当有源开关处于导通状态时,等效电路如图 7.18(a)所示。输入电压施加在第一个绕组上,$v_1=V_{in}$。由于来自磁链的感应电压 $v_s=nv_1$,二极管 D_3 正向导通,其他续流二极管处于反向截止。开关管导通时输入电流表示为 $i_{in}=i_{Lm}+i_1$,其中 $i_1=ni_L$,其数学表达式与式(7.16)~式(7.19)中的相同。

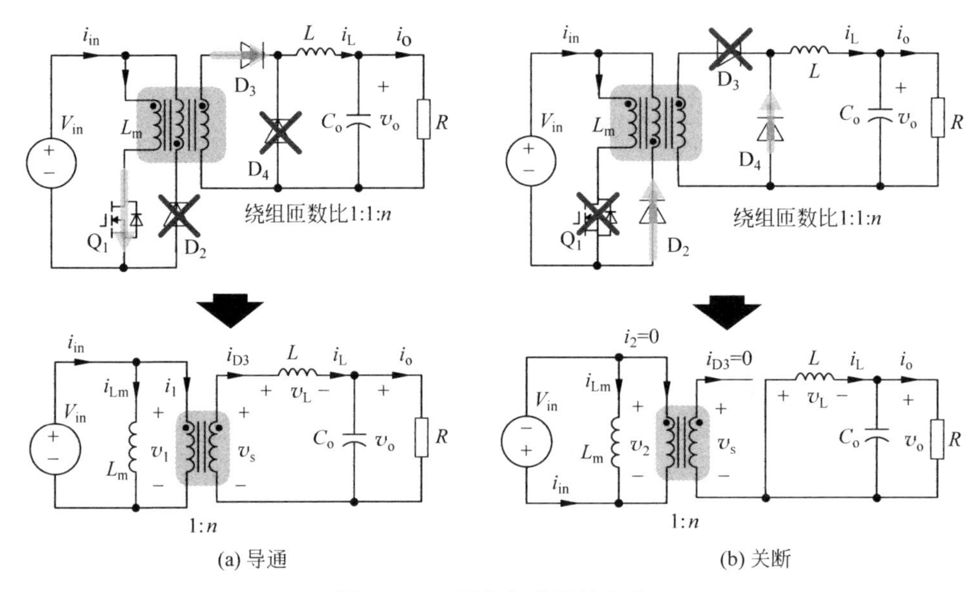

图 7.18 开关期间的等效电路

当 Q_1 关断时,电感电流流经二极管 D_2,等效电路如图 7.18(b)所示,其中 $v_2=-V_{in}$。由于变压器同名端设置位置不一样,v_s 的电压端呈现负值,导致 D_3 反向截止。续流二极管 D_4 导通,为电感电流 i_L 提供续流通路,这与降压变换器的运行状态相同。T_{down} 时段的数学表达式如式(7.20)~式(7.23)所示。

稳态分析表明,如果绕组匝数比合适,则单开关拓扑与两开关正激型变换器的数学表达式相同。因此,CCM 时单开关拓扑的电压变换比与式(7.24)和式(7.25)相同,其开关占空比也受到约束,以确保有足够的关断时间来重置每个开关周期中的励磁电流。需要注意的是,如果将绕组匝数比调整为与 1∶1∶n 的设置不同,则 D_{on} 的最大值可以从 50%开始更改。磁复位绕组配置不同可以使励磁电流 i_{Lm} 的复位更快或更慢,这与两开关拓扑的运行情况不同。

7.3.3 电路规格和设计

正激型变换器在 CCM 时电感电流连续，其变压器二次侧电路与降压变换器相同。正激型变换器的设计应包括变压器的绕组匝数比和励磁电感方面的规格参数，并应施加约束以确保在每个开关周期内有足够的关断时间来复位励磁电流。根据 CCM 时的运行条件，可以遵循以下顺序：

（1）根据输入电压与输出电压的比值和 D_{on} 的约束条件确定绕组匝数比。

（2）计算稳态占空比和时间：

$$D_{on}=\frac{V_o}{nV_{in}}$$

$$T_{on}=\frac{D_{on}}{f_{sw}},\quad T_{down}=\frac{1-D_{on}}{f_{sw}}$$

（3）计算电感：由式(7.23)可以得到

$$L=\frac{V_o}{\Delta I_L}T_{down}$$

（4）根据降压型变换器的式(3.15)计算电容 C_o。

（5）根据平均输出电流和电阻确定临界负载条件。

当所设计的变压器满足变换比和额定功率时，可以推导出或测量出励磁电感。案例研究的规格参数见表 7.2。选择如图 7.17 所示的单管正激型变换器，以实现高降压变换，并提供稳定的 5V 负载。根据设计规范和提出的设计过程，可以推导出以下参数。

表 7.2 正激型变换器的规格参数

参数符号	单位	描述	参数值
P_{norm}	W	额定功率	200
V_{in}	V	额定输入电压	300
V_o	V	额定输出电压	5
f_{sw}	kHz	开关频率	100
ΔI_L	A	额定电感电流的变化量	8
ΔV_o	mV	额定电容电压的变化量	50

（1）根据电压变换比 5/300 要求和 D_{on} 的上限，绕组匝数比指定为 $1:1:n$，$n=0.05$。

（2）CCM 的通态占空比和时间：

$$D_{on}=\frac{V_o}{nV_{in}}=33.33\%$$

$$T_{on}=\frac{D_{on}}{f_{sw}}=3.33(\mu s),\quad T_{down}=6.67(\mu s)$$

（3）计算电感：

$$L=\frac{V_o}{\Delta I_L}T_{down}=4.2(\mu H)$$

（4）计算电容：

$$C_o = \frac{\Delta I_L}{8\Delta V_o f_{sw}} = 200(\mu F)$$

(5) 临界负载条件：

$$I_{o,crit} = \frac{\Delta I_L}{2} = 4(A)$$

$$R_{crit} = \frac{V_o}{I_{o,crit}} = 1.25(\Omega)$$

当变换器运行在 DCM 时，电压变换不遵循式(7.25)，对降压型变换器进行 DCM 分析后，每个开关周期内正激型变换器的导通时间可由下式确定：

$$T_{on\text{-}DCM} = \sqrt{\frac{2T_{sw}LV_o^2}{n^2V_{in}^2R - nV_{in}RV_o}} \tag{7.26}$$

式中：V_o 为稳态输出的指定电压。

通态占空比由下式表示，以调节变换器从而获得所需的输出电压：

$$D_{on\text{-}DCM} = \frac{T_{on\text{-}DCM}}{T_{sw}} \tag{7.27}$$

7.3.4 仿真

基于通/断开关操作，可以构建 Simulink 模型来模拟正激型变换器的开关状态。图 7.19 给出了模型配置，输出信号包括 i_{Lm}、i_L 和 v_o。该模型包括三个输入，分别是开关的 PWM 信号、输入电压 V_{in} 和输出电流 i_o。i_o 的值取决于 v_o 的瞬时电压和负载大小。在 Simulink 模型中使用了两个单刀双掷开关，用于在开通、关断状态之间进行动态切换，模型中的绕组匝数比代表变压器。根据式(7.16)和式(7.18)，励磁电流 i_{Lm} 可以通过仿真模型得到。除了额外考虑绕组匝数比和励磁电感以外，模型的其他部分与非隔离型降压变换器类似。饱和功能集成在 Simulink 功能模块之中，在二极管工作时限制 i_L、v_o 和 i_{Lm} 为正。

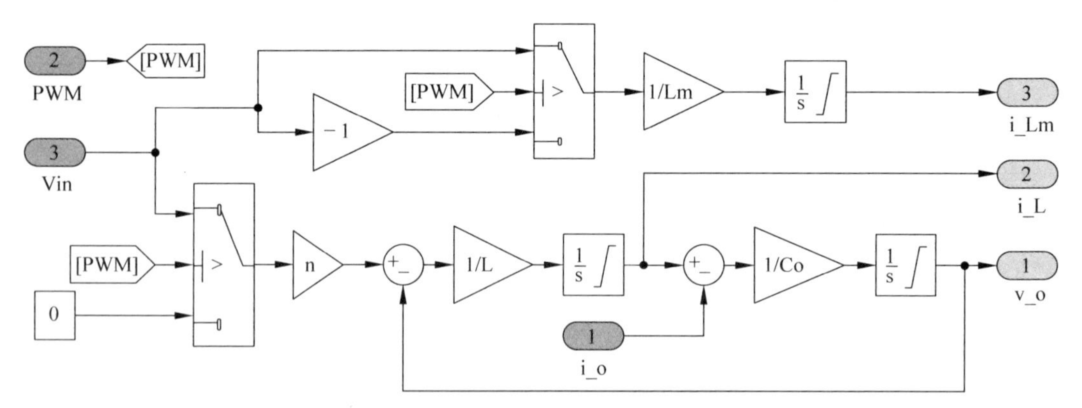

图 7.19 正激型变换器电路的 Simulink 模型

按照 7.3.3 节的案例，对正激型变换器进行了仿真以验证设计参数是否正确。图 7.20 显示了 i_L 和 v_o 的仿真波形，当占空比为 33%时，稳态时 v_o 和 i_L 的平均值分别为 5V 和 40A，额定输出电压和功率均符合变换器设计规格。峰-峰值纹波也等于指定值，这验证了设计参数设计正确。i_{in} 和 i_{Lm} 的波形如图 7.21 所示。在案例研究中，变压器的励磁电感为 2mH，i_{Lm} 的电流峰为 0.5A，与式(7.18)一致。由于 $D_{on}<50\%$，磁电流 i_{Lm} 在每个开关周期内均得到了有效的磁复位。

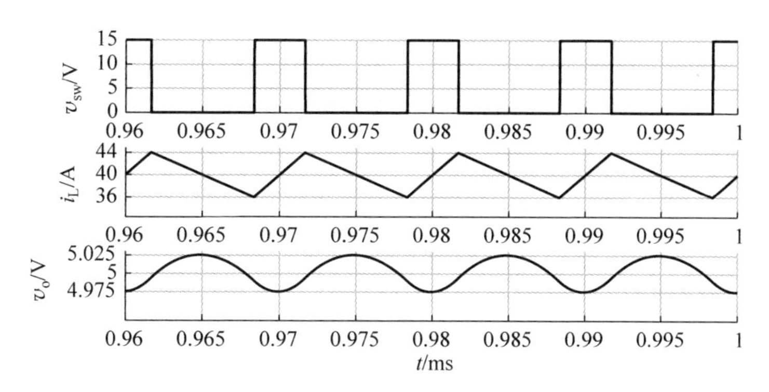

图 7.20　额定负载下 v_{sw}、i_L 和 v_o 的稳态波形

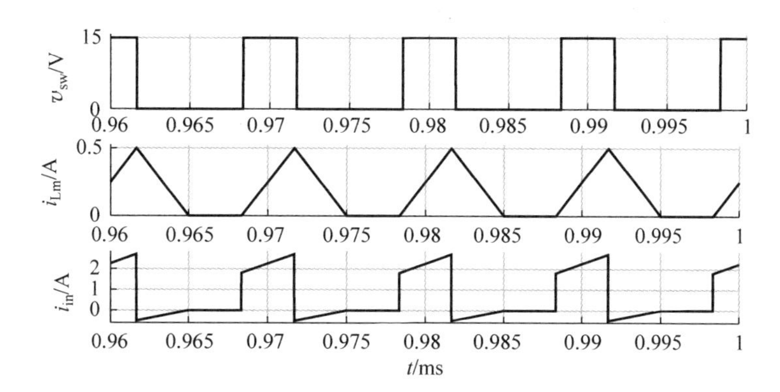

图 7.21　额定负载下 v_{sw}、i_{Lm} 和 i_{in} 的稳态波形

7.4　同步整流器

反激型拓扑和正激型拓扑主要用于低功率场合。传统的拓扑中包括二极管，如图 7.5 和图 7.17 所示，在 ELV 应用中，二极管的压降损耗大，这影响了变换效率。最新的方案越来越多地采用同步整流，即用场效应晶体管取代了低压侧的二极管。

图 7.22 说明了反激型变换器的同步开关方案，该变换器使用一个 MOSFET 来代替变压器二次侧电路的二极管。Q_2 的导通状态与反并联二极管同步，以便在每个开关周期的反激状态期间导通。若输出电压额定值低于 12V，则变换效率可以明显提高。

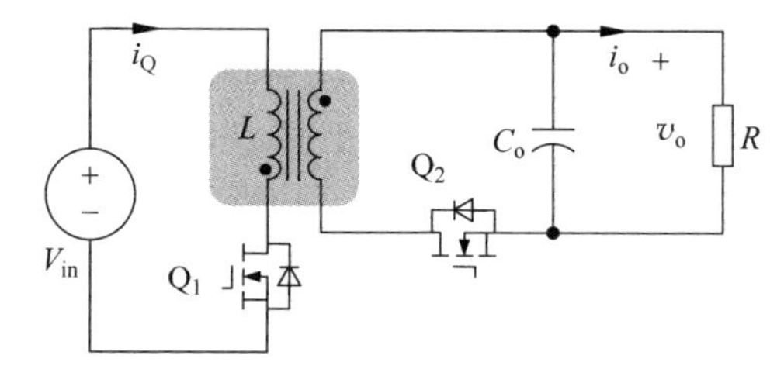

图 7.22　带同步整流的反激型变换器(绕组匝数比为 1∶n)

图 7.23 说明了正激型变换器的同步开关方案。二极管 D_2 被保留在电路中，因为当 $V_{in}>100V$ 时，其导通损耗所占的权重并不高。与用于 ELV 应用的二极管实施方案相比，Q_3 和 Q_4 的导通损耗预计会明显降低。

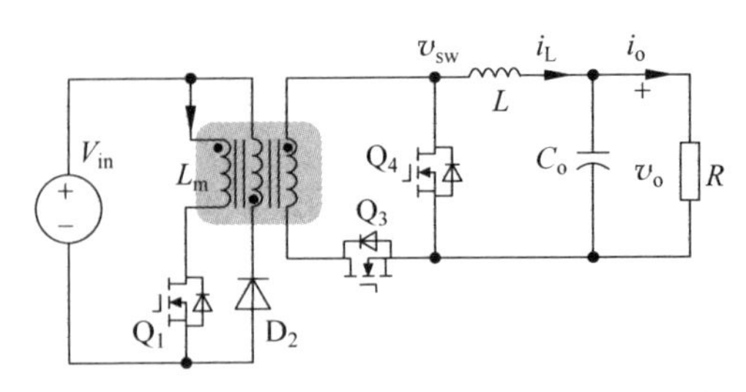

图 7.23　正激型变换器的同步开关解决方案（绕组匝数比为 1∶1∶n）

7.5　用于直流/交流的全桥变换器

如图 7.24(a)所示的隔离型直流/直流拓扑称为全桥隔离型直流/直流变换器。与正激型变换器不同的是，隔离型变压器直接将交流从一端传递到另一端。“全桥”是指有源四开关桥进行 DC/AC 变换，以及利用无源四开关桥进行 AC/DC 变换。尽管该电路比之前介绍的拓扑结构更复杂，但变换器遵循简单的设计理念，如图 7.24(b)所示。电源通过 DC/AC、AC/AC、AC/DC 和滤波路径从电源侧传递到负载。变压器自然地从一个绕组到另一个绕组进行 AC/AC 电压变换，变压器的磁通密度在 B-H 曲线的两个象限内交替正向磁化与反向磁化。

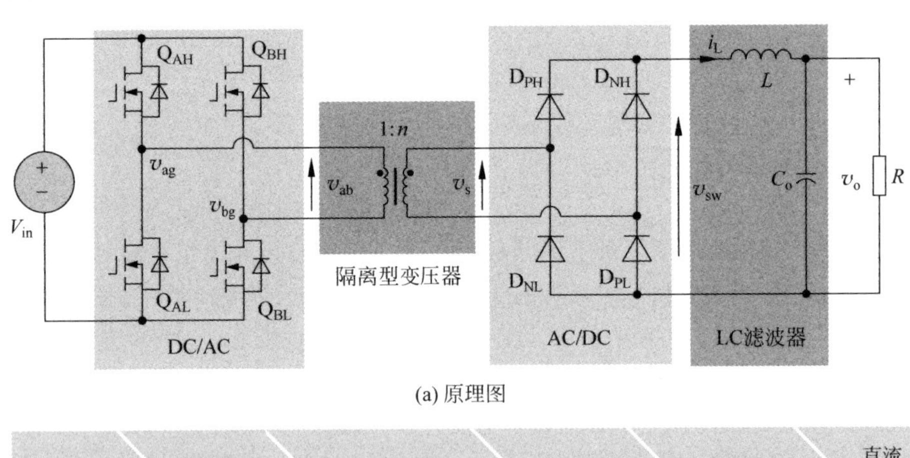

(a) 原理图

(b) 功率流的概念说明

图 7.24　全桥隔离型直流/直流变换器

DC/AC 变换功率级可以调制和控制输出所需的交流脉冲宽度和频率，如第 5 章所述。二极管桥是一种全波整流器，在第 6 章已经讨论和分析。关键部件还包括隔离型变压器和用于低通滤波的 LC 电路。有源四开关电桥能够产生高频交流信号 v_{ab}，这是减小隔离型变压器体积和降低其成本的有效途径。高开关频率也表现在直流电压 v_{sw} 上，这可有效降低 L 和 C_o 的大小。对于四开关有源电桥，由于不关注中间级交流电能质量，因此不需要复杂的正弦三角调制。调制应在 v_{ab} 中产生斩波方波，以表示交流电的幅值和频率。如 5.1 节所述，移相调制技术可以在调制过程产生所需的脉宽。

7.5.1 稳态分析

图 7.25 给出了变换器在 CCM 和稳态下的关键波形。v_{ab} 的脉冲宽度与 v_s 和 v_{sw} 的脉冲宽度相同。交流电压通过变压器，用 $v_s = nv_{ab}$ 表示以对应绕组匝数比。电压 v_s 被整流为直流电压 v_{sw}，从 v_{sw} 的波形来看，在稳态分析方面，变换器的运行原理与非隔离型降压变换器相同。图 7.26 给出了该隔离型变换器输出侧的等效电路，电压 v_{sw} 的占空比决定了输出电压和电流的平均值。

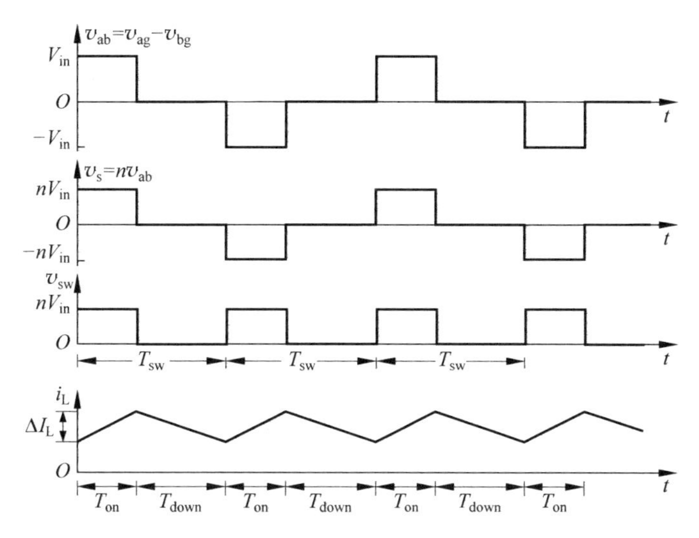

图 7.25 隔离型降压变换器的稳态波形

按照图 7.25 中的波形，稳态时的电压变换比为

$$\frac{V_o}{nV_{in}} = \frac{T_{on}}{T_{on} + T_{down}} \tag{7.28}$$

由于在 CCM 时 $T_{on} + T_{down} = T_{sw}$，电压变换比变为

$$\frac{V_o}{V_{in}} = nD_{on} \tag{7.29}$$

占空比 D_{on} 是电压 v_{sw} 采用 T_{on}/T_{sw} 表示的 v_{sw} 信号。

调制有源四开关电桥在 DC/AC 变换级完成。根据 5.1.2 节的移相调制，相位延迟角 ϕ 是决定 v_{ab}、v_s 和 v_{sw} 脉冲宽度的控制变量。ϕ 与 D_{on} 成正比：

$$D_{on} = \frac{\phi}{\pi} \tag{7.30}$$

因此，所施加的相位延迟角 ϕ 可确定全桥隔离型直流/直流变换器输出电压的平均值：

$$V_o = nV_{in}\frac{\phi}{\pi} \tag{7.31}$$

需要注意的是，DC/AC 二极管级的开关频率用$\frac{1}{2T_{sw}}$表示，如图 7.25 中的 v_{ab} 波形所示。这种差异是单相交流到直流的整流过程造成的。

按照图 7.26 所示的等效电路，二极管电桥用于实现电感电流 i_L 的续流。因此，当电感电流 i_L 在稳态周期的一段时间内为零后，就会产生断续导通模式，此时不能再用式(7.31)计算输出电压。然而，DCM 的稳态分析可以遵循与非隔离型降压变换器相同的步骤，并可参考图 7.26 所示的等效电路。

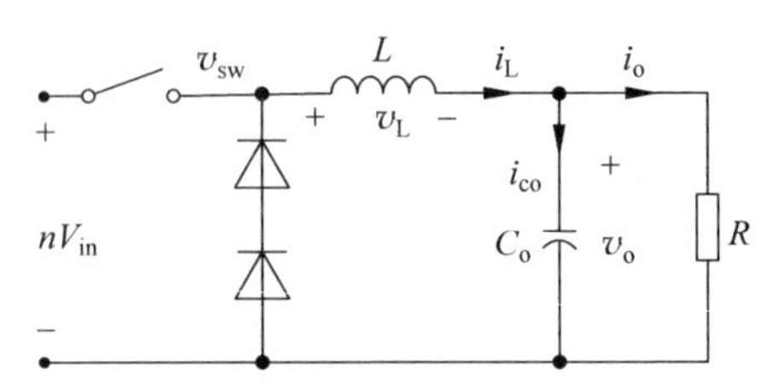

图 7.26　全桥隔离型变换器输出级的等效电路

7.5.2　电路规格和设计

全桥隔离型直流/直流变换器的设计主要基于 CCM 的运行情况，f_{sw} 值称为有源开关的开关频率。根据额定工况，可按以下程序进行设计：

(1) 根据输入电压与输出电压的比值以及 D_{on} 和 ϕ 的约束条件，确定隔离型变压器的绕组匝数比。

(2) 计算稳态下的通态占空比和导通时间：

$$D_{on}=\frac{V_o}{nV_{in}}$$

$$T_{on}=\frac{D_{on}}{2f_{sw}},\quad T_{down}=T_{sw}-T_{on}$$

$$\phi=D_{on}\pi$$

(3) 计算电感：

采用与非隔离型 Buck 变换器相同的方法，即

$$L=\frac{V_o}{\Delta I_L}T_{down}$$

(4) 按照 Buck 变换器中与式(3.15)相同的步骤计算电容 C_o。

(5) 根据平均输出电流和电阻确定临界负载条件。

根据图 7.24(a)所示的电路，研究案例的规格参数如表 7.3 所示。变换器的设计参数如下：

(1) 按照输入电压与输出电压的变换比 48/380 和 D_{on} 的上限，绕组匝数比指定为 $1:n$，$n=0.25$。

(2) CCM 的通态占空比和导通时间：

$$D_{on}=\frac{V_o}{nV_{in}}=50.53\%$$

$$T_{on}=\frac{D_{on}}{2f_{sw}}=12.63(\mu s),\quad T_{down}=T_{sw}-T_{on}=12.37(\mu s)$$

$$\phi=1.59rad$$

(3) 计算电感：

$$L=\frac{V_o}{\Delta I_L}T_{down}=29.68(\mu H)$$

(4) 计算电容：

$$C_o=\frac{\Delta I_L}{8\Delta V_o f_{sw}}=125(\mu F)$$

(5) BCM：

$$I_{o,crit}=\frac{\Delta I_L}{2}=10(A)$$

$$R_{crit}=\frac{V_o}{I_{o,crit}}=4.8(\Omega)$$

表 7.3　正激型变换器的规格参数

参数符号	单　位	描　述	参数值
P_{norm}	kW	额定功率	4.8
V_{in}	V	额定输入电压	380
V_o	V	额定输出电压	48
f_{sw}	kHz	开关频率	20
ΔI_L	A	额定电感电流的变化量	20
ΔV_o	V	额定电容电压的变化量	0.5

7.5.3 仿真

在前面对 DC/AC、AC/DC 和 Buck 变换器进行讨论的基础上，通过集成各个功能模块，可以建立全桥隔离型直流/直流变换器的仿真模型，如图 7.27 所示。DC/AC 模块采用 5.4.1 节所述的构建方法，如图 5.23 所示。移相调制的功能模块由专门模块实现，如图 5.24 所示。通过数学计算上的缩放和取绝对值，分别对理想变压器和 AC/DC 变换的操作进行了简化。该模型取相位延迟角 ϕ 和输入电压 V_{in} 作为输入，输出 v_{ag}、v_{bg}、v_{ab}、v_s、v_{sw}、i_L、v_o 等变量以进行分析，这些变量参见图 7.24。

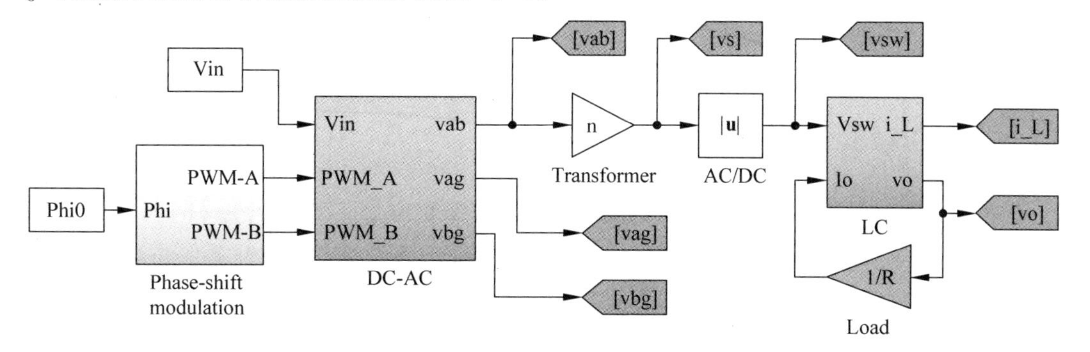

图 7.27　全桥隔离型直流/直流的仿真模型

图 7.28 展示了关于电压 v_{ag}、v_{bg}、v_{ab} 和 v_s 的仿真波形，对应于相位延迟角 $\phi=1.59$rad 或 90.95°。v_{ag} 和 v_{bg} 间的相移产生了波形 v_{ab}，它是 20kHz 的斩波方波，该电压经变压器后在二次侧绕组电压 v_s。图 7.29 给出了 v_{sw}、i_L 和 v_o 的仿真结果，稳态波形显示，v_o 和 i_L 的平均值分别为 48V 和 100A，符合变换器规格的额定输出电压和功率。电流和电压的变化量也遵循设计要求，分别为 20A 和 0.5V。v_{sw}、i_L 和 v_o 的直流电压周期是 v_{ab} 和 v_s 的交流电压周期的一半。v_{sw} 的纹波频率为 40kHz，比有源开关的开关频率高 2 倍。

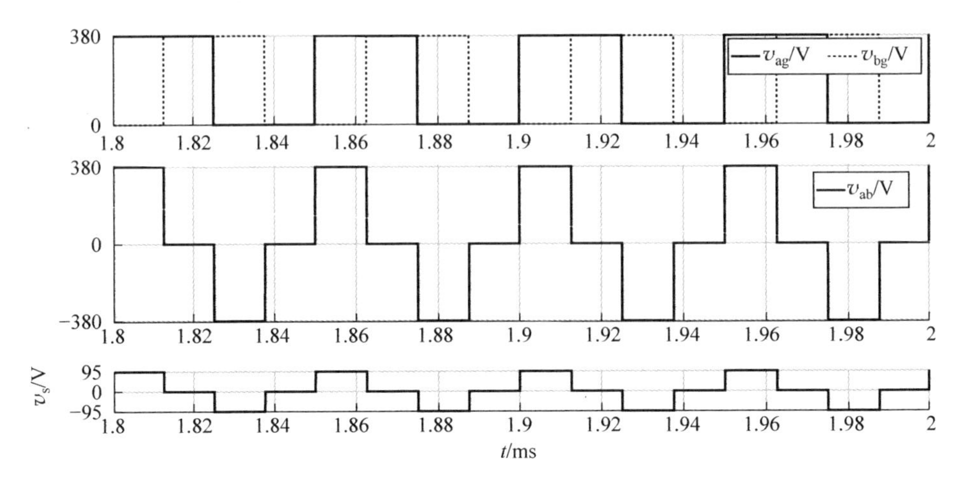

图 7.28 v_{ag}、v_{bg}、v_{ab} 和 v_s 的仿真波形

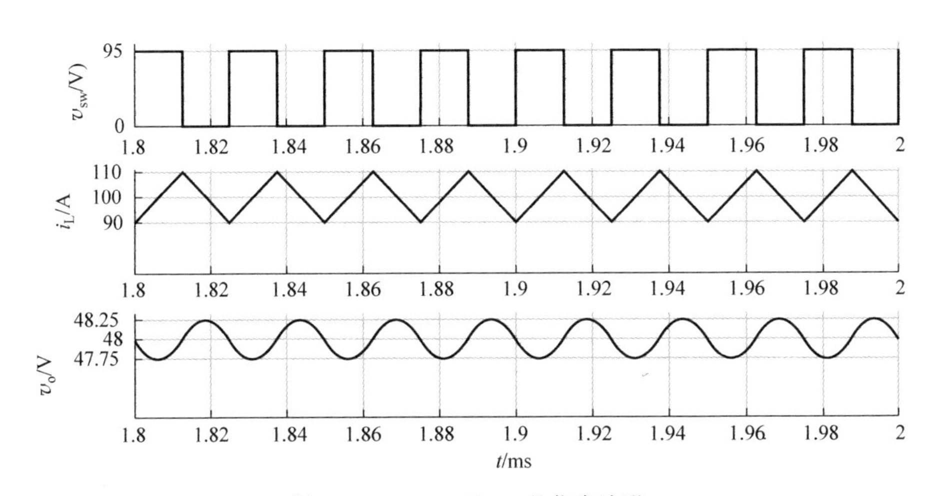

图 7.29 v_{sw}、i_L 和 v_o 的仿真波形

7.6 推挽变换器

推挽变换器是一种隔离型直流/直流拓扑，其能量变换过程与图 7.24(b)所示的相同。推挽变换器的典型结构如图 7.30 所示，包括两个有源开关和两个无源开关。与全桥方案相比，其显著的一个特点是元件数量相对较少。该拓扑利用变压器的优势，一次绕组和二次绕组都是带中心抽头的。

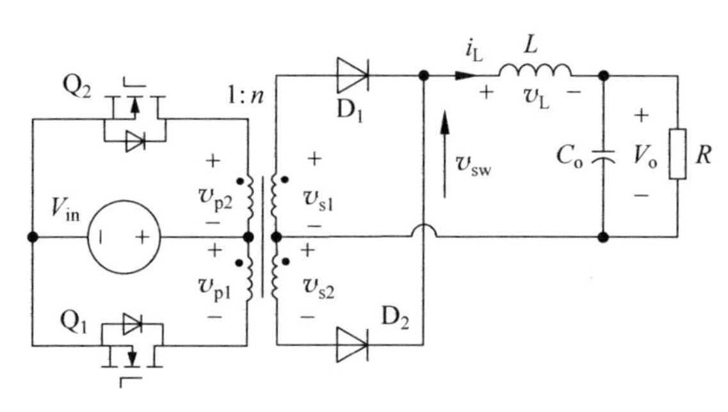

图 7.30　推挽变换器电路

两个有源开关均位于低侧，因此驱动电路简单易于实现。控制 Q_1 和 Q_2 以相同的导通时间交替导通。当 Q_1 导通时，变压器一次侧电压 $v_{p1}=V_{in}$，如图 7.31 所示，根据绕组结构同名端，变压器的二次侧电压为 $v_{s1}=v_{s2}=nv_{p1}$，v_{s1} 电压使 D_1 正偏导通，同时，D_2 反向截止。当 Q_2 导通时，变压器一次侧电压：$v_{p2}=-V_{in}$，变压器的二次侧电压为 $v_{s1}=v_{s2}=nv_{p2}$，v_{s2} 为负值，使得 D_2 正向导通，同时，根据变压器的同名端标志，D_1 反向截止。当 Q_1 和 Q_2 都关断时，一次侧的电压大小变为零。在关断状态下，i_L 的续流功能使二极管正向导通，i_L 的幅值将下降。在 CCM 时，稳态下的电压变换比表示为

$$\frac{V_o}{V_{in}}=2nD_{on} \tag{7.32}$$

式中：$D_{on}=T_{on}/T_{sw}$，如图 7.31 所示。

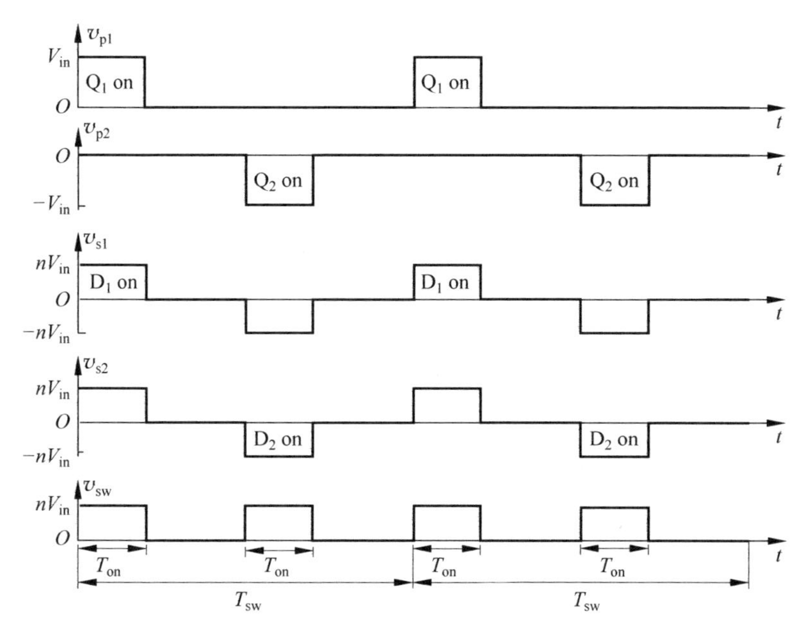

图 7.31　推挽变换器产生的波形

按照工作原理，可以构建推挽变换器的 Simulink 模型，如图 7.32 所示。开关切换产生电压 v_{p1} 和 v_{p2}，模型的输出是开关节点电压 v_{sw}。当施加 v_{sw} 时，可以按照与非隔离型降压变换器相同的 Simulink 模型来构建 LCR 电路。特别注意的是，v_{sw} 的频率不等同于有源

开关 Q_1 和 Q_2 的开关频率。

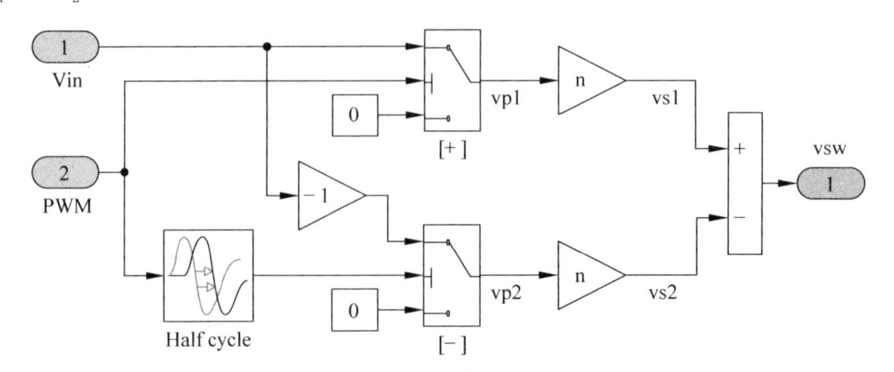

图 7.32 推挽变换器的仿真模型

7.7 变换器的衍变与改进

推挽变换器采用带中心抽头的隔离型变压器结构,减少了元件数量。全桥和半桥隔离型直流/直流变换器可以采用相同的结构,从而简化 AC/DC 变换电路结构。图 7.33 显示了由两个二极管组成的整流器电路,当设置相应的绕组匝数比时,变换器遵循与四二极管桥相同的原理进行 AC/DC 变换。这种实现方式也有利于将二极管的导通损耗降低一半。半桥电路的解决方案不同于全桥隔离型变换器,两个串联的电容器取代了有源开关并形成了另一个桥臂 B,如图 5.3(b)所示。双开关电桥的工作原理已在 5.3 节中进行了介绍。

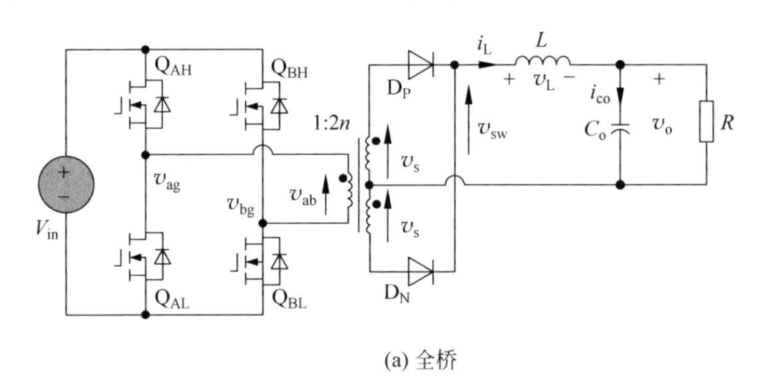

(a) 全桥

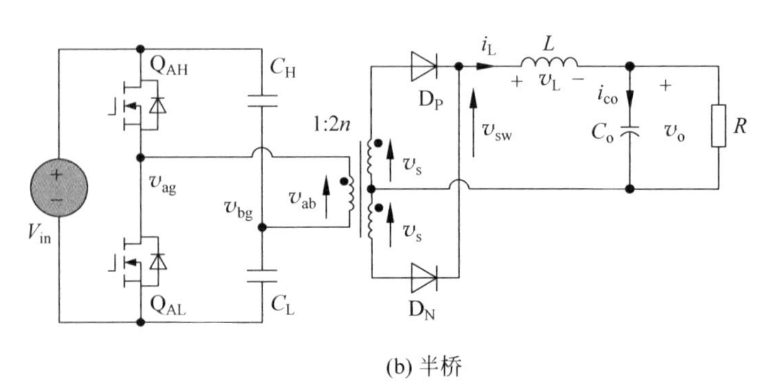

(b) 半桥

图 7.33 采用变压器中心抽头结构的变换器

对于ELV应用,二极管结构的功率损耗很大。因此,隔离型直流/直流变换器越来越多地采用同步整流来实现高变换效率。在变压器二次侧,整流可以通过两个MOSFET来实现,如图7.34所示。Q_{SP}的导通状态为正半周期的电流构建了一条流通路径。Q_{SN}的导通状态使负半周期的电流整流为直流。MOSFET被布置在低侧,以使栅极驱动电路简单。有源开关的导通或关断与用于AC/DC变换的二极管的导通模式相同。

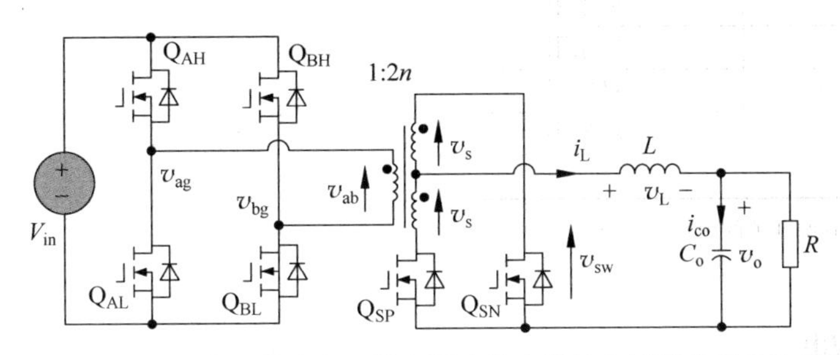

图7.34 采用中心抽头变压器和同步整流器的全桥隔离型变换器

7.8 本章小结

电力系统管理通常需要电气隔离以确保其安全性和可靠性。图7.3给出了基于变压器和高频开关的电气隔离型直流/直流变换器的分类。第一组,包括反激型变换器和正激型变换器,对应变压器磁芯磁通量在B-H曲线的单象限内变化;其他变换器中隔离型变压器磁芯在B-H曲线的双象限内变化。这类变换器的拓扑结构包括推挽、半桥和全桥。

反激型拓扑是从非隔离型Buck-Boost变换器演化而来的,能量通过开关管储存到变压器中。反激现象允许存储的能量在开关管关断时间内通过反激型变压器转移到负载侧。注意,反激型变压器可以看成电气隔离的耦合电感,分时段由主开关的通/断时间来调节。因此,储能能力对于反激型变压器的设计至关重要,因为它遵循电感器的工作原理。分析、仿真和设计大多遵循与考虑CCM和DCM时的升降压变换器相同的方法。由于结构简单和具有电气隔离,反激型变换器广泛用于低功率应用场合,如USB充电器和计算机电源。交错或并联配置可以提高功率容量。反激型变换器的DCM工作状态支持零电流开关,有时更适合在特定场合中应用。

一系列隔离型直流/直流变换器按照非隔离型降压拓扑的设计理念,包括正激型、全桥、半桥和推挽变换器。通常认为正激型拓扑是降压变换器的隔离型版本,因为它与降压变换器的工作原理相同。当绕组匝数比重置为1时,电压变换比与CCM时的降压变换器相同。在开关管的导通期间,正激型变换器将能量从一次侧绕组传递到二次侧绕组。当开关关断时,励磁电流需要通过专门支路进行复位。在磁场的角度来讲,正激型变压器与耦合电感器功能相同,但其支持电气隔离。其余的拓扑结构,如全桥、半桥和推挽,只是采用了传统隔离型变压器的概念,但它们的工作频率很高。

表7.4给出了隔离型直流/直流变换器的总结,选择的依据是变换器电路的复杂性和功率等级。全桥结构是针对高功率应用最完美的解决方案,其他的可以用于中等功率范围。各种隔离型直流/直流变换器也可用于最大限度地减少功率半导体的使用或二极管正向压

降造成的导通损耗，绕组结构还可以最大限度地减少功率半导体的使用。

表 7.4　隔离型直流/直流变换器的总结

拓　扑	磁场利用	V_{stress}	功率等级/W
反激	单象限	$V_{in}+nV_o$	<200
单端正激	单象限	$2V_{in}$	200～500
双端正激	单象限	V_{in}	200～500
推挽	双象限	$2V_{in}$	200～500
半桥	双象限	$V_{in}/2$	200～1000
全桥	双象限	V_{in}	>500

注：V_{stress} 为主有源开关的理想电压应力。

参考文献

[1] Hart D W. Power electronics[M]. McGraw-Hill,2011.

[2] Xiao W D. Photovoltaic power systems: modeling,design,and control[M]. Wiley,2017.

[3] Erickson R W,Maksimovic D W. Fundamentals of power electronics[M]. 2nd ed. Springer,2007.

习题

7.1　按照仿真建模过程为反激型、正激型和全桥直流/直流变换器构建模型。使用本章中的示例验证模型的准确性和限制。

7.2　反激型直流/直流变换器如图 7.5 所示。输入电压 V_{in} 来自额定电压 48V 电池，但根据电荷状态，电压在 48～54V 变化。输出直流负载的电压幅值应保持在 380V。额定负载电阻 $R_{norm}=722\Omega$；开关频率 $f_{sw}=100\text{kHz}$。稳态时电感电流的 ΔI_L 小于 1A。设计输出电压的 ΔV_o 小于 1.9V。

(1) 设计反激型变压器绕组匝数比。

(2) 根据 CCM 分别确定输入电压为 48V 和 54V 时 PWM 的通态占空比。

(3) 基于 CCM，考虑输入电压变化，确定电感 L 和输出电容 C_o 的值以满足设计要求。

(4) 计算当 $V_{in}=50\text{V}$ 且输出为 380V 时的通态占空比，以及 CCM 和 DCM 之间的临界负载电阻 R_{crit}。

(5) 当负载电阻为 10kΩ，$V_{in}=54\text{V}$，PWM 的通态占空比为 50% 时，通过仿真验证分析。

7.3　如图 7.17 所示，需要正激型变换器将 30V 光伏电压变换为 380V 直流母线电压。额定功率为 240W，开关频率 $f_{sw}=100\text{kHz}$。

(1) 设计变压器绕组匝数比。

(2) 根据 CCM，确定额定工作状态的 PWM 的通态占空比；计算导通状态时间 T_{on} 和关断状态时间 T_{down}。

(3) 如果励磁电感 $L_m=30\mu\text{H}$，确定电流 i_{Lm} 的下降时间，确定 i_{Lm} 的峰-峰值。

(4) 当稳态情况下电感电流纹波的 ΔI_L 小于 0.3A 时，计算输出侧所需的电感 L。

(5) 当输出电压的 $\Delta V_o=1\text{V}$ 时，计算输出侧所需的电容 C_o。

(6) 根据额定条件对电路进行仿真，并给出 v_o、i_L、i_{Lm} 和 i_{in} 的波形。

7.4 设计全桥隔离型直流/直流变换器以实现 380V 至 12V 的电压变换。额定功率为 2.4kW，电路如图 7.34 所示。开关频率为 20kHz，调制方式为移相技术。稳态时电感电流纹波的 ΔI_L 小于 40A。规定输出电压的 ΔV_o 小于 0.2V。

(1) 设计隔离型变压器的绕组匝数比。

(2) 在 CCM 时，确定 v_{sw} 电压的通态占空比，以及通态时间 T_{on}、关断时间 T_{down} 和相位延迟角 ϕ。

(3) 在 CCM 时，确定满足规范的电感 L 和输出电容 C_o 的值。

(4) 计算 BCM 时负载电阻 R_{crit}。

(5) 模拟变换器在额定负载条件下的运行状态。

7.5 设计半桥隔离型直流/直流变换器以实现 380V 至 12V 的电压变换。额定功率为 2.4kW。有源开关的开关频率为 20kHz。稳态时电感电流的 ΔI_L 小于 40A。规定输出电压的 ΔV_o 小于 0.2V。

(1) 设计隔离型变压器的绕组匝数比。

(2) 在 CCM 时，确定 v_{sw} 电压的通态占空比、通态时间 T_{on}、关断时间 T_{down}，以及每个有源开关的占空比。

(3) 在 CCM 时，确定满足规范的电感 L 和输出电容 C_o 的值。

(4) 计算 BCM 时负载电阻 R_{crit}。

(5) 模拟变换器在额定负载条件下的运行状态。

(6) 分析该方案与全桥解决方案在设计上的差异。

7.6 设计推挽隔离型直流/直流变换器以实现 380V 至 12V 的电压变换。额定功率为 480W，电路如图 7.30 所示。有源开关的开关频率为 50kHz。调制方式为移相技术。稳态时电感电流纹波的 ΔI_L 小于 20A。规定输出电压的 ΔV_o 小于 0.2V。

(1) 设计隔离型变压器的绕组匝数比。

(2) 在 CCM 时，确定 v_{sw} 电压的通态占空比、通态时间 T_{on}、关断时间 T_{down}，以及每个有源开关的占空比。

(3) 在 CCM 时，确定满足规范的电感 L 和输出电容 C_o 的值。

(4) 计算 BCM 时负载电阻 R_{crit}。

(5) 模拟变换器在额定负载条件下的运行状态。

第8章

三相交流/直流变换及其反向变换

三相交流电具有较大的功率密度，用于大容量系统时具有巨大的优越性。高压直流输电系统中，需要进行直流与三相交流的功率变换。如图 8.1 所示，风力发电也需要进行直流与三相交流电之间的电能变换，图中有两种常见类型的发电机，分别是永磁同步发电机(PMSG)和双馈感应发电机(DFIG)，即使两者都直接产生三相交流电，也需要进行交流/直流变换，如图所示的交流侧变换器(ACSC)和转子侧变换器(RSC)都是三相交流到直流的变换。通过电网侧变换器(GSC)将直流环节储存的能量进行变换并注入三相交流电网。图 8.1 所示的电能变换结构增加了更多的控制功能，无论风速变化或其他干扰，都能实现最高发电量，保持电网稳定和保证电能质量。

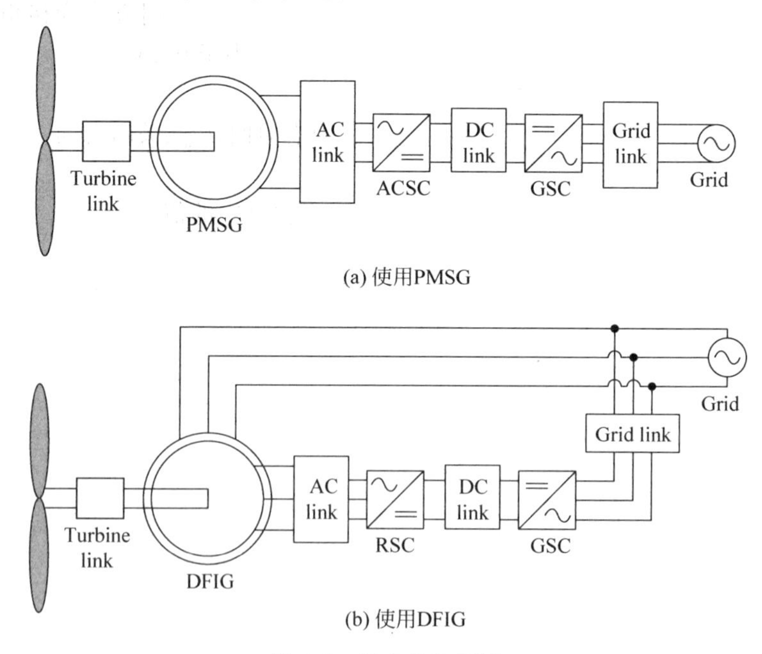

图 8.1　风力发电系统

三相交流电动机具有效率高、容量大的特征，尽管三相交流电源可以直接为此类电机供电，但系统需要变频驱动器作为供电电源才能达到最佳性能，图 8.2 显示了电机驱动应用中典型的背靠背电路结构。输入三相电源经过交流/直流变换、DC 环节和直流/交流变换后给三相电机供电。交流/直流变换和直流/交流变换的两级式结构是复杂的，需要采用大量的功率开关，然而，它提供了实现不同三相交流电机在完全可控的速度和转矩方面的最佳利用的机理。因此，直流和三相交流之间的功率变换是电力电子和系统应用的一个重要课题。

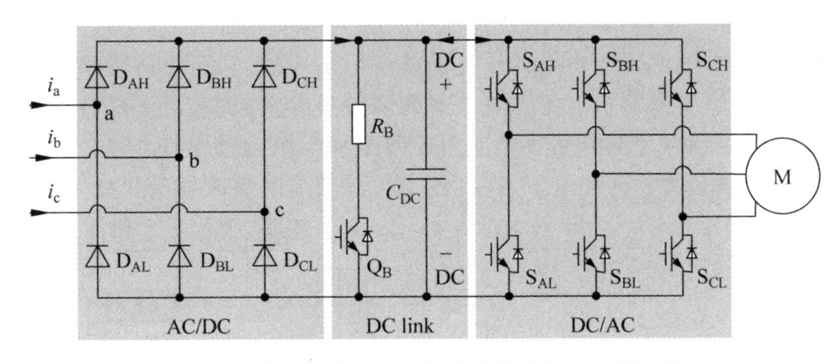

图 8.2　带有制动电阻和斩波器的电机变频驱动器

8.1　直流/交流电力变换

随着电池和可再生能源的利用率不断提高，需要越来越多的直流到三相交流变换装置来支撑电网的运行。电动汽车(EV)的蓬勃发展也要求用于驱动电动机的直流/交流变换装置具有高性能。

8.1.1　桥电路及其开关运行

直流到三相交流变换的典型桥式电路已在 2.4 节介绍过，如图 2.15(c)所示。六开关电桥由 A、B 和 C 三个桥臂组成，每个桥臂由高侧和低侧的有源开关组成，如图 8.3 所示。即使应用相同的电桥电路，对应的术语也会因应用类型的不同而不同。例如，“电压源逆变器”(VSI)一词通常用于电机驱动，如图 8.3(a)所示；“电流源逆变器”(CSI)一词用于将发电机接入三相交流电网，如图 8.3(b)所示。调制方式和工作方式的不同导致同一个桥电路有不同的名称，如 VSI 和 CSI。为避免混淆，本书讨论的主要是有源六开关桥，IGBT 通常用于构建高额定功率的电桥电路。

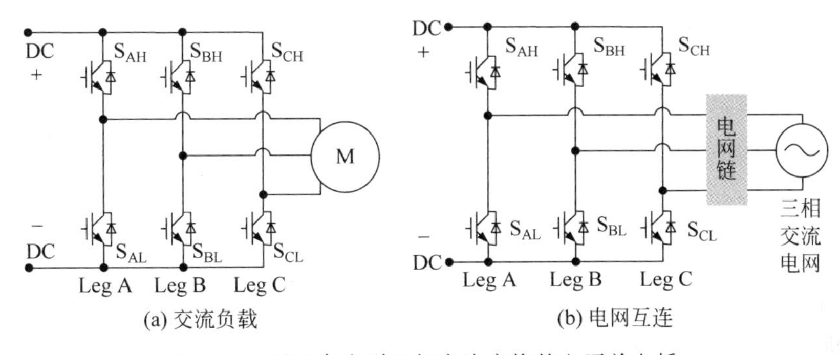

图 8.3　用于直流到三相交流变换的六开关电桥

按照图 8.4 中的电路，开关操作和电压响应的六种状态可以定义为：

(1) S_{AH} 导通⇒S_{AL} 关断⇒$v_{ag}=V_{in}$；

(2) S_{AL} 导通⇒S_{AH} 关断⇒$v_{ag}=0$；

(3) S_{BH} 导通⇒S_{BL} 关断⇒$v_{bg}=V_{in}$；

(4) S_{BL} 导通⇒S_{BH} 关断⇒$v_{ag}=0$；

(5) S_{CH} 导通⇒S_{CL} 关断⇒$v_{cg}=V_{in}$；

(6) S_{CL} 导通⇒S_{CH} 关断⇒$v_{cg}=0$。

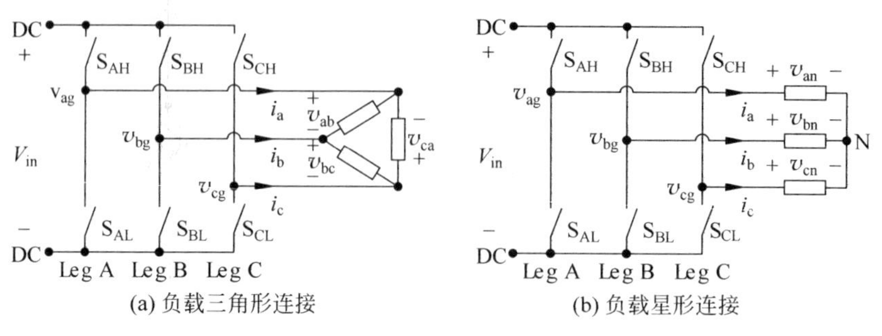

图 8.4 用于不同负载连接的直流到三相交流变换的六开关桥

对于三相交流输出，负载可以连接成三角形或星形，如图 8.4 所示。对于三角形连接，相-相(LL)之间的电压直接施加到三相负载电阻器上，可表示为

$$v_{ab}=v_{ag}-v_{bg},\quad v_{bc}=v_{bg}-v_{cg},\quad v_{ca}=v_{cg}-v_{ag} \tag{8.1}$$

对于星形连接的负载，中性点如图 8.4(b)所示，根据基尔霍夫电流定律(KCL)，$i_a+i_b+i_c=0$，中性点与直流地之间的电压用 v_{ng} 表示。对于三相平衡负载，v_{ng} 的取值由以下两式得到：

$$\frac{v_{ag}-v_{ng}}{R}+\frac{v_{bg}-v_{ng}}{R}+\frac{v_{cg}-v_{ng}}{R}=0 \tag{8.2}$$

$$v_{ng}=\frac{v_{ag}+v_{bg}+v_{cg}}{3} \tag{8.3}$$

式中：R 为负载电阻，对于三相来说是相等的。

因此，三相的线中性点(LN)电压可由下式确定：

$$\begin{bmatrix} v_{an} \\ v_{bn} \\ v_{cn} \end{bmatrix}=\begin{bmatrix} v_{ag}-v_{ng} \\ v_{bg}-v_{ng} \\ v_{cg}-v_{ng} \end{bmatrix}=\begin{bmatrix} \frac{2}{3}v_{ag}-\frac{1}{3}v_{bg}-\frac{1}{3}v_{cg} \\ \frac{2}{3}v_{bg}-\frac{1}{3}v_{ag}-\frac{1}{3}v_{cg} \\ \frac{2}{3}v_{cg}-\frac{1}{3}v_{ag}-\frac{1}{3}v_{bg} \end{bmatrix} \tag{8.4}$$

8.1.2 180°导通调制

创建一个简单的调制方案，使得每个有源开关都根据交流输出的基波频率进行切换。所施加通/断信号是 50%的占空比，它指的是相位域中的 180°导通状态，在 A、B、C 三个相位之间，应该施加$\frac{2\pi}{3}$或 120°的相位延迟。图 8.5 展示了由 180°调制产生的电压 v_{ag}、v_{bg}、

v_{cg}、v_{ab}、v_{bc} 和 v_{ca} 的三相波形，所有变量都参考图 8.4(a)。按照图 8.5 中的 v_{ab} 波形，有效值(RMS)可以由下式确定：

$$\mathrm{RMS}(v_{ab})=\sqrt{\frac{1}{\pi}\int_{0}^{\phi}V_{in}^{2}\mathrm{d}(\omega t)}=V_{in}\sqrt{\frac{2}{3}} \tag{8.5}$$

式中：$\phi=\dfrac{2\pi}{3}$。

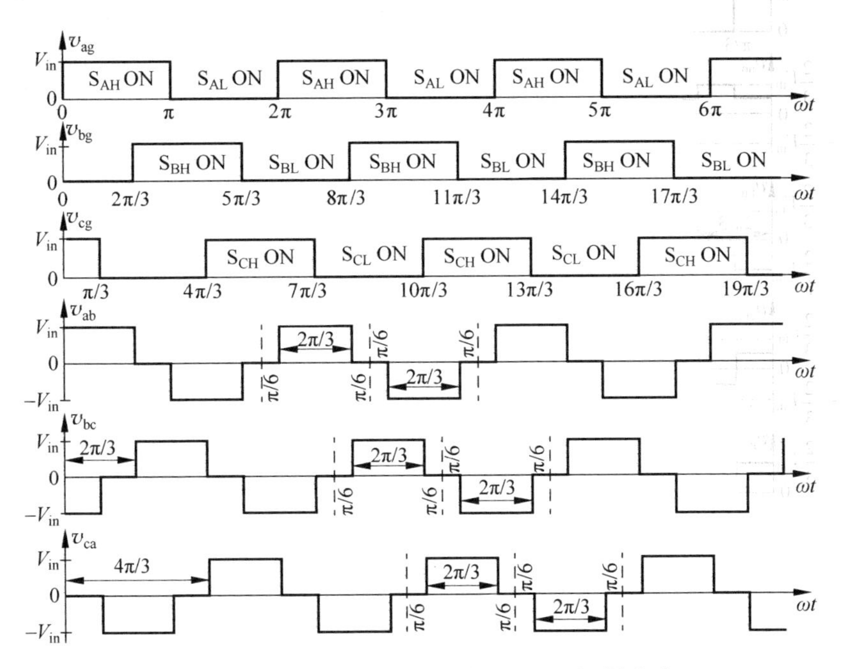

图 8.5 相-相电压(线电压)输出的 180°调制波形

对另外两个线电压应用相同的有效值计算方法。

图 8.4(b)显示了三相负载星形连接的情况，图 8.6 显示了应用 180°调制的相电压 v_{an}、v_{bn} 和 v_{cn} 的波形，并给出了中性点 N 到直流接地之间的电压，可以根据式(8.4)确定 v_{an}、v_{bn} 和 v_{cn} 的每个电压大小。相电压波形显示为 $\frac{1}{3}V_{in}$、$\frac{2}{3}V_{in}$、$-\frac{1}{3}V_{in}$、$-\frac{2}{3}V_{in}$ 四个电平，并且在每个开关周期中等时间 6 次变化，其有效值可以通过下式计算：

$$\mathrm{RMS}(v_{an})=\sqrt{\frac{V_{in}^{2}}{\pi}\left[\frac{\pi}{27}+\frac{4\pi}{27}+\frac{\pi}{27}\right]}=\frac{\sqrt{2}V_{in}}{3} \tag{8.6}$$

当要求计算线电压的有效值时，可以由下式推导出：

$$\mathrm{RMS}(v_{an})=\frac{1}{\sqrt{3}}\mathrm{RMS}(v_{ab})=\frac{\sqrt{2}V_{in}}{3} \tag{8.7}$$

简单的 180°调制可以控制六开关桥以产生三相交流输出，开关频率与输出交流电相同。与其他调制技术相比，该调制优势是开关操作简单，开关频率低。而在电力系统中，主要关注的是代表理想交流信号的正弦波的失真。

根据傅里叶级数，基波分量的幅值由下式计算：

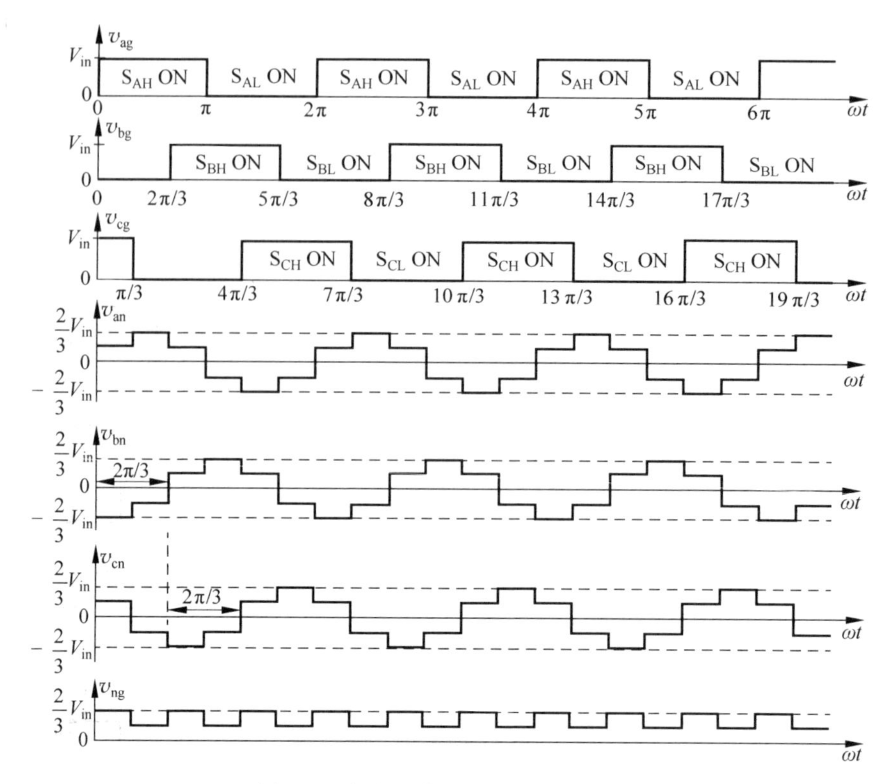

图 8.6　相电压输出的 180°调制波形

$$V_{LL1}=\frac{4V_{in}}{\pi}\cos\frac{\pi}{6}\approx 1.1V_{in} \tag{8.8}$$

根据图 8.5 所示的波形，用式(4.24)可以得到线电压 THD 值为 31%。频谱图说明了各个谐波分量，如图 8.7(a)所示。

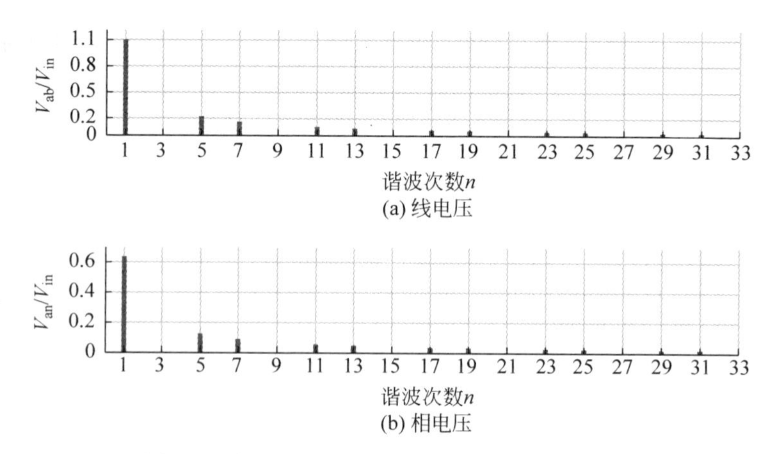

图 8.7　由 180°调制产生的交流电压的谐波频谱

对于相电压，如图 8.6 所示，基波分量的幅值可由下式计算：

$$V_{an1}=\frac{4}{\pi}\frac{V_{in}}{2}\approx 0.6366V_{in} \tag{8.9}$$

谐波分布如图 8.7(b)所示，测得相电压 THD 值可达 22%。

根据 THD 分析，三次谐波分量的幅值为零，谐波的主频率表现为五次，如图 8.7 所示。同时，频谱中也没有三次或三次倍数的谐波。以六开关桥为基础，180°调制可实现用于直流至三相交流变换的最高电压输出。该解决方案简单，但表现出较高 THD 值。

8.1.3　正弦波-三角波调制

正弦波-三角波调制可用于产生三相交流电以获得更高的电能质量，与直流到单相交流的正弦脉波宽度调制(SPWM)类似，可以构造如图 8.8 所示的调制方式，该技术通常称为三相 SPWM。参考信号 v_{ra}、v_{rb}、v_{rc} 为相位互差$\frac{2\pi}{3}$的三相正弦波形，每个信号的幅值均为 m_a，基波频率为 ω。因此，它们的数学表达式如下：

$$v_{ra}=m_a\sin(\omega t),\quad v_{rb}=m_a\sin\left(\omega t-\frac{2\pi}{3}\right),\quad v_{rc}=m_a\sin\left(\omega t+\frac{2\pi}{3}\right)$$

载波信号 v_c 为三角波，峰-峰值为±1，且 $f_{sw}=m_f\times\frac{\omega}{2\pi}$。$m_a$ 和 m_f 分别表示输出幅值调制指数和开关频率调制指数。

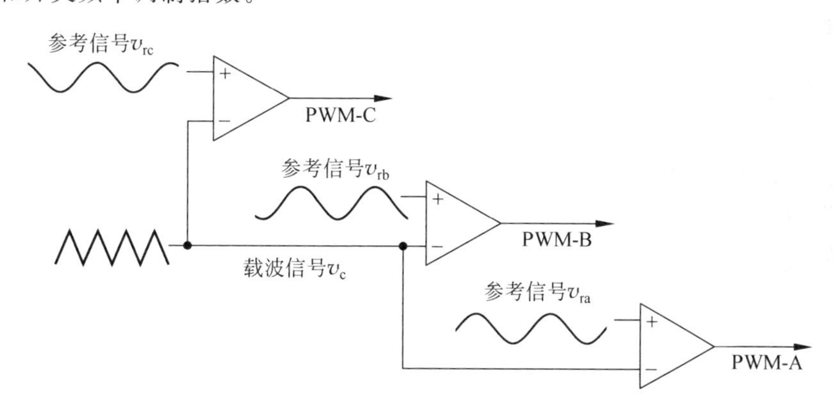

图 8.8　直流到三相交流的正弦波-三角波调制原理

这三个 PWM 信号分别作用于 A、B、C 三个桥臂对应的六开关电桥电路，如图 8.4 所示。表 8.1 总结了基于正弦波-三角波调制的开关操作和输出结果。图 8.9 给出了一种采用 LC 滤波器为星形连接负载供电的结构，幅值调制指数 m_a 是用于确定输出电压大小的受控变量，相电压 v_{oa}、v_{ob} 和 v_{oc} 为正弦波形。当忽略损耗时，负载端的相电压幅度应与幅值调制指数 m_a 成正比。因此，相电压的表达式为

$$v_{ao}=m_a\frac{V_{in}}{2}\sin(\omega t) \tag{8.10}$$

$$v_{bo}=m_a\frac{V_{in}}{2}\sin\left(\omega t-\frac{2\pi}{3}\right) \tag{8.11}$$

$$v_{co}=m_a\frac{V_{in}}{2}\sin\left(\omega t+\frac{2\pi}{3}\right) \tag{8.12}$$

式中：$0\leqslant m_a\leqslant 1$。

根据负载中性点与直流中位点$\frac{V_{in}}{2}$的等价性，当 $m_a=1$ 时，理论上可以得到$\frac{V_{in}}{2}$的幅值。

表 8.1 直流至三相交流的正弦波-三角波调制

状态	$v_{ra}>v_c$	$v_{rb}>v_c$	$v_{rc}>v_c$	$v_{ra}<v_c$	$v_{rb}<v_c$	$v_{rc}<v_c$
开关	S_{AH} on	S_{BH} on	S_{CH} on	S_{AL} on	S_{BL} on	S_{CL} on
输出	$V_{ag}=V_{in}$	$V_{bg}=V_{in}$	$V_{cg}=V_{in}$	$V_{ag}=0$	$V_{bg}=0$	$V_{cg}=0$

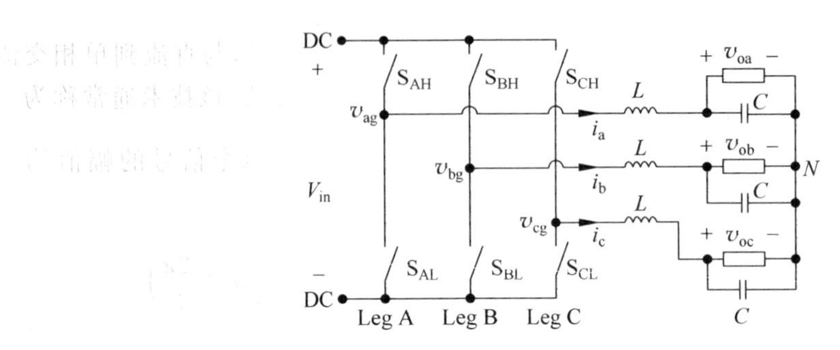

图 8.9 用于星形负载的带有 LC 滤波的直流到三相交流变换

8.1.4 建模与仿真

有源六开关桥包括 A、B 和 C 三个桥臂。可以构建如图 8.10 所示的 Simulink 模型来反映三桥臂结构。每个桥臂由单刀双掷开关表示，以模拟上、下开关之间的开关逻辑。桥臂由开关命令信号 PWM-A、PWM-B 和 PWM-C 控制，它们被多路复用，并显示为一个输入“PWMabc”。模型输出包括三相电压信号 v_{ag}、v_{bg} 和 v_{cg}，它们被复合成一个信号 V_{abcg}，其电压等级为 V_{in} 或 0，取决于调制信号。

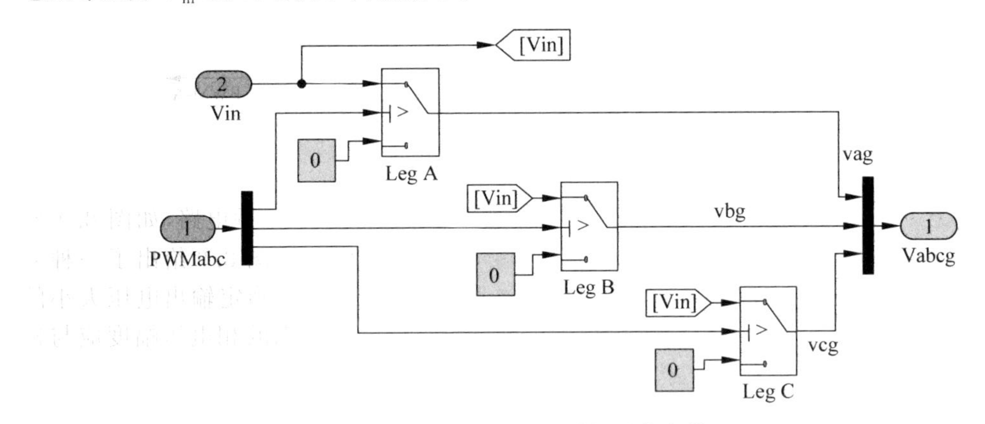

图 8.10 有源六开关桥的仿真模型

根据负载不同，v_{ag}、v_{bg} 和 v_{cg} 的电压电位可以产生线电压或相电压。图 8.11 显示了由式(8.1)、式(8.3)和式(8.4)中电压输出的数学表达式构建的通用计算模型，三相线电压和相电压复合为“V_LN”和“V_LL”，简化了模型表示。中性点对地电压也作为计算输出，用“Vng”表示。

图 8.12(a)给出了 180°调制策略所构建的仿真模型。正弦波-三角波调制采用如图 8.12(b)所示 Simulink 建模仿真，其中载波信号为三角形，用 v_c 表示。SPWM 的参考信

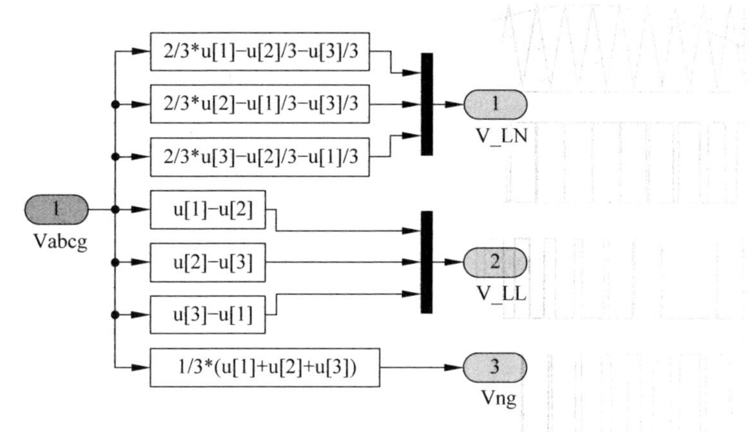

图 8.11 计算输出 LL 和 LN 电压的 Simulink 模型

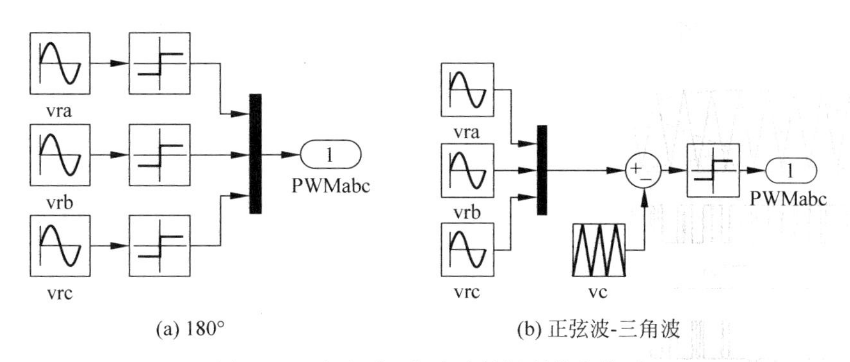

(a) 180° (b) 正弦波-三角波

图 8.12 直流到三相交流的调制仿真模型

号为 v_{ra}、v_{rb} 和 v_{rc}，它们之间的相位差为 $2\pi/3$，将参考信号与载波进行比较，产生控制六个开关的 PWM 信号。

8.1.5 案例分析与仿真结果

对于 180°调制，仿真结果如图 8.5 和图 8.6 所示，分别代表线电压和相电压的输出，输出电压大小由输入电压 V_{in} 固定。频率跟随参考信号 v_{ra}、v_{rb} 和 v_{rc}，其间相位差为 $\frac{2\pi}{3}$。

另一个案例研究对正弦波-三角波调制的直流到三相交流变换进行了仿真，该参数设置仅为展示仿真结果，其中幅值调制指数 $m_a=1$，频率调制指数 $m_f=23$。图 8.13 显示了 SPWM 产生的 v_{ag}、v_{bg} 和 v_{cg} 的脉动波形，每相在每个基波周期中显示 23 个电压脉波。开关频率为 23ω，其中 ω 为基波频率(rad/s)。图 8.14 显示了采用 SPWM 时关于线电压输出的仿真结果。当负载以星形连接时，由 SPWM 调制的变换器输出相电压如图 8.15 所示。

如图 8.9 所示，当采用 LC 滤波器时，低通滤波器的设计可以遵循 2.7 节之前的分析。该电路可以基于与案例研究相同的调制指数进行仿真。根据图 8.9，电路参数如下：$L=5\text{mH}$，$C=100\mu\text{F}$，$R=20\Omega$。负载端的仿真电压波形如图 8.16 所示，它清楚地显示了正弦波形的形状。输出幅值可以通过改变 m_a 值来调整。在实际系统中，为了实现基波频率和开关频率之间的较远间隔，m_f 的设置远高于 23，这是提高电能质量和减小低通滤波器尺寸的有效途径。图 8.17 显示了当 $m_f=223$ 时星形连接负载端电压的仿真结果，与图 8.16 相比，

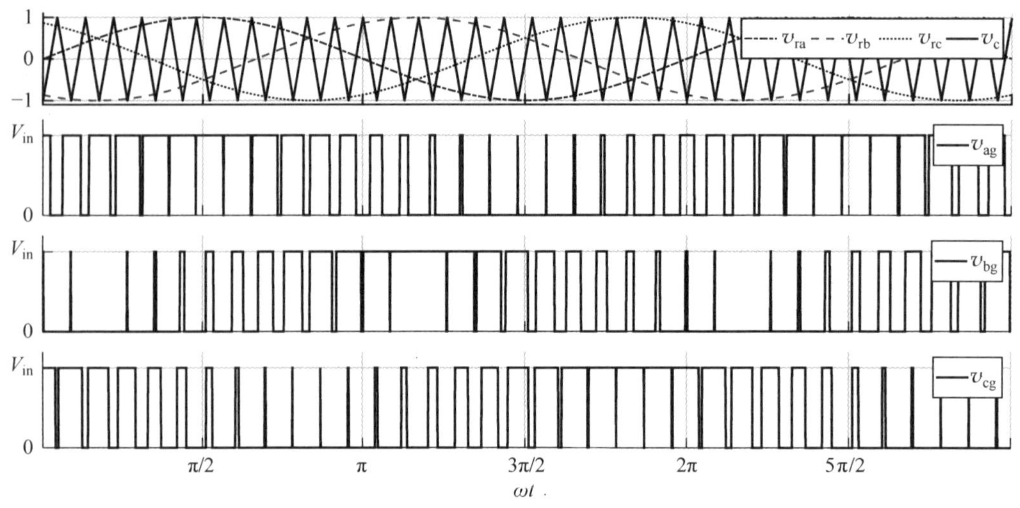

图 8.13 用 SPWM 进行直流到三相交流变换的演示

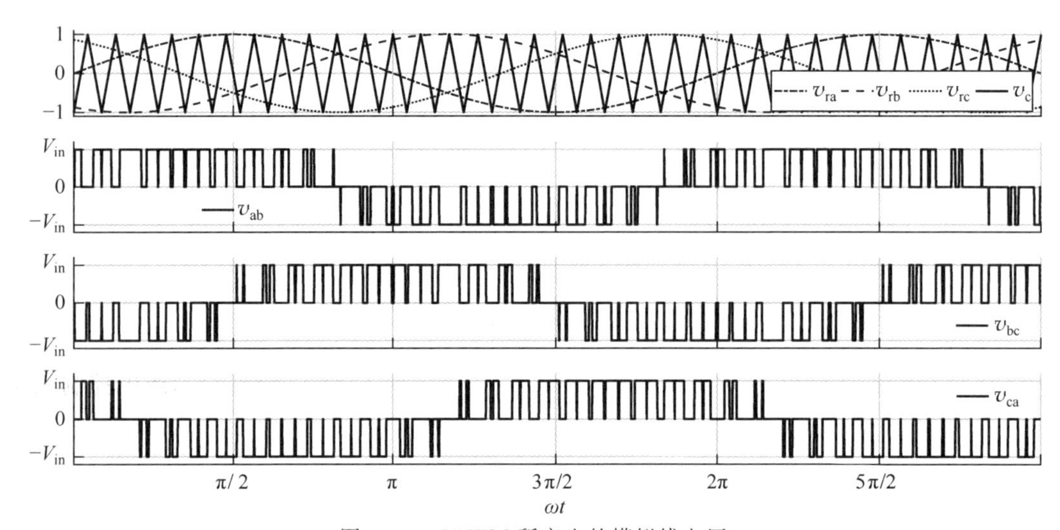

图 8.14 SPWM 所产生的模拟线电压

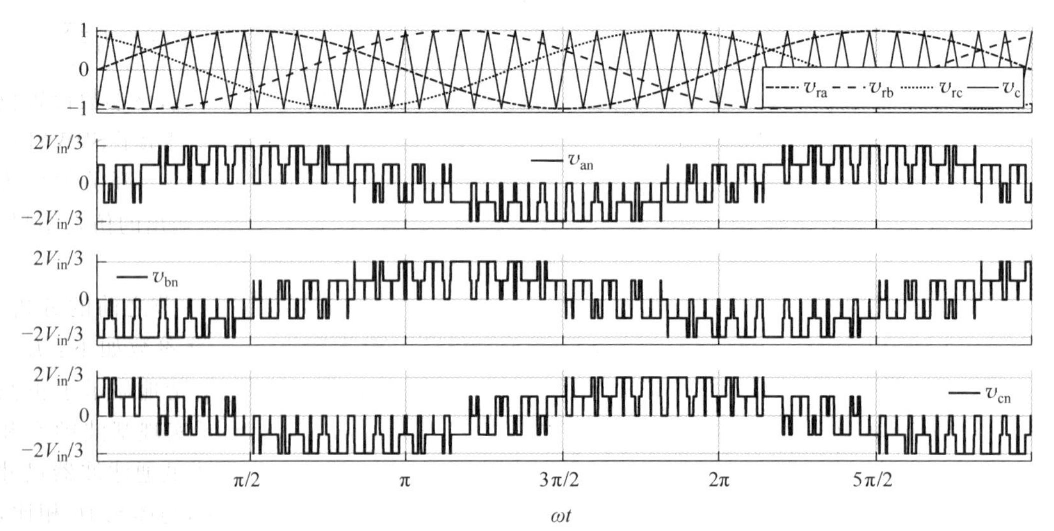

图 8.15 由 SPWM 产生的相电压的仿真结果

即使将滤波参数变化到 $L=500\mu H, C=10\mu F$，输出正弦波的质量也得到明显改善。此外，幅度调制指数 $m_a=1$ 时，相电压的幅值为 $\frac{V_{in}}{2}$。

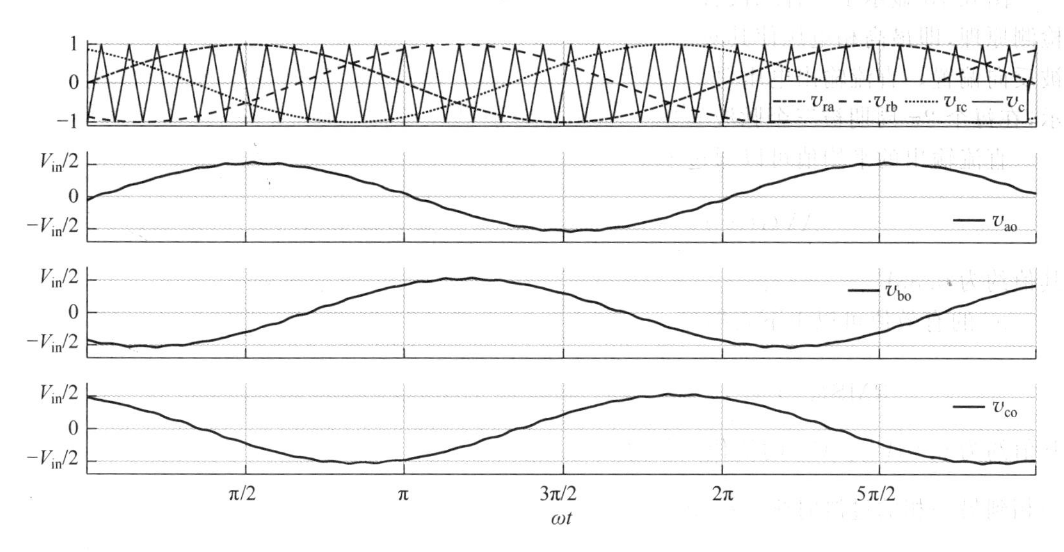

图 8.16 低通滤波后负载端的相电压

注：参数为 $m_f=23, L=5mH, C=100\mu F, R=20\Omega$。

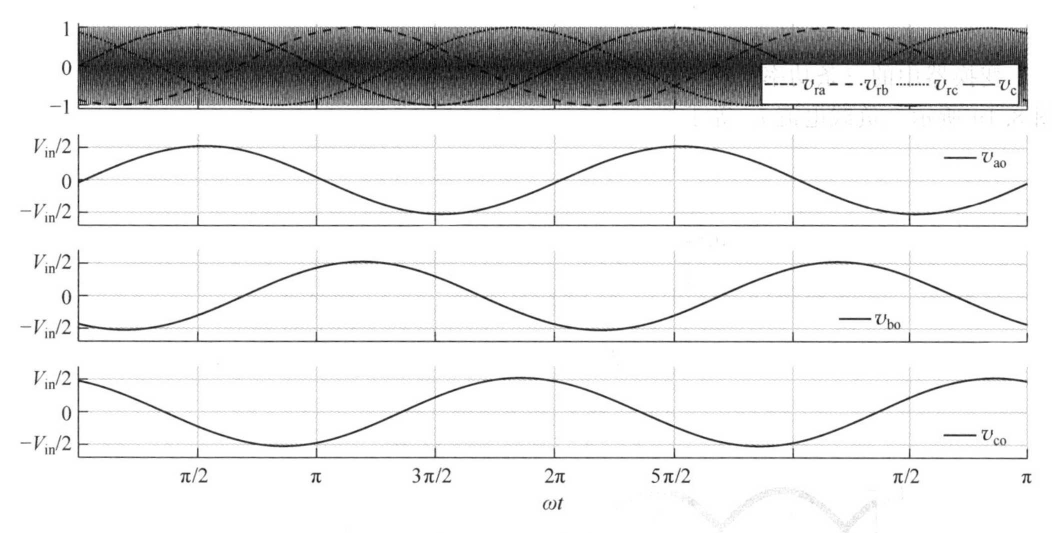

图 8.17 低通滤波后负载端的相电压

注：参数为 $m_f=233, L=500\mu H, C=10\mu F, R=20\Omega$。

8.2 交流/直流电力变换

在高压直流输电系统和大功率应用中，三相交流到直流的电力变换很典型，如电机驱动。未来的直流电网需要更多的三相交流到直流的电力变换，才能高效地与交流发电机互联。

8.2.1 三脉波无源整流器

图 8.18 显示了一种二极管的实施方案，其中电源和负载共享公共点。该电路支持峰值检测原理，即最高相电压使其对应的二极管正向偏置，另外两个二极管由于电压电位较低而被反向偏置。直流输出电压总是等于三个相电压瞬时值最高的那一个相电压，如图 8.19 所示，在每个 2π 周期被三个脉波等分。因此，该拓扑通常称为三脉波整流器。

直流输出的平均值可以通过下式计算：

$$\mathrm{AVG}(v_\mathrm{o})=\frac{1}{2\pi/3}\int_{\pi/6}^{5\pi/6}V_\mathrm{m}\sin(\omega t)\mathrm{d}(\omega t)=\frac{3\sqrt{3}}{2\pi}V_\mathrm{m} \tag{8.13}$$

其值约为 $0.83V_\mathrm{m}$。

v_o 的有效值可以由下式推导出：

$$\mathrm{RMS}(v_\mathrm{o})=\sqrt{\frac{3}{2\pi}\int_{\pi/6}^{5\pi/6}[V_\mathrm{m}\sin(\omega t)]^2\mathrm{d}(\omega t)}=V_\mathrm{m}\sqrt{\frac{1}{2}+\frac{3\sqrt{3}}{8\pi}} \tag{8.14}$$

其值约为 $0.84V_\mathrm{m}$。V_m 的值代表相电压的幅值，它是 v_o 的最高值。v_o 的最低值出现在从一相到另一相的过渡时刻。换相点如图 8.19 所示，分别为各线周期中的 $\frac{\pi}{6}$、$\frac{5\pi}{6}$、$\frac{3\pi}{2}$。v_o 的峰-峰值纹波为 $\frac{V_\mathrm{m}}{2}$，如下式所示：

$$\Delta V_\mathrm{o}=V_\mathrm{m}\left[1-\sin\frac{\pi}{6}\right]=\frac{V_\mathrm{m}}{2} \tag{8.15}$$

变换器中的三条功率支路均分变换器的功率，相电流用 i_a、i_b 和 i_c 表示，如图 8.18 和图 8.19 所示。负载电流 i_o 等于三条支路电流的和。

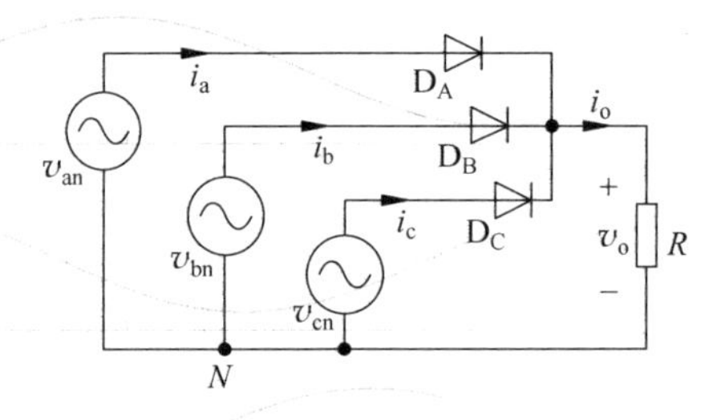

图 8.18 三脉波无源整流器

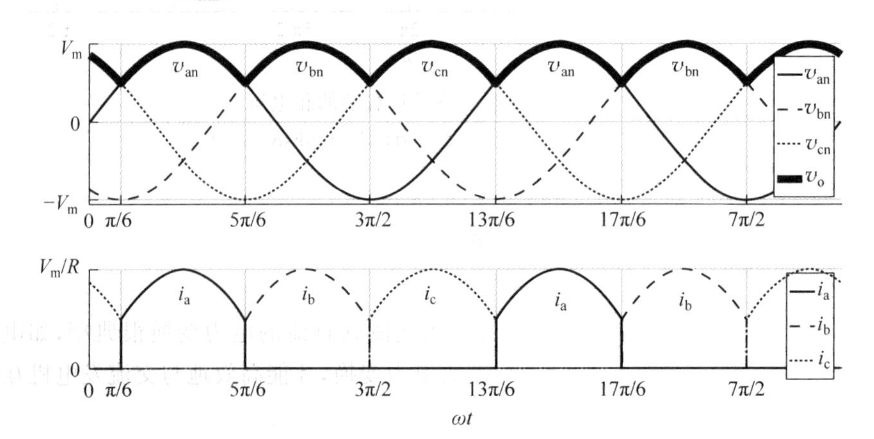

图 8.19 三脉波无源整流器电压、电流波形

8.2.2 六脉波无源整流器

六二极管桥通常用于构建三相交流到直流的变换。图 8.20 显示了六开关桥结构，包电源和负载。该结构执行峰值检测，从六个线电压中选择最高电压，六个线电压分别为 v_{ab}、v_{ba}、v_{cb}、v_{bc}、v_{ca} 和 v_{ac}。最高的线电压使一对对角二极管正向导通，以向负载提供直流电压，其余的四个二极管由于承受反向电压而截止。表 8.2 定义了在六个线电压之间循环的六个导通状态，整流波形如图 8.21 所示。根据 $v_{ab}=v_{an}-v_{bn}$，$v_{ac}=v_{an}-v_{cn}$，$v_{ba}=v_{bn}-v_{an}$，$v_{bc}=v_{bn}-v_{cn}$，$v_{ca}=v_{cn}-v_{an}$，$v_{cb}=v_{cn}-v_{bn}$，绘制了作为参考的相电压。在任何给定的时间，两个二极管同时导通，一个来自高侧，另一个来自低侧，负载侧电压等于六个线电压中瞬时最高的电压。因为在一个 2π 周期内输出电压 v_o 包含了六个脉波，所以这种拓扑结构通常称为六脉波整流器。

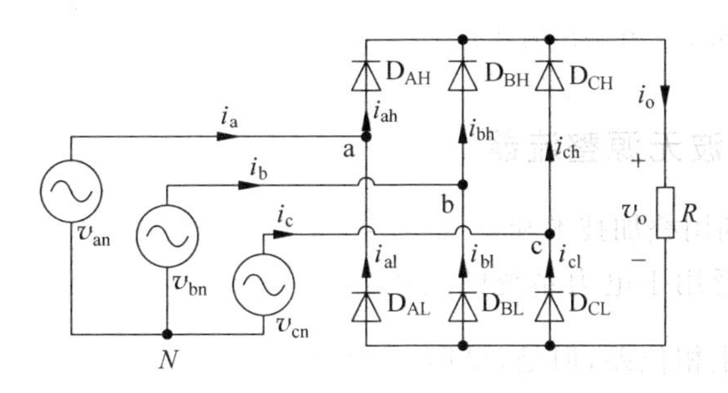

图 8.20 每周期脉动六次的三相桥式整流器

表 8.2 六脉波三相交直流变换的工作状态

情　况	线电压的瞬时状态	开关导通	相位区间
1	$\max(V_{ab},V_{ac},V_{bc},V_{ba},V_{ca},V_{cb})=V_{ab}$	D_{AH} 和 D_{BL}	$\pi/6\sim\pi/2$
2	$\max(V_{ab},V_{ac},V_{bc},V_{ba},V_{ca},V_{cb})=V_{ac}$	D_{AH} 和 D_{CL}	$\pi/2\sim5\pi/6$
3	$\max(V_{ab},V_{ac},V_{bc},V_{ba},V_{ca},V_{cb})=V_{bc}$	D_{BH} 和 D_{CL}	$5\pi/6\sim7\pi/6$
4	$\max(V_{ab},V_{ac},V_{bc},V_{ba},V_{ca},V_{cb})=V_{ba}$	D_{BH} 和 D_{AL}	$7\pi/6\sim3\pi/2$
5	$\max(V_{ab},V_{ac},V_{bc},V_{ba},V_{ca},V_{cb})=V_{ca}$	D_{CH} 和 D_{AL}	$3\pi/2\sim11\pi/6$
6	$\max(V_{ab},V_{ac},V_{bc},V_{ba},V_{ca},V_{cb})=V_{cb}$	D_{CH} 和 D_{BL}	$11\pi/6\sim13\pi/6$

输出的平均值可以根据 v_o 的波形推导出来，用下式表示：

$$\mathrm{AVG}(v_0)=\frac{3}{\pi}\int_{\pi/6}^{\pi/2}v_{ab}(\omega t)\mathrm{d}(\omega t)=\frac{3}{\pi}\int_{\pi/6}^{\pi/2}\sqrt{3}V_m\sin\left(\omega t+\frac{\pi}{6}\right)\mathrm{d}(\omega t)=\frac{3\sqrt{3}V_m}{\pi} \quad (8.16)$$

该值约为 $1.65V_m$，其中 $v_{an}=V_m\sin(\omega t)$。根据图 8.20 所示的波形，v_o 的峰-峰值纹波由下式确定：

$$\Delta V_o=\sqrt{3}V_m-\sqrt{3}V_m\sin\left(\frac{\pi}{6}+\frac{\pi}{6}\right)=\left(\sqrt{3}-\frac{3}{2}\right)V_m \quad (8.17)$$

计算结果为 v_o 平均值的 14%。

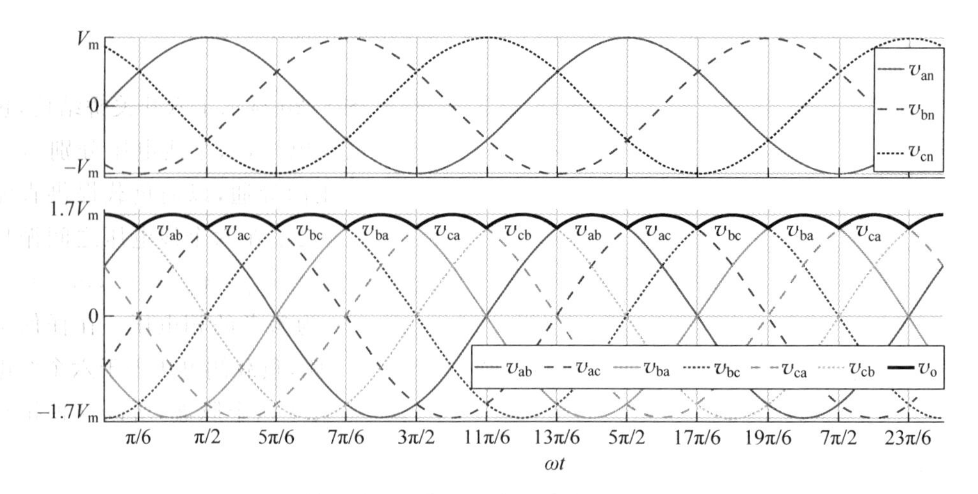

图 8.21 在输出端显示每个周期六脉波的三相桥的工作波形

8.2.3 十二脉波无源整流器

十二脉波整流器利用叠加技术和变压器绕组结构来创建更为先进的变换装置。图 8.22 所示的整流器结构广泛用于电力系统的三相交直流变换中。星形-星形连接的变压器不会在输入和输出之间产生相位差，但是，星形-三角形连接的变压器产生了 30°或$\frac{\pi}{6}$相移。相位差所遵循相量图可如图 1.11(b)所示。双桥运行的波形如图 8.23 所示。

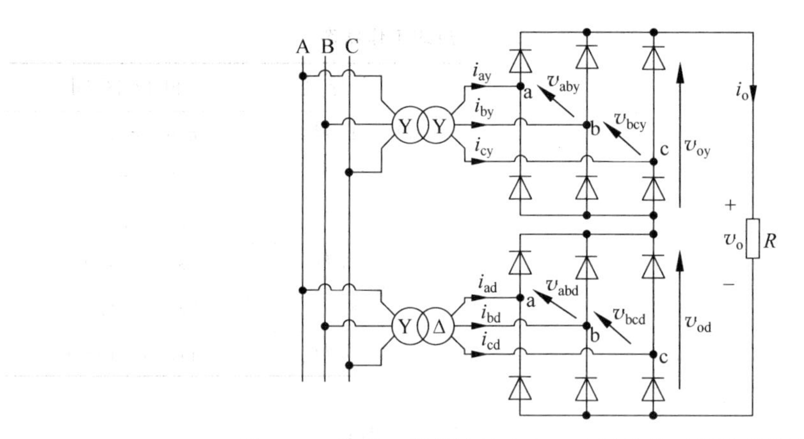

图 8.22 使用二极管来输出十二个脉波的三相桥式整流器

每个六开关电桥执行峰值检测操作，以选择六个线电压中最高的一个。图 8.23 显示了一个电桥输出的六个脉波，直流电压分别用 v_{oy} 和 v_{od} 表示，分别代表上桥和下桥的输出。如图 8.24 所示，两个桥的叠加配置使得最终的输出 $v_o=v_{oy}+v_{od}$。由于移相角为 π/6，输出端 v_o 的每个周期显示十二个脉波，因此得名十二脉波整流。直流电压是两个六脉波桥式整流器的输出之和。图 8.24 显示输出电压由两个电桥平均分配。v_o 的峰-峰值纹波可由下式确定：

$$\Delta V_o=\sqrt{3}V_m\left[1-\sin\left(\frac{\pi}{2}-\frac{\pi}{12}\right)\right]\approx 0.06V_m \tag{8.18}$$

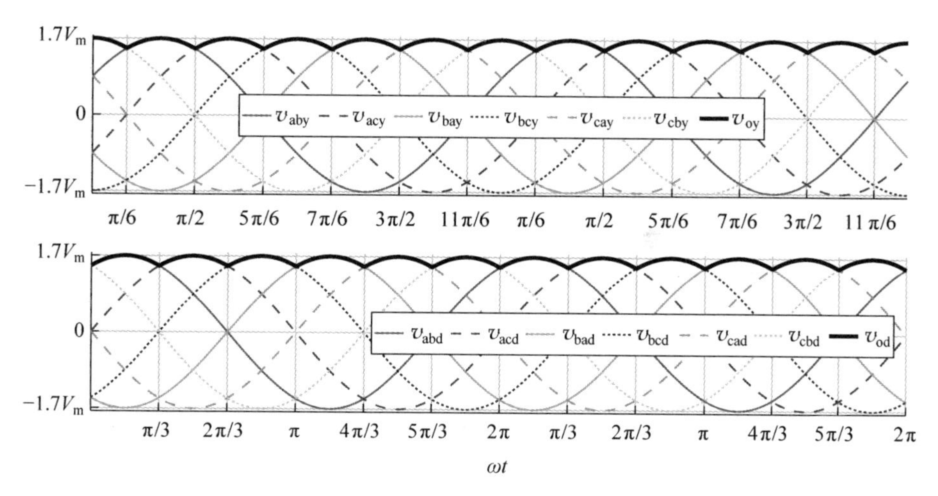

图 8.23　存在 30°相位差的两个三相桥的波形

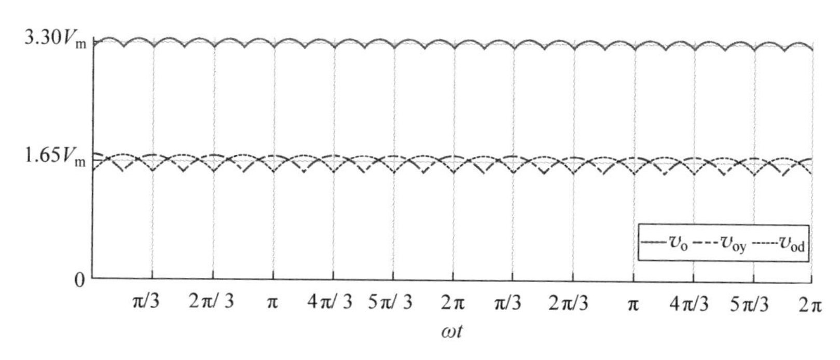

图 8.24　十二脉波无源整流器输出电压波形

十二个脉波的纹波约为不滤波输出平均电压的 1.8%。因此，十二脉波整流是提高直流电压等级、降低纹波权重的有效方法，可采用滤波技术进一步改善直流电能质量。

8.2.4　有源整流器

基于二极管的整流器无法控制输出电压，使用晶闸管整流器的斩波操作可应用于三相交流到直流的变换，将直流输出 v_o 调节到较低水平。由 SCR 构成的六开关桥如图 8.25 所示，触发角 α 可用来控制每个 SCR 的导通和斩波输出电压波形。

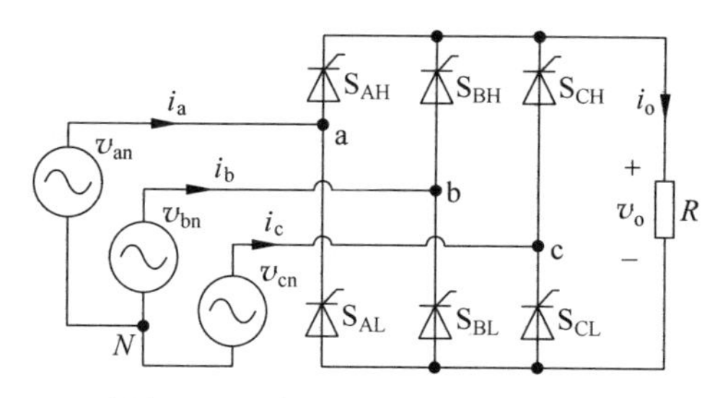

图 8.25　采用 SCR 进行输出电压调节的三相桥式整流器

电弧焊接是一种熔化和连接金属的熔合工艺，目前广泛采用有源六开关电桥作为电弧焊接的直流电源。图 8.26 说明了需要较大的直流电流来产生电弧和高温，直流输出由晶闸管上的触发角调节到所需水平并满足焊接要求，在 $\alpha=0$ 的情况下直流输出是最高的，与二极管桥的输出相同。当应用相位控制时，触发角 α 可以通过触发信号识别到桥中的六个晶闸管进行切换。表 8.3 提供了对角线有源开关对的可受控导通时间段，电压大小由下式表示：

$$\mathrm{AVG}(v_o)=\frac{3}{\pi}\int_{\pi/6+\alpha}^{\pi/2+\alpha} v_{ab}(\omega t)\mathrm{d}(\omega t)=\frac{3}{\pi}\int_{\pi/6+\alpha}^{\pi/2+\alpha}\sqrt{3}V_m\sin\left(\omega t+\frac{\pi}{6}\right)\mathrm{d}(\omega t) \tag{8.19}$$

式中：v_{an} 为 A 相-相电压，$v_{an}=V_m\sin(\omega t)$；v_{ab} 为线电压，$v_{ab}=\sqrt{3}V_m\sin\left(\omega t+\frac{\pi}{6}\right)$。

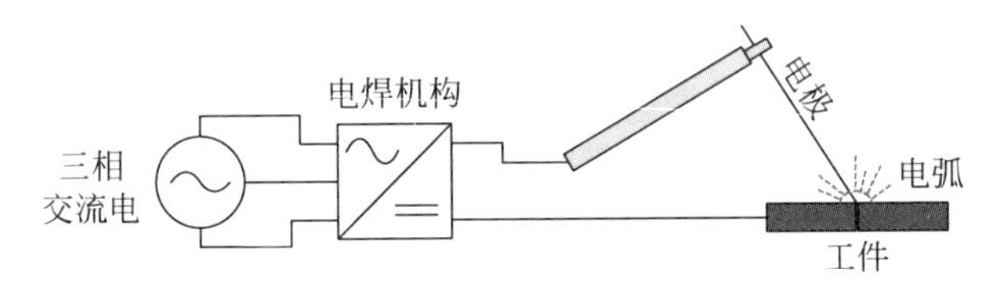

图 8.26　电弧焊操作的演示

表 8.3　六脉波控制的三相交直流变换的操作方式

情　　况	线　电　压	有源门极信号	相 位 区 间
1	v_{ab}	S_{AH} 和 S_{BL}	$\pi/6+\alpha\sim\pi/2+\alpha$
2	v_{ac}	S_{AH} 和 S_{CL}	$\pi/2+\alpha\sim5\pi/6+\alpha$
3	v_{bc}	S_{BH} 和 S_{CL}	$5\pi/6+\alpha\sim7\pi/6+\alpha$
4	v_{ba}	S_{BH} 和 S_{AL}	$7\pi/6+\alpha\sim3\pi/2+\alpha$
5	v_{ca}	S_{CH} 和 S_{AL}	$3\pi/2+\alpha\sim11\pi/6+\alpha$
6	v_{cb}	S_{CH} 和 S_{BL}	$11\pi/6+\alpha\sim13\pi/6+\alpha$

它由指定的 α 控制。当 $\alpha=0$ 时，相位控制从最大值 $V_m\left(\frac{3\sqrt{3}}{\pi}\right)$ 开始进行降压变换。

变换比如图 8.27 所示，其中 V_o 表示直流输出的平均值 v_o。当 $\alpha\neq0$ 时，由于斩波操作，峰间电压纹波会增加。直流输出的平均值为

$$\mathrm{AVG}(v_o)=V_m\left(\frac{3\sqrt{3}}{\pi}\right)\cos\alpha \tag{8.20}$$

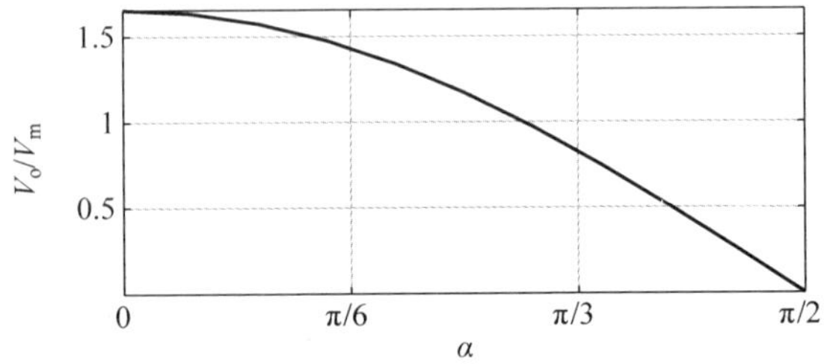

图 8.27　由触发角所决定的电压调节比

以上对相位控制的介绍和分析都是以六脉波整流器为基础的。同样地，SCR 可以应用于其他整流器拓扑，如三脉波整流器和十二脉波整流器。首先基于二极管的电桥被使用 SCR 的有源电桥取代，其次触发角 α 可以将输出电压降低到所需的水平，在此基础上可以采用滤波以改善交流和直流侧的电能质量。

8.2.5　仿真

图 8.28 显示了使用二极管进行三脉波整流的 Simulink 模型。相电压被多路复合成一个集成信号，如图 8.28(a)所示，相电压的峰值检测机制如图 8.28(b)所示。图 8.29 说明了使用二极管的六脉波整流器的 Simulink 模型，输入是三相交流电的相电压，它产生六个线电压。Simulink 中的"max"模块执行峰值检测以输出整流电压 V_o。

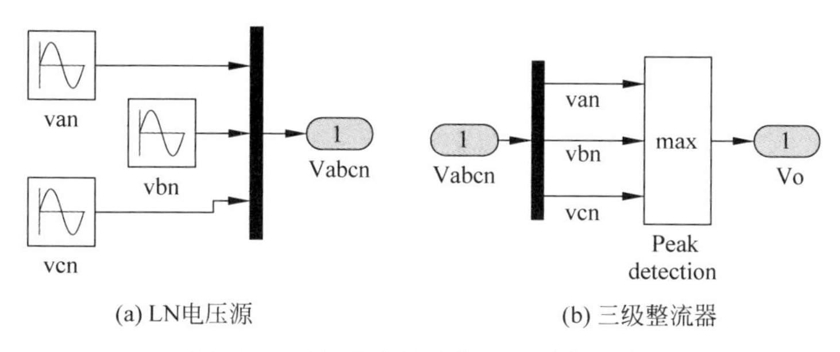

图 8.28　三相交流到直流变换的仿真模型

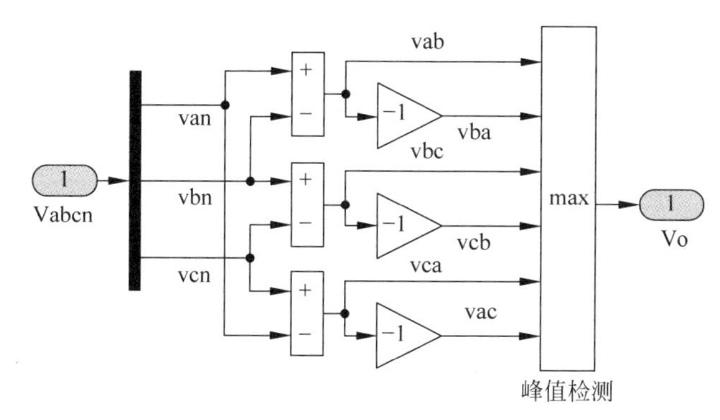

图 8.29　从三相交流到直流变换的六脉波整流器的仿真模型

8.3　交流/交流电力变换

三相交流电的相控可以进行电压调节，如用电型炉灶和三相电机的速度控制。一种拓扑是串联型电压调节器，其概念如图 8.30 所示，可以控制 SCR 的触发角以调节三相交流波形并降低功率输出和负载两端的电压。电压调节器中的一对 SCR 反向并联连接，以实现双向可控调节电压。图 8.31 显示了由相位控制所产生的三相交流斩波波形。

图 8.32 给出了一种实际应用的独立微型水力发电的并联负载电压调节器的电路，系统包括涡轮发电机、并联稳压器和负载等关键部件。低成本的微型水力发电厂由于机械复杂

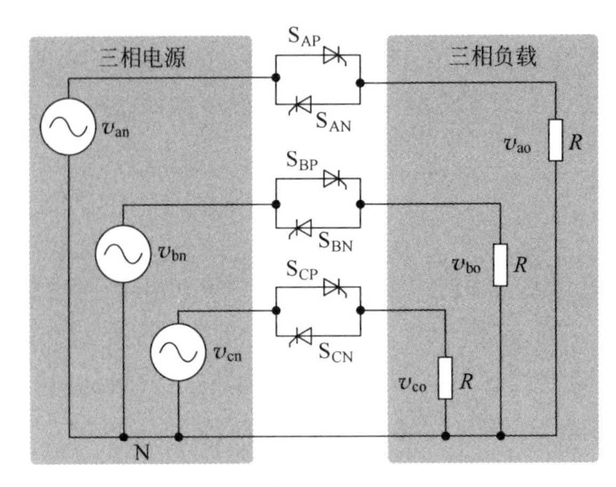

图 8.30 星形连接下三相电压调节器

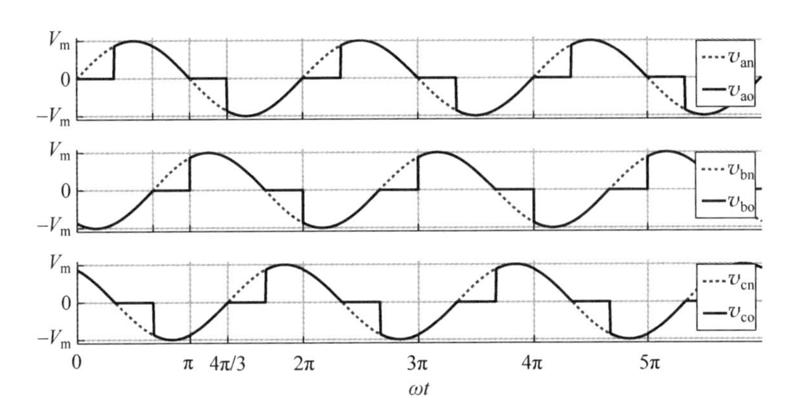

图 8.31 星形连接下三相电压的调节波形

和动态响应慢，无法控制水流，因此电压调节是基于三相交流/交流变换和三相交流电压控制器，如图 8.32 所示。该操作将多余的功率转储到负载，以将三相母线维持在所需的电压水平。三相交流电压控制器中控制 SCR，实现负载电压可调节，以平衡发电和用电。该系统可以快速响应以保持稳定的三相交流电压免受来自能耗负荷的干扰，该应用所显示的缺点是需将多余的电能消耗掉。

相位控制是一项古老的技术，其电能质量较差。随着电力电子技术的发展，先进的交流/交流变换的解决方案应运而生。拓扑按照图 8.2 所示的两级变换或背靠背结构，两个电桥之间的直流环节为有功功率传输创建了能量缓冲区。直流环节包括一个保护电路，以避免在电机发电时且输出端有能量回馈的情况下实现变换器安全运行。一种典型的解决方案是采用制动电阻电路来消耗任何额外的能量。风力发电也通过本章前面所讨论的交流/直流/交流电力变换级传输到电网，如图 8.1 所示。尽管这种结构比使用 SCR 相位控制的结构更复杂，但背靠背解决方案显示出控制先进、效率高、运行优化和高性能的优点。

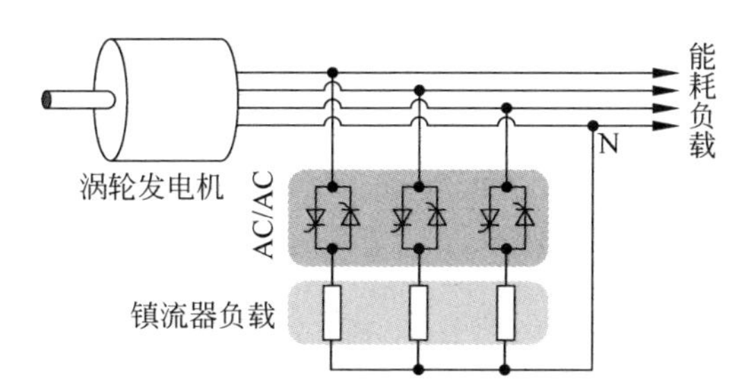

图 8.32 用于电压调节的相控三相交流电路

8.4 本章小结

三相交流电是电力系统和电机应用主要电源形式，最近的趋势表明，风力发电和公用事业规模储能系统需要直流与三相交流之间的变换，这一主题在电力系统和电机的教科书中有很好的介绍。本章介绍了关于三相交流电力变换系统的基本情况，讨论包括交流/直流、直流/交流和交流/交流变换。随着分布式可再生能源发电和储能使用越来越广泛，直流到三相交流的变换并接入电网的趋势越发明显，这种变换通常基于有源六开关桥，并包含不同功能的调制方式。本章涵盖了 180°调制和 SPWM 技术，还有一些更先进的技术，如空间矢量调制，它可以保持较低的开关频率，但所控制的电能质量良好。

三相交流到直流变换涵盖了三脉波、六脉波和十二脉波结构，对于拓扑的选择是基于规定的电压和功率等级而确定的。这类整流显示出直流输出纹波低于单相交直流的情况，在总体上显示出三相交流系统与直流电源应用互联的优势。而对于这样的变换，滤波电路设计比较容易。

使用 SCR 的相位控制技术是一种调节功率和电压输出的传统方式，然而，虽然成本较低，但电能质量低，控制能力弱。电力电子技术的进步带来了一个全面的解决方案，包括交流/直流、DC 环节和直流/交流变换。这些方式可以满足电能质量，从而支持电网互联和负载需求。现代电力电子技术显示出对传统电网进行改造的巨大潜力。

参考文献

[1] Ong C-M. Dynamic simulation of electric machinery using Matlab/Simulink[M]. PrenticeHall,1997.
[2] Xiao W. Photovoltaic power systems: modeling,design,and control[M]. 1st ed. Wiley,2017.

习题

8.1 按照本章讨论的案例研究构建仿真模型来研究直流到三相交流变换。仿真模型中可使用 180°调制、正弦三角调制和低通滤波电路。

8.2 按照本章中讨论的案例研究构建仿真模型来研究三相交流到直流的变换。建模并仿真每周期输出三脉波和六脉波的无源整流器。

8.3 在学术出版物中查找其他实现直流到三相交流变换的拓扑结构。

第9章

双向电力变换

前几章的讨论主要集中于单向变换器，单向变换器的输入电源和负载可以清晰地进行区分，从而识别其功率流动的方向。根据1.1节的分类，存在另一类功率变换器，其可以实现输入、输出侧的能量双向流动。由于电动汽车中可充电电池的大量使用，以及充电时与电网互联双向电力变换器应用越来越多。电力变压器可以以无源方式支持电压变换和双向功率流动，最新的应用是基于功率变换器来控制双向功率流动。图9.1展示了操作电动汽车的一种系统结构。

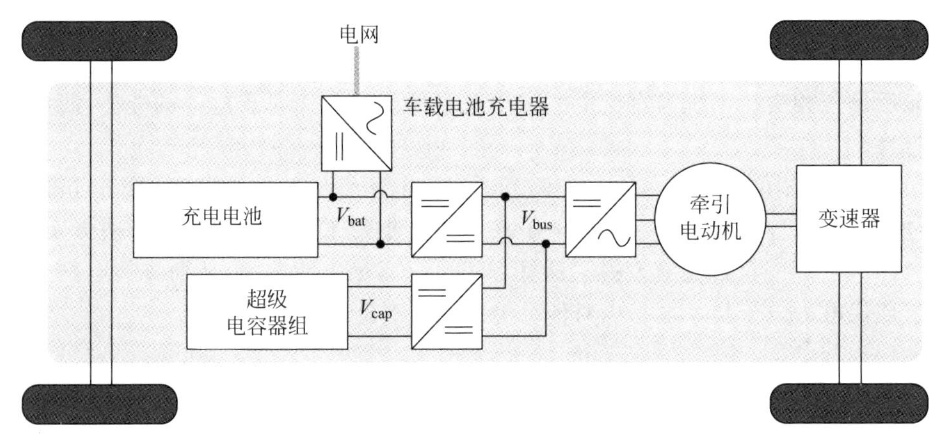

图9.1　电动汽车的示例图

当电动汽车在额定条件下运行时，电源是可充电电池组，为直流母线 V_{bus} 提供有功功率。如果车辆加速，超级电容器组可以放电，充电电池与超级电容器组共同向直流母线输出电能以支持短时大功率的要求。DC/AC变换器驱动牵引电机旋转。当车辆长距离下坡时，电动机可以变成发电机产生制动力，电机输出的电能会通过AC/DC变换器（与DC/AC变换器为一套装置，只是功率流向不一致）并注入直流母线。同时，电池和超级电容器组会通过双向直流/直流变换器进行充电，以存储制动能量。图9.1中所示的四个功率变换器均应是双向的，从而有效地运行电动汽车。按照智能电网的概念，未来的电动汽车应该具有参与电力管理和对电网进行支持的功能，即当使用单个变换器连接可充电电池时，需要具有双向功率变换的功能。

9.1　非隔离型直流/直流电力变换

当电池串联成组时，通常需要均衡处理以避免电池单元之间不平衡运行。电池组的串联实现了较高的输入电压，如电动汽车和用于支持电网大容量储能系统。在一个电池组中，所有电池单元都以相同的电流大小进行充电和放电，如果电池单元之间存在特性不一致，则很容易引起潜在的损坏或寿命缩短。

图9.2显示了使用功率变换技术的一个均衡器示例。为简化分析，只使用两节电池。均衡器中采用的拓扑是Buck-Boost变换器。传统的Buck-Boost变换器中的续流二极管由MOSFET——Q_2替代，因此通过电感器L建立了电池单元之间交换能量双向通道。Q_1的通态占空比决定了功率的方向和大小，开关管Q_2与开关管Q_1互补通断以保证电感电流有合适的流通路径。当占空比为50%时，从Buck-Boost变换器稳态分析可知，两电池电压在理论上最终会趋于相同。如果电池电压存在不一致，电压较高的电池将被放电，并向电压较低的电池转移能量，直到达到新的均衡。

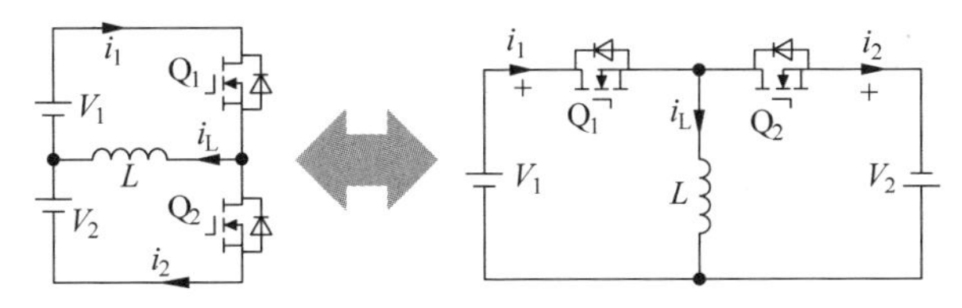

图9.2　通过Buck-Boost拓扑实现电池均衡的双向直流/直流变换器

Ćuk变换器与稳态下的Buck-Boost变换器拥有相同的电压变换比。其对应的双向Ćuk变换器也可用于均衡电池，如图9.3所示，无源开关被有源开关MOSFET取代，电容器C_{sw}用作能量交换和功率变换中转环节。理论上，当两个有源开关被交替施加50%的占空比时，稳态下的电池端电压应该相同。

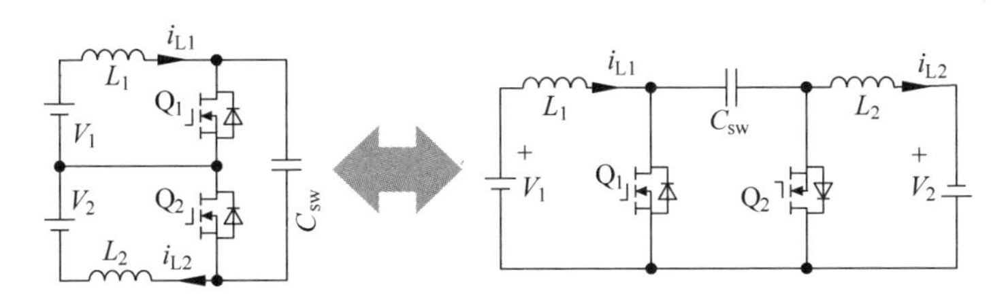

图9.3　使用Ćuk拓扑实现电池均衡的双向直流/直流变换器

因同步降压变换器在连续导通模式下的高效率和线性电压变换比而被广泛应用于ELV电源应用场合，电路如图9.4所示，该电路由有源双开关电桥构成。当端口v_{high}连接到电源时，电路形成一个Buck变换器，则变换器的功率从左向右流动，即从左侧电源流向右侧的负载；当端口v_{low}连接到电源时，电路形成一个Boost变换器，则变换器的功率从右向左流动，即从右侧电源流向左侧的负载。

当两端都包含电源和负载时，由于变换器的双向能量流通功能，变换器两端都可以进行功率吸收或释放。稳态电压v_{high}和v_{low}大小以及PWM信号的占空比，确定了功率流动的方向和大小。双向功率流动的条件是稳态时$v_{low}<v_{high}$。当$v_{low} \geqslant v_{high}$时，变换器失控，因

为 Q_H 的反并联二极管为直流电流提供了一条通路将导致 $v_{low}=v_{high}$。

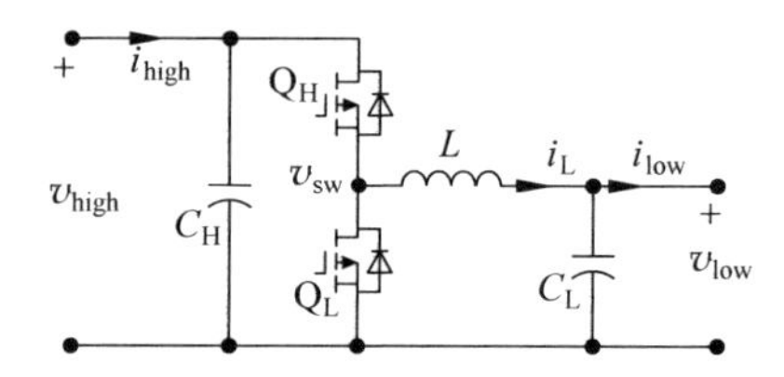

图 9.4　由两个有源开关组成的非隔离型双向直流/直流变换器

9.2　双有源桥

双有源桥(DAB)是一种特殊的双向直流/直流拓扑，在最近引起了人们的注意。其拓扑结构并不新颖，因为它在 1989 年就作为美国专利发布，其专利号为 5027264。专利中采用晶闸管来构建有源桥，最新的实施方案是基于 MOSFET 或 IGBT。由于具有双向功率流动和电气隔离的特点，这种拓扑正蓬勃发展，在近年来得到了广泛研究并得到了多种有效的控制策略。其中一个应用是固态变压器，固态变压器有望取代交流配电中使用的传统变压器。图 9.5 展示了连接低压交流(LVAC)电网和中压交流(MVAC)电网的固态变压器内部结构，该方案减小了电力变换的体积和重量，增加了可控性，从而改善了交流电力系统的性能。这种方案的核心装置是 DAB，其可以实现电压变换、双向功率流动和电气隔离的功能，这些功能还允许拓扑连接可充电电池组，如本章开头所述。双有源桥电路如图 9.6 所示，其中包括两个有源四开关桥，分别为原边桥(PB)和副边桥(SB)。交流端口之间的连接是高频变压器 T_r 和电感 L。每个桥中的对角线开关被配对并由相同的驱动信号控制，实现通/断以产生[+]周期输出或[−]周期输出。PB 和 SB 的成对开关方案分别如表 9.1 和表 9.2 所示。两个有源电桥产生高频交流电后，通过互连变压器和电感器交换能量。

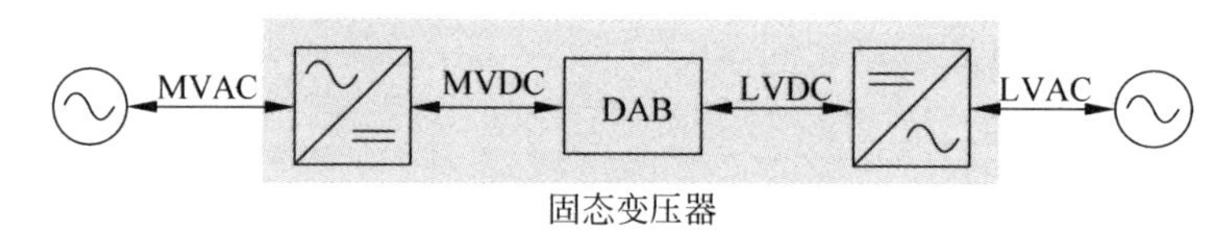

图 9.5　固态变压器内部结构

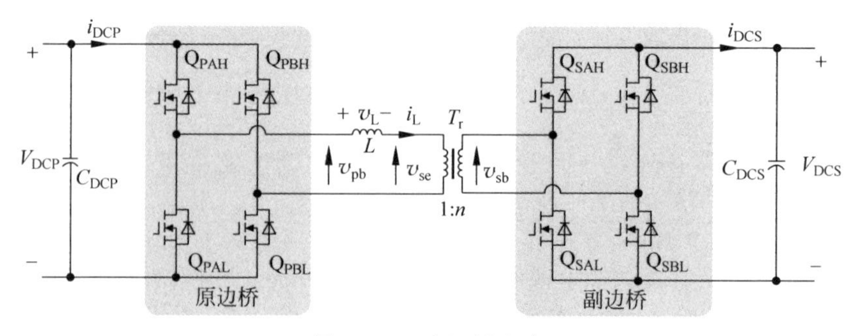

图 9.6　双有源桥电路

表 9.1 原边桥的配对开关方案

PB的交流输出	导通状态	关断状态
正周期：$v_{pb}=V_{DCP}$	Q_{PAH} 和 Q_{PBL}	Q_{PBH} 和 Q_{PAL}
负周期：$v_{pb}=-V_{DCP}$	Q_{PBH} 和 Q_{PAL}	Q_{PAH} 和 Q_{PBL}

表 9.2 副边桥的配对开关方案

SB的交流输出	导通状态	关断状态
正周期：$v_{sb}=V_{DCS}$	Q_{SAH} 和 Q_{SBL}	Q_{SBH} 和 Q_{SAL}
负周期：$v_{sb}=-V_{DCS}$	Q_{SBH} 和 Q_{SAL}	Q_{SAH} 和 Q_{SBL}

9.2.1 正向功率流动

在稳定状态下，直流端电压 V_{DCP} 和 V_{DCS} 是稳定的，两个有源电桥分别产生 HFAC 电压 v_{pb} 和 v_{sb}，如图 9.6 所示。v_{sb} 和 v_{se} 之间的幅值差异与绕组匝数比 n 相关，v_{pb} 和 v_{se} 的幅值分别为 V_{DCP} 和 V_{DCS}/n，变换器稳态工作关键波形如图 9.7 所示。DAB 的调制使电压 v_{pb}、v_{sb} 和 v_{se} 具有相同的开关频率，电感电压取决于 v_{pb} 和 v_{se} 的差值，用 $v_L=v_{pb}-v_{se}$ 表示，电感电流响应端电压的变化，其大小由式 $L\dfrac{di_L}{dt}=v_L$ 决定。v_L 的非零瞬时值导致 i_L 的增加或减少，如图 9.7 所示。i_L 为交流信号，并且其每个周期的平均值为零。

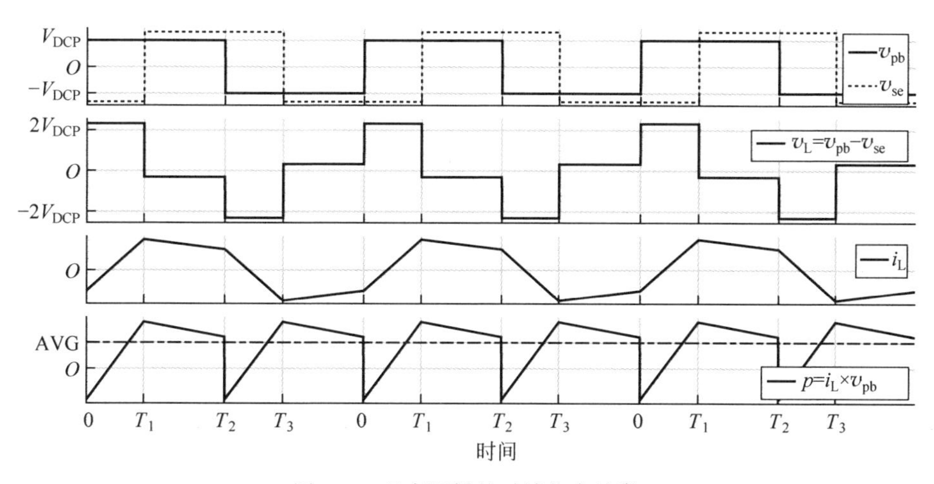

图 9.7 双有源桥的时域稳态波形

根据图 9.6 所示的 DAB 电路，瞬时功率可以表示为 $p(t)=v_{pb}(t)\times i_L(t)$。图 9.7 表明，$p(t)$的周期为 $0\sim T_2$，$p(t)$的平均值表示稳态时有功功率的方向。如果平均值为正，$\mathrm{AVG}[p(t)]>0$，则功率从 PB 流向 SB。v_{pb} 和 v_{se} 之间的时间差用 T_1 表示，在稳态下它是常数。由于电感 L 的作用，电感电流的大小受开关频率的影响。由于 i_L 是交流的且在稳态下为平均值为零，1 个开关周期内共有 4 个开关模态，这 4 个开关模态由 T_1 时刻、T_2 时刻和 T_3 时刻所分隔。根据如图 9.7 所示 i_L 的周期波形，满足如下条件：

$$i_L(0)=-i_L(T_2) \tag{9.1}$$

$$i_L(T_1) = -i_L(T_3) \tag{9.2}$$

模态 1$[0, T_1]$，i_L 的值从 $i_L(0)$变为 $i_L(T_1)$，表示为

$$i_L(T_1) = i_L(0) + \frac{V_{DCP} + V_{se}}{L} T_1 \tag{9.3}$$

式中：V_{se} 为 v_{se} 的幅值，理论上等于 V_{DCS}/n。

模态 2$[T_1, T_2]$，电感电流达到新的电流值大小：

$$i_L(T_2) = i_L(T_1) + \frac{V_{DCP} - V_{se}}{L}(T_2 - T_1) \tag{9.4}$$

由式(9.1)、式(9.3)、式(9.4)可以确定 i_L 的初始值：

$$i_L(0) = \frac{-T_2 V_{DCP} - 2T_1 V_{se} + T_2 V_{se}}{2L} \tag{9.5}$$

将 $i_L(0)$代入式(9.3)得到 $i_L(T_1)$的表达式：

$$i_L(T_1) = \frac{-T_2 V_{DCP} + 2T_1 V_{DCP} + T_2 V_{se}}{2L} \tag{9.6}$$

由于 $i_L(T_2) = -i_L(0)$和 $i_L(T_3) = -i_L(T_1)$，因此在稳定状态下 i_L 的四个电流大小是已知的。

根据图 9.7，功率波形每半个周期，即 $0 \sim T_2$，重复一次。因此，平均功率为

$$\text{AVG}[p(t)] = \frac{1}{T_2}\int_0^{T_2} v_{pb}(t) i_L(t)\,dt = V_{DCP} \underbrace{\frac{1}{T_2}\int_0^{T_2} i_L(t)\,dt}_{\text{平均}} \tag{9.7}$$

稳态下 $p(t)$的平均值为

$$\text{AVG}[p(t)] = \frac{V_{DCP} V_{DCS}(T_1 T_2 - T_1^2)}{nLT_2} \tag{9.8}$$

在稳态下，DAB 中的各变量具有周期性，也可用与开关频率 ω 相关的相位表示。以 v_{pb} 从 $0 \sim 2\pi$ 的参考信号对相位角进行归一化，如图 9.8 所示。v_{pb} 和 v_{se} 之间的时间延迟 T_1 等价于相移 $\phi = \omega T_1$，如图 9.7 所示。半个开关周期时间 T_2 在相位上可以等效为 π。根据式(9.8)，稳态下的平均功率可以转化为相位形式的表达式，可推导得到表示控制变量 ϕ 和 ω 的非线性方程，即

$$\text{AVG}[p(\omega t)] = \frac{V_{DCP} V_{DCS}(\phi\pi - \phi^2)}{n\omega\pi L} \tag{9.9}$$

它表明功率大小随着 ω 的减小而上升。当 ω 固定时，v_{pb} 和 v_{se} 之间的相位角 ϕ 成为调节功率流动大小的主要控制变量。

当 $0 < \phi < \pi$ 时，根据式(9.9)，平均功率为正值。当 ω 为常数时，稳态下的平均功率是所施加相位 ϕ 的函数，可以用 $p_{avg}(\phi)$表示。最大功率值可由偏微分确定，$\frac{\partial p_{avg}(\phi)}{\partial \phi} = 0$。根据式(9.9)，代表最高功率流的临界相位值由下式确定：

$$\frac{\partial p_{avg}(\phi)}{\partial \phi} = \pi - 2\phi = 0 \quad \Rightarrow \quad \phi = \frac{\pi}{2} \tag{9.10}$$

当控制变量为 $\phi = \frac{\pi}{2}$时，稳态时输出功率最大，其值为

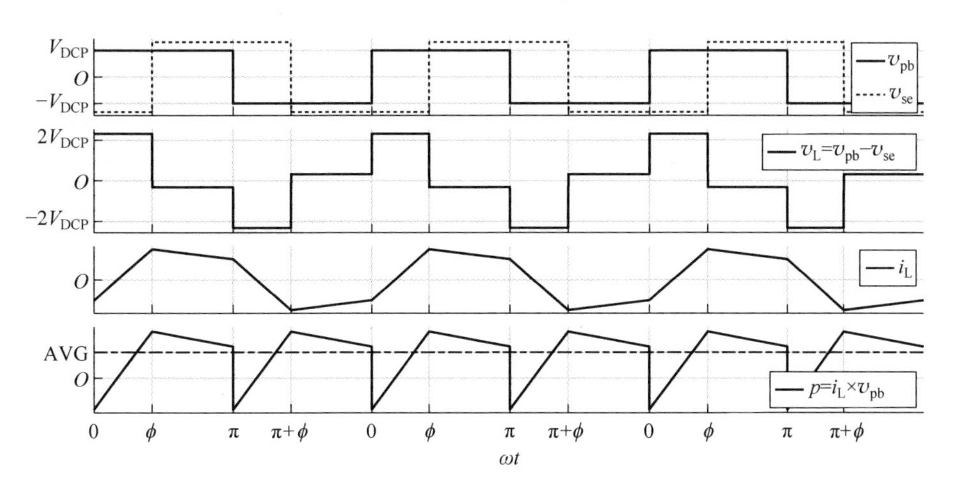

图 9.8 相域内双有源桥的波形

$$P_{max}=\frac{V_{DCP}V_{DCS}}{8f_{sw}nL} \tag{9.11}$$

式中：f_{sw} 为 v_{pb} 或 v_{se} 的频率(Hz)，$\omega=2\pi f_{sw}$。

根据以上稳态分析，DAB 的设计流程如下：

(1) 指定 V_{DCP} 和 V_{DCS} 的标称值。

(2) 指定额定功率(或最高功率)P_{max}。

(3) 根据 V_{DCP} 和 V_{DCS} 的比率确定适当的绕组匝数比 n。

(4) 指定开关频率 f_{sw} 和 $\omega=2\pi f_{sw}$。

(5) 确定电感 L 的值：

$$L=\frac{V_{DCP}V_{DCS}}{8nf_{sw}P_{max}} \tag{9.12}$$

9.2.2 反向功率流动

9.2.1 节中的分析表明，平均功率值是正的，而调制可以实现反向功率流动。反向功率流动的一个例子如图 9.9 所示，其中平均功率为负值。i_L 在每个开关周期波形如图 9.9 所示，满足以下条件：

$$i_L(T_1)=-i_L(T_3) \tag{9.13}$$

$$i_L(0)=-i_L(T_2) \tag{9.14}$$

根据图 9.9，i_L 的值从 $i_L(0)$变为 $i_L(T_1)$，可表示为

$$i_L(T_1)=i_L(0)+\frac{V_{DCP}-V_{se}}{L}T_1 \tag{9.15}$$

式中：V_{se} 为 v_{se} 的幅值，理论上等于 V_{DCS}/n。

从 T_1 到 T_2，电感电流达到新的电流值：

$$i_L(T_2)=i_L(T_1)+\frac{V_{DCP}+V_{se}}{L}(T_2-T_1) \tag{9.16}$$

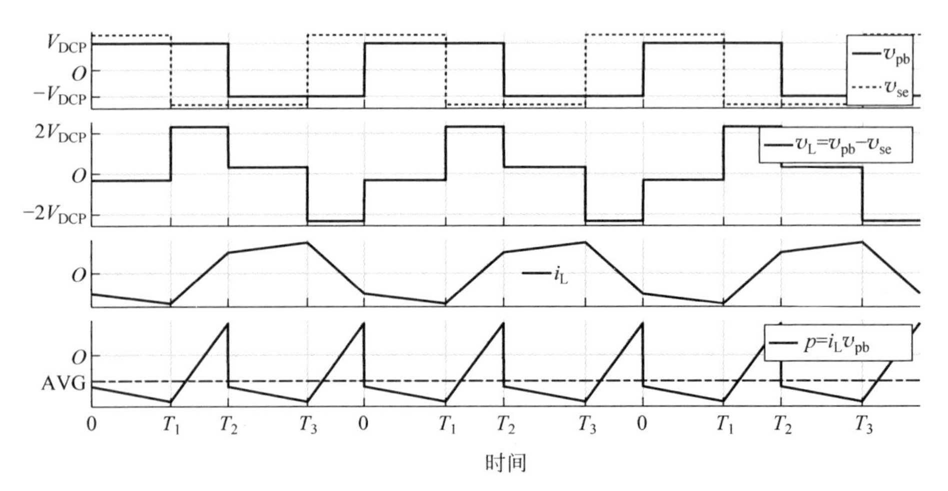

图 9.9 时域中反向功率流动时的双有源桥的波形

根据式(9.13)、式(9.15)和式(9.16)，i_L 的初始值可由下式确定：

$$i_L(0)=\frac{-T_2V_{DCP}+2T_1V_{se}-T_2V_{se}}{2L} \tag{9.17}$$

根据式(9.14)可获知稳态下 $i_L(T_2)$的值。当 $i_L(0)$已知时，通过

$$i_L(T_1)=\frac{-T_2V_{DCP}+2T_1V_{DCP}-T_2V_{se}}{2L} \tag{9.18}$$

推导出 T_1 时刻的电流大小。电流 $i_L(T_3)$的大小由式(9.13)可知。

根据图 9.9，功率波形每半个周期，即 0～T_2 重复一次。因此，平均功率为

$$\mathrm{AVG}[p(t)]=\frac{V_{DCP}V_{DCS}(T_1^2-T_1T_2)}{nLT_2} \tag{9.19}$$

由于 $T_1^2<T_1T_2$，平均功率显示为负，表示反向功率是从 V_{DCS} 端口流向 V_{DCP}。可以将时间变换成相位表示，如图 9.10 所示，v_{pb} 的相位滞后于 v_{se} 或 v_{sb} 的相位，滞后相位被定义为一个负的参数 ϕ。因此，可等价表示为 $\omega T_1=\pi+\phi$，$\omega T_2=\pi$ 和 $\omega T_3=2\pi+\phi$。稳态下的平均功率为

$$\mathrm{AVG}[p(\omega t)]=\frac{V_{DCP}V_{DCS}(\phi\pi+\phi^2)}{n\omega\pi L},\quad \phi<0 \tag{9.20}$$

由于 $\phi\pi+\phi^2<0$，故由式(9.20)所示平均功率值为负。当 ω 为常数时，稳态下的平均功率是 ϕ 的函数。根据式(9.20)，最大反向功率相位值由下式确定：

$$\frac{\partial p_{\mathrm{avg}(\phi)}}{\partial\phi}=\pi+2\phi=0 \quad\Rightarrow\quad \phi=-\frac{\pi}{2} \tag{9.21}$$

当 $0\leqslant\phi\leqslant\frac{\pi}{2}$时，DAB 的正向功率见式(9.9)。当$-\frac{\pi}{2}\leqslant\phi\leqslant 0$ 时，反向功率见式(9.20)。可以推导出平均功率的通用表达式为

$$P_{\mathrm{AVG}}=\frac{V_{DCP}V_{DCS}\phi(\pi-|\phi|)}{\pi\omega Ln} \tag{9.22}$$

根据式(9.22)，功率大小由两个全桥交流输出电压的相位差 ϕ 控制，可以调制 ϕ 的值

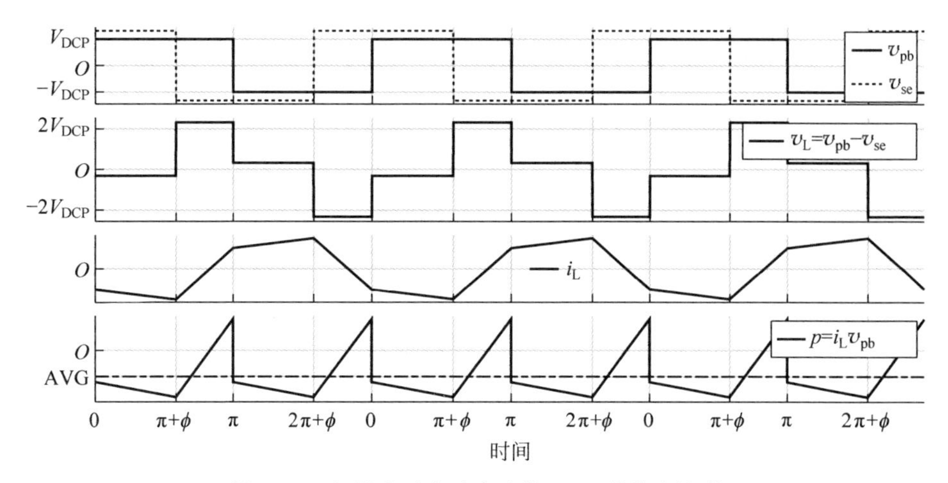

图 9.10 相域中反向功率流的 DAB 的稳态波形

以改变交流信号 v_{pb} 和 v_{sb} 之间的相位差。ϕ 表示 v_{pb} 和 v_{se} 之间的超前或滞后以及功率流的方向。图 9.11 显示了输出功率和相位差 ϕ 之间的关系曲线。当$|\phi|=\pi/2$ 时,两个方向的功率大小都能达到最大值。开关频率可以用作功率大小调节的附加控制变量,如图 9.11 所示。

上述稳态分析所基于的一个条件是 $V_{DCS}/n>V_{DCP}$,如图 9.7 和图 9.9 所示。需要注意的是,很多情况下 $V_{DCS}/n\leqslant V_{DCP}$,此时平均功率仍然是用式(9.22)来进行计算的。

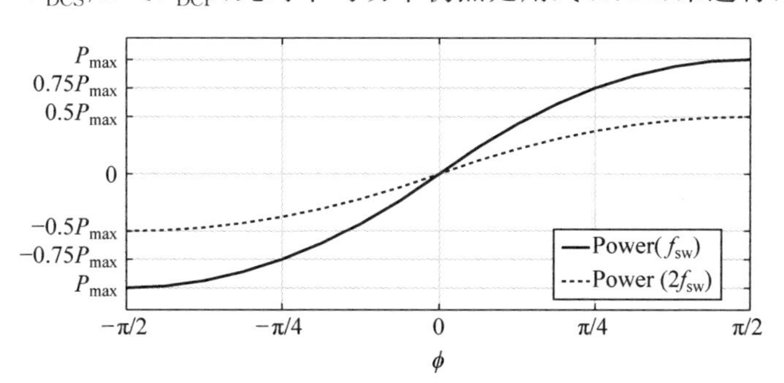

图 9.11 DAB 中的平均功率与相位差的关系

9.2.3 零电压开关

在图 9.12 所示的相域波形中,有源开关切换发生在 ϕ、π、$\phi+\pi$ 和 0 处。图 9.6 所示的 DAB 电路中,原边桥与副边桥中对角开关管同时开关,且两对开关管互补导通。应在两对开关管之间施加较短的死区时间以防止直通现象。图 9.12 还显示了用于分析的四个开关模态,这些模态电开关时刻所划分。

考虑从相位 0 到相位 ϕ 的电感电流,模态 1 中有一个过零点,如图 9.12 所示,电感电流由负值变为正值,8 个开关管在 $i_L<0$ 和 $i_L>0$ 时对应的状态如图 9.13(a)、(b)所示,开关动作发生在 ϕ 时刻,副边桥的一对开关 Q_{SBH} 和 Q_{SAL} 被关闭。开关切换前后可以通过图 9.13(b)和图 9.14 之间的差异来进行检查。在开关管切换过程中,应施加较短的死区时间,在死区时间内,Q_{PAH} 和 Q_{PBL} 的反并联二极管正向偏置,以保持 i_L 的流向不变。当开

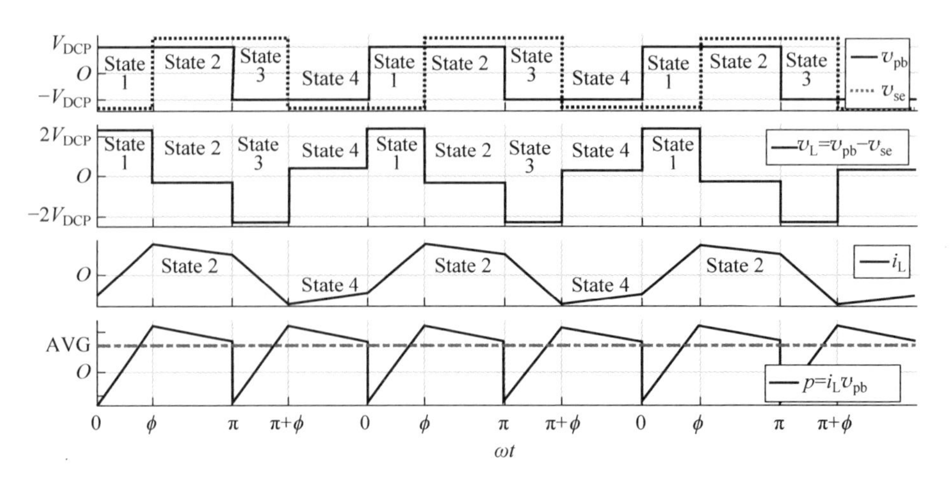

图 9.12 定义开关时刻和运行状态的关键波形

关管 Q_{SAH} 和 Q_{SBL} 开通时刻时，由于反并联二极管的导通，使得开关管的端电压为零，从而实现了零电压开关(ZVS)。

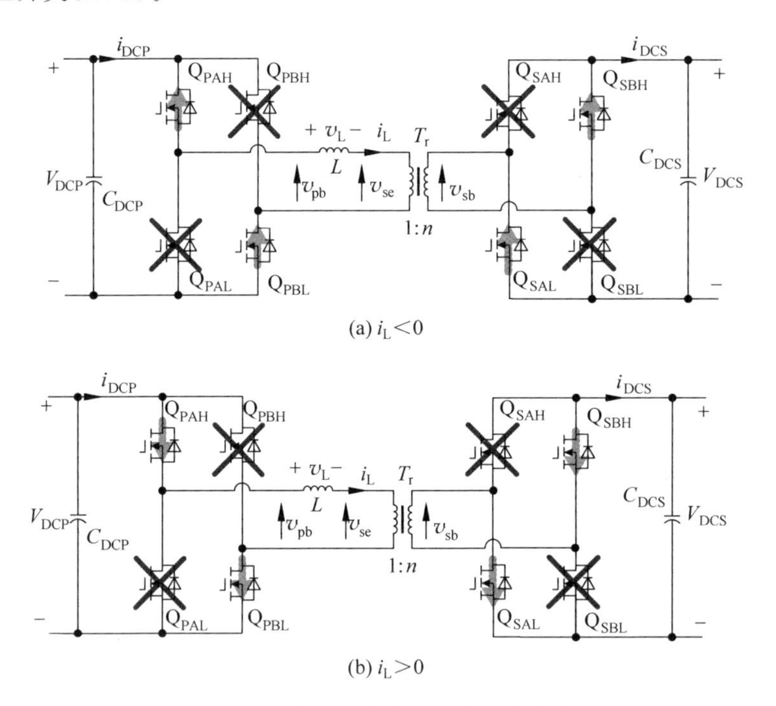

(a) $i_L<0$

(b) $i_L>0$

图 9.13 处于工作模态 1 的电路状态

图 9.14 给出了模态 2 对应的电路状态，该状态对应图 9.12 所示的相位 $\phi \sim \pi$ 的阶段。原边桥在 π 处开关管进行主动切换，以实现电路从模态 2 到模态 3 的切换，原边桥的开关 Q_{PAH} 和 Q_{PBL} 关闭，在死区时间内，Q_{PBH} 和 Q_{PAL} 的反并联二极管是正向导通的，以保持 i_L 的流动方向一致。由于反并联二极管的提前导通，在开关管开启时实现零电压开关，如图 9.14 到图 9.15(a)的切换过程所示。i_L 的过零发生在模态 3 中，此时电感电流从正变为负，如图 9.12 所示。图 9.15(a)、图 9.15(b)所示的等效模态显示了不同方向电流差异时的情况。

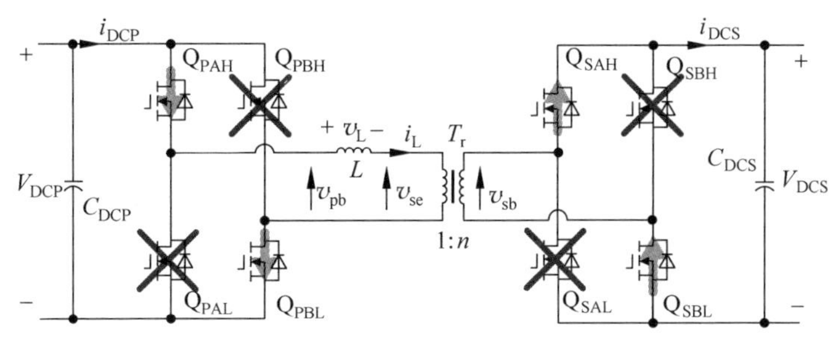

图 9.14 处于工作模态 2 的电路状态

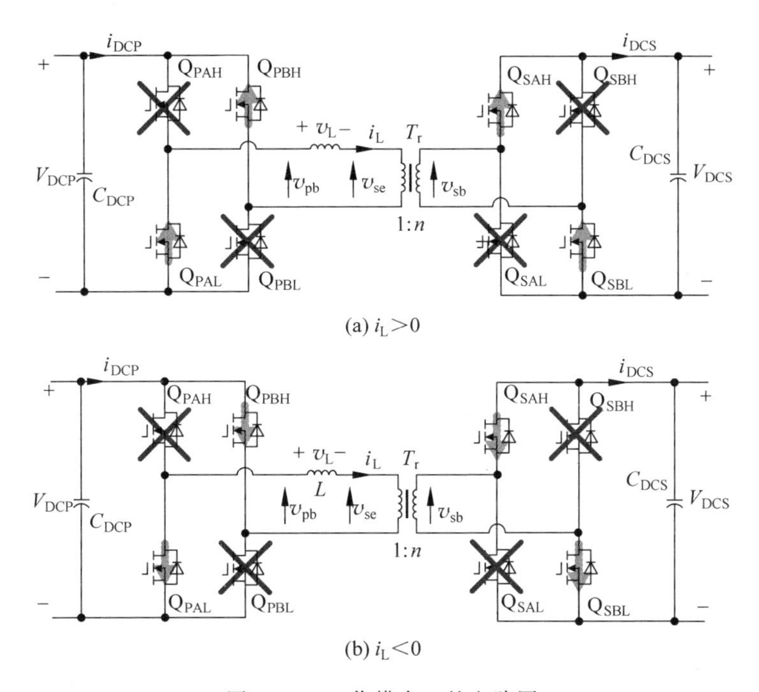

图 9.15 工作模态 3 的电路图

如图 9.12 所示，开关切换发生在 $\pi+\phi$ 时刻。副边桥的开关管 Q_{SAH} 和 Q_{SBL} 关闭。对比图 9.15(b)和图 9.16 可以看出这种转变。在死区时间内，Q_{SBH} 和 Q_{SAL} 的反并联二极管是正向偏置的，使 i_L 流动保持在同一方向，从而实现了开启 Q_{SBH} 和 Q_{SAL} 的零电压开关。第 4 个模态从 $\pi+\phi$ 到 2π，如图 9.12 和图 9.16 所示。在模态 4 结束时会产生下一个开关周期的工作过程。如图 9.12 所示，这种切换可以称为相位的初始点。原边桥的开关管 Q_{PBH} 和 Q_{PAL} 关闭，在死区时间内，Q_{PAH} 和 Q_{PBL} 的反并联二极管是正向偏置的，使 i_L 流动保持在同一方向，这实现了开启 Q_{PAH} 和 Q_{PBL} 的零电压开通。从图 9.16 到图 9.13(a)的过渡阶段体现了这一点。

上述分析是在正向功率流动的基础上进行的，如图 9.12 所示。表 9.3 总结了有关相位、状态、电流、电压、功率和等效电路的运行状态。分析表明，所有开关的 ZVS 均能实现。上述分析表明，i_L 在开关时刻的电流方向对于实现 ZVS 至关重要。电流应在驱动信号之前使反并联二极管正向导通，并提供 ZVS 导通实现的条件。

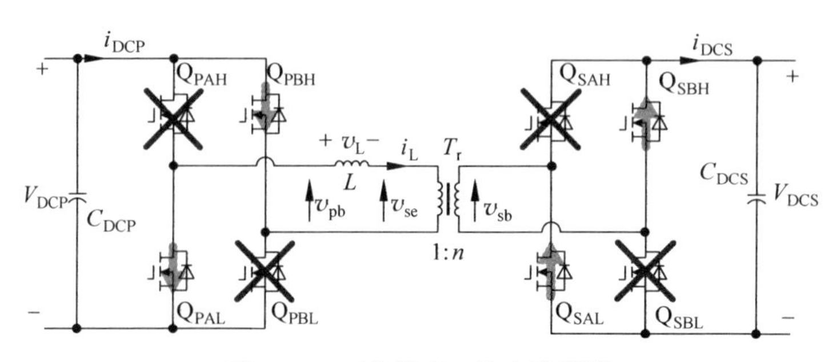

图 9.16 工作模态 4 的电路说明

表 9.3 正向功率流所有 ZVS 的运行状态

相位	状态	电流	电压	功率	等效电路
$0\sim\phi$	1a	$i_L<0$	$v_{pb}>0, v_{se}<0$	$p(t)<0$	图 9.13(a)
$0\sim\phi$	1b	$i_L>0$	$v_{pb}>0, v_{se}<0$	$p(t)>0$	图 9.13(b)
$\phi\sim\pi$	2	$i_L>0$	$v_{pb}>0, v_{se}>0$	$p(t)>0$	图 9.14
$\pi\sim(\pi+\phi)$	3a	$i_L>0$	$v_{pb}<0, v_{se}>0$	$p(t)<0$	图 9.15(a)
$\pi\sim(\pi+\phi)$	3b	$i_L<0$	$v_{pb}<0, v_{se}>0$	$p(t)>0$	图 9.15(b)
$(\pi+\phi)\sim2\pi$	4	$i_L<0$	$v_{pb}<0, v_{se}>0$	$p(t)>0$	图 9.16

根据以上分析，表 9.4 总结了采用零电压开关的情况，零电压开关是由开关时刻电感电流的方向所决定的。该总结适用于所有 DAB 实现 ZVS 的案例研究。

表 9.4 ZVS 的开启条件

电流	导通开关	电压变化
$i_L>0$	Q_{SAH} 和 Q_{SBL}	$v_{sb}\Uparrow$ ：[−]⇒[+]
$i_L>0$	Q_{PBH} 和 Q_{PAL}	$v_{pb}\Downarrow$ ：[+]⇒[−]
$i_L<0$	Q_{SBH} 和 Q_{SAL}	$v_{sb}\Downarrow$ ：[+]⇒[−]
$i_L<0$	Q_{PAH} 和 Q_{PBL}	$v_{pb}\Uparrow$ ：[−]⇒[+]

图 9.17 为反向功率流动的稳态波形，运行状态是由四个开关时刻所定义的。根据图 9.10 中的稳态波形，反向功率流动运行状态在表 9.5 中进行了定义总结，列出了四种状

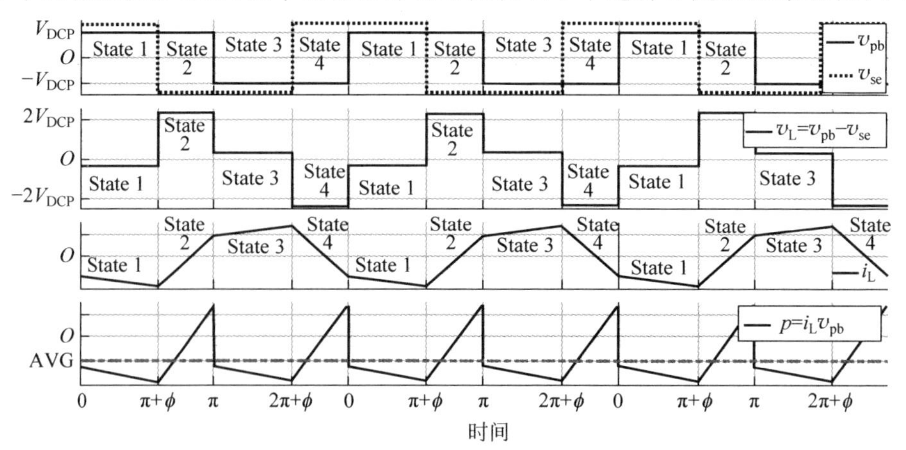

图 9.17 用于定义功率反向流动时的开关时刻和操作状态的关键波形

态及其在相位、电流、电压和功率方面的状态。有源开关的开通操作也满足所有的 ZVS，这符合表 9.4 中所定义的条件。

表 9.5 反向功率流动所有 ZVS 的运行状态

相位	状态	电流	电压	功率
$0\sim(\pi+\phi)$	1	$i_L<0$	$v_{pb}>0, v_{se}>0$	$p(t)<0$
$(\pi+\phi)\sim\pi$	2a	$i_L<0$	$v_{pb}>0, v_{se}<0$	$p(t)<0$
$(\pi+\phi)\sim\pi$	2b	$i_L>0$	$v_{pb}>0, v_{se}<0$	$p(t)>0$
$\pi\sim(2\pi+\phi)$	3	$i_L>0$	$v_{pb}<0, v_{se}<0$	$p(t)<0$
$(2\pi+\phi)\sim2\pi$	4a	$i_L>0$	$v_{pb}<0, v_{se}>0$	$p(t)<0$
$(2\pi+\phi)\sim2\pi$	4b	$i_L<0$	$v_{pb}<0, v_{se}>0$	$p(t)>0$

i_L 的过零应该在合适的状态下发生才能满足表 9.4 中列出的条件。能够始终确保 ZVS 的正确开关顺序的条件可用 $V_{DCP}=\frac{V_{DCS}}{n}$ 表示，该条件使得 v_{pb} 和 v_{se} 的幅值相等。图 9.18 显示了当正向功率流动时由正值 ϕ 调制实现 i_L 的“平顶”稳态波形，这种情况下导致模态 2 和模态 4 时 $v_L=0$ 和 i_L 的平顶。反向功率流动的稳态工况如图 9.19 所示，其中 $V_{DCP}=\frac{V_{DCS}}{n}$。这种稳态下的电流平顶状态保证 i_L 的方向始终支持 ZVS 开启，如表 9.4 所述。

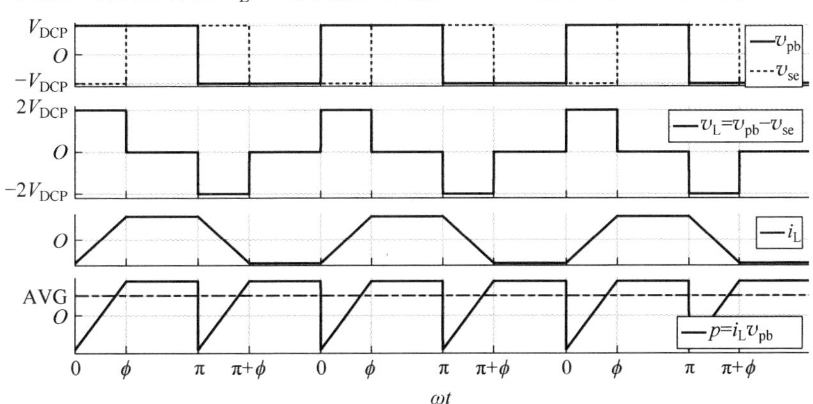

图 9.18 电流平顶状态下的正向功率流波形

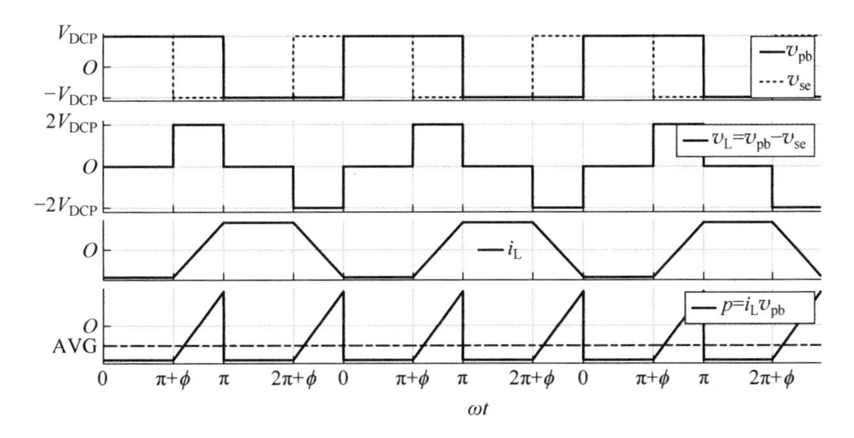

图 9.19 电流平顶状态下的反向功率流波形

9.2.4 零电压开关丢失

由于直流端电压的变化，大多数 DAB 不能始终保持电流平顶状态。图 9.20 说明了正向功率流动时的一种情况，即 v_{pb} 的幅值低于 v_{se} 的幅值。由于 ϕ 值较低，i_L 的两个过零时刻发生在模态 2 和模态 4 中，而不是模态 1 和模态 3 中，如图 9.12 和表 9.3 中所示。Q_{PBH} 和 Q_{PAL} 的开通失去了 ZVS 的条件，因为在 π 时刻，$i_L<0$，这与表 9.4 中定义的条件相反。Q_{PAH} 和 Q_{PBL} 的导通 ZVS 也不能实现，因为在开启时刻 $i_L>0$。因此，原边桥的四个开关在 0 和 π 导通时无法实现 ZVS。i_L 的方向对于实现副边桥中四个开关的 ZVS 开通是可行的，如图 9.20 所示。

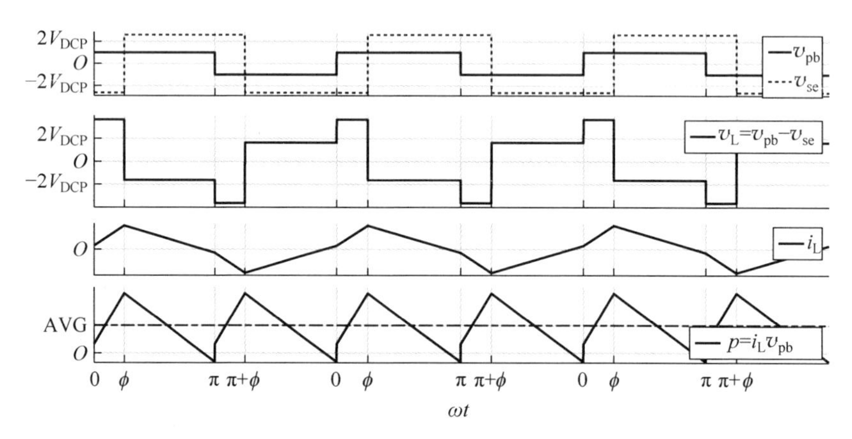

图 9.20 在 $V_{DCP}<\dfrac{V_{DCS}}{n}$ 情况下 ZVS 部分丢失的波形

图 9.21 展示了另一种正向功率流的情况，即 v_{pb} 的幅值大于 v_{se} 的幅值。由于 ϕ 值较低，两个过零点也发生在模态 2 和模态 4，而不是模态 1 和模态 3。在其中，由于在 ϕ 处 $i_L<0$，用于开启 Q_{SAH} 和 Q_{SBL} 的 ZVS 导通条件丢失；因为在开关时刻 $i_L>0$，Q_{SBH} 和 Q_{SAL} 的 ZVS 导通条件也丢失。副边桥的四个开关在 ϕ 和 $\pi+\phi$ 的导通时刻均无法实现 ZVS。而 i_L 的方向对于实现原边桥中四个开关的 ZVS 开通条件是可以保证的，如图 9.21 所示。

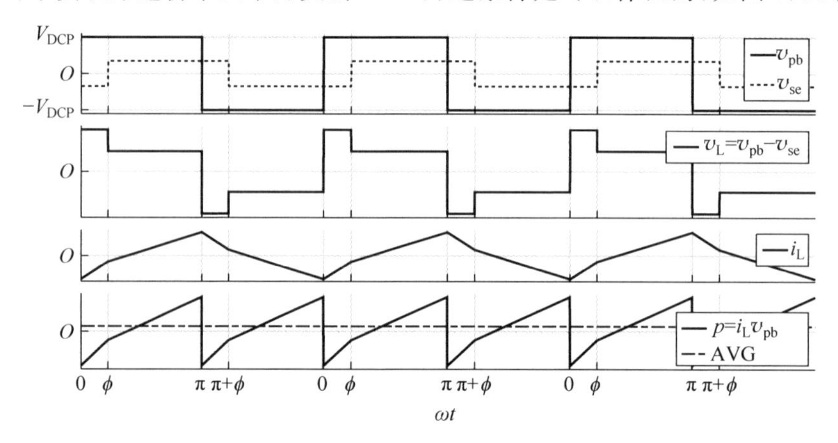

图 9.21 在 $V_{DCP}>\dfrac{V_{DCS}}{n}$ 情况下 ZVS 部分丢失的波形

9.2.5 零电压开关的临界移相

图 9.20 表明，由于$V_{DCP}<\frac{V_{DCS}}{n}$，$i_L$ 的过零发生在模态 2 和模态 4 而不是模态 1 和模态 3，v_{pb} 和 v_{se} 的幅值差异过大以及 ϕ 值过低造成了这一现象。在 v_{pb} 的幅值小于 v_{se} 幅值的情况下，可以定义一个约束条件来保持所有开关的 ZVS。条件是 ϕ 应大到使得 $i_L(0)\leqslant 0$。因此，临界条件是 $i_L(0)=0$，根据这一条件可以得到实现 ZVS 的 ϕ 临界值。根据式(9.5)，移相角的临界值为

$$\phi_{crit}=\frac{\pi(V_{DCS}-nV_{DCP})}{2V_{DCS}} \tag{9.23}$$

当 $\phi\geqslant\phi_{crit}$ 时，在正向功率流动和 $V_{DCP}<\frac{V_{DCS}}{n}$的情况下，可以保持开关顺序以实现所有 8 个开关 ZVS 的操作。

在正向功率流动和 $V_{DCP}<\frac{V_{DCS}}{n}$的情况下，临界条件下($\phi=\phi_{crit}$)的稳态波形如图 9.22 所示。原边桥中开关的切换时刻发生在 $i_L=0$，即实现了 ZVS 和 ZCS。有趣的是，由于 $p(t)$的瞬时值在运行时始终大于 0，因此这种情况下变压器原边电路不存在功率回馈道输入侧的现象，即不存在无功功率。图 9.21 给出了由于 $V_{DCP}>\frac{V_{DCS}}{n}$，电感电流过零点而发生在模态 2 和模态 4 而不是模态 1 和模态 3 情况时的波形，为了保持副边桥中所有开关的 ZVS，ϕ 应在满足 $i_L(\phi)\geqslant 0$ 的范围内。根据式(9.6)可得移相的临界值为

$$\phi_{crit}=\frac{\pi(nV_{DCP}-V_{DCS})}{2nV_{DCP}} \tag{9.24}$$

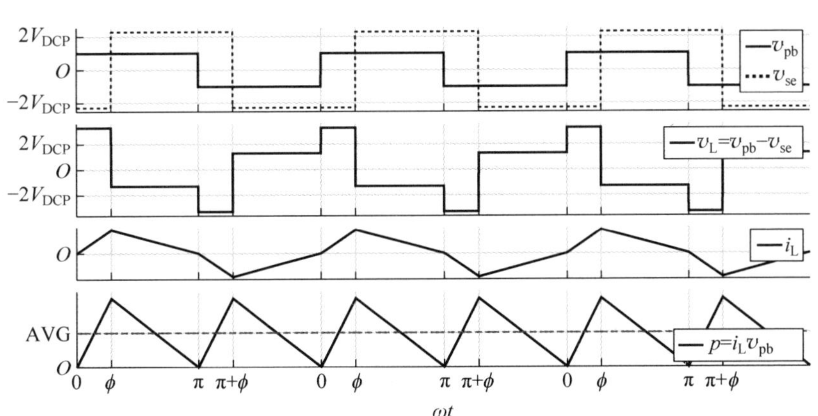

图 9.22 $V_{DCP}<\frac{V_{DCS}}{n}$且 $\phi=\phi_{crit}$ 时正向功率流的波形

图 9.23 显示了正向功率流动情况下的稳态波形，其中 v_{pb} 的幅值高于 v_{se} 的幅值。临界条件($\phi=\phi_{crit}$)表明副边桥的开关时刻发生在 $i_L=0$ 处，SB 中的开关开通可以同时实现

ZVS 和 ZCS。此时瞬时功率包括负值,说明变换器功率变换时存在无功功率。

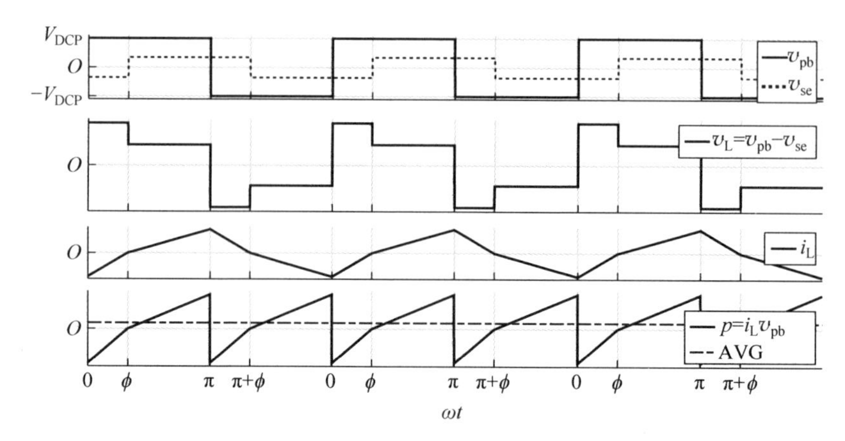

图 9.23 $V_{SE}<V_{PB}$ 且 $\phi=\phi_{crit}$ 时正向功率流的波形

可以推导出表示正向功率流动时临界移相角的一般方程：

$$\phi_{crit}=\frac{\pi|nV_{DCP}-V_{DCS}|}{2\max(nV_{DCP},V_{DCS})} \tag{9.25}$$

它由两种不同的情况导出,分别对应式(9.23)和式(9.24)。根据 $nV_{DCP}\neq V_{DCS}$,可确定一个非零的 ϕ_{crit}。当 $|\phi|\geqslant|\phi_{crit}|$ 时,8 个开关管 ZVS 条件都得到了保证。当 $nV_{DCP}=V_{DCS}$ 时,计算得到 $\phi_{crit}=0$,表示这种情况下所有开关管均能实现 ZVS。在反向功率流动的情况下,临界相角的推导与式(9.25)相同。总而言之,无论是正向功率状态还是反向功率状态,当相角条件维持在 $|\phi|\geqslant\phi_{crit}$ 时,所有开关管都能实现 ZVS。

9.2.6 仿真与案例分析

根据 DAB 的工作原理可以构建 Simulink 模型,如图 9.24 所示。DAB 模型需要 V_{DCP}、V_{DCS} 电压大小,以及所有有源开关的开关控制信号,如图 9.24(a)所示。V_{DCP} 和 V_{DCS} 的变化取决于直流端电源和负载的大小。输出信号包括电感两端的两个电压 v_{pb} 和 v_{se},以及电感电流 i_L。可以产生“PWM-PA”和“PWM-SA”的栅极驱动信号来实现相位差控制。桥臂 B 的对应的 PWM 驱动信号是桥臂 A 的互补信号。可以构建如图 9.24(b)所示的移相调制模块,这在 5.4.2 节中已经介绍过,调制应该产生显示相移的“PWM-PA”和“PWM-SA”信号脉冲。

案例研究基于表 9.6 中的规格参数。根据式(9.12),可以确定电感 $L=1.9\mu$H。根据式(9.25),临界相移角 ϕ_{crit} 为 0.38rad 或 22°,它显示了所有 ZVS 的边界。图 9.25 显示了反向功率流动时 $\phi=-0.38$rad 调制的仿真结果。根据式(9.22),平均功率为 -426W,仿真结果验证了这一数据。具有这组参数的电路可以产生 $-1\sim1$kW 的功率流动,分别对应 $-\pi/2\sim\pi/2$ 的移相角调节。

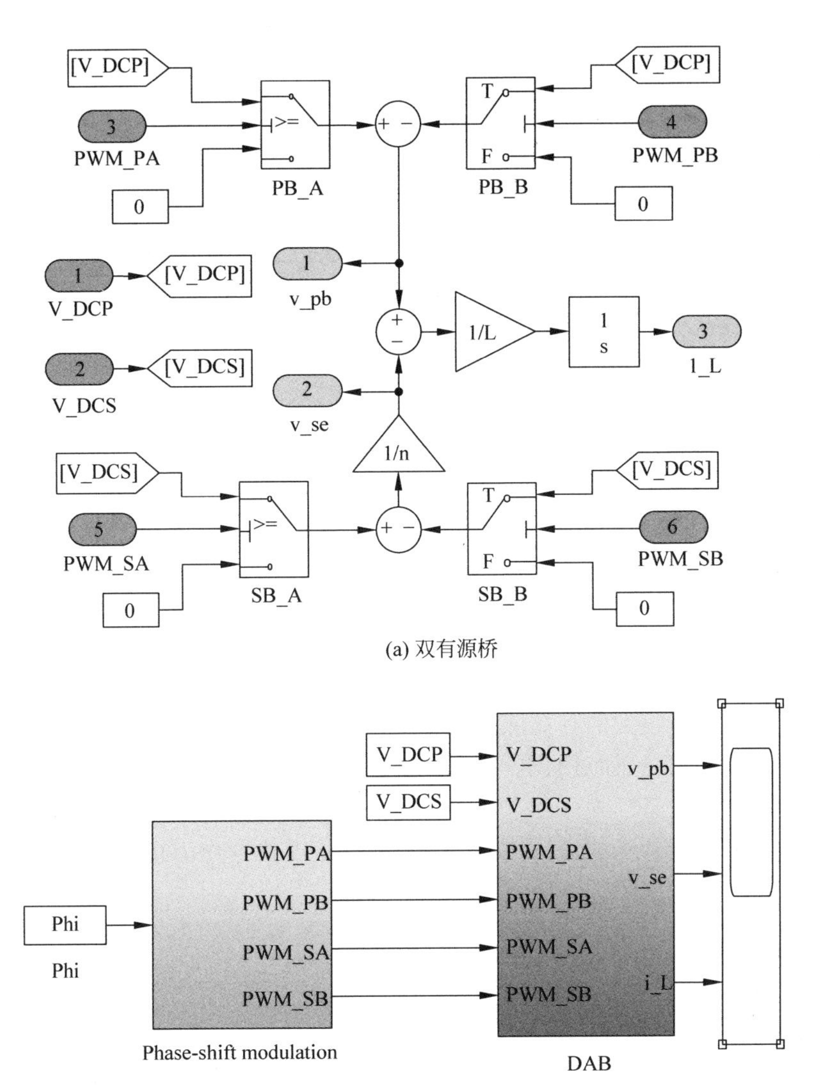

(a) 双有源桥

(b) 集成了调制模块的模型

图 9.24　仿真模型

表 9.6　双有源桥的设计要求

说　　明	符　　号	数　　值
原边桥额定电压	V_{DCP}	48V
副边桥额定电压	V_{DCS}	380V
最大功率	P_{MAX}	1kW
绕组匝比	$1:n$	1:6
开关频率	f_{sw}	200kHz

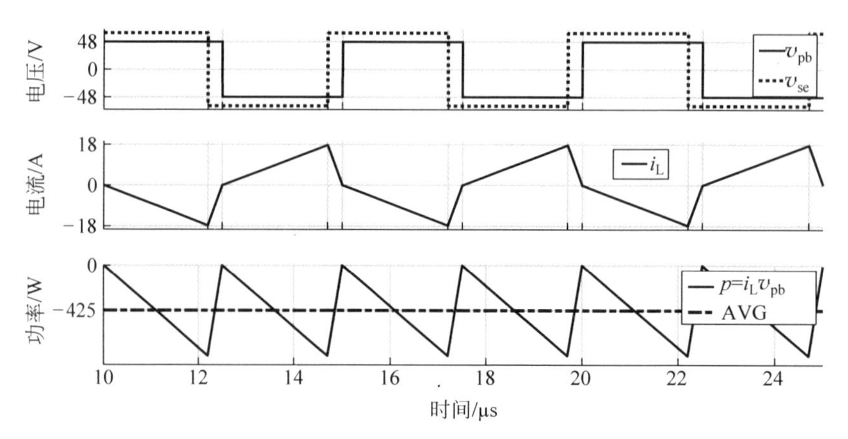

图 9.25　显示相移 $\phi=\phi_{crit}$ 的 DAB 仿真波形

9.3　直流和交流间的双向电力变换

现代电力系统趋向于越来越多地通过电力变换器连接分布式发电系统。由于传统的发电方式是以电机为基础，较大的系统惯性保证了传统发电系统的稳定运行；而随着越来越多的变换器接入电网，系统惯性不足导致的稳定性问题越来越被人们关注。基于涡轮的发电机在旋转过程中具有很大的存储能量，这可以用来支撑电网的稳定性。维持电网稳定的替代方案是增加储能装置，如可充电电池和超级电容器，这需要直流和交流之间的双向功率变换来连接此类直流设备。对于小规模应用，电能变换通常在直流和单相交流之间进行。大型电力应用需要直流和三相交流之间采用双向功率变换器作为接口。

9.3.1　直流和单相交流间双向电力变换

第 5 章讨论了从直流电到单相交流电的功率变换，图 5.3 显示了用于执行变换的典型的桥式电路。DC/AC 电压变换只能实现降压操作，因为稳态时 v_{ab} 的有效值小于直流输入电压 V_{in}。因此，完全受控的 DC/AC 的输入电压是直流电压，该电压始终高于稳态时 v_{ab} 的峰值。

如图 5.3 所示，由于存在反并联二极管，当 v_{ab} 的瞬时值高于 V_{in} 时，可以自动实现 AC/DC 变换。从单相交流电到直流电的功率变换取决于二极管的正偏状态，这是不受控制的。当 $v_{ab}(t)>V_{in}$ 时，无论有源开关处于何种状态，都会有一对二极管自动导通，将电能从交流端传输到直流端。因此，为直流到单相交流变换而设计的电桥能够执行双向功率变换，但受到交流和直流侧电压差的限制。

9.3.2　直流和三相交流间双向电力变换

图 8.3 是实现直流到三相交流功率变换的典型桥式电路。完全受控的 DC/AC 操作在基于直流电压 v_{in} 始终高于交流电压幅值的条件下进行的。另外，由于反并联二极管，能量可以从三相交流电变换为直流电，如桥式电路所示。从三相交流到直流的功率变换取决于六个二极管的正向偏置状态。当三相交流侧的任何线电压高于直流电压 V_{in} 时，就有一对

二极管导通，从而将电能从交流电转化为直流电。原则上，为直流到三相交流变换而设计的电桥能够执行双向功率变换，但受到交流和直流侧电压水平的限制。

对于三相交流驱动器的许多应用，例如电动汽车、起重机或电梯，电机还可以用作交流发电机或电动机。当机械力拉动转子的速度超过其同步转速时，电机就作为发电机使用，这种情况下，动能就会转换为热量，并由制动电阻耗散，以保持电压的稳定性。这种解决办法已在第8章中讨论过，图8.2显示了有制动电阻 R_B 和斩波开关 Q_B 的系统电路。二极管桥只能进行单向功率变换，不能将电能从直流侧传输到交流侧。

再生制动产生的能源应合理回收，并储存或输送到电网中。变频驱动系统需要双向AC/DC变换来回收再生能量，调节直流环节电压可以控制电源和电机之间的双向功率的流动。具有双向DC/AC变换的电机变频驱动器如图9.26所示。标称功率流动是交流电源通过AC/DC环节、DC环节和DC/AC环节流向电机，当电机开始发电时，直流母线电压将增加，直到可以电压升高到一定水平并注入电网。因此，两个有源电桥具有双向功率流动的能力，电机的再生电能回收可提高系统的效率。

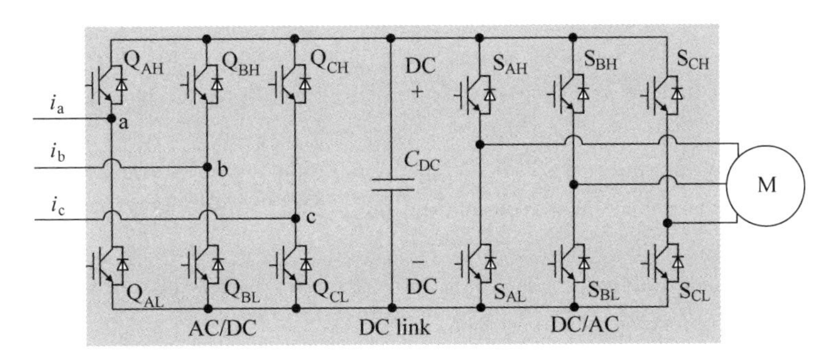

图9.26 具有双向DC/AC变换的电机变频驱动器

9.4 本章小结

非隔离式直流/直流变换器的同步开关显示了双向功率变换的能力。为实现双向功率流动，此类变换器中的续流二极管应由MOSFET代替。同步整流的Buck-Boost和Ćuk拓扑可实现双向可控功率变换，因此这些变换器通常用于电池单元均衡。同步降压变换器能量反向流动时相当于升压变换器，具体情况取决于输入和输出的参数与控制方式，它支持双向功率流动，但运行时又受制于变换器两侧电压大小的具体情况。上述非隔离拓扑的稳态分析都是基于电压变换得到的。

近年来，由于DAB具有功率流向可控、电气隔离、软开关等特点，被广泛用于双向功率变换。功率半导体的性能提升使拓扑结构比以前具有更低的成本和更高的效率。移相技术是一种典型的双向调节技术，也可以通过改变开关频率来控制功率的大小。DAB的设计挑战在于广泛的负载条件和变化参数下保持高变换效率。当使用移相法进行调制时，该拓扑在稳态下主要表现为存在无功功率这一缺点。众所周知，无功功率增加了电路中的传导损耗。降低移相角可以降低功率变换大小，但会造成软开关丢失和无功功率的增加。因此，大量的研究集中在先进的调制技术上，提高软开关范围并最大限度地降低无功功率，从而提高变换效率。

有源四开关和六开关桥可以支持双向功率流动，这些拓扑通常被设计用于支持从直流到交流的降压变换。因此，当直流侧显示出比交流侧更高的电压时，该直流/交流变换是可控的；否则，电桥中的反并联二极管形成整流器，自动将交流电变换为直流电。该功能可用于来自旋转电机的再生能量的回收利用。

参考文献

[1] DeDoncker R W, Kheraluwala M H, Divan D M. Power conversion apparatus for DC/DC conversion using dual active bridges[P]. US patent, # US5027264A, 1991.

[2] Syed I, Xiao W D, Zhang P. Modeling and affine parameterization for dual active bridge DC-DC converters[J]. Electric Power Components and Systems, 2015, 43(6): 665-673.

[3] Wen H, Su B, Xiao W D. Design and performance evaluation of a bidirectional isolated DC-DC converter with extended dual-phase-shift scheme[J]. IET Power Electronics, 2013, 6(5): 914-924.

[4] Wen H, Xiao W D, Su B. Nonactive power losses minimization in a bidirectional isolated DC-DC converter for distributed power system[J]. IEEE Transactions on Industrial Electronics, 2014, 61(12): 6822-6831.

[5] Lee Y S, Cheng M W. Intelligent control battery equalization for series connected lithium-ion battery strings[J]. IEEE Transactions on Industrial Electronics, 2005, 52(5): 1297-1307. doi: 10.1109/TIE.2005.855673.

[6] Kukut N H. A modular nondissipative current diverter for EV battery charge equalization[C]. Applied Power Electronics Conference and Exposition, 1998.

[7] Wen H, Xiao W D. Bidirectional dual-active-bridge DC-DC converter with triple phase-shift control[C]. in Proceedings of IEEE Applied Power Electronics Conference and Exposition (APEC), Long Beach, 2013.

[8] Farhangi M, Xiao W D, Wen H. Advanced modulation scheme of dual active bridge for high conversion efficiency[C]. IEEE 28th International Symposium on Industrial Electronics (ISIE), Vancouver, 2019.

习题

9.1 根据9.2.6节案例构建DAB仿真模型。

9.2 根据表9.6中的DAB规范，

(1) 在$\phi=\frac{\pi}{2}$，$\phi=-\frac{\pi}{2}$以及$\phi=\phi_{crit}$和$\phi=-\phi_{crit}$的条件下，进行仿真。

(2) 当$\phi=0.2$rad时，计算功率的平均值，得到仿真结果，并讨论ZVS实现的开关操作。

9.3 根据表9.6中的DAB设计要求，将绕组匝数比从1∶6改为1∶10。其他参数保持不变。

(1) 计算L值以满足规范要求。

(2) 在$\phi=\frac{\pi}{2}$和$\phi=-\frac{\pi}{2}$的基础上仿真电路。

(3) 求 ϕ_{crit} 的新值,并根据 $\phi=\phi_{crit}$ 和 $\phi=-\phi_{crit}$ 仿真 DAB。

(4) 当 $\phi=-0.2$rad 时,计算功率的平均值,得到仿真结果,并讨论 ZVS 实现的开关的参数要求。

9.4　根据表 9.6 中的 DAB 规范,将绕组匝数比从 1∶6 改为 1∶7.92。其他参数保持不变。计算 L 值以满足规范要求;在 $\phi=0.2$rad 时对电路进行仿真,讨论 ZVS 实现开关的要求。

第10章

平均模型与仿真

功率变换器的发展趋势是采用高频开关,因开关的非线性而使变换器表现出非线性特性。当一个供电系统(如微电网)由大量的变换器组成时,建立系统的仿真是一个挑战,特别是对于光伏和风电的日发电量、储能系统(ESS)中荷电状态的缓慢变化等方面的长期研究。高开关频率要求在仿真中所设置的采样率非常高,从而保持高的开关分辨率,最终导致仿真的运行速度变慢。为评估分布式可再生发电和储能系统的长期运行状况,学术界和工业界都需要一种高效、通用的仿真模型。建模与仿真对于动态分析和控制程序的合成来说越来越重要。建模是为仿真研究与动态分析或为这两者构建数学模型的通用术语。由于低频分量对系统的动态特性分析至关重要,因此平均法被广泛应用于功率变换器的建模。这样,平均技术可以忽略高频开关效应,但可以为仿真和分析揭示关键的系统动态特性。

本章重点介绍用于数值仿真和动态分析的平均建模方法,该方法支持快速仿真,而不会丢失瞬态中的任何关键动态。建模方法基于系统动态特性的数学表达式,而不是任何特定的仿真工具。该方法适用于整个运行状态,包括轻载情况和功率变换器的DCM运行状态。

10.1 开关动态特性

高效功率变换器的设计与运行主要是基于快速开关技术来管理和调节能量流动。因为高频开关可以显著减小无源元件(如电感器和电容器)的尺寸和容量,提高了功率密度、降低了成本并增强了系统的动态性能,所以高频开关一直是研究人员研究的一个重要方向,目前最高的开关频率已经达到数兆赫。对于数值仿真来说,高开关频率通常会降低用于采集快速开关动态状况的数值仿真速度。为精确仿真,用于离散模拟开关变换器的数值采样频率通常至少是开关频率的100倍。例如,若变换器的开关频率为100kHz,则用于仿真的采样时间应为100ns,这将使得开关的占空比分辨率为1%。当采样时间减少到10ns时,PWM的分辨率提高到0.1%,其具有更强的准确性和代表性,但实现仿真所需的时间更长,因此可采用专注于特殊的硬件和软件来满足密集仿真的需求。然而,该解决方案成本很高,还不足以推广。目前常使用的仿真平台已在1.4.2节中列出。

高频开关的动态特性关注短时间的分析以揭示每个开关周期动态性能，在直流/直流变换器中，电感电流与电容电压两个量通常用来进行稳态分析。然而，对于长时间的分析和仿真来说，周期振荡效应并不重要。自20世纪70年代以来，电力电子的平均建模技术得以发展，并用于分析系统的动态特性。平均建模法基于这样的一个事实前提，即开关频率远高于变换器中LCR电路所表示的关键动态特性。

10.2 连续导通模式

在CCM运行的变换器中，电感电流与电容电压的动态特性在随后关于动态建模和分析的讨论中进行了考虑。

10.2.1 降压变换器

如图10.1所示，标准降压变换器可分为两个部分，即开关部分（又称为非线性部分）和线性部分。线性部分由无源元件L、C_o和R组成，它们可以通过电路理论进行建模。开关部分由半导体构成，用于功率调制和电压变换。线性部分和非线性部分之间的连接是开关节点处的电压v_{sw}，该电压是脉动且不连续的。变换器中需要平均计算的量是脉动电压v_{sw}，当忽略非理想因素时，其平均值$\bar{v}_{sw}=d_{on}V_{in}$，电压转换基于CCM运行时的通态占空比$d_{on}$。取其平均值后，等效电路如图10.2所示，可用线性电路分析并表示为

$$L\frac{d\bar{i}_L}{dt}=d_{on}V_{in}-\bar{v}_o \tag{10.1}$$

$$C_o\frac{d\bar{v}_o}{dt}=\bar{i}_L-\frac{\bar{v}_o}{R} \tag{10.2}$$

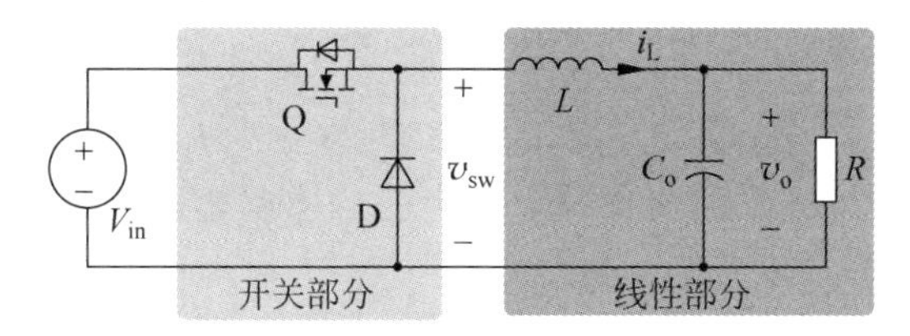

图10.1 用于平均建模的CCM下的Buck变换器

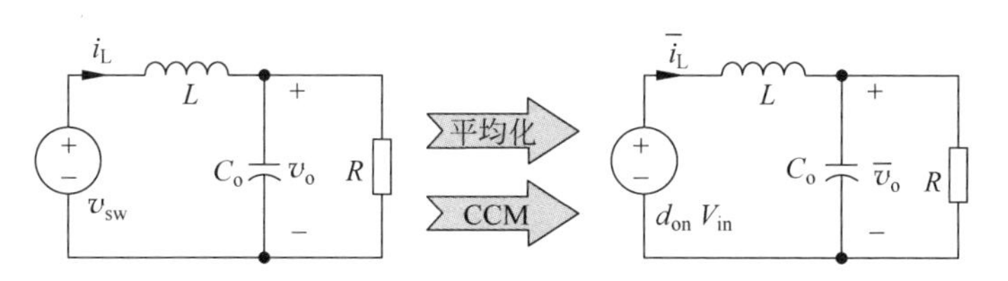

图10.2 用于平均建模的Buck变换器的等效电路

式中：$\bar{i}_L$、$\bar{v}_o$分别为电感电流和输出电压的平均值。模型可以转换为下式中的状态空间表示形式：

$$\begin{bmatrix}\dfrac{\mathrm{d}\bar{i}_{\mathrm{L}}}{\mathrm{d}t}\\ \dfrac{\mathrm{d}\bar{v}_{\mathrm{o}}}{\mathrm{d}t}\end{bmatrix}=\begin{bmatrix}0 & \dfrac{1}{L}\\ \dfrac{1}{C_{\mathrm{o}}} & \dfrac{1}{RC_{\mathrm{o}}}\end{bmatrix}\begin{bmatrix}\bar{i}_{\mathrm{L}}\\ \bar{v}_{\mathrm{o}}\end{bmatrix}+\begin{bmatrix}\dfrac{V_{\mathrm{in}}}{L}\\ 0\end{bmatrix}d_{\mathrm{on}} \tag{10.3}$$

其中两种状态量用 $\bar{i}_{\mathrm{L}}$ 和 $\bar{v}_{\mathrm{o}}$ 表示，输入是有源开关的通态占空比 d_{on}。当 V_{in} 为常数时，状态空间模型表示的是线性物理系统，该模型可用于基于状态空间的分析和控制器设计。状态反馈是一种有效的控制技术，可以调节状态变量 $\bar{i}_{\mathrm{L}}$ 和 $\bar{v}_{\mathrm{o}}$，并用来确定控制变量 d_{on}。

除了状态空间表示之外，系统的动态特性还可以通过使用微分方程的单输入单输出(SISO)系统来表示。当输出电压的平均值为控制目标时，可由式(10.1)和式(10.2)这两个一阶方程推导出二阶形式的微分方程：

$$LC_{\mathrm{o}}\frac{\mathrm{d}^2\bar{v}_{\mathrm{o}}}{\mathrm{d}t^2}+\frac{L}{R}\frac{\mathrm{d}\bar{v}_{\mathrm{o}}}{\mathrm{d}t}+\bar{v}_{\mathrm{o}}=V_{\mathrm{in}}d_{\mathrm{on}} \tag{10.4}$$

当考虑的是 i_{L} 的平均值时，可以推导出平均电流 $\bar{i}_{\mathrm{L}}$ 与通态占空比 d_{on} 之间的 SISO 动态关系的微分方程：

$$LC_{\mathrm{o}}\frac{\mathrm{d}^2\bar{i}_{\mathrm{L}}}{\mathrm{d}t^2}+\frac{L}{R}\frac{\mathrm{d}\bar{i}_{\mathrm{L}}}{\mathrm{d}t}+\bar{i}_{\mathrm{L}}=C_{\mathrm{o}}\frac{\mathrm{d}}{\mathrm{d}t}(d_{\mathrm{on}})+\frac{V_{\mathrm{in}}d_{\mathrm{on}}}{R} \tag{10.5}$$

式(10.4)和式(10.5)可以使用拉普拉斯变换转换为频域表示。s 域中的传递函数是表示 SISO 系统动态响应的一种典型方式。对于 Buck 变换器，考虑到受控输出 $\bar{i}_{\mathrm{L}}$ 和 $\bar{v}_{\mathrm{o}}$，传递函数表示为

$$\frac{\bar{v}_{\mathrm{o}}(s)}{d_{\mathrm{on}}(s)}=\frac{V_{\mathrm{in}}/LC_{\mathrm{o}}}{s^2+(1/RC_{\mathrm{o}})s+1/LC_{\mathrm{o}}} \tag{10.6}$$

$$\frac{\bar{i}_{\mathrm{L}}(s)}{d_{\mathrm{on}}(s)}=\frac{\dfrac{V_{\mathrm{in}}}{L}s+\dfrac{V_{\mathrm{in}}}{RLC_{\mathrm{o}}}}{s^2+(1/RC_{\mathrm{o}})s+1/LC_{\mathrm{o}}} \tag{10.7}$$

为便于后续的分析，式(10.6)和式(10.7)中的传递函数通常用一般式所表示，即

$$G_{\mathrm{v}}(s)=\frac{\bar{v}_{\mathrm{o}}(s)}{d_{\mathrm{on}}(s)}=\frac{K_{0\mathrm{v}}}{s^2+2\xi\omega_{\mathrm{n}}s+\omega_{\mathrm{n}}^2} \tag{10.8}$$

$$G_{\mathrm{i}}(s)=\frac{\bar{i}_{\mathrm{L}}(s)}{d_{\mathrm{on}}(s)}=\frac{K_{0\mathrm{i}}(\beta_{\mathrm{i}}s+1)}{s^2+2\xi\omega_{\mathrm{n}}s+\omega_{\mathrm{n}}^2} \tag{10.9}$$

式中

$$K_{0\mathrm{v}}=\frac{V_{\mathrm{in}}}{LC_{\mathrm{o}}},\quad \omega_{\mathrm{n}}=\frac{1}{\sqrt{LC_{\mathrm{o}}}},\quad \xi=\frac{1}{2R}\sqrt{\frac{L}{C_{\mathrm{o}}}},\quad K_{0\mathrm{i}}=\frac{V_{\mathrm{in}}}{RLC_{\mathrm{o}}},\quad \beta_{\mathrm{i}}=RC_{\mathrm{o}} \tag{10.10}$$

传递函数通式中的直流增益用 $K_{0\mathrm{v}}$ 和 $K_{0\mathrm{i}}$ 表示，它们代表稳态下输出和输入之间的比率。$G_{\mathrm{i}}(s)$的分母与 $G_{\mathrm{v}}(s)$的分母相同，表示系统阻尼比 ξ 和无阻尼频率 ω_{n} 两个重要参数。对比式(10.8)与式(10.9)，传递函数的差异表现在分子上。

10.2.2　二阶系统的动态分析

CCM 中 Buck 变换器的动态模型是通过平均法以标准二阶传递函数的形式推导出来的，如式(10.8)所示，该数学模型表明有两个不为零的极点，极点可以在复杂的 s 平面或零极点图上进行确定和证明。众所周知，为了保证系统的稳定性，系统的所有极点都必须位于 s 平面的左半平面内。由于 Buck 变换器的动态模型总是表现其具有稳定性，所以一般不需要考虑这个问题。因此，研究应侧重于关于无阻尼频率 ω_n 和阻尼比 ξ 对动态特性的影响；重要的衡量指标包括在阶跃变化时的稳定时间和超调量(PO)。Buck 变换器中无阻尼振荡的情形通常是指 $R=\infty$ 的无负载情况。根据式(10.10)和动态分析表明，空载条件时阻尼系数为零，即 $\xi=0$，该分析的基础是假设电路中的等效串联电阻(ESR)为零。开关动作触发 LC 电路的无限振荡，且谐振频率为 ω_n。当 $0<R<\infty$ 时，ξ 值非零表示电路中存在阻尼效应，这使得电路的自激振荡在稳态下消失。ω_n 值就表征了系统的动态响应速度。对于较高的 ω_n 值，可以期望得到较快的响应。由式(10.10)可知，造成高动态响应速度的原因是 $L\times C_o$ 的值较低。

ξ 值表示系统出现阻尼或振荡的大小。根据式(10.10)，Buck 变换器的阻尼系数取决于无源元件 L、C_o 和 R 的参数值。当变换器工作于 CCM 时，R 值大表示阻尼小。L 和 C_o 的比值也很关键，其与阻尼比有关，在设计阶段应予以考虑。因此，变换器电路的设计不仅考虑稳态纹波，而且考虑响应速度和阻尼比的动态性能。不过，应避免过阻尼系统设计，如 $\xi>2$，因为它所表现出的动态响应较慢。图 10.3 显示了 ω_n 和 ξ 值在响应速度和阻尼性能方面对阶跃响应的影响，其中 $V_{in}=1$。

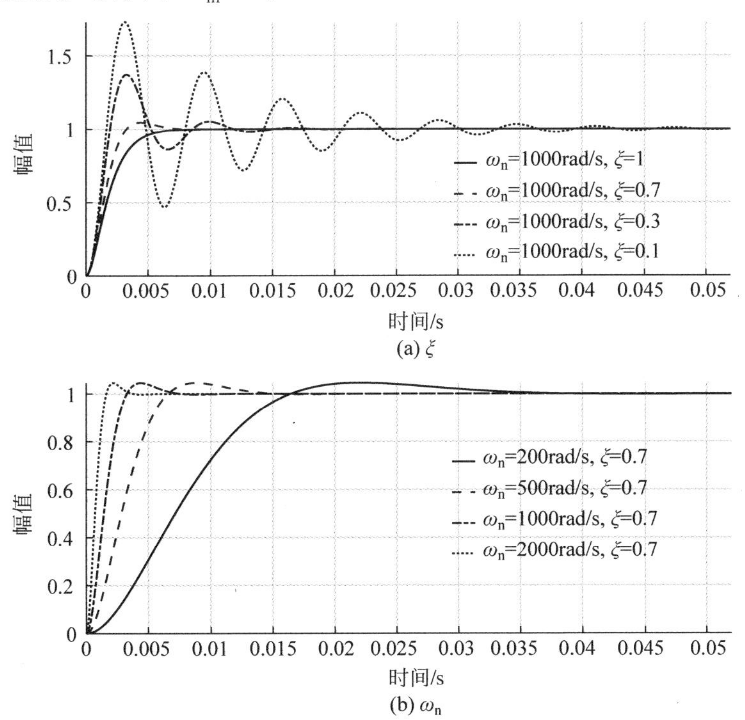

图 10.3　二阶系统阶跃响应的影响

在图10.3(a)中，当$\xi<0.3$时，出现了明显的振荡和超调，使得稳定时间变长。如图10.3(b)所示，当系统动态中的ω_n较高时，其响应速度较快。对于标准的二阶传递函数，如式(10.8)所示的系统动态模型，其阶跃响应的稳定时间T_{set}可以估计为$\frac{4}{\xi\omega_n}$。表10.1总结式(10.8)的传递函数在阶跃响应中超调量的值，该值受ξ值的影响。如图10.3(a)所示，当$\xi=0.7$时，系统的阶跃响应所呈现超调量小于5%，系统的响应速度较快。

表10.1 标准二阶系统在阶跃响应中的超调量

阻尼系数ξ	0	0.1	0.3	0.4	0.5	0.6	0.7	0.8	0.9	1.0
超调量/%	100	72.9	37.2	25.4	16.3	9.5	4.6	1.5	0.2	0.0

当降压变换器中的电感电流为受控目标时，动态分析遵循式(10.9)所示的传递函数，其中$R=1$。它与式(10.8)中的传递函数具有相同的分母，且ω_n和ξ值相同。不同之处在于式(10.9)的分子中有一个动态项$\beta_i s+1$，它表示零点值为$-\frac{1}{RC_o}$。负的零点值表明系统为最小相位(MP)系统。图10.4展示了阶跃响应中最小相位零点的影响。当绝对值$\left|-\frac{1}{\beta_i}\right|$很大时，其对系统响应的影响并不大，若$\beta_i$值较大，如$\beta_i=10^{-3}$，则在初始阶段阶跃响应速度较快；然而，与$\beta_i=0$和$\beta_i=10^{-4}$的情况相比，它会导致更高的超调。根据式(10.10)，β_i的值受C_o设计的影响，并随着负载条件R的变化而变化。对于Buck变换器，由于R值很高，因此在轻载条件下其阶跃响应的超调量较高。

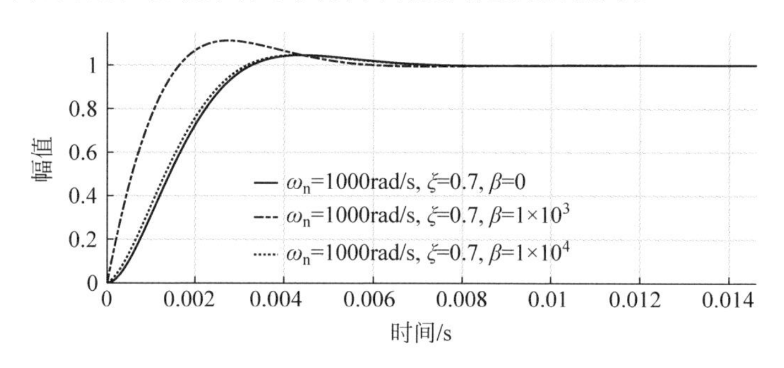

图10.4 具有一个最小相位零点$-\frac{1}{\beta_i}$的二阶系统的阶跃响应

10.2.3 升压变换器

在Boost变换器中电感L和输出电容C_o是不直接连接的，如图3.22(a)所示。与Buck变换器不同，Boost变换器的线性部分与非线性部分的边界不再清晰。当有源开关处于导通状态时，可以得到如式(3.32)和式(3.33)所表示的系统动态特性。当它处于断开状态时，推导出式(3.34)和式(3.35)的微分方程来表明开关动态特性。系统的动态特性应该由状态变量i_L和v_o来表述，它们与能量存储组件L和C_o相关联。控制变量是PWM通断有源开关Q的通态占空比d_{on}或断态占空比d_{off}。

在CCM运行时，式(3.32)和式(3.34)所示的状态方程可以在一个开关周期T_{sw}内取

平均值,并表示为

$$L\frac{\mathrm{d}\bar{i}_{\mathrm{L}}}{\mathrm{d}t}=V_{\mathrm{in}}-d_{\mathrm{off}}\bar{v}_{\mathrm{o}}\quad 或\quad \bar{i}_{\mathrm{L}}=\frac{1}{L}\int(V_{\mathrm{in}}-d_{\mathrm{off}}\bar{v}_{\mathrm{o}})\mathrm{d}t \tag{10.11}$$

在一个开关周期 T_{sw} 中对式(3.33)和式(3.35)所示的状态方程求平均,在 CCM 时得到

$$C_{\mathrm{o}}\frac{\mathrm{d}\bar{v}_{\mathrm{o}}}{\mathrm{d}t}=\bar{i}_{\mathrm{D}}-\bar{i}_{\mathrm{o}}\quad 或\quad \bar{v}_{\mathrm{o}}=\frac{1}{C_{\mathrm{o}}}\int(\bar{i}_{\mathrm{D}}-\bar{i}_{\mathrm{o}})\mathrm{d}t \tag{10.12}$$

式中: $\bar{v}_{\mathrm{o}}$、$\bar{i}_{\mathrm{o}}$ 和 $\bar{i}_{\mathrm{D}}$ 分别为每个开关周期中 v_{o}、i_{o} 和 i_{D} 的平均值,如图 3.22(a)所示。

在 CCM 中,$\bar{i}_{\mathrm{D}}=d_{\mathrm{off}}\bar{i}_{\mathrm{L}}$,$d_{\mathrm{off}}=1-d_{\mathrm{on}}$。因此,式(10.12)中的微分方程可变成

$$C_{\mathrm{o}}\frac{\mathrm{d}\bar{v}_{\mathrm{o}}}{\mathrm{d}t}=d_{\mathrm{off}}\bar{i}_{\mathrm{L}}-\frac{\bar{v}_{\mathrm{o}}}{R}\quad 或\quad \bar{v}_{\mathrm{o}}=\frac{1}{C_{\mathrm{o}}}\int\left(d_{\mathrm{off}}\bar{i}_{\mathrm{L}}-\frac{\bar{v}_{\mathrm{o}}}{R}\right)\mathrm{d}t \tag{10.13}$$

由于乘积 $d_{\mathrm{off}}\bar{i}_{\mathrm{L}}$ 和 $d_{\mathrm{off}}\bar{v}_{\mathrm{o}}$ 的作用,式(10.11)和式(10.13)都呈非线性。该模型可用于仿真或非线性控制方法建立。根据式(10.11)和式(10.13)的非线性问题,可以基于平均变量 $\bar{i}_{\mathrm{L}}$、$\bar{v}_{\mathrm{o}}$ 和 $\bar{i}_{\mathrm{D}}$ 来构建仿真模型。图 10.5 给出了 Simulink 模型,该模型输出为 i_{L} 和 v_{o} 的平均值。输入包括通态占空比 d_{on} 和输出电流的平均值,这可以由负载状态对输出电压的响应来确定。

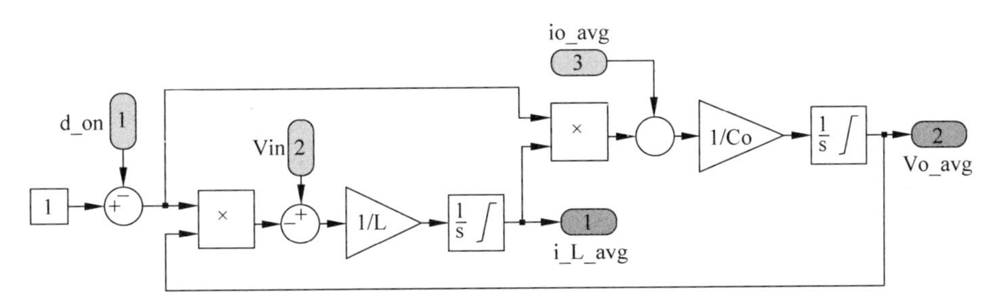

图 10.5　基于 CCM 的 Boost 变换器的平均模型仿真

在建立仿真模型时,验证模型的正确与否对于证明其有效性来说非常重要。在这种情况下,将数学模型的输出与使用完整开关模型的仿真结果进行比较,该完整开关模型已开发完成并如图 3.27 所示。在 3.4.5 节建模和 3.4.6 节建模的案例研究的基础上,仿真比较结果如图 10.6 所示。仿真模拟了将额定占空比施加到 PWM 信号上,引起 i_{L}

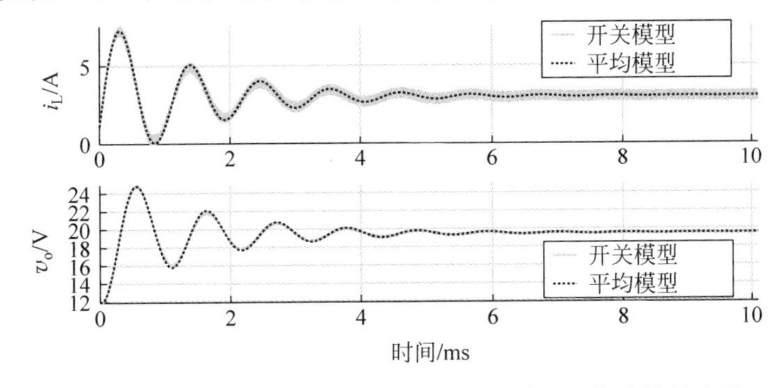

图 10.6　Boost 变换器的开关模型和平均模型的仿真结果比较

和 v_o 上升并稳定到稳态值时的动态过程。平均模型的输出未显示有关开关纹波的信息，但捕获了阶跃响应中的关键动态特性。平均模型是非线性的，但在保证 CCM 的情况下可用于快速仿真。由于忽略了开关动态特性的细节，因此该仿真比基于开关模型的仿真要快得多。

10.2.4 升降压变换器

在 Buck-Boost 变换器中电感 L 和输出电容 C_o 不直接连接，如图 3.37 所示。当有源开关处于导通状态时，等效电路如图 3.38(a)所示，系统动态特性由式(3.52)表示。当它处于断开状态时，等效电路如图 3.38(b)所示，系统动态特性由式(3.53)表示。在 CCM 运行时，式(3.52)和式(3.53)所示的状态方程可以在一个开关周期 T_{sw} 内取平均值，并表示为式(10.11)和式(10.12)。变量 $\bar{v}_o$ 和 $\bar{i}_L$ 分别代表 v_o 和 i_L 的平均值，定义如图 3.37 所示。在 CCM 时，二极管电流的平均值由 $\bar{i}_D=-d_{off}\bar{i}_L$ 表示，其中 $d_{off}=1-d_{on}$。

$$L\frac{\mathrm{d}\bar{i}_L}{\mathrm{d}t}=d_{on}V_{in}+d_{off}\bar{v}_o \quad 或 \quad \bar{i}_L=\frac{1}{L}\int(d_{on}V_{in}-d_{off}\bar{v}_o)\mathrm{d}t \tag{10.14}$$

$$C_o\frac{\mathrm{d}\bar{v}_o}{\mathrm{d}t}=-d_{off}\bar{i}_L-\frac{\bar{v}_o}{R} \quad 或 \quad \bar{v}_o=\frac{1}{C_o}\int\left(-d_{off}\bar{i}_L-\frac{\bar{v}_o}{R}\right)\mathrm{d}t \tag{10.15}$$

由于乘积 $d_{off}\bar{v}_o$ 和 $d_{off}\bar{i}_L$ 的各项都是变量，所以式(10.14)和式(10.15)都是非线性方程。根据式(10.14)和式(10.15)，以占空比为控制输入，构建了一个仿真模型来表示平均变量 $\bar{i}_L$、$\bar{v}_o$ 和 $\bar{i}_D$，如图 10.7 所示。输入包括通态占空比 d_{on} 和输出电流的平均值，这可以由负载状态对 $\bar{v}_o$ 的响应来确定。当使用二极管时，应该对集成块施加饱和功能，从而限制了电感电流和电容电压的极性。

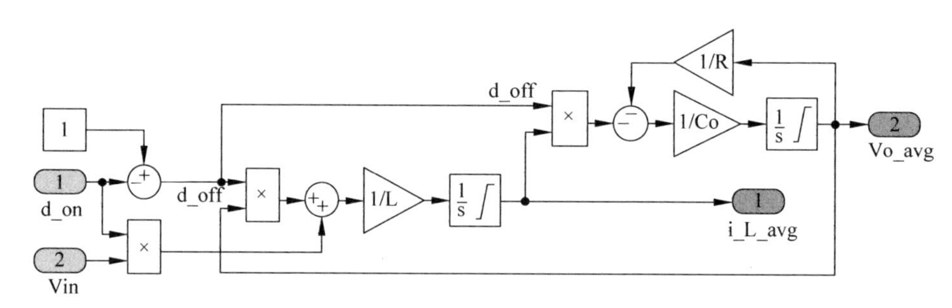

图 10.7 基于 CCM 的 Buck-Boost 变换器的平均模型仿真

为了验证模型，将数学模型的输出与完整开关模型的仿真结果进行比较，完整开关模型如图 3.43 所示。基于 3.6.5 节的案例和 3.6.6 节中的建模，仿真对比结果如图 10.8 所示。仿真模型采用额定占空比产生 PWM 输出，并使得电压和电流达到稳定状态，这一过程称为启动阶段。时域仿真结果表明，平均模型与普通开关模型的吻合度较好。平均模型的输出没有显示有关开关纹波的细节，但捕获了阶跃响应中的关键动态特性。两者都揭示了 i_L 受 Boost 硬件影响的饱和时间段和二极管效应在瞬态阶段所引起的 DCM 运行状况。

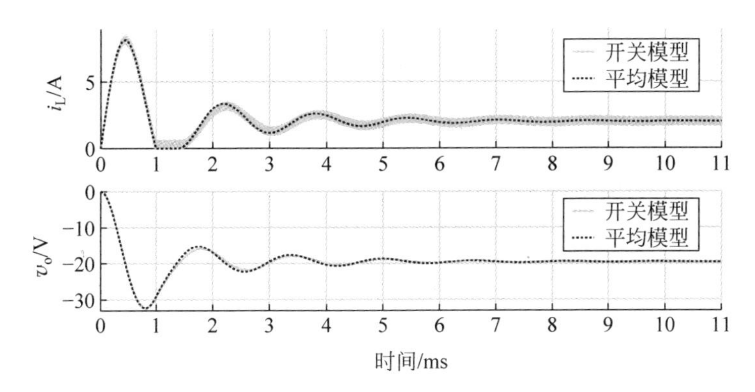

图 10.8　Buck-Boost 变换器的开关模型和平均模型的仿真结果比较

10.3　断续导通模式

平均法主要基于 CCM,对快速仿真非常有用。在许多应用中,由于功率水平取决于负载条件,因此无法避免稳态下的 DCM。其中一个例子是电池充电器,当电池接近其满电量状态时,其功率大小会足够低到使变换器运行在 DCM。此外,Buck-Boost 变换器的案例研究中,在瞬态阶段进入 DCM,即使拓扑是按照 CCM 运行状态而设计的,如图 10.8 所示。为了提高平均模型的快速仿真能力,需要一种通用的方法,使平均模型在 CCM 和 DCM 两种工况下都能表现出完整的运行状态,涵盖临界动态特性和精确的稳态特性。

DCM 发生在变换器使用二极管续流完成且开关管未导通之前。DCM 的结果表明,电感电流的平均值比其纹波幅值低(在第 3 章中已经讨论过)。电感在电路中没有显示出足够的能量存储能力,因为在每个开关周期中,存储的能量总是在开关管开通之前重置为零,因此,由于电感电流在 DCM 中的不连续性,应单独考虑其动态特性。

10.3.1　降压变换器

Buck 变换器的 DCM 运行方式在 3.3.3 节中进行了讨论,并在图 3.10 中给予说明。由于 i_L 的不连续性,电流平均值的动态性不能用线性表示中的状态变量,这与 CCM 的情况不同。在 DCM 中,等效电路如图 10.9 所示,其中电感被划分到开关管组成的非线性部分。电感电流的平均值被建模为直流电流源 i_L,并应用于由 C_o 和 R 组成的电路。i_L 的平均值可以由式(10.16)确定,其中 T_{sw} 是指开关周期,其他变量遵循图 10.9 和图 3.10 中的定义。

$$\bar{i}_L=\bar{i}_Q+\bar{i}_D=\Delta I_L\frac{T_{on}+T_{down}}{2T_{sw}} \tag{10.16}$$

式中,$\bar{i}_Q$ 和 $\bar{i}_D$ 分别为 i_Q 和 i_D 的平均值,峰-峰纹波可由式(10.17)得到;T_{down} 由式(10.18)决定。如图 10.9 所示,输出电压的平均值 $\bar{v}_o$ 及其动态可以由注入 C_o 和 R 电路的电流 $\bar{i}_L$ 确定。

$$\Delta I_L=\frac{V_{in}-\bar{v}_o}{L}T_{on} \tag{10.17}$$

$$T_{\text{down}}=\frac{\Delta I_{\text{L}}L}{\bar{v}_{\text{o}}} \tag{10.18}$$

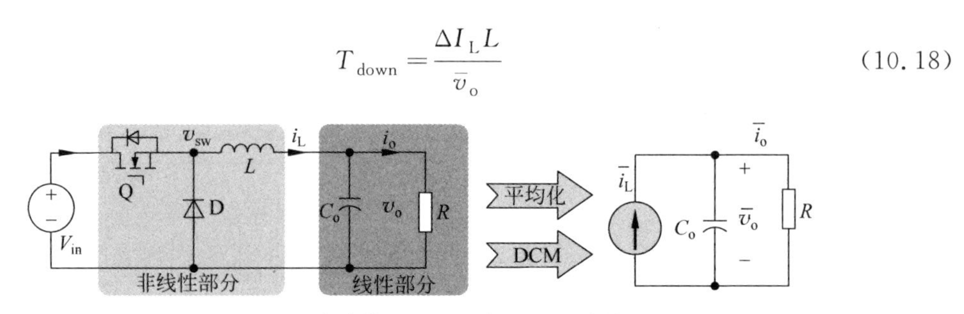

图 10.9　平均建模的 DCM 时的 Buck 变换器

对于 Buck 变换器全时段处于 DCM 的运行状况，可以通过 Simulink 建立仿真模型，计算电感电流的平均值 $\bar{i}_{\text{L}}$，如图 10.10 所示。该模型分别根据式(10.17)、式(10.18)和式(10.16)计算 i_{L} 的峰-峰值、下降状态的时间段 T_{down}，然后计算平均值 $\bar{i}_{\text{L}}$。输出电压的平均值由式(10.19)推导得到，并在平均模型中表示。

$$\bar{v}_{\text{o}}=\frac{1}{C_{\text{o}}}\int(\bar{i}_{\text{L}}-\bar{i}_{\text{o}}) \tag{10.19}$$

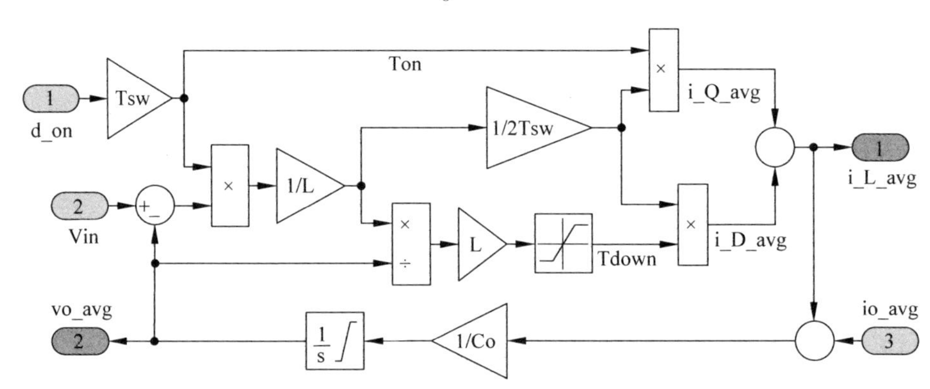

图 10.10　Buck 变换器在 DCM 时的平均电流的仿真模型

10.3.2　升压变换器

Boost 变换器的 DCM 在 3.4.4 节中进行了讨论，如图 3.26 所示。由于 i_{L} 的不连续性，i_{L} 的平均值可以通过式(10.20)计算，其中 T_{sw} 是指开关周期。等效电路如图 10.11 所示，用于对 DCM 中的 Boost 变换器进行建模。二极管电流的平均值 $\bar{i}_{\text{D}}$ 成为表示非线性部分输出和线性部分输入的链接变量。

$$\bar{i}_{\text{L}}=\bar{i}_{\text{Q}}+\bar{i}_{\text{D}}=\Delta I_{\text{L}}\frac{T_{\text{on}}+T_{\text{down}}}{2T_{\text{sw}}} \tag{10.20}$$

式中：$\bar{i}_{\text{Q}}$ 表示 i_{Q} 的平均值，$\bar{i}_{\text{D}}$ 是 i_{D} 的平均值。峰-峰值纹波可由式(10.21)得出，T_{down} 由式(10.22)确定，i_{Q} 和 i_{D} 的平均值分别由式(10.23)和式(10.24)表示。如图 10.11 所示，输出电压的平均值 $\bar{v}_{\text{o}}$ 可以由注入电流 $\bar{i}_{\text{D}}$ 和 CR 电路确定。

$$\Delta I_{\text{L}}=\frac{V_{\text{in}}}{L}T_{\text{on}} \tag{10.21}$$

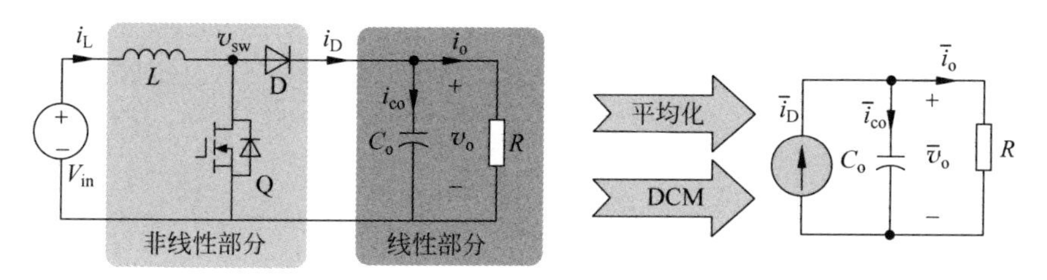

图 10.11 Boost 变换器在 DCM 时的平均电流的等效电路

$$T_{down} = \frac{\Delta I_L L}{\bar{v}_o - V_{in}} \tag{10.22}$$

$$\bar{i}_Q = \Delta I_L \frac{T_{on}}{2T_{sw}} \tag{10.23}$$

$$\bar{i}_D = \Delta I_L \frac{T_{down}}{2T_{sw}} \tag{10.24}$$

按照式(10.20)～式(10.24),可以建立 Simulink 模型来确定 DCM 中电感电流的平均值 $\bar{i}_L$ 和二极管电流的平均值 $\bar{i}_D$,如图 10.12 所示。二极管电流的平均值 $\bar{i}_D$ 被注入 RC 电路的输出端,导致平均电压 $\bar{v}_o$ 的变化。

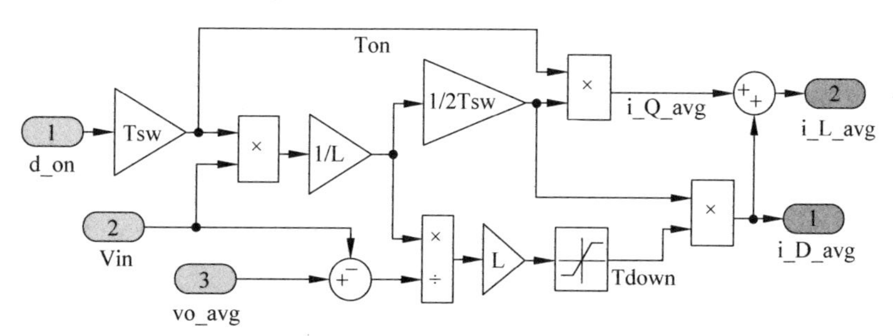

图 10.12 Boost 变换器在 DCM 时的平均电流的仿真模型

10.3.3 升降压变换器

Buck-Boost 变换器的 DCM 已在 3.6.4 节中进行了讨论,并在图 3.42 中予以说明。由于 i_L 的不连续性,变换器 CCM 的动态表达式不能用来表征电流断续时的非线性特征。图 10.13 展示了处于 DCM 时的 Buck-Boost 变换器的等效电路。二极管电流的平均值 $\bar{i}_D$ 成为代表非线性部分输出的变量,其值为负。i_L 的峰-峰纹波可由式(10.25)确定,其中 $T_{on}=d_{on}T_{sw}$。i_L 的下降时间段由式(10.26)得出,其中 $\bar{v}_o<0$。根据能量平衡,忽略变换损耗时,i_D 的平均值用式(10.27)表示,平均值 i_Q 可由式(10.28)确定,i_L 的平均值用式(10.29)表示,输出电压的平均值 $\bar{v}_o$ 可以由注入电流 $\bar{i}_D$ 和 RC 电路来确定,如图 10.13 所示。

$$\Delta I_L = \frac{V_{in}}{L} T_{on} \tag{10.25}$$

$$T_{down} = -\frac{\Delta I_L L}{\bar{v}_o} \tag{10.26}$$

$$\bar{i}_{D} = -\Delta I_{L} \frac{T_{down}}{2T_{sw}} \tag{10.27}$$

$$\bar{i}_{Q} = \Delta I_{L} \frac{T_{on}}{2T_{sw}} \tag{10.28}$$

$$\bar{i}_{L} = \bar{i}_{Q} - \bar{i}_{D} \tag{10.29}$$

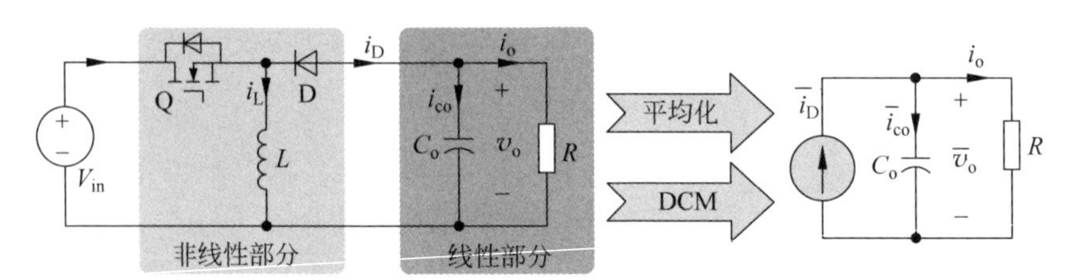

图 10.13 基于 DCM 建模的 Buck-Boost 变换器的等效电路

依据式(10.25)～式(10.29)可以建立 Simulink 模型来确定 DCM 中电感电流的平均值 $\bar{i}_{L}$ 和二极管电流的平均值 $\bar{i}_{D}$，如图 10.14 所示。通过模型实时确定 $\bar{i}_{D}$ 的值，并将其应用到 R 和 C_{o} 电路中，模拟输出电压的平均值。

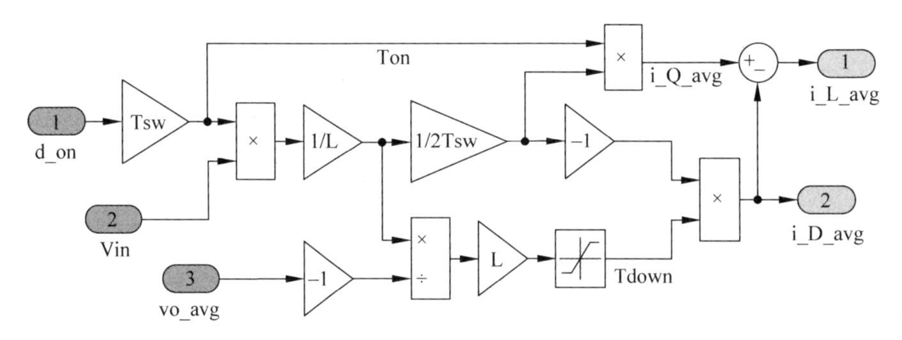

图 10.14 Buck-Boost 变换器在 DCM 时的平均电流的仿真模型

10.4 集成仿真模型

前几节分别讨论了 CCM 和 DCM 的平均模型。由于负载变化，独立模型无法涵盖 CCM 和 DCM 之间的运行状态转换。本节重点介绍一种通用模型，以涵盖负载变化情况下的两种运行模式，并保持快速地仿真运行。

10.4.1 降压变换器

Buck 变换器在 CCM 运行时，i_{L} 的平均值由下式表示的积分函数确定：

$$\bar{i}_{L} = \frac{1}{L}\int (d_{on}V_{in} - \bar{v}_{o})\mathrm{d}t \tag{10.30}$$

在稳定状态下，由于 $d_{on}V_{in} = \bar{v}_{o}$，直流电压稳定，从而维持了电感电流的连续。当 Buck 变换器的工作状态进入 DCM 时，电感电流在每个开关周期被重置为零，呈现出不连续性。在 DCM 中 $\bar{v}_{o}$ 值高于 $d_{on}V_{in}$ 值，这使得 $d_{on}V_{in} - \bar{v}_{o} < 0$。式(10.30)中 CCM 模型的持续积

分导致 $\bar{i}_L$ 的值为零，这在 DCM 中是不正确的。

但是，式(10.16)中由 DCM 模型产生的值可以准确地表示 DCM，并且其值保持非零。因此，电感电流的平均值可以由式(10.16)和式(10.30)的较高值来确定。无论 CCM 和 DCM 之间的模型差异如何，选择机制都会具有通用性。通过 Simulink 建立了包含选择机制的普适性仿真模型，如图 10.15 所示。仿真模型的输入包括 d_{on} 和 V_{in}，并实时输出 $\bar{i}_L$ 和 $\bar{v}_o$ 的值。

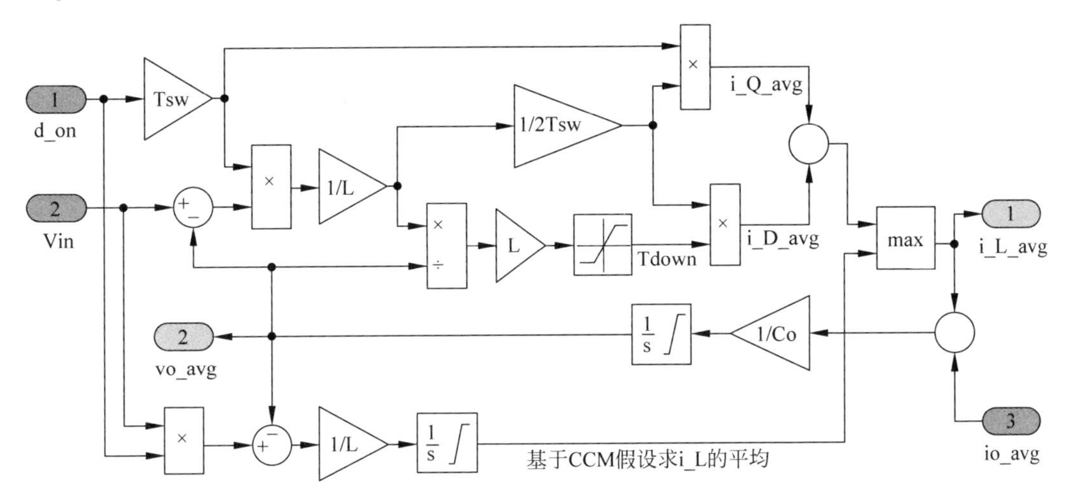

图 10.15 对 CCM 和 DCM 采用平均法，建立 Buck 变换器的完整仿真模型

通过与 3.3.6 节中建立的通用开关模型的结果进行比较，验证了所建立模型的性能，如图 3.15 所示。该案例研究遵循了 3.3.5 节所介绍的和表 3.2 所指定的相同规范。对比如图 10.16 所示，其涵盖了 CCM 和 DCM 之间的过渡阶段。负载 R 从 5Ω 突然变化到 100Ω 这一情况导致变换器的工作状态在第 2ms 时从 CCM 转换到 DCM。在不改变开关占空比的情况下，可以识别输出电压变化，在稳态下，CCM 时输出电压为 5V，DCM 时输出电压为 6.36V。仿真还表明，负载在第 4ms 时的变化会使变换器的运行状态回到 CCM，此时稳态 CCM 的输出电压为 5V。波形一致性验证了该平均模型在不考虑负载变化的情况下，能够有效地反映 Buck 变换器的完整的运行情况。在相同的案例研究中，平均模型比传统开关模型在仿真速度上快 10 倍，捕获了传输过程中的关键动态，并忽略了高频开关纹波。

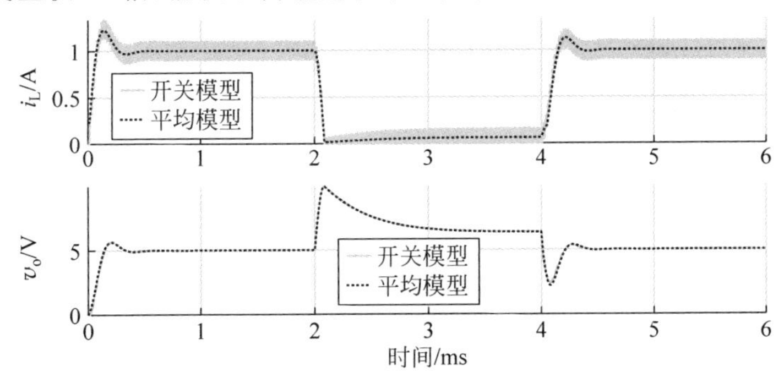

图 10.16 Buck 变换器因负载变化而在 CCM 与 DCM 之间转换的仿真

10.4.2 升压变换器

相同的分析可以应用到 Boost 变换器模型上，对 $\bar{i}_L$ 的正确估计是从 CCM 和 DCM 的平均模型中进行选择。CCM 和 DCM 模型中较高 $\bar{i}_L$ 的值能准确表示电感电流的平均值。在 DCM 中，由式(10.11)估计得到的平均值 $\bar{i}_L$ 被置零，这是不正确的。因此，电感电流的平均值可以选择式(10.11)和式(10.20)中的较高值，该值涵盖了 CCM 和 DCM 所有情况。通过选择机制和 Simulink 构建通用仿真模型，如图 10.17 所示。

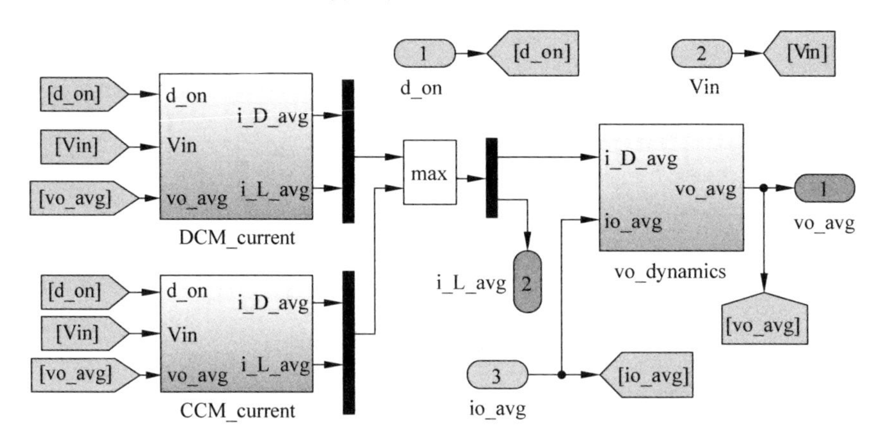

图 10.17 Boost 变换器的 CCM 和 DCM 使用平均法的完整仿真模型

通用模型显示了 CCM 数学模型(图 10.5)和 DCM 模型(图 10.12)的集成。CCM 和 DCM 的计算是并行的，以产生电感电流和二极管电流的平均值。如图 10.17 所示，选择所估计的 $\bar{i}_D$ 的较高值作为 RC 电路的正确输入以确定 $\bar{v}_o$。该模型以输入电压和通态占空比作为控制输入，负载条件可以独立完成，以表示对于 $\bar{v}_o$ 变化的 $\bar{i}_o$ 值。

评估平均模型正确与否是与传统开关模型的性能对比，该开关模型如图 3.27 所示。案例研究与 3.4.5 节中的描述相同，并在 3.4.6 节中进行了建模。仿真结果对比如图 10.18 所示。负载 R 从 10.56Ω 突然变化到 200Ω 这一情况导致变换器的工作状态在第 10ms 时从 CCM 变化到 DCM。在不改变开关占空比的情况下，输出电压变化如图 10.18 所示，

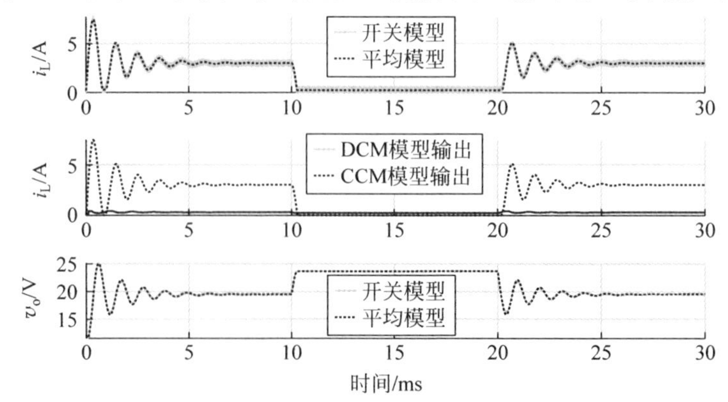

图 10.18 因负载变化而在 CCM 与 DCM 之间转换的仿真

CCM 时为 19.5V，DCM 时为 23.7V。第 20ms 处的负载变化使变换器恢复 CCM 运行，并改变到额定负载状态。CCM 和 DCM 模型输出电流值，其中较高的值被选为正确的变量，如图 10.17 所示。图 10.18 显示了波形一致性，并验证了通用平均模型用于模拟升压变换器的有效性。

10.4.3 升降压变换器

与 Boost 变换器的平均模型设计类似，可以推导出 Buck-Boost 变换器的平均仿真模型，以覆盖 CCM 和 DCM 的运行状态。可以确定这样的选择机制，从代表 CCM 和 DCM 运行状态的两个模型输出中选取较高的 $\bar{i}_L$ 值，如图 10.19 所示。根据 Buck-Boost 变换器中的电流定义，二极管的电流为负值。选取正确的 $\bar{i}_D$ 值并注入 RC 电路，从而影响输出电压 $\bar{v}_o$ 的变化。图 10.19 显示了 CCM 和 DCM 的平均模型，这两个模型已经设计完成，分别显示在图 10.7 和图 10.14 中。

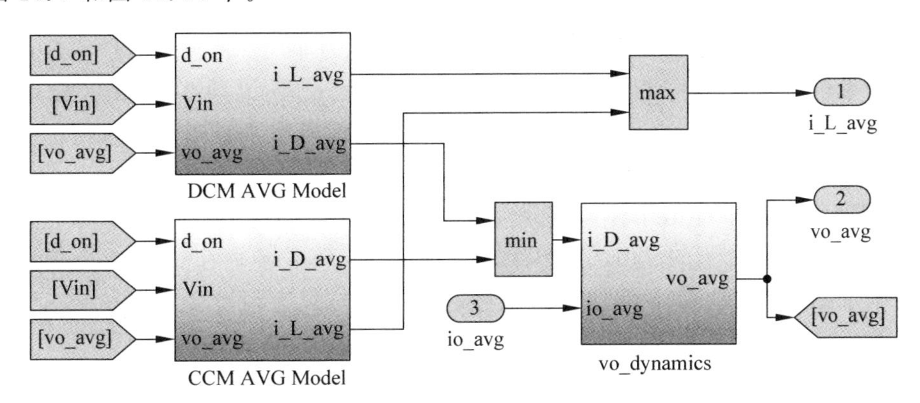

图 10.19 Buck-Boost 变换器的 CCM 和 DCM 使用平均法的完整仿真模型

将通用模型的结果与通用开关模型的结果进行比较，验证了通用模型的性能，通用开关模型在 3.6.6 节中已设计完成，如图 3.43 所示。案例研究遵循 3.6.5 节所介绍的和表 3.4 所指定的规范相同。对比如图 10.20 所示，以测试变换器在 CCM 和 DCM 运行状态之间的转换。初始瞬态时的 DCM 运行时间较短，1～1.5ms。负载 R 从 10.56Ω 突然变化到 200Ω 这一情况导致变换器的工作状态在第 15ms 时刻从 CCM 转换到 DCM。在不改变开关占空

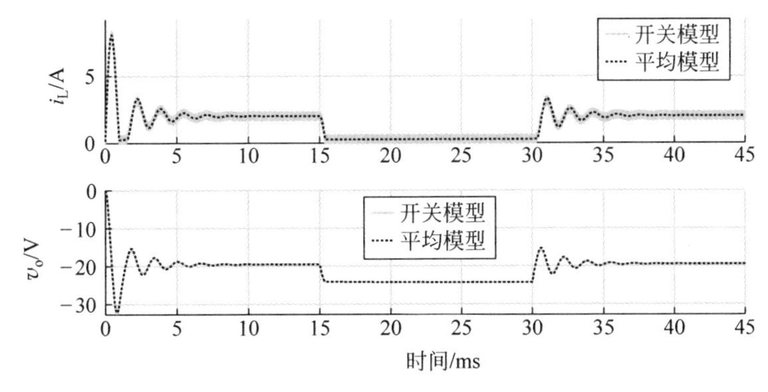

图 10.20 Buck-Boost 变换器因负载变化而在 CCM 与 DCM 之间转换的仿真

比的情况下，可以看到输出电压的变化，在 CCM 时为 −19.5V，变化到 DCM 稳态时的 −24.3V。电感电流的 DCM 时段显示为 15～30ms。负载电阻在第 30ms 时刻回到标称额定值，从而结束了 DCM 运行状态，变换器的运行状态恢复为 CCM 运行。稳态后，输出电压为 −19.5V，这符合规范要求。仿真结果证实了通用平均模型用于模拟 Buck-Boost 变换器的有效性。平均模型捕获了运行转换过程中的关键动态，但忽略了高频开关纹波的细节。平均模型允许仿真使用低采样频率，这比传统的开关模型快得多。

10.5 本章小结

本章重点介绍有关 CCM 和 DCM 运行下的 DC/DC 变换器建模的平均法。关键的系统频率会使整个系统的动态特性变慢。对于功率变换器来说，系统的关键动态特性是由具有储能元件的无源元件，如电感和电容决定的。它们提供低通滤波，以减轻高频纹波，但它们主导了系统的动态特性。

在 CCM 中对 Buck 变换器进行建模是很简单的，因为非线性部分和线性部分可以做明显的区别。平均化的过程可以得到一个可直接用于动态分析的二阶线性系统，如 10.2.2 节所述。通常认为该动态特性是降压拓扑的一个优点，线性模型是基于建模过程中无源元件参数 L、C、R 恒定的假设。建模研究还包括在 CCM 运行时的 Boost 和 Buck-Boost 变换器。然而，平均过程会产生数学模型，这些模型是虽然是非线性的，但对于仿真而言很有用。

DCM 的运行状态显示出与 Buck、Boost 和 Buck-Boost 变换器在 CCM 运行时不同的动态特性。由于 DCM 中电流的不连续性，电感电流不能被视为动态变量之一。三种变换器的系统动态由输出电容和负载，即 RC 电路所主导。不连续电感电流的值被平均并注入 RC 电路以表示 Buck 变换器的系统的动态特性。在 Boost 和 Buck-Boost 两种情况中，对二极管电流进行平均并注入 RC 电路以表示系统的动态特性。

在第 3 章中得到的常规开关模型通常会受到开关频率的限制，使得仿真速度较低。本章介绍了通用仿真模型，它灵活地涵盖了 CCM 和 DCM 之间的转换。平均模型的优点是允许数值求解器中设置大的步长从而实现较高的仿真速度。尽管本章仅演示了三个案例研究，但平均法是通用的，可以应用于其他拓扑的动态分析和仿真。

参考文献

[1] Evzelman M, Ben-Yaakov S. Simulation of hybrid converters by average models[J]. IEEE Transactions on Industry Applications, 2014, 50(2): 1106-1113.

[2] Xiao W D, Wen H, Zeineldin H H. Affine parameterization and anti-windup approaches for controlling DC-DC converters[C]. Proc. IEEE International Symposium on Industrial Electronics, Hangzhou, 2012.

[3] Xiao W D, Zhang P. Photovoltaic voltage regulation by affine parameterization[J]. International Journal of Green Energy, 2013, 10(3): 302-320.

[4] Syed I, Xiao W D, Zhang P. Modeling and affine parameterization for dual active bridge DC-DC converters[J]. Electric Power Components and Systems, 2015, 43(6): 665-673.

[5] Jiao S, Xiao W D. Fast simulation technique for photovoltaic power systems using Simulink[C]. Proceedings of the International Future Energy Electronics Conference, Singapore, 2019.

习题

10.1 根据案例研究，为 Buck、Boost、Buck-Boost 和 Ćuk 变换器的 CCM 运行状态建立自己的平均模型，将其仿真性能与高分辨率的开关模型的输出进行比较。

10.2 根据案例研究，为 Buck、Boost、Buck-Boost 和 Ćuk 变换器的 DCM 运行状态建立自己的平均模型，并将仿真性能与高分辨率的开关模型的输出进行比较。

10.3 结合 CCM 和 DCM，为 Buck、Boost、Buck-Boost 和 Ćuk 变换器创建通用模型。通过将仿真结果与基于开关的传统模型的输出进行比较来验证该模型。

第11章

模型的线性化与动态分析

自动控制是以闭环的概念为基础，其采用了检测、计算和校正等手段。图 11.1(a)显示了一个典型的用于功率变换器的反馈控制系统，根据系统的要求，控制环路通常为实现以下功能而进行设计：

(1) 输入或输出电压调节。

(2) 输入或输出电流调节。

(3) 输入或输出功率调节。

动态建模是揭示动态系统响应速度、阻尼、稳态、稳定性和鲁棒性等重要特征的重要步骤，它是控制器开发的第一步，这一步至关重要。建模后，动态功率系统可以用频域传递函数表示，如图 11.1(b)所示。动态建模的目标是建立表示系统关键动态的数学模型 $G(s)$。功率变换器的开关是不连续的，因此不能用线性模型直接表示。在只考虑连续导通模式的情况下，利用平均法可以建立 Buck 变换器的动态模型，在 10.2.1 节中描述了建模过程，并用式(10.8)和式(10.9)所示的传递函数进行表示，这些模型可用于动态分析和反馈控制器设计。然而，其他拓扑如 Boost 和 Buck-Boost 的平均化过程使得微分方程非线性化，从而不能直接应用于线性控制的分析和设计。而变换器在 CCM 和 DCM 之间的运行切换增加了建模的复杂性，并使得系统具有非线性特征。需要对其进行线性化来导出小信号模型，通过成熟的线性控制理论对这些模型进行分析和评估。

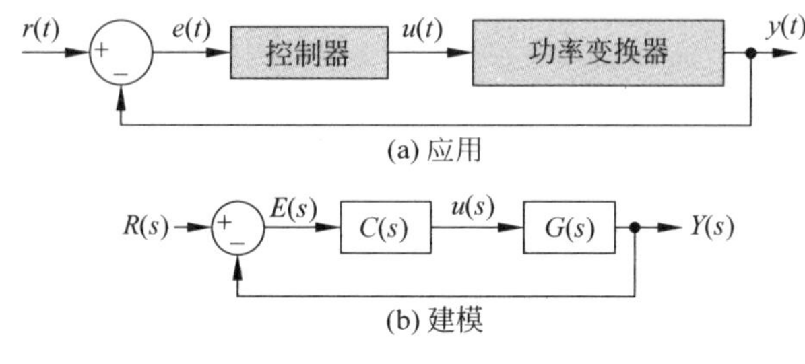

图 11.1　反馈控制图

11.1　一般线性化

线性或非线性的函数可以用 $y=f(x)$来表示。若 $f(x)$无限可微，则关于平衡点(x_0,y_0)的泰勒级数展开式可以表示为

$$f(x)\approx\sum_{n=0}^{\infty}\frac{f^{(n)}(x_0)}{n!}(x-x_0)^n \tag{11.1}$$

式中：$n!$ 为 n 的阶乘；$f^{(n)}(x_0)$为在点 x_0 处求得的 n 阶导数，n 的值越高，表明泰勒级数对 $f(x)$函数的逼近越好。

忽略高阶项，一阶近似是最简单的，当 $n=1$ 时，可表示为

$$f(x)\approx f(x_0)+\underbrace{\left.\frac{\mathrm{d}f(x)}{\mathrm{d}x}\right|_{x=x_0}}_{C_1}\underbrace{(x-x_0)}_{\text{deviation}} \tag{11.2}$$

式中：C_1 为常数参数，表示了参数变化的方向和速度。$f(x)=f(x_0)+C_1(x-x_0)$，是非线性函数 $f(x)$在平衡点$(x=x_0)$附近的近似值，该近似值仅在平衡点(x_0,y_0)附近时有效。当需要求解微分方程 $\dot{x}=f(x)$时，可将泰勒级数的一阶近似应用于 $f(x)$，其表达式为

$$\frac{\mathrm{d}x}{\mathrm{d}t}\approx f(x_0)+C_1(x-x_0) \tag{11.3}$$

小的扰动或偏差定义为 $\tilde{x}=x-x_0$。小信号模型可以由式(11.3)变为线性表示，即

$$\frac{\mathrm{d}\tilde{x}}{\mathrm{d}t}=C_1\tilde{x} \tag{11.4}$$

上述运算显示了线性化的概念，将非线性系统表示为线性化或小信号模型。线性化模型仅在平衡点(x_0,y_0)附近有效或具有代表性。同样的近似方法也可以应用于具有多个状态变量和多个输入的非线性方程。一个具有两个状态变量(x_1,x_2)和一个控制输入(u)的简单系统可以表示为

$$\frac{\mathrm{d}x_1}{\mathrm{d}t}=f(x_1,x_2,u) \tag{11.5}$$

$$\frac{\mathrm{d}x_2}{\mathrm{d}t}=g(x_1,x_2,u) \tag{11.6}$$

式中：$f(x_1,x_2,u)$和 $g(x_1,x_2,u)$都是非线性的。

该非线性模型具有较好的代表性，可用于表征变换器的动态特性。例如，x_1 表示电感电流，x_2 表示输出电压，u 表示 PWM 的占空比。其中 X_1、X_2、U 的值为平衡点或稳态处的状态变量和控制输入，表示为

$$\left.\frac{\mathrm{d}x_1}{\mathrm{d}t}\right|_{X_1}=f(X_1,X_2,U)=0,\quad \left.\frac{\mathrm{d}x_2}{\mathrm{d}t}\right|_{X_2}=g(X_1,X_2,U)=0$$

应用偏微分，两个状态变量的线性动态可以表示为

$$\frac{\mathrm{d}\tilde{x}_1}{\mathrm{d}t}=\underbrace{\left[\left.\frac{\partial f(x_1,x_2,u)}{\partial x_1}\right|_{X_2,U}\right]}_{a_{11}}\tilde{x}_1+\underbrace{\left[\left.\frac{\partial f(x_1,x_2,u)}{\partial x_2}\right|_{X_1,U}\right]}_{a_{12}}\tilde{x}_2+\underbrace{\left[\left.\frac{\partial f(x_1,x_2,u)}{\partial U}\right|_{X_1,X_2}\right]}_{b_1}\tilde{u}$$

$$\frac{\mathrm{d}\tilde{x}_2}{\mathrm{d}t}=\underbrace{\left[\frac{\partial g(x_1,x_2,u)}{\partial x_1}\bigg|_{X_2,U}\right]}_{a_{21}}\tilde{x}_1+\underbrace{\left[\frac{\partial g(x_1,x_2,u)}{\partial x_2}\bigg|_{X_1,U}\right]}_{a_{22}}\tilde{x}_2+\underbrace{\left[\frac{\partial g(x_1,x_2,u)}{\partial U}\bigg|_{X_1,X_2}\right]}_{b_2}\tilde{u}$$

其中扰动或微小变量用“波浪线”表示，定义为

$$\tilde{x}_1=x_1-X_1,\quad \tilde{x}_2=x_2-X_2,\quad \tilde{u}=u-U$$

在线性化之后，变量 $\tilde{x}_1$、$\tilde{x}_2$、$\tilde{u}$ 表示小信号；同时，X_1、X_2、U 为稳态平衡值，成为常数参数。因此，状态空间方程可以由一组一阶微分方程构成：

$$\begin{bmatrix}\dfrac{\mathrm{d}\tilde{x}_1}{\mathrm{d}t}\\ \dfrac{\mathrm{d}\tilde{x}_2}{\mathrm{d}t}\end{bmatrix}=\begin{bmatrix}a_{11} & a_{12}\\ a_{21} & a_{22}\end{bmatrix}\begin{bmatrix}\tilde{x}_1\\ \tilde{x}_2\end{bmatrix}+\begin{bmatrix}b_1\\ b_2\end{bmatrix}\tilde{u} \tag{11.7}$$

式中：a_{11}、a_{12}、a_{21} 和 a_{22} 是构成动态矩阵的常数；常数 b_1 和 b_2 在状态空间中构成控制矩阵。

线性化模型仅在稳态平衡点 X_1、X_2 和 U 的附近有效。状态空间模型可以直接用于控制器设计，也可以变换为 s 域中的单输入单输出(SISO)传递函数。对于 SISO，根据系统规范选择 $\tilde{x}_1$ 或 $\tilde{x}_2$ 作为受控输出量 y，以形成传递函数 $\dfrac{y(s)}{u(s)}$。

11.2 双有源桥的线性化

双有源桥是一种隔离的双向 DC/DC 变换器，在 9.2 节中有相关介绍，该拓扑的平均功率由式(9.22)确定，变换器由 ϕ 表示的移相角控制，研究 DAB 中的电感电流以进行稳态分析和功率变换评估。一般来说，为了配合 DAB 的高开关频率运行，电感器的电感值较低，因此功率大小受移相角的变化非常明显。当 DAB 变压器右端电压的动态需要关注时，等效电路可绘制如图 11.2 所示。对于动态建模，DAB 分为非线性和线性两个部分。该电路显示了其从一次侧(V_{DCP})到二次侧的正向功率流动，电路的副边侧由电容器 C_{DCS} 和等效负载电阻 R_{EQ} 组成。

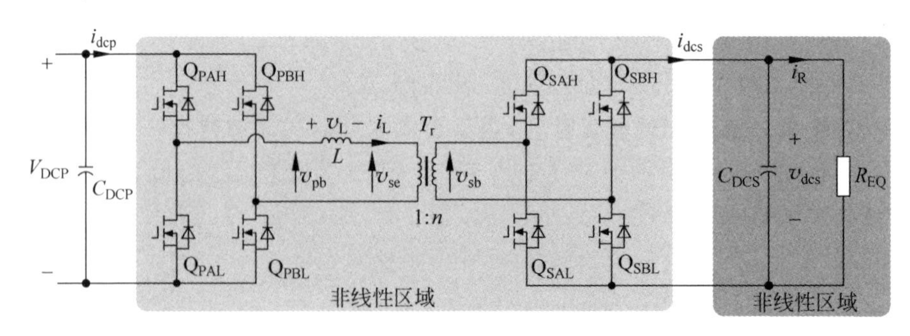

图 11.2 双有源桥的电路分析

电感器 L 的阻抗效应限制了功率流动的大小，电感电流 i_{L} 显示为交流波形，没有明显的储能效应。因此，电感器的高频动态特性被归类为非线性区域，因为主导频率来自

低频分量，而低频分量来自线性区域。在9.2.1节中介绍了正向功率流动，参考图11.2中的电路，功率的平均值用式(11.8)的非线性方程表示。电路中包含一个等效负载电阻R_{EQ}，用于动态分析。输出端口的状态量v_{dcs}成为目标变量，可以通过相移角ϕ进行控制。

$$p_{avg}=\frac{V_{DCP}v_{dcs}(\phi\pi-\phi^2)}{n\pi\omega L} \tag{11.8}$$

RC电路中的线性区域由C_{DCS}和R_{EQ}表示，系统的动态特性可以用式(11.9)表示并推导出式(11.10)，由式(11.8)和式(11.10)推导出如式(11.11)所示的非线性动态微分方程。

$$C_{DCS}\frac{dv_{dcs}}{dt}=i_{dcs}-i_R \tag{11.9}$$

$$C_{DCS}\frac{dv_{dcs}}{dt}=\frac{p_{avg}}{v_{dcs}}-\frac{v_{dcs}}{R_{EQ}} \tag{11.10}$$

$$\frac{dv_{dcs}}{dt}=\underbrace{\frac{V_{DCP}(\phi\pi-\phi^2)}{n\pi\omega LC_{DCS}}-\frac{v_{dcs}}{R_{EQ}C_{DCS}}}_{f(v_{dcs},\phi)} \tag{11.11}$$

非线性方程表示为$f(v_{dcs},\phi)$，包括模型输出v_{dcs}和输入ϕ。

$$\frac{d\tilde{v}_{dcs}}{dt}=\frac{\partial f}{\partial\phi}\bigg|_{\phi,V_{DCS}}\tilde{\phi}+\frac{\partial f}{\partial v_{dcs}}\bigg|_{\phi,V_{DCS}}\tilde{v}_{dcs} \tag{11.12}$$

$$\frac{d\tilde{v}_{dcs}}{dt}=\frac{V_{DCP}}{n\pi\omega LC_{DCS}}(\pi-2\phi)\tilde{\phi}-\frac{V_{DCS}}{R_{EQ}C_{DCS}}\tilde{v}_{dcs} \tag{11.13}$$

式中：ϕ为平衡点处的相移值，小信号扰动用$\tilde{v}_{dcs}$和$\tilde{\phi}$表示，表示输出和输入。式(11.12)中的微分方程可以变换为s域传递函数：

$$\frac{\tilde{V}_{DCS}(s)}{\tilde{\phi}(s)}=\frac{K_0}{\tau_0 s+1} \tag{11.14}$$

式中

$$K_0=\frac{V_{DCP}R_{EQ}}{n\pi\omega L}(\pi-2\phi),\quad \tau_0=R_{EQ}C_{DCS}$$

输出电压在移相角的微小扰动下呈现出一阶动态响应。将仿真结果与9.2.6节中建立的高分辨率开关模型进行比较，可以验证小信号模型，如图9.24所示。比较结果如图11.3所示，分别显示了线性化模型的仿真结果和开关模型的仿真结果。该案例研究基于表9.6给出的相同参数，其中额定电压和负载条件：$V_{DCS}=380$V，$C_{DCS}=1\mu$F，$R_{EQ}=193\Omega$，平衡点处$\phi=45°$，$p_{avg}=750$W。在稳态相移角ϕ中添加周期性的扰动信号$\tilde{\phi}$，其额定值为±2.5mrad。为了正确比较，需要加入平衡点的偏移量来匹配大信号模型的波形，小信号模型的输出没有显示开关波纹的信息，但捕获了小扰动信号$\tilde{\phi}$阶跃变化的关键动态的响应。一阶动态响应如图11.3所示，与式(11.14)中的数学模型所预测一致。

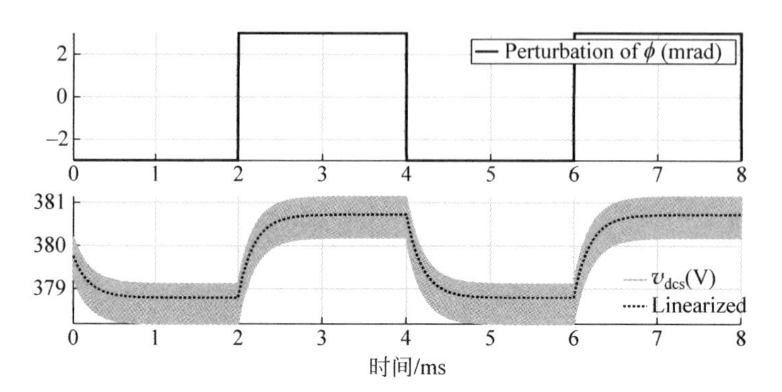

图 11.3 DAB 小信号模型的仿真验证

11.3 基于连续导通模式的线性化

平均法在 Boost 和 Buck-Boost 拓扑中引入非线性模型，这些模型已在 10.2.3 节和 10.2.4 节中讨论。这些模型基于线性控制理论，不能转化为传递函数进行动态分析。需要线性化才能以小信号的形式得到系统动态特性。

11.3.1 升压变换器

Boost 变换器基于 CCM 的平均模型由式(11.15)和式(11.16)所表示。由于两个变量相乘，$f(\bar{i}_L,\bar{v}_o,d_{off})$ 和 $g(\bar{i}_L,\bar{v}_o,d_{off})$ 的函数是非线性的，该模型包括两个状态变量，分别是电感电流平均值 $\bar{i}_L$ 和输出电压平均值 $\bar{v}_o$，模型输入是断态占空比 d_{off}，在 CCM 时 $d_{off}=1-d_{on}$。

$$\frac{d\bar{i}_L}{dt}=\underbrace{\frac{1}{L}(V_{in}-d_{off}\bar{v}_o)}_{f(\bar{i}_L,\bar{v}_o,d_{off})} \tag{11.15}$$

$$\frac{d\bar{v}_o}{dt}=\underbrace{\frac{1}{C_o}\left(d_{off}\bar{i}_L-\frac{\bar{v}_o}{R}\right)}_{g(\bar{i}_L,\bar{v}_o,d_{off})} \tag{11.16}$$

式(11.15)和式(11.16)中的非线性模型包括两个状态变量和一个输入变量，用 11.1 节中描述的线性化流程，线性化模型可以用状态空间方程表示为

$$\begin{bmatrix}\dfrac{d\tilde{i}_L}{dt}\\ \dfrac{d\tilde{v}_o}{dt}\end{bmatrix}=\begin{bmatrix}a_{11} & a_{12}\\ a_{21} & a_{22}\end{bmatrix}\begin{bmatrix}\tilde{i}_L\\ \tilde{v}_o\end{bmatrix}+\begin{bmatrix}b_1\\ b_2\end{bmatrix}\tilde{d}_{off} \tag{11.17}$$

式中动态矩阵的参数由式(11.18)推导得到：

$$a_{11}=\left.\frac{\partial f(\bar{i}_L,\bar{v}_o,d_{off})}{\partial\bar{i}_L}\right|_{V_o,D_{off}}=0 \tag{11.18}$$

$$a_{12}=\left.\frac{\partial f(\bar{i}_{L},\bar{v}_{o},d_{off})}{\partial \bar{v}_{o}}\right|_{I_{L},D_{off}}=-\frac{D_{off}}{L} \tag{11.19}$$

$$a_{21}=\left.\frac{\partial g(\bar{i}_{L},\bar{v}_{o},d_{off})}{\partial \bar{i}_{L}}\right|_{V_{o},D_{off}}=\frac{D_{off}}{C_{o}} \tag{11.20}$$

$$a_{22}=\left.\frac{\partial g(\bar{i}_{L},\bar{v}_{o},d_{off})}{\partial \bar{v}_{o}}\right|_{I_{L},D_{off}}=-\frac{1}{RC_{o}} \tag{11.21}$$

同时,控制矩阵的系数可以由下式确定:

$$b_{1}=\left.\frac{\partial f(\bar{i}_{L},\bar{v}_{o},d_{off})}{\partial d_{off}}\right|_{V_{o},I_{L}}=-\frac{V_{o}}{L} \tag{11.22}$$

$$b_{2}=\left.\frac{\partial g(\bar{i}_{L},\bar{v}_{o},d_{off})}{\partial d_{off}}\right|_{V_{o},I_{L}}=\frac{I_{L}}{C_{o}} \tag{11.23}$$

线性化模型仅在稳态平衡时有效,稳态平衡由输出电压 V_o、电感电流 I_L 和断态占空比 D_{off} 的值表示。在小信号模型中,状态变量用 $\tilde{i}_L$ 和 $\tilde{v}_o$ 表示;同时,断态占空比的小信号变化量 $\tilde{d}_{off}$ 是模型的控制输入量,可以通过使用 $\tilde{d}_{on}$ 来构建更通用的模型,因为通态占空比 d_{on} 通常用作控制输入。小信号模型可以从式(11.17)变换为式(11.24),因为在 CCM 时,占空比在导通状态时段的增量等于在关断状态时段的变化量,即 $\tilde{d}_{on}=-\tilde{d}_{off}$。

$$\begin{bmatrix}\dfrac{d\tilde{i}_{L}}{dt}\\ \dfrac{d\tilde{v}_{o}}{dt}\end{bmatrix}=\begin{bmatrix}a_{11} & a_{12}\\ a_{21} & a_{22}\end{bmatrix}\begin{bmatrix}\tilde{i}_{L}\\ \tilde{v}_{o}\end{bmatrix}+\begin{bmatrix}-b_{1}\\ -b_{2}\end{bmatrix}\tilde{d}_{on} \tag{11.24}$$

小信号模型的状态空间方程最终表示为

$$\begin{bmatrix}\dfrac{d\tilde{i}_{L}}{dt}\\ \dfrac{d\tilde{v}_{o}}{dt}\end{bmatrix}=\begin{bmatrix}0 & -\dfrac{D_{off}}{L}\\ \dfrac{D_{off}}{C_{o}} & -\dfrac{1}{RC_{o}}\end{bmatrix}\begin{bmatrix}\tilde{i}_{L}\\ \tilde{v}_{o}\end{bmatrix}+\begin{bmatrix}-\dfrac{V_{o}}{L}\\ -\dfrac{I_{L}}{C_{o}}\end{bmatrix}\tilde{d}_{on} \tag{11.25}$$

在状态空间表示中,输出矩阵可以是 $\boldsymbol{C}=[1\quad 0]$ 或 $\boldsymbol{C}=[0\quad 1]$,分别表示单个小信号输出量,该输出量可以是电感电流 $\tilde{i}_L$,也可以是输出电压 $\tilde{v}_o$。当 $\tilde{v}_o$ 是动态分析和控制系统设计的关注点时,s 域中的 SISO 传递函数可以从式(11.25)推导为式(11.26)或变换为式(11.27)中的通式。非最小相位(NMP)零点为$\dfrac{1}{\beta_v}$,其中 $\beta_v>0$。

$$\frac{\tilde{v}_{o}(s)}{\tilde{d}_{on}(s)}=\frac{-\dfrac{I_{L}}{C_{o}}s+\dfrac{D_{off}V_{o}}{LC_{o}}}{s^{2}+\dfrac{1}{RC_{o}}s+\dfrac{D_{off}^{2}}{LC_{o}}} \tag{11.26}$$

$$G_{0v}(s)=\frac{K_{0v}(-\beta_{v}s+1)}{s^{2}+2\xi\omega_{n}s+\omega_{n}^{2}} \tag{11.27}$$

式中

$$K_{0\mathrm{v}}=\frac{D_{\mathrm{off}}V_{\mathrm{o}}}{LC_{\mathrm{o}}},\quad \beta_{\mathrm{v}}=\frac{I_{\mathrm{L}}L}{D_{\mathrm{off}}V_{\mathrm{o}}},\quad \omega_{\mathrm{n}}=\frac{D_{\mathrm{off}}}{\sqrt{LC_{\mathrm{o}}}},\quad \xi=\frac{1}{2RD_{\mathrm{off}}}\sqrt{\frac{L}{C_{\mathrm{o}}}}$$

当电感电流 i_{L} 为被控目标时，可由式(11.25)推导出 $G_{0\mathrm{i}}$ 的传递函数式(11.28)。传递函数可以标准化为式(11.29)，其中 $K_{0\mathrm{i}}=\frac{2V_{\mathrm{o}}}{RLC_{\mathrm{o}}}$，$\beta_{\mathrm{i}}=\frac{RC_{\mathrm{o}}}{2}$。传递函数的分母与 $G_{0\mathrm{v}}(s)$ 相同，不同之处是分子部分显示了直流增益 $K_{0\mathrm{i}}$ 和最小相位零点 $-1/\beta_{\mathrm{i}}$。

$$\frac{\tilde{i}_{\mathrm{L}}(s)}{\tilde{d}_{\mathrm{on}}(s)}=\frac{\frac{V_{\mathrm{o}}}{L}s+\frac{2V_{\mathrm{o}}}{RLC_{\mathrm{o}}}}{s^{2}+\frac{1}{RC_{\mathrm{o}}}s+\frac{D_{\mathrm{off}}^{2}}{LC_{\mathrm{o}}}} \tag{11.28}$$

$$G_{0\mathrm{i}}(s)=\frac{K_{0\mathrm{i}}(\beta_{\mathrm{i}}s+1)}{s^{2}+2\xi\omega_{\mathrm{n}}s+\omega_{\mathrm{n}}^{2}} \tag{11.29}$$

案例研究遵循3.4.5节中所描述的相同步骤，并在11.3.1节中建模。式(11.27)和式(11.29)中的模型参数为 $\beta_{\mathrm{v}}=3.8462\times10^{-5}$，$K_{0\mathrm{v}}=1.1\times10^{9}$，$\xi=0.11$，$\omega_{\mathrm{n}}=5.89\times10^{3}\,\mathrm{rad/s}$，$\beta_{\mathrm{i}}=3.75\times10^{-4}$，$K_{0\mathrm{i}}=3.38\times10^{8}$。传递函数 $G_{0\mathrm{v}}(s)$ 和 $G_{0\mathrm{i}}(s)$ 的极点均为 $-0.6667\pm\mathrm{j}5.8500$。即使在小范围内，低阻尼比 ξ 表明在每个瞬态都有明显的振荡。这可以通过在电路设计阶段增加 L/C_{o} 来改善。$G_{0\mathrm{v}}(s)$ 中的零点为26000，表示NMP特性的正值，NMP系统对控制工程领域提出了挑战。然而，在Boost变换器的动态性能中，$\tilde{v}_{\mathrm{o}}$ 和 $\tilde{d}_{\mathrm{on}}$ 之间的对应关系是不可避免的。$G_{0\mathrm{i}}(s)$ 中的零点是 -2667，负值表示 $\tilde{i}_{\mathrm{L}}$ 和 $\tilde{d}_{\mathrm{on}}$ 之间的动态特性具有最小相位特征。图11.4给出了对小信号模型的验证，以及时域仿真结果，并与第3章中所设计的完整开关模型的输出结果进行了比较。将占空比的小信号阶跃变化 $\tilde{d}_{\mathrm{on}}=\pm0.01$ 用于标称工作条件，稳态时 $D_{\mathrm{on}}=38.46\%$，电感电流和输出电压的稳态值分别为 $I_{\mathrm{L}}=3\mathrm{A}$ 和 $V_{\mathrm{o}}=19.5\mathrm{V}$。在第20ms增加1%，在第30ms减少1%引起 i_{L} 和 v_{o} 的瞬态响应，如图11.4所示。稳态值应添加到小信号模型的输出中，以匹配完整模型的结果。结果证明了线性化模型对Boost变换器动态特性分析的有效性。放大 v_{o} 的波形，在第20ms和第30ms时刻的 v_{o} 波形中可以看到NMP效应，如图11.4所示。

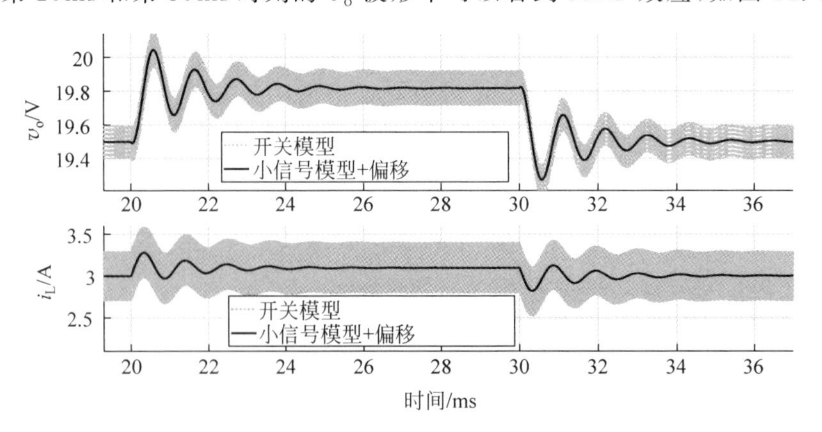

图11.4 小信号模型与开关模型输出的比较验证

11.3.2　升降压变换器

已在10.2.4节中建立了Buck-Boost变换器基于CCM的平均模型。该模型由式(11.30)和式(11.31)表示，其中包含基于电感电流平均值和输出电压平均值的两个状态变量。控制输入包括通态占空比 d_{on} 和断态占空比 d_{off}。

$$\frac{d\bar{i}_L}{dt}=\underbrace{\frac{1}{L}(d_{on}V_{in}+d_{off}\bar{v}_o)}_{f(\bar{i}_L,\bar{v}_o,d_{off})} \tag{11.30}$$

$$\frac{d\bar{v}_o}{dt}=\underbrace{\frac{1}{C_o}\left(-d_{off}\bar{i}_L-\frac{\bar{v}_o}{R}\right)}_{g(\bar{i}_L,\bar{v}_o,d_{off})} \tag{11.31}$$

式中：$\bar{i}_L$、$\bar{v}_o$ 分别为电感电流和输出电压的平均值。

由于两个变量乘积 $d_{off}\bar{i}_L$ 和 $d_{off}\bar{v}_o$，该模型所包含的函数 $f(\bar{i}_L,\bar{v}_o,d_{off})$ 和 $g(\bar{i}_L,\bar{v}_o,d_{off})$ 是非线性的。应用11.1节中描述的线性化流程，Buck-Boost变换器的小信号模型可以导出为状态空间方程：

$$\begin{bmatrix}\dfrac{d\tilde{i}_L}{dt}\\ \dfrac{d\tilde{v}_o}{dt}\end{bmatrix}=\begin{bmatrix}a_{11} & a_{12}\\ a_{21} & a_{22}\end{bmatrix}\begin{bmatrix}\tilde{i}_L\\ \tilde{v}_o\end{bmatrix}+\begin{bmatrix}b_1\\ b_2\end{bmatrix}\tilde{d}_{off} \tag{11.32}$$

其中，动态矩阵的参数由以下式子推导出来：

$$a_{11}=\left.\frac{\partial f(\bar{i}_L,\bar{v}_o,d_{off})}{\partial\bar{i}_L}\right|_{V_o,D_{off}}=0 \tag{11.33}$$

$$a_{12}=\left.\frac{\partial f(\bar{i}_L,\bar{v}_o,d_{off})}{\partial\bar{v}_o}\right|_{I_L,D_{off}}=\frac{D_{off}}{L} \tag{11.34}$$

$$a_{21}=\left.\frac{\partial g(\bar{i}_L,\bar{v}_o,d_{off})}{\partial\bar{i}_L}\right|_{V_o,D_{off}}=-\frac{D_{off}}{C_o} \tag{11.35}$$

$$a_{22}=\left.\frac{\partial g(\bar{i}_L,\bar{v}_o,d_{off})}{\partial\bar{v}_o}\right|_{I_L,D_{off}}=-\frac{1}{RC_o} \tag{11.36}$$

同时，控制矩阵的系数可以由下式确定：

$$b_1=\left.\frac{\partial f(\bar{i}_L,\bar{v}_o,d_{off})}{\partial d_{off}}\right|_{V_o,I_L}=\frac{-V_{in}-V_o}{L} \tag{11.37}$$

$$b_2=\left.\frac{\partial g(\bar{i}_L,\bar{v}_o,d_{off})}{\partial d_{off}}\right|_{V_o,I_L}=\frac{I_L}{C_o} \tag{11.38}$$

线性化模型仅在稳态平衡有效，稳态平衡由输出电压 V_o、电感电流 I_L 和断态占空比 D_{off} 的稳态值表示。在小信号模型中，状态变量用 $\tilde{i}_L$ 和 $\tilde{v}_o$ 表示；同时，通态占空比的小信

号变化量 $\tilde{d}_{\text{on}}$，是模型的控制输入量。

在状态空间表示中，输出矩阵可以是 $\boldsymbol{C}=[1\quad 0]$ 或 $\boldsymbol{C}=[0\quad 1]$，以分别选择作为单个输出的电感电流的小信号 $\tilde{i}_{\text{L}}$ 或输出电压的小信号量 $\tilde{v}_{\text{o}}$。当 $\tilde{v}_{\text{o}}$ 是动态分析和控制系统设计的关注点时，s 域中的传递函数可以从式(11.32)转变为式(11.39)或变换为式(11.40)所示的通式。NMP 的零点为 $\frac{1}{\beta_{\text{v}}}$，其中 $\beta_{\text{v}}>0$。

$$\frac{\tilde{v}_{\text{o}}(s)}{\tilde{d}_{\text{on}}(s)}=\frac{\frac{I_{\text{L}}}{C_{\text{o}}}s+\frac{D_{\text{off}}(V_{\text{o}}-V_{\text{in}})}{LC_{\text{o}}}}{s^{2}+\frac{1}{RC_{\text{o}}}s+\frac{D_{\text{off}}^{2}}{LC_{\text{o}}}} \tag{11.39}$$

$$G_{0\text{v}}(s)=\frac{K_{0\text{v}}(-\beta_{\text{v}}s+1)}{s^{2}+2\xi\omega_{\text{n}}s+\omega_{\text{n}}^{2}} \tag{11.40}$$

式中

$$K_{0\text{v}}=\frac{D_{\text{off}}(V_{\text{o}}-V_{\text{in}})}{LC_{\text{o}}}<0,\quad \beta_{\text{v}}=\frac{I_{\text{L}}L}{D_{\text{off}}(V_{\text{in}}-V_{\text{o}})},\quad \omega_{\text{n}}=\frac{D_{\text{off}}}{\sqrt{LC_{\text{o}}}},\quad \xi=\frac{1}{2RD_{\text{off}}}\sqrt{\frac{L}{C_{\text{o}}}}$$

当电感电流 i_{L} 为被控目标时，可由式(11.32)推导出传递函数 $G_{0\text{i}}$ 为式(11.41)或可以标准化为式(11.42)。传递函数的分母与 $G_{0\text{v}}(s)$ 分母相同。不同之处在于分子部分显示了直流增益 $K_{0\text{i}}$ 和最小相位零点，$-1/\beta_{\text{i}}$。

$$\frac{\tilde{i}_{\text{L}}(s)}{\tilde{d}_{\text{on}}(s)}=\frac{\frac{V_{\text{in}}-V_{\text{o}}}{L}s+\frac{V_{\text{in}}-V_{\text{o}}+D_{\text{off}}I_{\text{L}}R}{RLC_{\text{o}}}}{s^{2}+\frac{1}{RC_{\text{o}}}s+\frac{D_{\text{off}}^{2}}{LC_{\text{o}}}} \tag{11.41}$$

$$G_{0\text{i}}(s)=\frac{K_{0\text{i}}(\beta_{\text{i}}s+1)}{s^{2}+2\xi\omega_{\text{n}}s+\omega_{\text{n}}^{2}} \tag{11.42}$$

式中：$K_{0\text{i}}=\frac{V_{\text{in}}-V_{\text{o}}+D_{\text{off}}I_{\text{L}}R}{RLC_{\text{o}}}$ 且 β_{i} 值可以据此确定。

案例研究遵循 3.6.5 节中所描述的相同步骤，并在 3.6.6 节中建模。式(11.40)和式(11.42)中的模型参数：$\beta_{\text{v}}=6.6667\times10^{-5}$，$K_{0\text{v}}=-6.0096\times10^{8}$，$\xi=0.1778$，$\omega_{\text{n}}=2.7735\times10^{3}\,\text{rad/s}$，$\beta_{\text{i}}=6.6711\times10^{-4}$，$K_{0\text{i}}=1.8017\times10^{8}$。传递函数 $G_{0\text{v}}(s)$ 零点是正值，表明其为非最小相位系统，低阻尼比 ξ 表明在瞬态期间有明显的振荡。绘制时域仿真结果，并与开关模型的输出进行比较，如图 11.5 所示。

将占空比的小信号阶跃变化，$\tilde{d}_{\text{on}}=\pm0.01$ 用于额定工作条件，其中稳态下 $D_{\text{on}}=52\%$。在额定工作和稳态条件下，电感电流 I_{L} 和输出电压 V_{o} 的平均值分别为 3.85A 和 −19.5V。在第 20ms 增加 1%，在第 40ms 减少 1%引起 i_{L} 和 v_{o} 的瞬态响应，如图 11.5 所示。稳态值应添加到小信号模型的输出中，以匹配完整模型的结果。波形一致性通常证明了线性化模型在分析升降压变换器动态方面的有效性。NMP 的影响可以通过在第 20ms 的放大图来说明，如图 11.6 所示。由于模型在系统动态特性中显示出一个快速的 NMP 零点，因此这种影响并不显著。

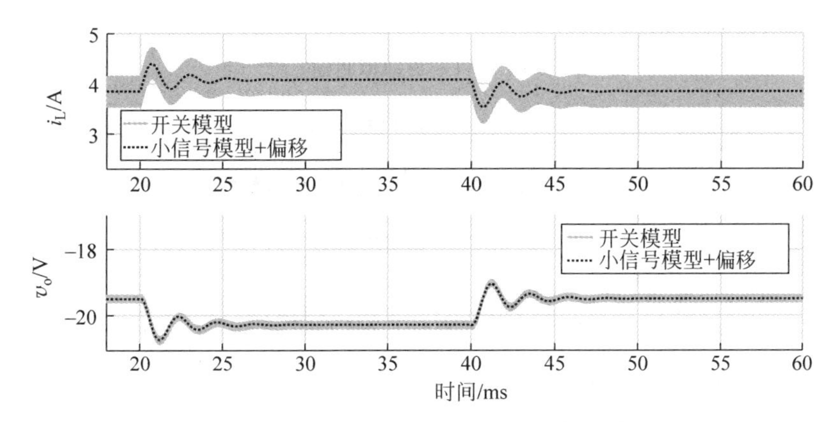

图 11.5 小信号模型与开关模型输出结果的对比验证

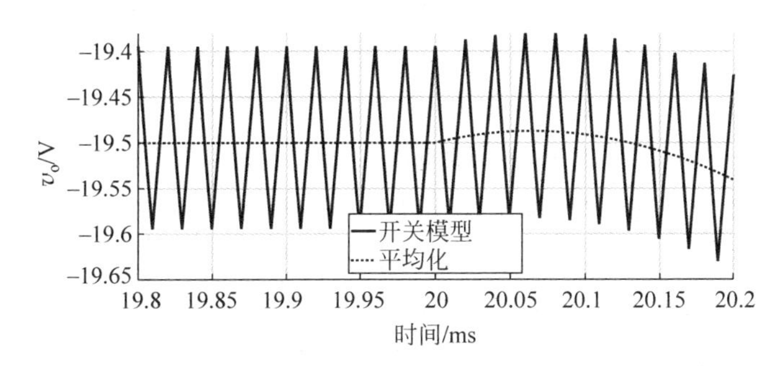

图 11.6 显示 NMP 效果的放大图

11.3.3 非最小相位

Boost 和 Buck-Boost 变换器基于 CCM 所建立的传递函数包含了 NMP 零点。此类 NMP 传递函数如式(11.27)和式(11.40)所示,表示 $\tilde{v}_o$ 和 $\tilde{d}_{on}$ 之间的小信号关系。NMP 传递函数的一般形式 G_{nmp} 在(11.43)中进行了定义和表示,K_0、ξ 和 ω_n 的参数遵循之前讨论过的相同定义。可以发现 NMP 的零点为 $1/\beta_1$,其值为正。为了进行比较,定义了一个如式(11.44)所示的最小相位(MP)传递函数,它具有相同的参数。

$$G_{nmp}(s)=\frac{K_0(-\beta_1 s+1)}{s^2+2\xi\omega_n s+\omega_n^2} \tag{11.43}$$

$$G_{mp}(s)=\frac{K_0(\beta_1 s+1)}{s^2+2\xi\omega_n s+\omega_n^2} \tag{11.44}$$

通过一个实例分析可以说明 MP 动态系统与 NMP 系统的动态性能差异。将下列参数代入式(11.43)和式(11.44)作比较:$\beta_1=1\times10^{-3}$,$\omega_n=1\times10^3$ rad/s,$\xi=0.5$,$K_0=1\times10^6$。首先,案例研究中的系统动态特性在频域中进行了展示。MP 和 NMP 的传递函数的波特图,如图 11.7 所示。两个图的幅值图相同,如图 11.7(a)所示,关键的区别是相位图,MP 系统在频率接近∞时相位趋于 90°,如图 11.7(b)所示,当频率增加时,NMP 和 MP 系统之间会出现相位差。

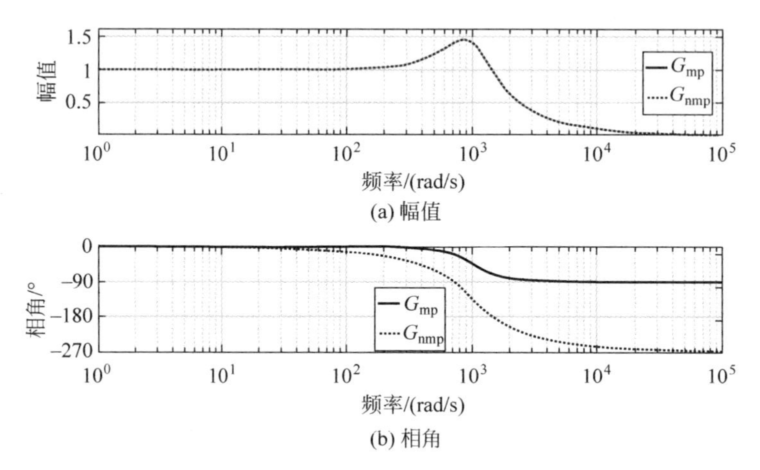

图 11.7　用于比较 NMP 和 MP 传递函数间动态的波特图

如图 11.8 所示，用阶跃响应来显示两者的时域对比。NMP 系统的阶跃响应表明其初始状态下存在明显的下冲，显示出与稳态值相反的方向，该现象会导致系统响应的时间延迟。NMP 系统通常存在反向瞬态响应时段而导致控制困难，Boost 变换器和 Buck-Boost 变换器的输出电压随占空比变化的阶跃响应都存在这种现象。图 11.4 和图 11.5 中的放大图显示了瞬态时间内的 NMP 动态，β_1 值越高，说明 NMP 动态的负面影响越大。

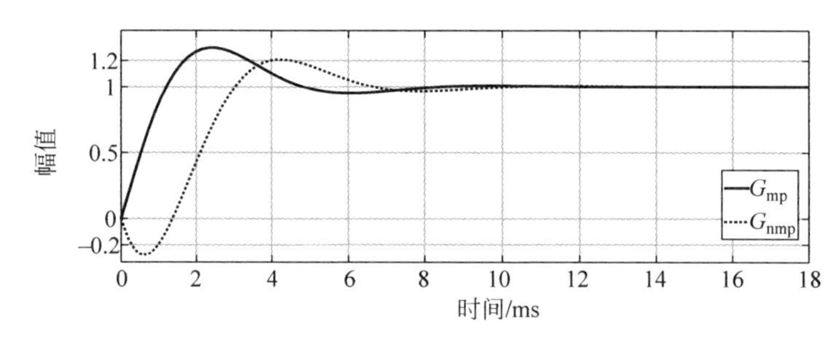

图 11.8　NMP 和 MP 系统的阶跃响应比较($\beta_1=1\times10^{-3}$)

另一个案例研究基于更快的 NMP 零点或更低的 β_1 值($\beta_1=1\times10^{-5}$)，如图 11.9 所示，所呈现的阶跃响应显示 MP 和 NMP 动态特性之间的比较。当存在 NMP 零点时，两者间的差异可以忽略不计。因此，在电路设计过程中降低 β_1 值以降低控制设计的复杂性是很重要的。

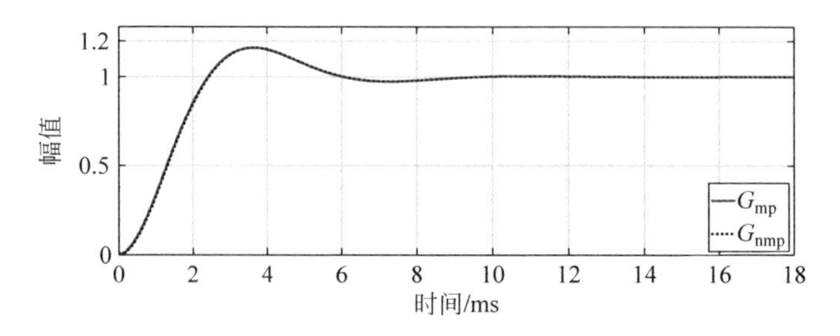

图 11.9　NMP 和 MP 系统的阶跃响应比较($\beta_1=1\times10^{-5}$)

11.4 基于断续导通模式的线性化

平均法已应用于DCM运行时的Buck、Boost和Buck-Boost拓扑。如10.3节所述，这些拓扑的平均值模型具有通用的等效电路，等效电路中电流源作为RC电路的输入，如图10.9、图10.11和图10.13所示。这些拓扑的等效电路只包含一个储能元件，并反映系统的一阶动态特性。因此，在式(11.45)中推导了一个通用微分方程来表示DCM下三种拓扑的动态特性。

$$C_o \frac{\mathrm{d}v_o}{\mathrm{d}t} = \bar{i}_{avg} - \frac{\bar{v}_o}{R} \tag{11.45}$$

式中：$\bar{i}_{avg}$为注入电流，它表示Buck变换器的电感电流平均值。对于Boost和Buck-Boost拓扑，电流值$\bar{i}_{avg}$代表二极管平均电流。可以推导出表征$\bar{i}_{avg}$和$\bar{v}_o$之间的输入-输出关系的传递函数：

$$\frac{\tilde{v}_o(s)}{\tilde{i}_{avg}(s)} = \frac{R}{RC_o s + 1} \tag{11.46}$$

当通态占空比作为输入时，小信号模型变为

$$\frac{\tilde{v}_o(s)}{\tilde{d}_{on}(s)} = \frac{K_{DC}}{RC_o s + 1} \tag{11.47}$$

式中：K_{DC}为由平衡条件决定的直流增益，它表示小信号$\tilde{d}_{on}$和$\tilde{i}_{avg}$之间的关系。一阶系统的速度取决于C_o和R的值。对于DCM运行时的Buck-Boost变换器，将式(3.48)中的电压变换比线性化，得到的直流增益为$K_{DC} = V_{in}\sqrt{\frac{RT_{sw}}{2L}}$。同样地，其他拓扑的增益可以分别确定。一般情况下，当DC/DC变换器运行于DCM时，其呈现为一阶动态特性，这便于分析。10.4节的研究表明在图10.16、图10.18和图10.20所示的仿真结果中的一阶动态特性，这些仿真分别对应于Buck、Boost和Buck-Boost变换器。在CCM和DCM的瞬态切换过程中，系统的动态差异是显而易见的，当变换器从CCM切换到DCM时，没有过冲或振荡。

11.5 本章小结

由于功率半导体和控制技术的进步，高频开关成为现代电力电子的常用器件。功率半导体的开/关切换不适合直接应用线性控制理论，而平均法已被证实可以有效地消除功率开关引起的不连续。Buck变换器运行在CCM时，可以通过平均法将其线性化并作为二阶动态系统进行分析。其他拓扑结构，例如Boost和Buck-Boost，在进行平均化之后仍然是非线性系统，这需要进一步的线性化，根据某一稳态工作情况下推导出拓扑的小信号模型。这种线性化模型可以在指定的平衡状态下捕获低阶系统变化的动态性能。

一般线性化从状态空间方程开始，以明确非线性函数，通过基于平衡点的一阶泰勒级数等效可以忽略非线性特性。在动态分析中，线性化通常会得到变换器系统在s域内的SISO

传递函数。小信号模型仅在控制输入的小扰动(如占空比或相移)的特定区域内有效,即使许多变换器所表现的动态高于二阶。建模过程中应关注关键动态频率,因此,通过忽略电感和电容中的寄生参数,可以将功率变换器建模为一阶或二阶动态系统。模型简化是在忽略不重要因素时获取关键频率成分的一种方法。线性化结果表明,尽管 DAB 电路比其他电路复杂,但其拓扑结构可以作为一阶传递函数进行分析。传递函数表示小信号区域内输出电压与相移的相关性。平均化过程涵盖了复杂的开关操作和电感的动态特性。应该注意的是,输出电压的动态并不是 DAB 建模时唯一关心的问题,因为拓扑显示出多种特性和双向功率流动的特性。其他动态模型应根据具体要求和平均化、线性化原则进行推导。

对 Boost 变换器和 Buck-Boost 变换器进行线性化分析,得到小信号模型,在 CCM 运行时,变换器表现为二阶系统动态。NMP 零点存在于输出电压响应开关占空比小信号变化的传递函数中。当 NMP 零点在零-极点图中接近原点(0,0)时,可以预测到该系统会产生显著的 NMP 效应。根据形成 NMP 零点的参数设计变换器,可使 NMP 效应最小化。

考虑 DCM 时,平均化过程忽略了电感电流的动态特性,当涉及输出电压的动态时,系统的动态主要由输出电容器和等效负载电阻等无源元件所决定。尽管本章给出了 Buck、Boost、Buck-Boost 和双有源桥式变换器的案例研究,但平均法和线性化技术均可用于其动态分析和其他的拓扑建模。

参考文献

[1] Xiao W D, Wen H, Zeineldin H H. Affine Parameterization and Anti-Windup Approaches for Controlling DC-DC Converters[C]. Proc. IEEE International Symposium on Industrial Electronics, Hangzhou,2012: 154-159.

[2] Xiao W D,Zhang P. Photovoltaic Voltage Regulation by Affine Parameterization[J]. International Journal of Green Energy,2013,10(3): 302-320.

[3] Syed I,Xiao W D, Zhang P. Modeling and Affine Parameterization for Dual Active Bridge DC-DC Converters[J]. Electric Power Components and Systems,2015,43(6): 665-673.

[4] Xiao W D. Photovoltaic Power systems: modeling,design,and control[M]. Wiley,2017.

习题

11.1 推导 Buck、Boost、Buck-Boost 和 Ćuk 变换器运行在 CCM 时的线性化模型,并用相关方法来验证它的准确性。

11.2 推导 Buck、Boost、Buck-Boost 和 Ćuk 变换器运行在 DCM 时的线性化模型,并用相关方法来验证它的准确性。

11.3 根据 10.2.3 节和 11.3.1 节的分析和推导,得出小信号模型来表示 Boost 变换器处于 CCM 时 $\tilde{i}_L$ 和 $\tilde{v}_o$ 之间的关系。

11.4 根据 10.2.4 节和 11.3.2 节的分析和推导,得出小信号模型来表示 Buck-Boost 变换器处于 CCM 时 $\tilde{i}_L$ 和 $\tilde{v}_o$ 之间的关系。

第12章

控制和调节

如 1.2 节所述，控制是电力电子领域的一个重要主题。如果没有对电压、电流或功率的控制和调节，功率变换过程就不能正常进行。图 12.1 给出了电力电子设备的典型二自由度(2DOF)控制图，所期望的输出用 r 表示，r 也称为参考值或设定值，期望跟随 r 值的输出变量用 y 表示。期望值和实际值之间的差称为误差，用 $e=r-y$ 计算。控制量用 u 表示，它通常指的是开关占空比或相移角。当 u 为一个合适的值时，可以在稳态下实现 $y=r$ 的控制目标。

如图 12.1 所示，前馈控制器(FFC)是提高参考跟随和干扰抑制性能的一种有效方法。FFC 的直接形式便于稳定性分析，通过一个例子可以很容易地理解这个概念。在 CCM 时，Buck 变换器的电压变换比理论上与脉冲宽度调制所得到的占空比成正比，当输入和期望输出的电压大小已知或可预测时，可以直接确定占空比的大小，并将其用作 FFC 的直接形式进行控制。该结构可以通过反馈控制回路节省大量的校正工作，并缩短达到稳定状态的时间。FFC 通常是根据已知的控制行为和系统响应之间的系统信息来设计的。

反馈控制器(FBC)已被广泛使用，它形成了包括传感、反馈和校正在内的闭环控制回路，如图 12.1 所示。实时校正能够保持期望输出并减轻干扰和不确定性等非理想因素的影响，因此 FBC 被认为是控制功率变换以达到期望性能的主要方法。FFC 作为一个附加功能，可以将更多变量增加到控制系统中，从而提高系统的性能。本章研究了线性控制理论，并将其应用于电力变换器的设计和运行，以满足系统的要求。

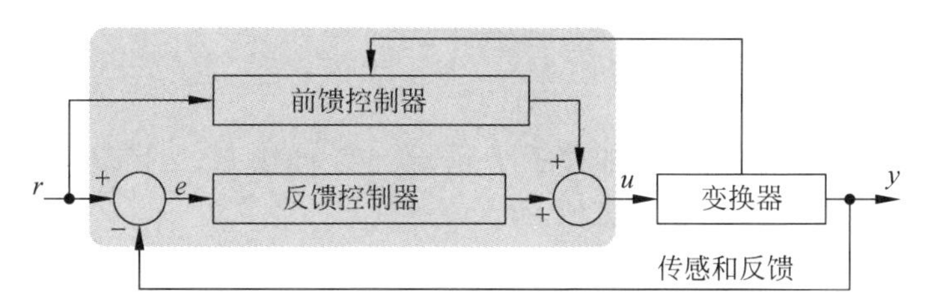

图 12.1　功率变换器的典型控制结构

12.1 稳定性和性能

控制系统应根据以下规范进行评估：

(1) 输入与输出之间的绝对稳定性是控制工程的基本要求。它的定义是，如果输入是有界的，则系统输出应该总是有界的。它是根据有界输入有界输出(BIBO)的一般稳定性定义。

(2) 内部稳定性应保证控制系统内部的所有信号始终有界。

(3) 鲁棒性是指系统的相对稳定性，在运行过程中，系统鲁棒性需要保证，它测量的是到不稳定边界的距离。高鲁棒系统可以有效地防止由模型不确定性、噪声、扰动、时间变化和温度效应等不可预测因素引起的不稳定。

(4) 理想的控制性能表现在稳态误差为零。

(5) 在响应设定值变化或抑制干扰方面来讲，控制系统需要具有快速响应性能。从一种稳定状态到另一种稳定状态的时间应该很短；同时，暂态响应应该平滑，无明显偏差或振荡。

在设计闭环控制系统时，按照图 12.2 所示的步骤评估其稳定性、鲁棒性和性能是很重要的，绝对稳定性对于所有预期的操作条件都是至关重要的，只有保证足够的相对稳定性或鲁棒性，才能提高系统的控制性能，这主要是在系统的鲁棒性和控制性能之间进行权衡。在保证系统绝对稳定的情况下，对控制器进行优化，使系统鲁棒性与性能达到最优平衡。

图 12.2 闭环控制系统的评估步骤

12.2 通/断控制

在电力电子技术中，通/断控制广泛用于对电压和电流进行调制和/或调节。通/断的概念很简单，但可以直接用于控制和调节，它遵循反馈控制机制来实现误差检测和修正的功能，并强制输出 y 跟随设定值 r。该机制遵循“真或假”的简单概念或“1 或 0”的布尔逻辑。一个简单的通/断控制方案如图 12.3(a)所示，在数学上的描述如下所示：

$$u=\begin{cases}U_{\max}, & e>0\\ U_{\min}, & e<0\end{cases} \tag{12.1}$$

其中，若 $r>y$，则 $U_{\max}$ 导致 y 的增加接近于 r；若 $y>r$，则 $U_{\min}$ 导致 y 减小。通/断控制的关断信号最终使输出 y 接近于设定值，并且 $e\approx 0$。

在功率变换器中，$U_{\max}$ 可以称为有源开关的开通信号，它会引起电感电流的增加；有源开关的关断信号 $U_{\min}$ 会导致电流下降。通/断控制器直接产生通/断信号来驱动有源开关，其中的 PWM 机制可以忽略。图 12.3(a)演示了该操作，其目的是纠正 y 和 r 之间的差异，并强制 $e\approx 0$。然而，通/断控制实现对噪声敏感，使 u 在 $U_{\max}$ 和 $U_{\min}$ 之间以不可控制的高频率随机开关。因此,通/断控制引入一个滞环或公差,以提高其对噪声的鲁棒性。

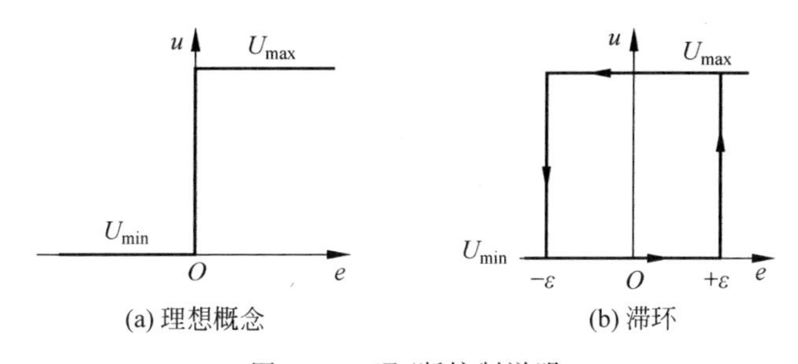

图 12.3 通/断控制说明

12.2.1 滞环控制

滞环控制器通常称为 bang-bang 控制器,其表达式为式(12.2),如图 12.3(b)所示。该方法增加了容差以避免 U_{max} 和 U_{min} 之间极其频繁的变换,但牺牲了稳态性能。当误差 e 在 $-\varepsilon \sim +\varepsilon$ 范围内时,控制器保持其当前输出不变,直到满足替代状态的条件。

$$u=\begin{cases}U_{max}, & e>+\varepsilon \\ U_{min}, & e<-\varepsilon\end{cases} \tag{12.2}$$

对 ε 的赋值表现了在稳态误差和开关频率之间的权衡。众所周知,所有物理组件都具有开关速度极限;同时,如前文所述,高频开关通常会导致较大的功率损耗。滞环控制器采用非线性方法形成反馈控制回路,其设计很简单,因为不需要数学建模,并在功率变换器中广泛应用于电感电流的调节。

12.2.2 案例分析与仿真

本案例研究基于 Boost 变换器,其参数已在 3.4.5 节中指定。稳态分析表明,当有源开关导通时,电感电流增加;否则,升压变换器的电感电流会降低。如图 12.4 所示,建立了一个仿真模型来演示调节电感电流的控制操作。利用 Relay 模块在 Simulink 中构造了一个滞环控制器,Relay 模块的输出在两个指定值"0"和"1"之间切换,从而可以控制功率切换。滞环带(±ε)可以在"继电器"模块内进行设置。电感电流反馈给迟滞控制器进行调节,电感电流会跟随 Simulink 中指示的参考信号变化。ε 的设置为 0.3A,这是在 Relay 模块中为滞环控制操作设定的。仿真结果如图 12.5 所示。

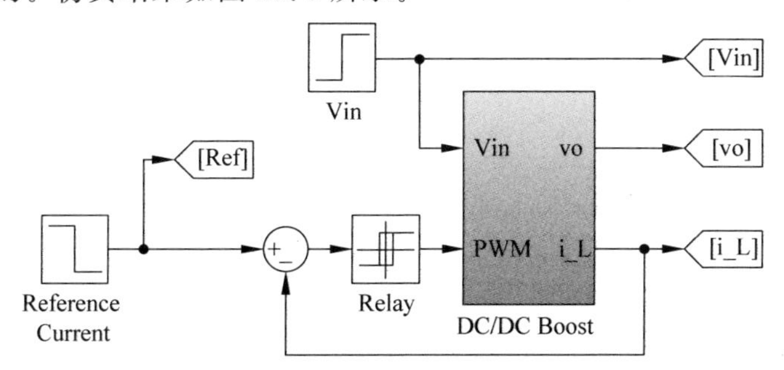

图 12.4 用于调节 Boost 变换器电感电流的滞环控制仿真模型

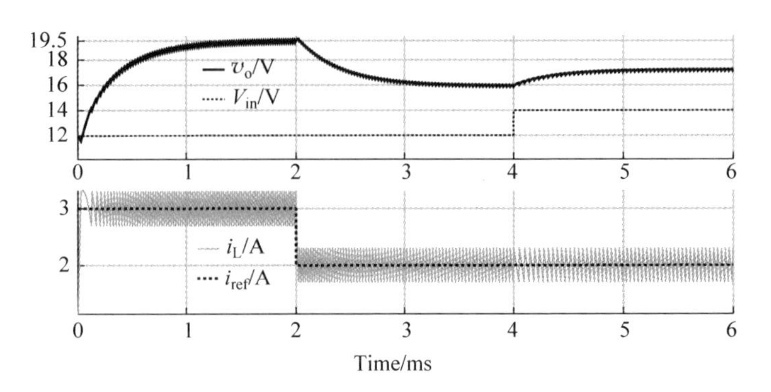

图 12.5 用于调节 Boost 变换器电感电流的滞环控制仿真波形

变换器的电感电流在开始时被控制为 3A，这代表变换器的标称工况。在第 2.5ms 时刻，电流基准值变为 2A；在第 5ms 时刻，输入电压 V_{in} 从 12V 到 14V 的阶跃变化引入了干扰，如图 12.5 所示。滞环控制器证明了它的有效性，并保持电感电流 i_L 跟随命令信号 i_{ref} 从 3A 变为 2A。i_L 的峰-峰值纹波为 0.6A，与表 3.3 中所示的变换器规格一致。开关频率约为 50kHz，以遵循标称条件下的电流纹波额定值。由于负载电阻是恒定的，电感电流的变化会导致输出电压 v_o 的变化。当输出电压作为被控变量时，电感电流调节成为内环反馈回路。可实施控制环路级联方法以达到电压调节，这将在 12.5 节中讨论。

12.3 仿射参数化

仿射参数化是一种基于数学建模和动态分析的控制器设计方法。该方法使控制器设计简单明了，并在系统建模正确执行的情况下保证了内部稳定性和控制性能。它有时被称为 Youla 参数化和 Q 设计。对于 SISO 系统，设计过程如图 12.6 所示，其中 R 为参考值，Y 为被控变量，即输出变量。

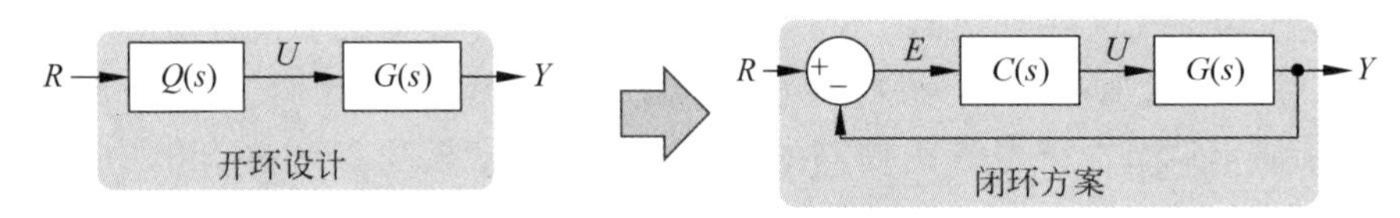

图 12.6 仿射参数化的设计和实现的概念

在设计阶段，引入 $Q(s)$ 传递函数进行开环系统分析。如式(12.3)所示，对于传递函数的形成，当 $Q(s)$ 和 $G(s)$ 的传递函数表现出 BIBO 的特征时，可以保证绝对稳定性和内部稳定性。$Q(s)G(s)$ 的传递函数形式对于稳定性分析来说是直截了当的，不需要对其进行任何校正。

$$\frac{Y(s)}{R(s)}=Q(s)G(s) \tag{12.3}$$

在实际实现中，如果由于不可预测的干扰或非理想因素导致 Y 偏离 R，则无法保证控制性能。因此，控制配置的主要方法是以负反馈机制为基础的，$Q(s)G(s)$ 的相同形式可以等效地变换为包括校正函数和反馈控制器 $C(s)$ 的闭环形式，如图 12.6 所示。闭环实现表明修正机制，任何参考值 R 和输出 Y 之间的误差都可以被控制器检测和修正。闭环系统的传递函数表现出有理形式。

$$\frac{Y(s)}{R(s)}=\frac{C(s)G(s)}{1+C(s)G(s)} \tag{12.4}$$

$C(s)$和$G(s)$的传递函数的单个稳定性不能表示Y和R关系的闭环的内部稳定性，因此设计阶段从$Q(s)G(s)$的综合入手，以保证系统的稳定性。将式(12.3)和式(12.4)中的传递函数联立，得到可由式(12.5)合成的反馈控制器。控制器综合简单地利用了开环稳定性分析和闭环控制的实现。

$$C(s)=\frac{Q(s)}{1-Q(s)G(s)} \tag{12.5}$$

12.3.1 设计流程

根据第10章和第11章所介绍的建模过程，数学模型$G_0(s)$应该可用来表示大信号或小信号中功率变换器的动态性能。在进行控制器综合之前，需要对传递函数$G_0(s)$进行仿真或实验验证。图12.7说明了使用仿射参数化的推荐设计过程。应首先根据系统要求和$G_0(s)$的动态分析定义所期望的闭环传递函数$F_Q(s)=\dfrac{Y(s)}{R(s)}$。由于闭环传递函数由式(12.3)定义，则由式(12.6)推导出中间函数$Q(s)$进行稳定性分析。$Q(s)$传递函数必须是稳定的，并且$F_Q(s)=Q(s)G_0(s)$也应该是内部稳定的。

$$Q(s)=F_Q(s)[G_0(s)]^{-1} \tag{12.6}$$

由式(12.5)导出反馈控制器的传递函数。相对稳定性或鲁棒性应通过分析传递函数$C(s)G_0(s)$的相位裕量、增益裕量等参数来评估。当鲁棒性得到满足时，反馈控制器就可以用于闭环实现。

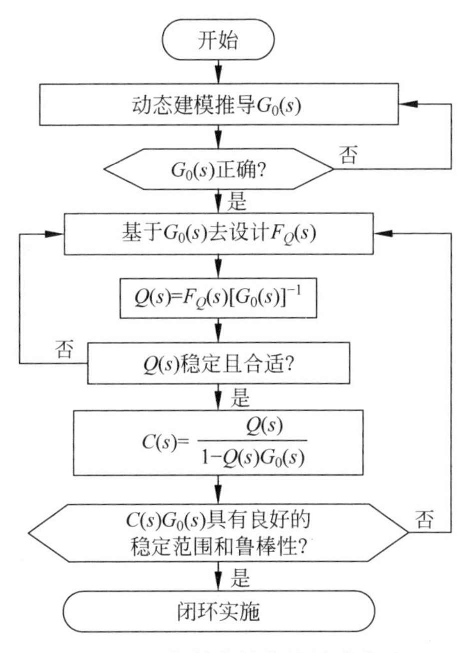

图12.7　仿射参数化的设计步骤

12.3.2 闭环期望

当变换器模型得到验证以后，可以确定 $G_0(s)$ 的相对度，即极点数(N_{pole})与最小相位(MP)零点数的差值 n_{zero}。相对度数由 $N_{pole}-N_{zero}$ 计算，对于物理系统而言其值通常为零。基于第10章和第11章中的动态建模，变换器模型可以概括为四种类型，分别由式(12.7)～式(12.10)所表示。$G_0(s)$ 通常表示为一组通用变换器模型并用于以下综合分析，而不考虑类型和参数的差异。式(12.7)和式(12.9)所表示的为一阶系统，其中 $\beta_i>0$。式(12.8)中的传递函数所表示的为2阶系统；因为 $\beta_v>0$，式(12.10)中的模型显示了非最小相位(NMP)零点。

$$G_0(s)=\frac{K_0}{\tau_0 s+1} \tag{12.7}$$

$$G_0(s)=\frac{K_{0v}}{s^2+2\xi\omega_n s+\omega_n^2} \tag{12.8}$$

$$G_0(s)=\frac{K_{iL}(\beta_i s+1)}{s^2+2\xi\omega_n s+\omega_n^2} \tag{12.9}$$

$$G_0(s)=\frac{K_{0v}(-\beta_v s+1)}{s^2+2\xi\omega_n s+\omega_n^2} \tag{12.10}$$

在 $G_0(s)$ 确定之后，如图12.7所示，下一步是根据设计程序指定所需的闭环传递函数 $F_Q(s)$。这一步是至关重要的，因为要在闭环性能和稳定性之间进行权衡。如式(12.7)所示的一阶传递函数，已被用于表示双有源桥的动态特性。同时，当考虑变换器运行于DCM时，Buck、Boost和Buck-Boost变换器也表现出一阶动态特性，这在11.4节中有过讨论。$F_Q(s)$ 应被定义为式(12.11)所表示的一阶传递函数从而匹配系统阶数。

$$F_Q(s)=\frac{1}{\alpha_{cl} s+1} \tag{12.11}$$

式(12.9)中的传递函数表示电感电流为被控目标时的另一组拓扑，包括Buck拓扑、Boost拓扑和Buck-Boost拓扑。传递函数如式(10.9)、式(11.29)、式(11.42)所示，它们所表示的系统阶数也为1。$F_Q(s)$ 的定义方式应与式(12.11)中的相同，以匹配系统阶数。$F_Q(s)$ 的直流增益为1，表示零稳态误差。动态响应的速度由式(12.11)中的 α_{cl} 值确定，阶跃响应的稳定时间可以估计为 $4\alpha_{cl}$，用于确定 α_{cl} 的值。

一个系统阶数为2的变换器模型用式(12.8)表示，该模型在10.2.1节中是针对CCM时的Buck变换器所建立的，此类系统所需的闭环函数应由式(12.12)确定，也可以变换为式(12.13)。$F_Q(s)$ 中的参数应被指定，其中包括阻尼比 ξ_{cl} 和无阻尼自然频率 ω_{cl}。根据式(12.12)，直流增益被指定为1，以使输出在稳定状态下跟踪参考信号。阻尼比通常设置为0.7～2，以平衡响应速度和超调水平。$F_Q(s)$ 中的阻尼系数 ξ_{cl} 被认为是阶跃响应中超调量大小的依据，ξ_{cl} 的规格可参考表10.1，表示超调量的大小。ω_{cl} 通常被选择为等于或高于 ω_n 以获得更快的响应。闭环系统中阶跃响应的稳定时间可近似为 $\frac{4}{\xi_{cl}\omega_{cl}}$，此参数用于预测闭环性能。

$$F_Q(s)=\frac{\omega_{cl}^2}{s^2+2\xi_{cl}\omega_{cl}s+\omega_{cl}^2} \tag{12.12}$$

$$F_Q(s)=\frac{1}{\alpha_2 s^2+\alpha_1 s+1} \tag{12.13}$$

式中：$\alpha_2=\frac{1}{\omega_{cl}^2}$；$\alpha_1=\frac{2\xi_{cl}}{\omega_{cl}}$。

NMP 系统已在式(11.27)和式(11.40)中建立了 Buck 和 Buck-Boost 变换器的动态模型,用于下文分析的通用形式如式(12.10)。图 12.7 显示 $Q(s)$的建立需要得到逆传递函数$[G_0(s)]^{-1}$。然而,NMP 中 $G_0(s)$的逆传递函数会导致右平面(RHP)极点,使得系统变得不稳定。为了避免任何有害的零极点,NMP 零点应根据仿射参数化保持在 $F_Q(s)$中。因此,闭环系统的传递函数应被指定为式(12.14)或式(12.15),以承认 NMP 零点的存在。β_v的值与式(12.10)中的相同。由于 NMP 零点的负面影响,闭环设计应尽量保留足够的裕量,要求保持足够的稳定性裕量和鲁棒性。

$$F_Q(s)=\frac{\omega_{cl}^2(-\beta_v s+1)}{s^2+2\xi_{cl}\omega_{cl}s+\omega_{cl}^2} \tag{12.14}$$

$$F_Q(s)=\frac{-\beta_v s+1}{\alpha_2 s^2+\alpha_1 s+1} \tag{12.15}$$

12.3.3 $Q(s)$和 $C(s)$的推导

对于式(12.7)所示的一阶系统,在式(12.11)中指定了所需的闭环传递函数。$Q(s)$的传递函数可以被推导出来并表示为式(12.16),$Q(s)$应该稳定。根据(12.5),$Q(s)$和 $G_0(s)$的函数可得到如式(12.17)所示反馈控制器的传递函数 $C(s)$。控制器可以变换为比例积分(PI)控制器的标准格式,所显示比例增益 $K_P=\frac{\tau_0}{K_0\alpha_{cl}}$和积分增益 $K_I=\frac{1}{K_0\alpha_{cl}}$。

$$Q(s)=F_Q(s)[G_0(s)]^{-1}=\frac{\tau_0 s+1}{K_0(\alpha_{cl}s+1)} \tag{12.16}$$

$$C(s)=\frac{Q(s)}{1-Q(s)G_0(s)}=\frac{\tau_0 s+1}{K_0\alpha_{cl}s} \tag{12.17}$$

按照式(12.9)所示的变换器传递函数,所期望的闭环传递函数也由式(12.11)确定,这是因为 $G_0(s)$的系统阶数为 1。根据式(12.6)和变换器传递函数,可以推导出如式(12.18)所示的 $Q(s)$传递函数。当函数 $Q(s)$稳定时,可以得到如式(12.19)所示的反馈控制器传递函数。传递函数可以变换成比例-积分-微分(PID)控制器,这将在 12.4 节中进一步讨论。

$$Q(s)=F_Q(s)[G_0(s)]^{-1}=\frac{s^2+2\xi\omega_n s+\omega_n^2}{K_{iL}[\alpha_{cl}\beta_i s^2+(\alpha_{cl}+\beta_i)s+1]} \tag{12.18}$$

$$C_{iL}(s)=\frac{s^2+2\xi\omega_n s+\omega_n^2}{K_{iL}s(\alpha_{cl}\beta_i s+\alpha_{cl}+\beta_i)} \tag{12.19}$$

当考虑的系统阶数为 2 时，如 Buck 变换器输出电压传递函数，所期望的闭环系统应由式(12.13)确定。根据变换器传递函数推导出 $Q(s)$的传递函数为式(12.20)。当 $Q(s)$被验证为稳定且正确时，设计过程可以通过式(12.5)继续到式(12.21)中的反馈控制器传递函数。$C(s)$的传递函数也可以变换为 PID 形式。

$$Q(s)=F_Q(s)[G_0(s)]^{-1}=\frac{s^2+2\xi\omega_n s+\omega_n^2}{K_{0v}(\alpha_2 s^2+\alpha_1 s+1)} \tag{12.20}$$

$$C_v(s)=\frac{s^2+2\xi\omega_n s+\omega_n^2}{K_{0v}s(\alpha_2 s+\alpha_1)} \tag{12.21}$$

当考虑 NMP 系统时，所需的闭环系统由式(12.15)确定，以避免任何有害的零-极点约分。由式(12.6)、式(12.10)可得 $Q(s)$的传递函数为式(12.22)。在验证 $Q(s)$稳定且合适后，由设计过程所得到的反馈控制器传递函数与式(12.21)相同。一般来说，$Q(s)$是一个用于设计以闭环为实现目的的反馈控制器的内部函数。

$$Q(s)=F_Q(s)[G_0(s)]^{-1}=\frac{s^2+2\xi\omega_n s+\omega_n^2}{K_{0v}(\alpha_2 s^2+\alpha_1 s+1)} \tag{12.22}$$

12.3.4 相对稳定性和鲁棒性

仿射参数化可以得到具有绝对稳定性和内部稳定性的闭环系统。然而，现实世界的控制系统耦合了非理想因素，如干扰和噪声，如图 12.8 所示。D_i、D_o、D_m 分别代表输入扰动、输出扰动和测量噪声。对于功率变换器，占空比不准确或 PWM 信号被污染会导致输入干扰。任何突然的或不可预知的负载变化都会导致输出干扰 D_o。众所周知，所有现实的信号都无法避免噪声耦合，此外，功率开关操作本质上是非线性的。数学模型是基于平均、线性化和不同层次的假设的近似技术，模型的不确定性是另一个会影响系统稳定性的问题。因此，控制系统的鲁棒性设计是需要关注和分析的问题。

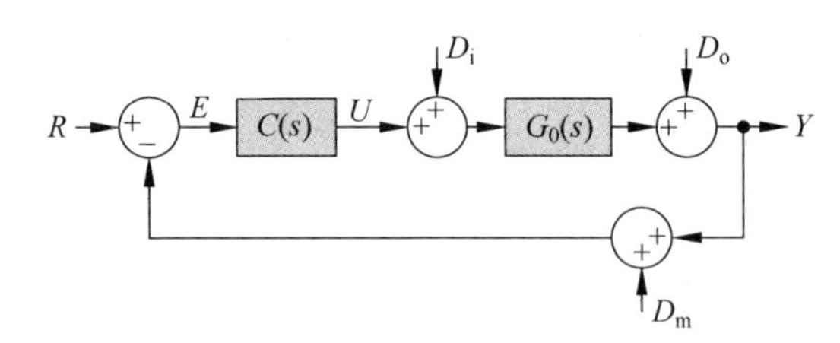

图 12.8 实际反馈控制系统框图

当合成反馈控制器 $C(s)$时，一个重要的衡量标准是闭环系统的相对稳定性。相对稳定性表示系统的鲁棒性，衡量一个名义上稳定的系统在考虑不可预测的扰动、非理想环境、建模不准确和模型不确定性的情况下进入无限振荡或不稳定的程度。测量的常用指标包括相位裕量、增益裕量和灵敏度峰值。灵敏度函数由线性控制理论定义并由式(12.23)表示，该函数表示输出扰动 D_o 闭环输出之间的传递函数，如图 12.8 所示。$S_o(s)$还表明模型的不确定性对闭环稳定性的影响程度。灵敏度峰值是在特定频率下发生的最高幅度，它成为系统鲁棒性的重要衡量标准，希望较低的标准值可以实现系统的高鲁棒性。

$$S_o(s)=\frac{1}{1+G_0(s)C(s)} \tag{12.23}$$

根据推导出的传递函数 $C(s)G_0(s)$，可以检测和评估稳定性裕量和灵敏度峰值。波特图或奈奎斯特图均可用于分析相对稳定性。在 MATLAB 中，"margin"和"nyquist"函数通常分别用于波特图和奈奎斯特图分析。这里给出了一个仅用于说明的被控对象传递函数：

$$G_0(s)=\frac{1}{s^3+3s^2+3s+1}$$

反馈控制器被设计为 PI 形式，并表示为

$$C(s)=1.6+\frac{0.88}{s}$$

对 $C(s)G_0(s)$ 使用"裕量"函数，在频率 0.76rad/s 下相位裕量 $\phi_m=32.5°$。相位裕量是衡量无限系统振荡幅值的一项指标。在截止频率 1.29rad/s 下，检测到增益裕量绝对值为 2.52 或 8.02dB。这些稳定裕量可以用 $G_0(s)C(s)$ 的波特图来表示，如图 12.9 所示，其中 ϕ_m 和 G_m 均被标出。

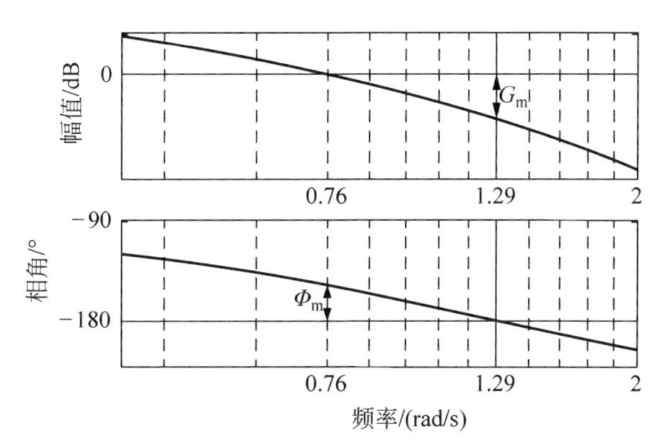

图 12.9 用于说明相位裕量和幅值裕量的 $G(s)C(s)$ 的波特图

奈奎斯特图是说明相对稳定性和鲁棒性的另一种方法，如图 12.10 中相同的案例所示。临界点在复数图中显示为(−1,0)，其中增益用 $|C(s)G(s)|=1$ 表示，相位角用 $\phi=-180°$ 表示。在临界点处运行会导致系统振荡，因此，它设定了系统稳定区域的边界。相位裕量 ϕ_m 显示在奈奎斯特图中，其角度为 32.5°。众所周知，相位裕量越大，闭环系统的鲁棒性就越好。根据经验法则，相位裕量不应低于 45°。a 表示从原点(0,0)到过零点的距离，取值为 0.40，这是增益裕量的指标，因为增益裕量以 dB 为单位表示为 $G_m=20\log\left(\frac{1}{a}\right)$。增益裕量提供了一种不同的方式来评估相对稳定性和测量系统无限振荡的幅值。G_m 值越大或 a 值越小，表示稳定性越好。

图 12.10 中的一个测量值显示为 b，它显示了奈奎斯特曲线和临界点之间的最近距离。距离 b 与灵敏度函数的峰值幅值有关，用式(12.24)所表示。峰值出现在某个频率上，这可以通过 $S_o(s)$ 的波特图来说明，如图 12.11 所示。b 越大，系统鲁棒性越好，因为它代表了较低的灵敏度峰值。在本案例研究中，它显示为 $b=0.41$，可以变换为 $\max|S_o|=2.44$，如

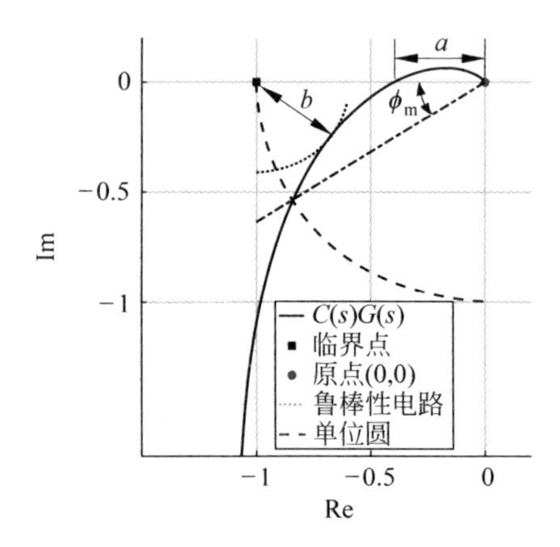

图 12.10　用于说明相位裕量、增益裕量和灵敏度峰值的 $G(s)C(s)$ 的奈奎斯特图

图 12.11 中的波特图所示。在闭环设计中应避免高灵敏度峰值，$b>0.5$ 或 $\max|S_o|<2$ 将能实现良好的系统鲁棒性。

$$\frac{1}{b}=\max|S_o| \tag{12.24}$$

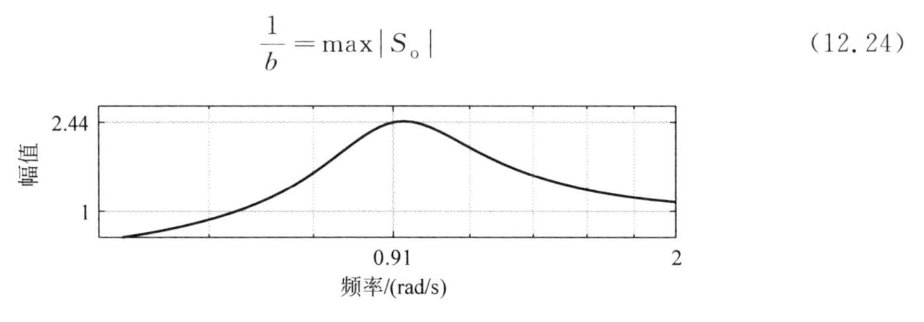

图 12.11　灵敏度函数和峰值的波特图

一般来说，包括相位裕量、增益裕量和灵敏度峰值在内的相对稳定性度量的是距离临界点的距离，临界点是进入系统不稳定的边界。距离越远，闭环控制系统的鲁棒性越强。当相位裕量、增益裕量或灵敏度峰值的稳定性测量不能满足规范要求时，可以重新调整控制器使其满足要求。一种常见的做法是降低控制器的直流增益。之前的案例研究表明，控制器

$$C(s)=1.6+\frac{0.88}{s}$$

使得 $\phi_m=32.5°$，$G_m=8.02\text{dB}$，$\max|S_o|=2.44$。当控制器增益减少一半，变为

$$C(s)=0.8+\frac{0.44}{s}$$

时，$G_0(s)C(s)$ 的奈奎斯特图如图 12.12 所示，其增加的裕量为 $\phi_m=57.91°$，$G_m=14.04\text{dB}$。而灵敏度峰值为 1.57，低于之前的例子。这说明降低直流增益 $C(s)$ 可以提高系统的稳定性和鲁棒性。然而，由于高的直流增益 $G(s)C(s)$ 对于快速动态响应、有效的干扰抑制和低稳态误差的性能具有明显效果，因此降低直流增益使得系统的控制性能相应降低。

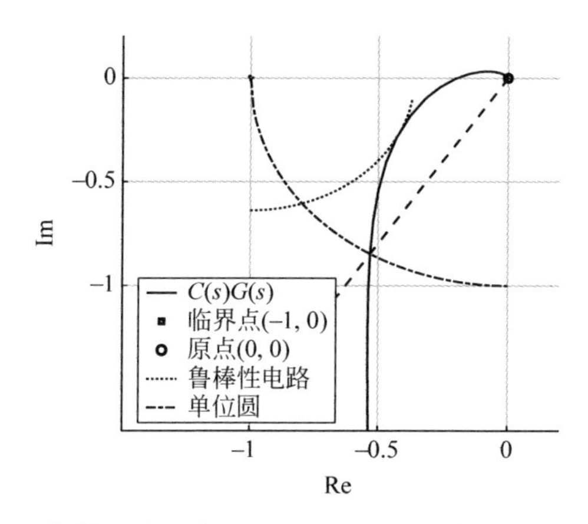

图 12.12　控制器增益减少后对 $G(s)C(s)$的奈奎斯特图的影响

12.4　控制器的实现

反馈控制器可以由模拟电路或数字控制器实现,目前的发展趋势是采用数字单片机和现场可编程门阵列(FPGA),它灵活性强,可以实现综合先进的控制算法。

12.4.1　数字控制

数字控制系统的典型结构如图 12.13 所示,其中包括数字控制器函数 C_z 的实现。现代微控制器功能强大,可集成采样器、模/数转换器(ADC)、PWM 发生器和零阶保持器。图中显示了一个限幅器,以避免 $u(k)$信号脱离物理约束,例如,PWM 的占空比应为 0～100%。保持器和采样器是连续时间信号和离散时间信号之间的接口。在电力传动电路中,需要传感器来测量受控变量,如电压或电流传感器。信号调理电路是一个模拟电路,用于校准测量信号并让信号符合数字芯片可接受的电平水平,使其在信号传输时无噪声且具有鲁棒性。

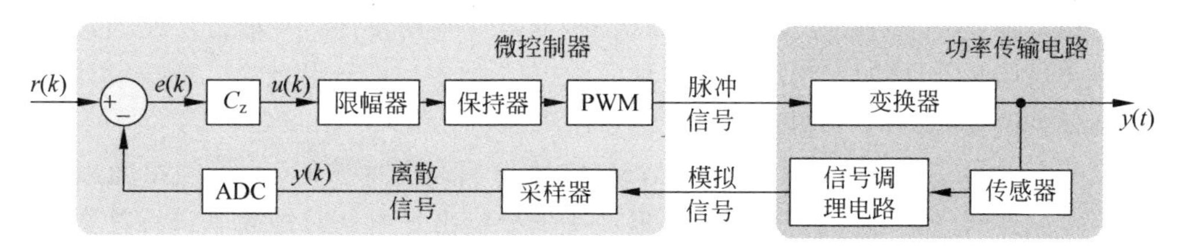

图 12.13　典型电力电子设备的数字控制典型结构

数字控制器可以直接由 s 域的控制器传递函数进行变换,如式(12.17)、式(12.19)、式(12.21)所示。MATLAB 函数“c2d”支持传递函数从 s 域到 z 域的变换。对于“c2d”变换,应指定控制回路的采样时间,较短的采样时间通常使得模拟控制器和数字控制器的性能相近。常见的一种做法是采用与开关频率相同或开关频率倍数的采样频率,因为该频率远高于临界系统动态特性。这种设置自动支持控制回路和 PWM 操作之间的操作同步化,通常采用“Tustin”变换法对控制器进行离散化。“Tustin”变换的基础是近似式 $s=\dfrac{2-z^{-1}}{T_s+z^{-1}}$,

将 s 域中的“s”替换为“z”。z 域的传递函数与离散时间运算即具体时间 T_s 有关，例如，式(12.21)中的控制器传递函数可以通过“c2d”函数变换为离散形式：

$$C_v(z)=\frac{b_0+b_1z^{-1}+b_2z^{-2}}{1+a_1z^{-1}+a_2z^{-2}} \tag{12.25}$$

对于编程，式(12.25)中的控制算法可以变换为差分方程，在离散时间内更新控制器输出，如式(12.26)所示。变量 $u(k)$ 可参考 PWM 占空比的更新值，如图 12.13 所示。$u(k-1)$ 和 $u(k-2)$ 是前两个采样周期的历史值。$e(k)$ 表示参考值 $r(k)$ 和反馈点 $y(k)$ 之间的最新误差。$e(k-1)$ 和 $e(k-2)$ 是过去两个采样周期中所记录的误差。

$$u(k)=-a_1u(k-1)-a_2u(k-2)+b_0e(k)+b_1e(k-1)+b_2e(k-2) \tag{12.26}$$

对于式(12.17)表示的 PI 控制器，利用 Tustin 变换可得到控制器在 z 域中的传递函数为式(12.27)。控制程序可以遵循式(12.28)中的差分方程来更新每个采样周期的控制器输出。

$$C(z)=\frac{b_0+b_1z^{-1}}{1-z^{-1}} \tag{12.27}$$

$$u(k)=u(k-1)+b_0e(k)+b_1e(k-1) \tag{12.28}$$

由于数字控制类似于连续时间的操作，因此需要高采样频率。然而，采样频率有时受限于低端微控制器的计算能力。此外，在控制回路中引入了由计算、A/D 转换、采样器和保持器引起的不可避免的时间延迟。在稳定性分析中应考虑时间延迟，因为它可能会显著降低稳定性裕量，甚至导致不稳定。12.3 节介绍的仿射参数化没有考虑数字控制回路的时间延迟。时间延迟取决于采样频率、数字控制器的速度和控制算法的复杂性。因此，当已知时延的总和值 T_d 时，需要进行额外的评估。数字时间的延迟导致相位滞后，通常估计为采样时间的多个周期。减少的相位裕量可以用下式近似表示：

$$\phi_D=\frac{T_d\times\omega_{cp}\times 360°}{2\pi} \tag{12.29}$$

式中：ϕ_D、ω_{cp} 分别为减小的相位角(以度(°)为单位)和相位裕量对应的穿越频率。

基于 12.3.4 节中对相对稳定性的分析，需要利用 $\phi_m-\phi_D$ 进一步评估相位裕量。当重新评估的相位裕量低于一般要求值，如 45°时，控制器应重新设计。一般方法是通过降低初始控制器传递函数 $C(s)$ 的直流增益来呈现的，这已在 12.3.4 节中讨论。重新设计控制器可能会降低系统性能，但会获得稳定裕量和系统鲁棒性。

数字控制的另一个缺点是数字化 PWM，它输出调制脉冲波形，并直接跟随控制器输出。数字控制器有一个时钟上限频率，而 PWM 信号输出是由该时钟频率进行计数的嵌入式计数器实现的，因此时钟频率直接决定了占空比的分辨率，这已在 3.1 节中讨论。这种不准确性可能会导致振荡，无法达到闭环零稳态误差的目的，这种现象通常称为极限环。随着最新高性能微控制器和 FPGA 的应用，这个问题逐渐得到了解决。

12.4.2 PID 控制器

模拟控制器主要由电路组成，并以 PID 的形式表示，其中 P、I 和 D 是指比例、积分和微分项。工业实践证明，PID 控制器是可靠、有效的。PID 项在教科书中以并行形式广泛表示，如图 12.14 所示。控制器的输入信号是受控变量与设定值之间的误差 $e(t)$。控制器输出 $u(t)$ 表示校正动作，它是 $u_P(t)$、$u_I(t)$ 和 $u_D(t)$ 三个项的总和。控制器的输出通常代表电力电子中的控制量，如 PWM 占空比或相移角。设计中需要确定参数 K_P、K_I、K_D。当 $K_D=0$ 时，表示为 PI 控制器。当 $K_D=0$，$K_I=0$ 时，它成为一个比例控制器或 P 控制器。

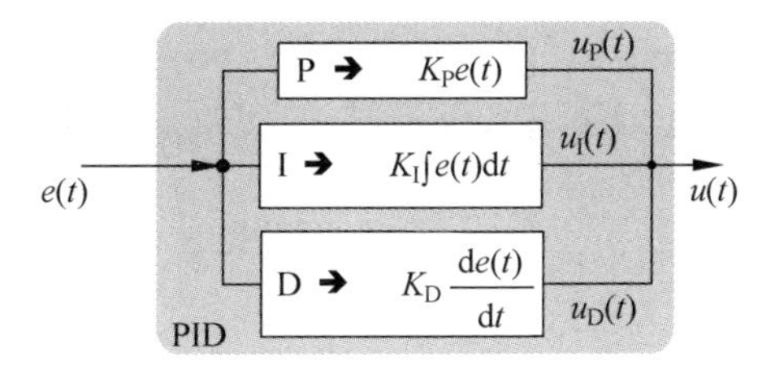

图 12.14 PID 控制器概念的并行形式

比例项可以立即做出与瞬时误差值成比例的修正，用 $u_P(t)=K_P\times e(t)$ 表示。P 控制器不能消除稳态误差，因为 $e(t)$ 的非零值对于维持控制器输出 $u(t)\neq 0$ 是必不可少的。较大的 K_P 值可以使稳态误差最小化，达到快速响应的目的，然而，较高的 K_P 值会导致较低的稳定裕量值。积分项 $u_I(t)=K_I\int e(t)\mathrm{d}t$，与误差的大小和持续时间成正比，该项由累积的瞬时误差加权，从而相应地调整补偿，该操作最终可消除系统中的稳态误差。然而，积分项的缺点是增加了相位滞后并降低了稳定性裕量，它还会造成影响控制性能的积分项的饱和。

最后，微分项可以根据误差斜率预测误差的发展，从而提前进行修正。已有研究表明，适当的 D 项可以提高系统的稳定性裕量和鲁棒性，然而，导数对 $e(t)$ 的突然变化或高频噪声非常敏感。因此，微分项的实际表达式为式(12.30)，其中包括一个一阶滤波器，用以抑制高频噪声。因此，进一步讨论的 PID 控制器是基于数学形式的，如式(12.31)中所示的并列形式。一个完整的 PID 控制器应包括四个参数，从而形成一个闭环控制系统。

$$u_D(s)=\frac{K_D s}{\tau_d s+1}e(s) \tag{12.30}$$

式中：$u_D(s)$、$e(s)$ 分别为微分项的输出和 s 域中的误差；τ_d 为一阶低通滤波器的时间常数。

$$C_{PID}(s)=K_P+\frac{K_I}{s}+\frac{K_D s}{\tau_d s+1} \tag{12.31}$$

12.4.3 模拟控制

对于数字控制方案，如 12.4.1 节所讨论的，不需要遵循严格的 PID 形式，控制器变成采用微控制器计算的离散时间差分方程。然而，对于模拟控制的实现，如图 12.15 所示，PID 调节器已经由模拟组件，如运算放大器、电阻和电容进行了很好的开发和构建。实时误差信号 $e(t)$ 是输入，同时，控制器的输出显示为 $u(t)$，它通常是 PWM 发生器的输入。限幅器可以确保信号 $u(t)$ 在约束范围内，例如，0≤占空比<100%。控制器传递函数 $C(s)$ 可以从式(12.21)变换并以标准 PID 的形式显示如下：

$$C_v(s)=\frac{s^2+2\xi\omega_n s+\omega_n^2}{K_{0v}s(\alpha_2 s+\alpha_1)} \quad\Rightarrow\quad C_v(s)=K_P+\frac{K_I}{s}+\frac{K_D s}{\tau_d s+1} \tag{12.32}$$

式中

$$\tau_d=\frac{\alpha_2}{\alpha_1},\quad K_I=\frac{\omega_n^2}{K_{0v}\alpha_1},\quad K_P=\frac{2\xi\omega_n\alpha_1-\omega_n^2\alpha_2}{K_0\alpha_1^2},\quad K_D=\frac{\alpha_1^2-2\xi\omega_n\alpha_1\alpha_2+\omega_n^2\alpha_2^2}{K_0\alpha_1^3}$$

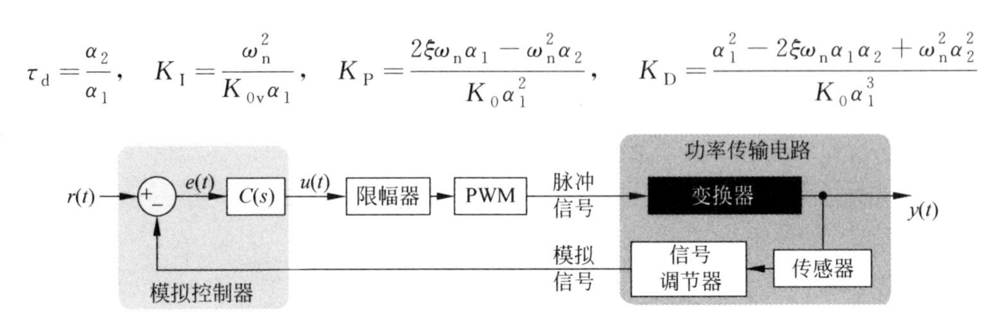

图 12.15 典型的电力电子设备的模拟控制结构

需要注意的是，其他教科书中所讨论的 PID 格式可能是指 $\tau_d=0$。在实际应用中，让 $\tau_d>0$，使得微分项的突变效应最小是很重要的。类似地，式(12.19)中的控制器传递函数也可以变换为标准 PID 形式并显示为

$$C_{iL}(s)=\frac{s^2+2\xi\omega_n s+\omega_n^2}{K_{0i}s(\alpha_{cl}\beta_i s+\alpha_{cl}+\beta_i)}\quad\Rightarrow\quad C_{iL}(s)=K_P+\frac{K_I}{s}+\frac{K_D s}{\tau_d s+1}\tag{12.33}$$

式中

$$\tau_d=\frac{\alpha_{cl}\beta_i}{\alpha_{cl}+\beta_i},\quad K_I=\frac{\omega_n^2}{K_{0i}(\alpha_{cl}+\beta_i)},\quad K_P=\frac{2\xi\omega_n\alpha_{cl}+2\xi\omega_n\beta_i-\omega_n^2\alpha_{cl}\beta_i}{K_{0i}(\alpha_{cl}+\beta_i)^2}$$

$$K_D=\frac{\alpha_{cl}^2+\beta_i^2+2\alpha_{cl}\beta_i-2\xi\omega_n\alpha_{cl}^2\beta_i-2\xi\omega_n\alpha_{cl}\beta_i^2+\omega_n^2\alpha_{cl}^2\beta_i^2}{K_{0i}(\alpha_{cl}+\beta_i)^3}$$

12.4.4 案例分析——降压型变换器

此案例研究是基于 CCM 运行的 Buck 变换器，它遵循表 3.2 中的规范和 3.3.5 节中的设计过程。根据 10.2.1 节介绍的建模过程，可以推导出数学模型式(10.8)，系数 $K_{0v}=4.1143\times10^9$，$\xi=0.5401$，$\omega_n=1.8516\times10^4\,\text{rad/s}$。仿射参数化后，期望的闭环传递函数设定为式(12.13)。当参数被指定为 $\xi_{cl}=0.7$ 和 $\omega_{cl}=4\omega_n$ 时，这两个系数变为 $\alpha_2=1.8229\times10^{-10}$，$\alpha_1=1.8902\times10^{-5}$。可推导出函数 $Q(s)$ 为式(12.34)，它是稳定的。反馈控制器可以合成为式(12.35)，用于闭环实现。

$$Q(s)=\frac{s^2+2\times10^4 s+3.429\times10^8}{0.75s^2+7.777\times10^4 s+4.114\times10^9}\tag{12.34}$$

$$C_v(s)=\frac{s^2+2\times10^4 s+3.429\times10^8}{0.75s^2+7.777\times10^4 s}\tag{12.35}$$

为了保证控制系统的鲁棒性，需要对控制系统的相对稳定性进行评估。图 12.16 绘制了 $C_v(s)G_0(s)$ 的奈奎斯特图，给出了相位裕量、增益裕量和灵敏度峰值。灵敏度峰值为 1.28，相位裕量为 65.20°，增益裕量为∞。这些测量值总体上显示出良好的系统鲁棒性。

在时域仿真中，利用 Simulink 实现反馈控制回路，如图 12.17 所示。调节输出电压的反馈控制器在模型中显示为“$C_v(s)$”，其传递函数见式(12.35)。导通占空比是控制器输出，用“D_{on}”表示，在 PWM 发生器模块中应严格限制在 0～100%的范围内。仿真结果如图 12.18 所示。输入电压表示为“V_{in}”，可以对其编程进行更改。

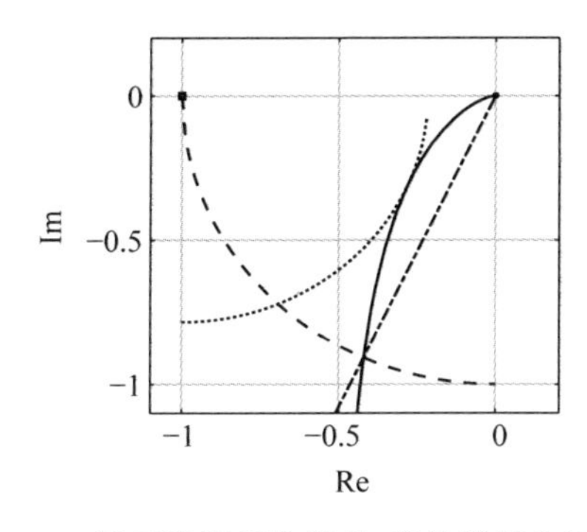

图 12.16 用于说明相位裕量、增益裕量和灵敏度峰值的 $G(s)C_v(s)$ 的奈奎斯特图

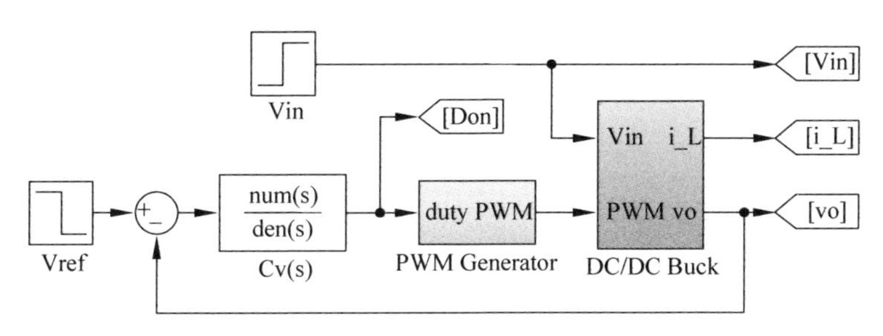

图 12.17 调节 Buck 变换器输出电压的仿真模型

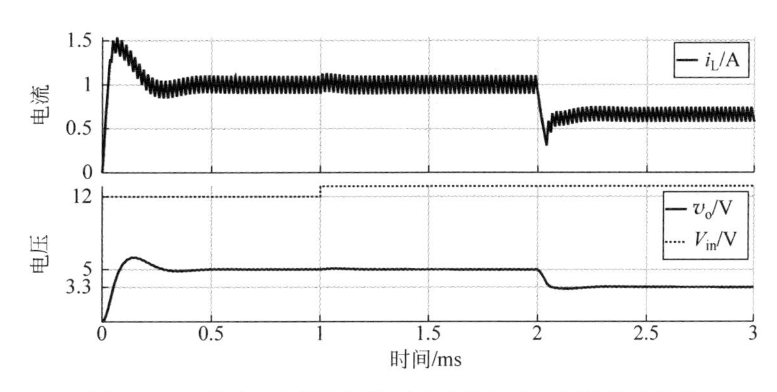

图 12.18 线性调节器控制降压变换器输出电压的仿真结果

V_{ref} 的初始设定值为 5V,这是反馈控制回路的命令信号。在 1ms 时,输入电压 V_{in} 从 12V 到 13V 的阶跃变化引入了扰动,这产生了持续 1～1.5ms 的瞬态偏差。闭环响应将 5V 的电压大小保持稳定状态。在 2ms 时,V_{ref} 设定值变为 3.3V。控制器检测到误差并调节控制器以跟随新的设定值。在 0.2ms 时的瞬态调节过程后达到 v_o 的稳态。该研究给出了一个示例,通过频域分析和时域仿真来设计一个闭环系统来调节降压变换器的输出。

12.4.5 案例分析——升压型变换器

此案例研究是基于 Boost 变换器来说明基于模型的设计过程。变换器的参数与 3.4.5 节中所推导的参数相同。CCM 运行时的小信号模型已在 11.3.1 节中研究完成,表示 v_o 响应的传递函数如式(11.26)所示，这表明变换器为 NMP 系统。根据仿射参数化，所需的闭环传递函数应按式(12.14)和式(12.15)所示的格式定义。根据 11.3.1 节中所建立的模型参数，以及所分配的 $\omega_{cl}=\omega_n$ 和 $\xi=2$，$F_Q(s)$ 由式(12.36)表示。为应对 NMP 在 s 域模型中的负面影响，设计参数应保守一些。

$$F_Q(s)=\frac{-3.846\times 10^{-5}s+1}{2.885\times 10^{-8}s^2+0.0006794s+1} \tag{12.36}$$

电压调节的反馈控制器由仿射参数化得到式(12.37)。$C_V(s)G(s)$ 的奈奎斯特图如图 12.19 所示，从相位裕量、增益裕量和灵敏度峰值三个方面评价系统的鲁棒性。结果表明，灵敏度峰值为 1.11，相位裕量为 83.19°，增益裕量为 24.95dB。这些数值表明所设计的闭环系统具有良好的鲁棒性。

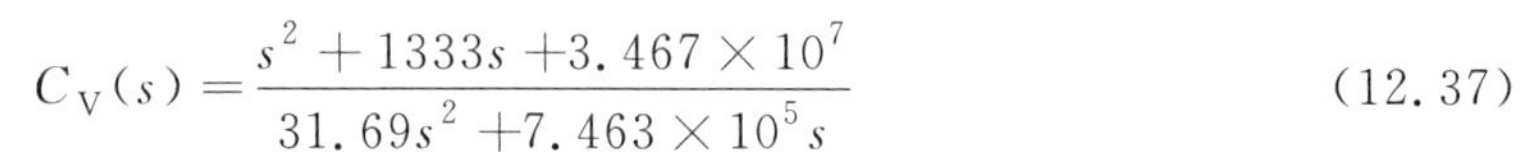

$$C_V(s)=\frac{s^2+1333s+3.467\times 10^7}{31.69s^2+7.463\times 10^5 s} \tag{12.37}$$

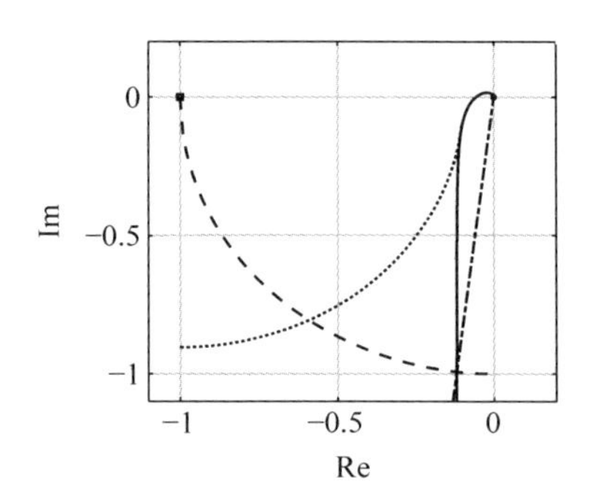

图 12.19 Boost 变换器 $G(s)C_V(s)$ 的奈奎斯特图

反馈控制仿真模型由 Simulink 实现，如图 12.20 所示。控制器 C_V 由式(12.37)所示的传递函数实现。它获取输出电压和参考电压之间的误差信号，并产生占空比可调节的 PWM 信号来控制 Boost 变换器，图 12.21 给出了其调节性能。初始点的设定值 V_{ref} 为 19.5V，在 7ms 时，输入电压 V_{in} 从 12V 到 13V 的阶跃变化引入了干扰，这导致了从 7～12ms 的瞬态响应。闭环使得变换器保持 19.5V 的电压水平。在 14ms 时，设定值被更改为 18V 来评估输出跟踪的性能，暂态后 16ms 时达到 v_o 的稳定输出，这验证了所需的电压调节器有效性。绘制出由控制器产生的占空比用来显示控制作用。总的来说，时域仿真证明了闭环系统的有效性。

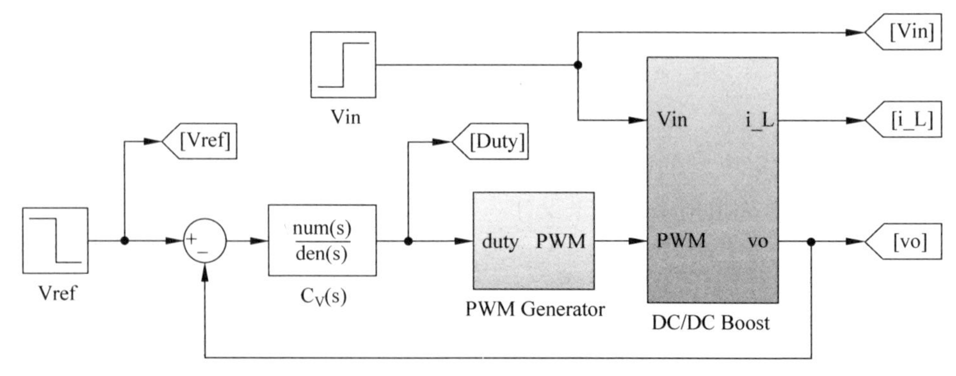

图 12.20 调节 Boost 变换器输出电压的仿真模型

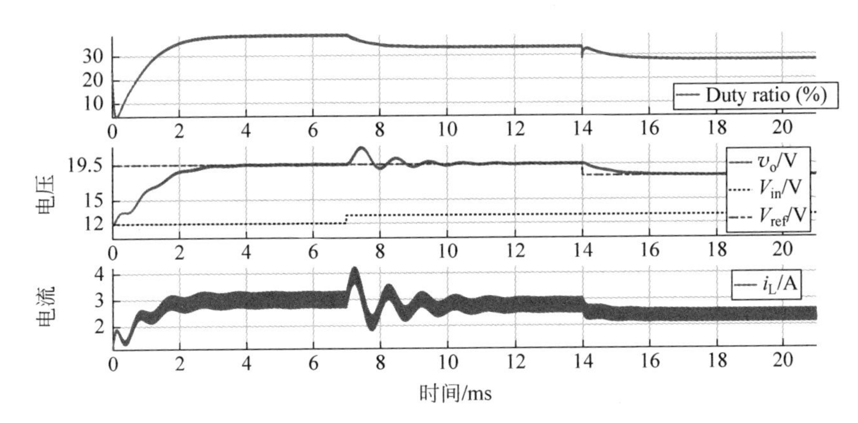

图 12.21　线性调节器控制 Boost 变换器输出电压的仿真结果

12.5　级联控制

级联控制已广泛应用于电力电子和机械传动中，包括内环和外环控制回路。级联结构复杂，但也显示出了改善控制性能的潜力。级联结构的示例如图 12.22 所示，用于控制功率变换器，其中外环控制器 C_V 来控制输出电压 v_o 并为内环提供参考信号 i_{ref} 以调节电感器电流 i_L。内环控制器 C_I 产生占空比控制量，提供占空比可调节的 PWM 信号来直接控制变换器。级联结构的最终控制目标是输出电压跟踪额定参考电压 V_o，将电感电流作为内环反馈变量进行控制，可以提高动态性能。

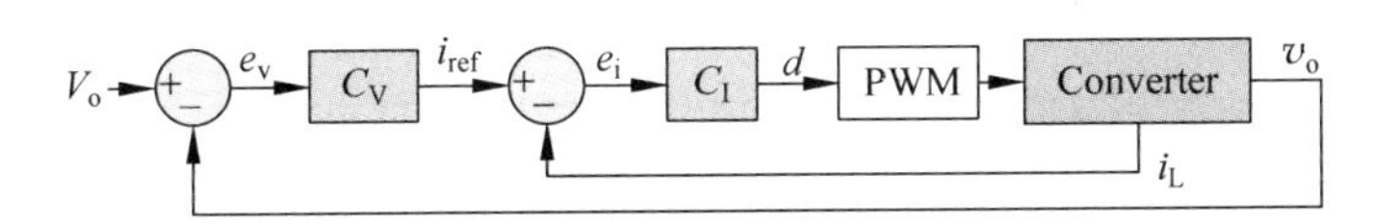

图 12.22　电压调节的级联控制

12.5.1　案例分析与仿真

通过 Boost 变换器的实例分析，很容易说明级联控制实现的优势。输出电压与占空比之间的传递函数见式(11.27)，它显示了小信号的动态特性。该函数存在难以控制的 NMP 零点。基于小信号模型，电压反馈控制器已被设计并作为 12.4.5 节案例研究的一部分。由于 NMP 效应和系统鲁棒性要求，控制器是在较低的直流增益基础上进行性能设计的，时域仿真一般显示稳定时间和扰动后的暂态时间较长，如图 12.21 所示。

12.2.2 节说明了通过简单的滞环控制器对同一 Boost 变换器进行有效且快速的 i_L 调节。因此，如图 12.22 所示的内部控制器 C_I 可以由滞环控制器实现。该设计重点关注电压控制器 C_V。根据式(10.12)的推导，Boost 变换器的系统动态特性可以由式(12.38)的平均模型来实现。当稳态 D_{off} 为常数时，CCM 运行时的 i_L 和 v_o 关联小信号模型可被推导并表示为式(12.39)，为一阶传递函数。

$$C_o \frac{d\bar{v}_0}{dt} = D_{off}\bar{i}_L - \frac{\bar{v}_o}{R} \tag{12.38}$$

式中：D_{off} 为稳态下的断态占空比。

$$\frac{\tilde{v}_o(s)}{\tilde{i}_L(s)}=\frac{D_{off}R}{RC_os+1} \tag{12.39}$$

按照 12.3 节的设计过程，外部控制回路的期望传递函数可以按照式(12.11)进行确定。为实现快速响应，可以规定参数 α_{cl} 为低于时间常数 RC_o。根据表 3.3 中的变换器参数，输出回路的传递函数由 $\alpha_{cl}=\frac{RC_o}{10}$ 确定，并根据仿射参数化得到 PI 控制器。可推导得到控制器传递函数为

$$C_V(s)=K_P+\frac{K_I}{s} \tag{12.40}$$

其中用于案例研究的 $K_P=1.5385$，$K_I=2.0513\times10^3$。内环反馈回路可以基于滞后控制回路实现，如 12.2.2 节所述。Simulink 模型如图 12.23 所示，该模型为级联结构，包括电压反馈环路和电流反馈环路。

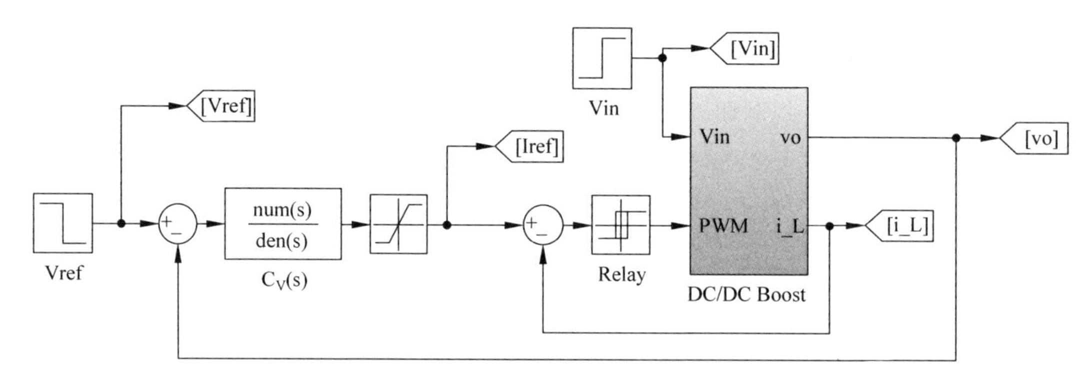

图 12.23　用于调节 Boost 变换器输出电压的级联控制仿真模型

级联控制的性能可以通过时域仿真来展示，如图 12.24 所示。设定值 V_{ref} 在初始点为 19.5V。在 2ms 时，输入电压 V_{in} 从 12V 到 13V 的阶跃变化引入了扰动，引起了 2～3ms 的瞬态响应。闭环控制将 19.5V 的电压大小维持在稳定状态。在 4ms 时，电压设定值更改为 18V，控制器调节变换器输出以跟随新的命令信号。

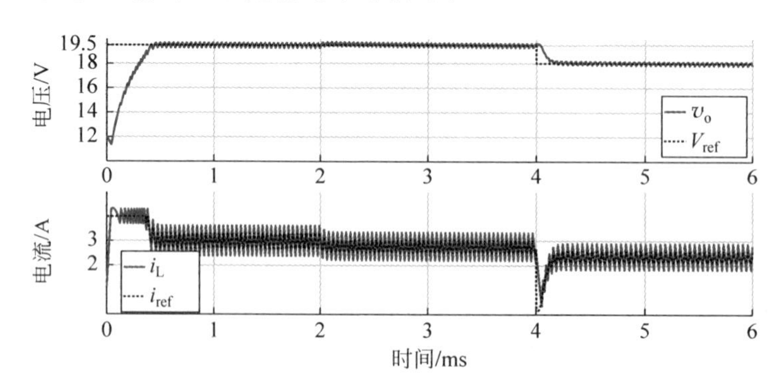

图 12.24　调节 Boost 变换器输出电压的仿真结果

12.5.2 优势

级联控制增加了实现的复杂性。然而，通过比较12.5.1节的案例研究和12.4.5节的单控制电压回路，可以很容易地发现其优势，因为两者都基于相同的Boost变换器。这两种情况包括相同程度的扰动和设定值的变化。表12.1给出了图12.21和图12.24在稳定时间和超调量方面的性能对比。

表12.1 级联控制与单电压回路的比较

方 法	T_{SET1}/ms	T_{SET2}/ms	T_{SET3}/ms	PO/%
单控制电压回路	3.78	5.66	3.50	11.28
级联控制法	0.48	0.89	0.81	1.4

注：T_{SET1} 为系统控制启动后的初始稳定时间，T_{SET2} 为扰动引起的瞬态时间之后的稳定时间，T_{SET3} 为指设定值从19.5V变化到18V时的稳定时间。PO为超调量，它衡量瞬态过程中 v_o 的峰值振荡程度。

对比结果表明，该级联控制方法降低了稳定时间和超调量，验证了该控制方法的有效性。通常，包括内环在内的级联控制结构是调节具有NMP效应的Boost变换器和Buck-Boost变换器输出电压的有效方法。

12.6 饱和效应和预防

所有现实世界的系统都显示出一定程度的物理极限。例如，应将电感器电流限制在一定幅度内，以避免磁芯饱和。功率变换器中PWM的开关占空比受限于0～100%的范围。因此，通常在线性控制器的输出中添加一个限幅器，以避免任何违反物理极限的情况，图12.13和图12.15中示出了限幅器的实施连接方式。线性反馈控制器根据误差值计算其输出，而不考虑任何非线性效应。当达到饱和极限时，控制回路中会出现非线性，从而导致积分饱和。PI和PID控制器在工业上被广泛使用，其并联形式如图12.14所示。积分项对于消除稳态误差是必不可少的，但是当系统由于物理约束而陷入非线性时，它会引起饱和效应。

积分饱和在电力电子教科书中没有被广泛讨论。然而，由于物理系统的限制，它的影响存在于几种操作条件下。当占空比达到上限或下限时，会发生积分饱和并影响使用PI或PID控制器时的控制性能。当饱和发生时，仍假设线性控制器为线性闭环系统，而不考虑饱和效应。饱和主要是误差信号 $e(t)$ 突然变化引起的，它显示了期望值 $r(t)$ 和反馈信号 $y(t)$ 的差异。过大的 $e(t)$ 值导致控制器输出高于物理系统无法处理的限制。积分项会积累误差，无论饱和效应如何，都会导致瞬态响应缓慢和其他副作用。

12.6.1 案例分析与仿真

饱和效应已在12.4.4节的案例研究中进行了说明，其中PID控制器已被建立并用于Buck变换器的电压调节。图12.25为仿真结果，包括控制器输出的波形，它代表了通态占空比驱动PWM信号。它表明控制器输出在初始瞬态大于100%，而在参考值变化的瞬态小于0%。PWM功能限制了占空比，导致饱和，从而引起积分饱和。该案例研究还包括输入电压在 1ms 时刻从 12V 变化到 13V 的扰动。它不会引起控制器输出的任何显著变化，也不会导致积分饱和。然而，由于线性控制器输出的占空比在瞬态时间内低于 0，因此在 2ms 的瞬间参考值突然从 5V 变为 3.3V 会导致积分饱和，如图 12.25 所示。在暂态过程中，PID 控制器不会改变工作状态，因为它没有接收到有关占空比饱和的信息。积分项会不断累积误差，导致调节响应缓慢。积分饱和的负面影响是在 i_L 和 v_o 波形中出现了明显超调和电压过低，如图 12.25 所示。由于需要更多的恢复时间，它也延迟了进入一个新的稳定状态的稳定时间。

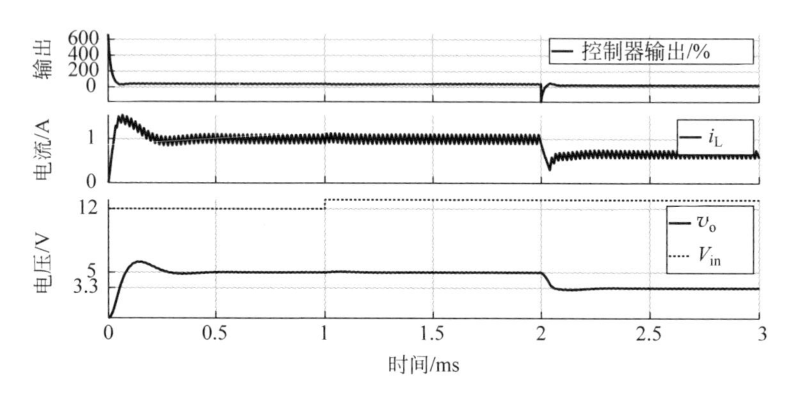

图 12.25 线性调节器控制降压变换器输出电压的仿真结果

12.6.2 抗饱和方法

当使用 PI 或 PID 控制器时，通常应用抗饱和方案。抗饱和背后的基本原理是控制器应该在物理系统达到约束时识别饱和。在饱和的瞬态期间，系统不能完全跟随控制器的输出，这使得数学模型无效。

很容易理解的一种常见的抗饱和方法为钳位法，该操作以条件积分为基础，当检测到饱和时限制积分输出。如果在检测到饱和情况时，积分的输出限制在范围内的最大值或最小值，则可以实现抗饱和方案。该功能已集成到 Simulink 的 PID 控制器模块中。PID 控制器可以通过微控制器进行编程，以将输出限制在下限和上限范围内，并激活防饱和机制。因此，数字控制可以很容易地检测到饱和度。

图 12.26 显示了用以证明钳位法效果的仿真结果，它是基于与 12.4.4 节中介绍的控制

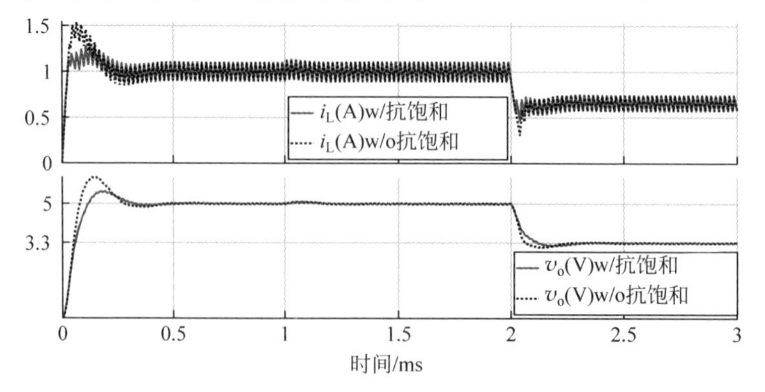

图 12.26 有无抗饱和性能的模拟比较

Buck 变换器相同的案例研究。时域仿真表明，采用钳位法可以显著降低 P_O。在瞬态期间，当抗饱和功能被激活时，输出电压中电压波形的峰值 P_O 从 23%降低到 10%。为了清楚地比较，没有抗饱和机制的仿真结果一起绘制在了图 12.26 中。其他抗饱和方法，如反向计算，也可用于提高控制性能。

案例研究表明，由于 PWM 占空比的饱和，设定值的阶跃变化会导致显著的饱和效应。可以应用变化率限幅器来限制电压参考的突然变化，以避免饱和效应，如图 12.27 所示。当控制器基于模型进行设计时，可以得到用于评估系统动态和预测稳定时间的闭环传递函数。可以相应地设计变化率限幅器来避免设定值的任何突然变化，从而保持较低的误差水平值并避免饱和。

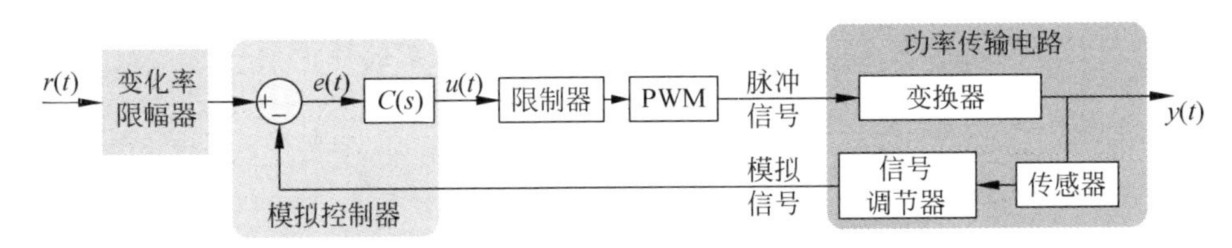

图 12.27 带变化率限幅器的模拟控制结构

基于控制降压变换器的同一案例研究，变化率限幅器旨在将设定值变化限制在 1.8750×10^4 V/s 以下。图 12.28 显示了仿真结果，可以与没有任何抗饱和实施的情况进行比较，在仿真图中可以看到设定值变化的变化速率。电压超调显著降低到较低水平；同时，稳定时间缩短。研究表明，对参考信号变化率的限制是一种有效的方法来消除设定值的突然变化而引起的饱和。基本上，变化率限幅器符合电力电子中广泛讨论的"软启动"概念。然而，变化率概念不仅限于启动操作，还适用于限制任何设定值的突然变化。

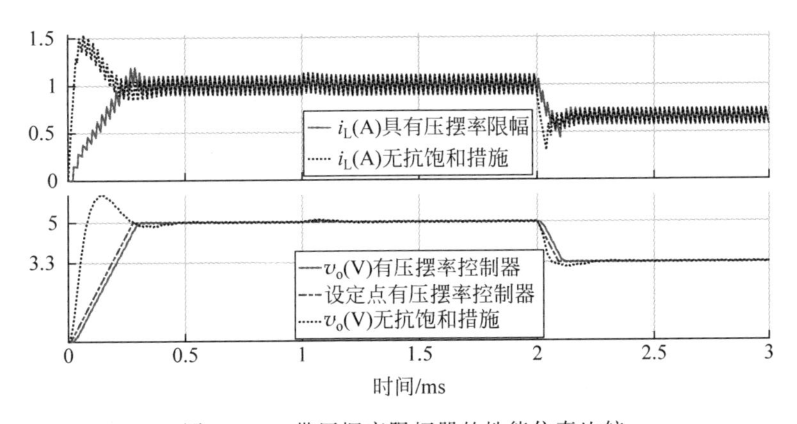

图 12.28 带压摆率限幅器的性能仿真比较

应该注意的是，变化率限幅器不能有效防止干扰引起的饱和。负荷的显著变化是一种能引起电压和/或电流的突然变化并引起饱和效应的扰动。另一个重要的干扰可能是输入电压的突然变化引起的。在防止干扰引起的积分饱和方面，抗饱和方案例如钳位或反向推算是通用且有效的。

12.7 传感与测量

传感器在反馈控制系统中必不可少，通常被解释为人类的“眼睛”。在电力电子中，通常需要测量电压和电流的信号。通过对电压 $v(t)$ 和电流 $i(t)$ 的实时测量，可以得到瞬时功率，$p(t)=v(t)\times i(t)$。设备温度是监测系统状态以提高控制性能和系统可靠性的另一个重要参数。数字控制系统的典型传感机制包括传感器、信号调理器、信号传输装置、采样器和 ADC，如图 12.29 和图 12.13 所示。对于模拟控制系统，测量路径不包括采样器和 ADC。信号调理电路应设计为将测量的信号缩放到所需的电压电平，并使其稳定且无噪声以进行信号传输。图 12.30 给出的等效电路，给出了用以测量电压信号 v_{sense} 的串联连接的传感器和信号调理器。测量的表示形式为 v_{ad}，它是闭环控制系统的反馈信号。

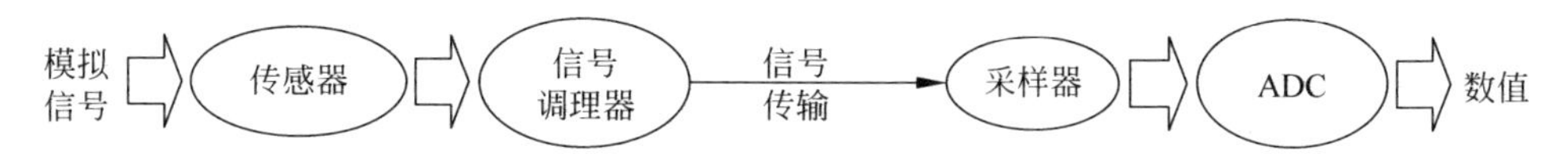

图 12.29 数字控制系统中的传感与测量结构

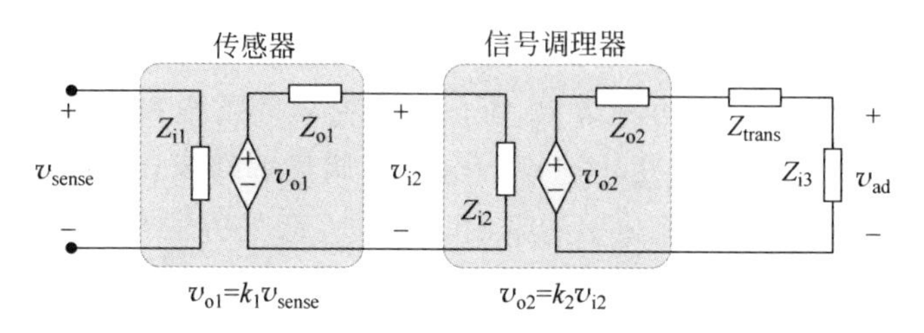

图 12.30 演示传感器和信号调理电路串联的等效电路

对理想传感的解释是输入阻抗 Z_{i1}、Z_{i2} 和 Z_{i3} 为∞，输出阻抗 Z_{o1}、Z_{o2} 为零。所显示的信号传输阻抗 Z_{trans} 为零。这种条件最终消除了信号失真，并产生了良好的传输信号效果。当满足上述理想条件时，检测到的电压线性表示为 $v_{\text{ad}}=k_1k_2v_{\text{sense}}$。但是，实际电路总是显示非零输出阻抗和非无穷大输入阻抗。信号传输包括显示电感和电容的非零 ESR 和寄生元件。因此，传感系统需要考虑非理想因素才能获得良好的反馈信号。应该考虑以下所需条件：

(1) 准确度和精确度。

(2) 用于传输的信号应对电磁干扰、噪声干扰具有鲁棒性。

(3) 每一级的输出阻抗应尽可能低，以输出强信号，防止噪声和信号失真。

(4) 每个阶段的输入阻抗应尽可能高，以尽量减少测量信号的失真。

(5) 频率带宽尽可能高，以捕获所有基本动态。

(6) 传感器的输出和信号调理应在大范围内呈线性。

(7) 所有参数都应是时间不变的并且不受温度的影响。

12.7.1 电压检测和调节

对电力电子中的直流电压检测可由分压器电路所形成的最简单的测量装置来实现，如图 12.31(a)所示。电压信号 v_{sense} 由 R_1 和 R_2 组成的分压器检测，并作为传感器使用。分

压器是基于 $v_{sense}>v_{fd}$ 的条件，这在电力电子领域大多如此。大多数微控制器或模拟控制器要求输入电压信号低于 5V。v_{fd} 的电压大小代表 v_{sense} 的感测电压，可用于直接反馈控制或馈入微控制器的 A/D 单元以实现数字控制回路。

可添加一个电容组成一个信号调理电路来滤除高频噪声，如图 12.31(a)所示。这种直接解决方案的缺点是由 R_2 值所表示的高输出阻抗。电阻 R_2 通常被设置为高电阻，如 100kΩ，以最大限度地减少传感电路的功率损耗。在信号传输过程中，高输出阻抗会导致信号失真和易受噪声影响。这个问题可以通过信号调理电路的改进来克服，如图 12.31(b)所示。运算放大器(Op-Amp)常用于信号调理，因为它具有高输入阻抗和低输出阻抗的特性。电压跟随器电路如图 12.31(b)所示，它由运算放大器构成，可确保其输出信号对测量电路中的非理想因素具有鲁棒性。如果检测到的 v_{fd} 信号经过很长的路径到达控制器，则电压跟随器至关重要。传递函数显示了式(12.41)中的一阶低通滤波器和降压电压的特征。电容值可以通过考虑实际系统中出现的电阻值和噪声频率来确定。

$$\frac{v_{fd}(s)}{v_{sense}(s)}=\frac{R_1}{R_1R_2Cs+R_1+R_2} \quad 或 \quad \frac{v_{fd}(s)}{v_{sense}(s)}=\frac{K_0}{\tau s+1} \tag{12.41}$$

式中

$$K_0=\frac{R_1}{R_1+R_2},\quad \tau=\frac{R_1R_2C}{R_1+R_2}$$

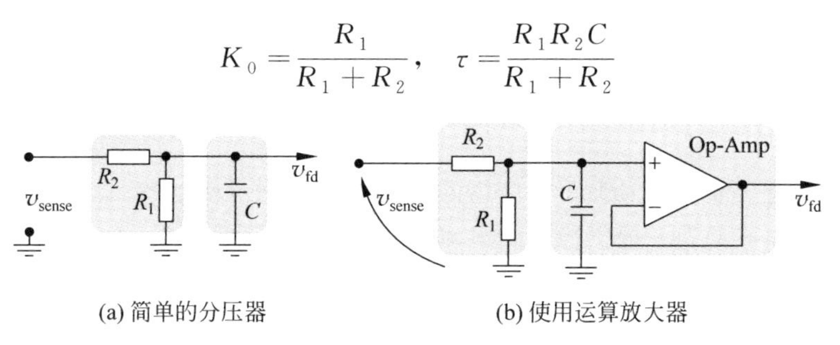

图 12.31 用于检测和调节直流电压的示例电路

由于大多数控制器只能处理直流信号，因此交流电压测量不如直流解决方案简单。一种方法是通过专用传感电路将交流信号偏移为直流，如图 12.32 所示。应实时检测交流电压 v_{ac}，以揭示其大小的周期性变化。输出电压 v_{ad} 变为直流，这将代表相同的幅度周期性变化。偏移电压源 V_{ref} 被添加到测量电路中，如图 12.32 所示。通过使 $R_5=R_4$ 和 $R_6=R_3$，传感器的电压输出由式(12.42)表示。当满足 $V_{ref}>\frac{R_6}{R_5}v_{ac}$ 条件时，v_{o1} 的值变为直流。在信号调节电路中，可以包括分压器和滤波电容器，用于电压调节和噪声抑制。信号调理器的传递函数用式(12.43)表示。最后加入电压跟随器，保证信号传输的鲁棒性。交流电压 v_{ac} 过零检测理论上是指信号 v_{ad} 所代表的直流电平 K_0V_{ref}。

$$v_{o1}=V_{ref}+\frac{R_3}{R_4}v_{ac} \quad 或 \quad v_{o1}=V_{ref}+\frac{R_6}{R_5}v_{ac} \tag{12.42}$$

式中：$R_5=R_4$，$R_6=R_3$。

$$\frac{v_{ad}(s)}{v_{o1}(s)}=\frac{R_1}{R_1R_2Cs+R_1+R_2} \quad 或 \quad \frac{v_{ad}(s)}{v_{o1}(s)}=\frac{K_0}{\tau s+1} \tag{12.43}$$

式中

$$K_0=\frac{R_1}{R_1+R_2},\quad \tau=\frac{R_1R_2C}{R_1+R_2}$$

图 12.32　使用运算放大器检测和调节交流电压的示例电路

12.7.2　电流检测和调节

当使用电流检测电阻时，直接测量电流的一种方法的根据是欧姆定律。根据 $V=IR$，当 R 为常数时，理论上电压与通过电流成正比。正如 12.7.1 节中介绍的那样，检测电压很简单。这种方法的缺点是引入了焦耳损耗(I^2R)，降低了系统效率。此外，损耗会提高电阻温度并导致电阻变化，从而导致非线性和不准确性。因此，所设计的电流检测电阻应具有散热能力和高的额定功率，从而最大限度地减少温度影响。由于电阻精度和额定功率，它们通常比普通电阻更笨重和昂贵。应选择低容差额定值(0.1%～0.5%)的电阻作为电流检测电阻。

一个用于发光二极管(LED)驱动应用的直流电流检测示例如图 12.33 所示。同步降压变换器的设计和调节是为了提供稳定的电流来点亮 LED 负载。通过检测 LED 的电流并将其反馈给控制器。v_{sense} 的标称值通常设置得较低，如 0.1V，这是避免 R_{sense} 上出现明显的导通损耗。因此，在信号调理阶段需要一个电压放大器，以提高电压的高分辨率表示和抗噪声耦合的鲁棒信号。运算放大器电路形成一个非反相放大器，将电压升压到 v_{fd}，由式(12.44)表示。在末级增加了一个电压跟随器，以提高传输的信号质量。功率损耗是检测电阻引起的。检测电阻的另一个问题是其安装，因为电阻接入电流路径并将公共接地与 LED 负载分开。

$$v_{fd}=\frac{R_1+R_2}{R_1}v_{sense}=\left[\frac{R_1+R_2}{R_1}R_{sense}\right]\times i_o \tag{12.44}$$

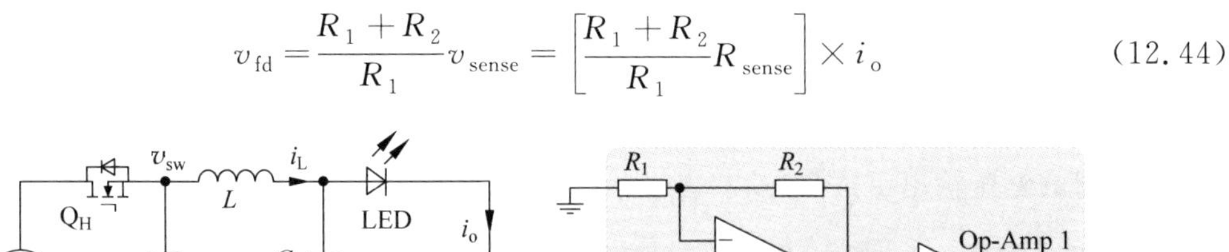
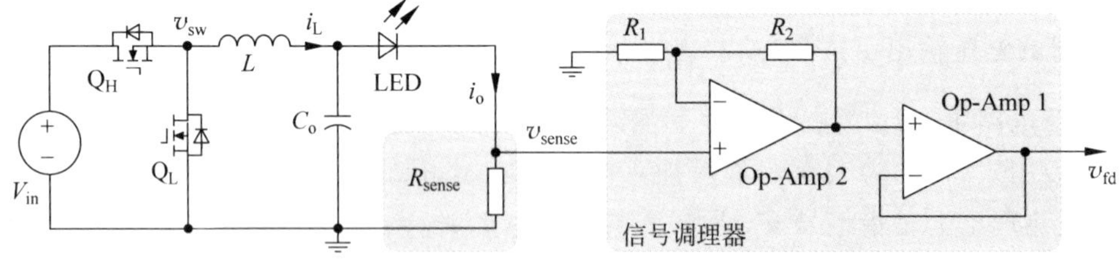

图 12.33　用于检测 LED 照明系统中直流电流的示例电路

为了避免接地分离，另一种方法是基于电流检测电阻的高侧安装，如图 12.34 所示。测量电阻 R_{sense} 的端电压不与其他电阻共享公共接地，形成为差分放大器的运算放大器电路，用于检测 v_{sense} 并放大信号。传递函数可以推导得到并显示在式(12.45)中，其中检测电路中的 $R_1=R_3$ 以及 $R_2=R_4$，如图 12.34 所示。

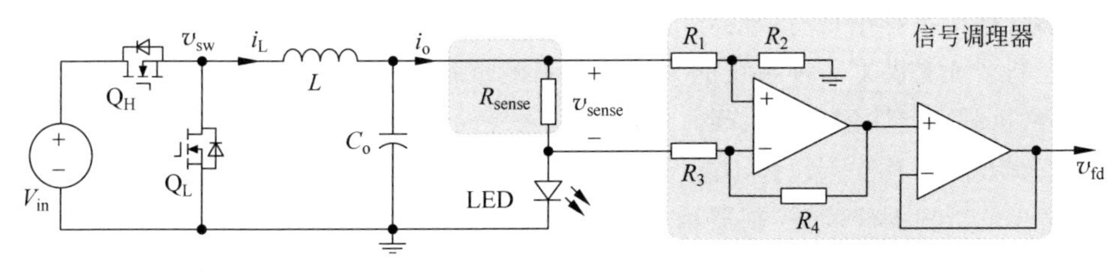

图 12.34　用于检测 LED 照明系统中直流电流的示例电路

在高侧安置电流检测电阻是有利的，因为公共接地不会被中断。然而，差分放大器显示了运算放大器规定的共模电压的限制。该解决方案主要限于 ELV 电力系统中的电流检测。近年来，具有高输入共模电压额定值的差分放大器已上市。一种型号是 TI INA149，其共模电压范围为±275V。

$$v_{fd}=\left(\frac{R_1+R_2}{R_1}R_{isense}\right)\times i_o \tag{12.45}$$

1879 年，埃德温·霍尔发现了霍尔效应，即电子流过导体时产生的磁场，可以对磁场进行感应并将其变换为电压以反映电流大小。霍尔效应可用于制作测量电流的传感器，如图 12.35 所示。霍尔电压表示为 v_{Hall}，与通过导体的电流 i_{sense} 成正比。霍尔效应传感器单元通常需要一个直流电源来供电霍尔元件，并将 v_{Hall} 放大到更高的水平以更精确地检测。

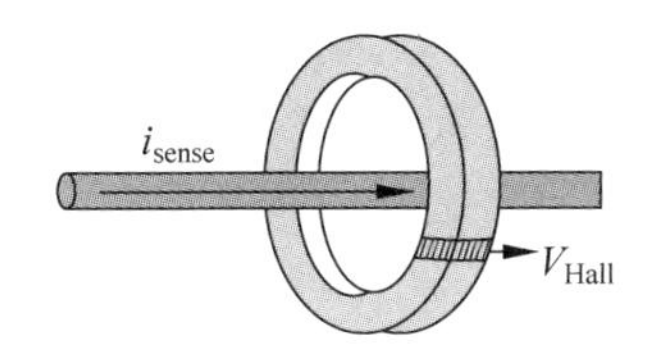

图 12.35　用于电流检测的霍尔效应说明

当传感电路未连接电源到霍尔效应电路时，霍尔效应传感器可以进行电气隔离测量。因此，该设备特别适用于检测电压超出安全电压值的电路。由于内部集成了放大器和信号调理器，现代霍尔效应电流传感器易于使用。霍尔效应电流传感器的选择应基于额定电流和带宽，带宽应足够大，以满足控制系统的动态特性。当不直接要求高带宽时，电流互感器也可用于测量交流电流。

12.8　本章小结

本章从基本控制框图开始，包括反馈控制回路和前馈通路，该结构已广泛应用于电力电子设备的控制。负反馈回路被认为是控制系统的支柱，因为无论干扰和非理想因素如何，包括信号检测和校正在内的控制机制是有效的。前馈控制通常被认为是支持反馈回路和提高系统性能的辅助功能。

开/关控制器可以形成一个简单的反馈控制回路来完成信号检测和校正的功能，进一步得到的滞环或 bang-bang 控制器可以提高系统的鲁棒性。由于开/关切换操作，滞环控制自然适合电力电子的应用。滞环控制方案通常应用于有源功率因数校正、电机驱动和并网分布式发电的电流调节。非线性开/关操作显示了稳态性能和开关频率的折中。

已证明线性控制理论是有效的，并广泛应用于各种工程系统。该理论为根据反馈机制和其他设计控制系统提供了一种系统的方法。本书侧重基于模型的设计，包括建模、模型分析、控制器综合、相对稳定性评估和实现。仿射参数化是设计闭环控制系统并保证其内部稳定性的一种系统有效的工具。当设计不能保证相对稳定性或鲁棒性时，对反馈控制器进行重新调整是必不可少的。根据经验，控制器增益的降低可以导致相对稳定性的提高；但响应速度变慢，抗扰能力下降，控制性能下降。然而，系统稳定性和鲁棒性始终是控制系统的重中之重。线性控制理论还包括状态反馈控制策略。当变换器系统通过状态空间表示进行建模时，状态反馈方法可以有效地调节状态变量，这些变量通常由电感电流和电容电压表示。

尽管模拟控制结构看起来比数字控制方法更简单、更快速，但与最新开发的数字微控制器和 FPGA 相比，模拟控制并不灵活。数字控制的可编程特性可以适应高级算法和综合保护方案。数字设计应考虑时间延迟和 PWM 分辨率的约束。若稳定性裕量不足以支持系统稳定工作，则需要重新选用控制器。

传感系统应合理进行设计以保证控制精度和动态特性。电压测量相对简单，可以通过电阻分压器进行。设计分压器涉及传感鲁棒性和功率损耗之间的权衡。信号调理器对于实现噪声过滤、信号缩放、输入/输出端阻抗匹配等功能变得很重要。信号调理的低输出阻抗是传输被测信号并不受失真、噪声和干扰影响的必要条件。运算放大器通常用于构成信号调理电路。电流测量主要包括电流检测电阻和应用于高带宽应用的霍尔电流检测系统。电流检测电阻遵循欧姆定律，这被认为是一种简单且成本低廉的解决方案。由于市场上大量的霍尔电流检测器件以及供应商的多样性，最新的霍尔效应传感器在价格上具有相当的竞争优势。霍尔效应传感器的选择不仅要关注精度等级，还要关注有效带宽。

参考文献

[1] Xiao W D. Photovoltaic power systems: modeling, design, and control[M]. Wiley, 2017.

[2] Astrom K J, Hagglund T. PID controllers: theory, design and tuning[M]. 2nd ed., ISA, 1995.

[3] Xiao W D, Wen H, Zeineldin H H. Affine parameterization and anti-windup approaches for controlling DC-DC converters[C]. Proc. IEEE International Symposium on Industrial Electronics, Hangzhou, 2012: 154-159.

[4] Goodwin G C, Graebe S F, Salgado M E. Control system design[M]. P&C ECS, 2000.

[5] Xiao W D, Zhang P. Photovoltaic Voltage Regulation by Affine Parameterization[J]. International Journal of Green Energy, 2013, 10(3): 302-320.

[6] Syed I, Xiao W D, Zhang P. Modeling and Affine Parameterization for Dual Active Bridge DC-DC Converters[J]. Electric Power Components and Systems, 2015, 43(6): 665-673.

[7] Liu Y, Meyer E, Liu X. Recent Developments in Digital Control Strategies for DC/DC Switching Power Converters[J]. IEEE Transactions on Power Electronics, 2009, 24(11): 2567-2577.

习题

12.1 基于 12.2.2 节中的案例研究，完成设计过程和仿真建模，并基于时域仿真重复相同的性能评估。

12.2　基于 12.4.4 节中的案例研究，完成设计过程和仿真建模，并在频域和时域仿真中重复相同的性能分析。

12.3　基于 12.4.5 节中的案例研究，完成设计过程和仿真建模，并在频域和时域仿真中重复相同的性能分析。

12.4　基于 12.5.1 节中的案例研究，完成设计过程和仿真建模，并在频域和时域仿真中重复相同的性能分析。

12.5　根据 3.6.5 节中的案例研究，设计一个滞环控制器来调节 Buck-Boost 变换器的电感电流，使其运行在额定值 4A，峰-峰值纹波为±0.6A。

(1) 建立模拟系统运行的 Simulink 模型。

(2) 仿真从初始状态到 12ms 的运行状态。

(3) 在 4ms 时，使命令信号产生从 4A 到 3A 的阶跃变化，对命令跟踪性能进行评估。

(4) 通过在 9ms 内改变输入电压从 18V 到 15V 施加扰动来评估调节性能。

(5) 绘制电感电流和输出电压的波形。

12.6　根据 3.6.5 节中的案例研究和习题 12.1 中的滞环控制模型，设计一个级联控制系统来调节 Buck-Boost 变换器的输出电压。

(1) 根据额定工况，推导出 $\tilde{i}_L$ 与 $\tilde{v}_o$ 关联的小信号模型。

(2) 按照 12.3 节的设计过程，外部控制回路的期望传递函数可以按照式(12.11)的格式指定。闭环传递函数参数 $\alpha_{cl}=500\mu s$，推导出输出电压调节的控制器传递函数，形成级联控制结构。

(3) 建立模拟系统运行的 Simulink 模型。

(4) 仿真从初始状态到 18ms 的运行状态。

(5) 在 6ms 时改变输入电压从 18V 到 15V 施加扰动来评估调节性能。

(6) 在 12ms 时，使参考值产生从－19.5V 到－15V 的阶跃变化，对输出电压跟踪性能进行评估。

(7) 绘制电感电流和输出电压的波形。

12.7　基于 12.6.2 节的案例研究，完成抗饱和设计过程和仿真建模，应用相同的抗饱和解决方案，展示仿真结果，并讨论改进。

缩略语表

2DOF	两自由度	LL	相-相
AC	交流电	LN	相-中性点
ACSC	交流侧变换器	LV	低压
ADC	模数转换器	LVDC	低压直流
AE	铝电解	LVR	线性稳压器
BCM	临界导通模式	MF	中频
BIBO	临界输入临界输出	MOSFET	金属氧化物半导体场效应晶体管
BJT	双极结型晶体管	MP	最小相位
BPWM	双极性脉宽调制	MV	中压
CCM	连续导通模式	MVDC	中压直流
CSI	电流源逆变器	NICI	非隔离型耦合电感器
DAB	双有源桥	NMP	非最小相位
DC	直流电	NOC	额定工作条件
DCM	断续导通模式	Op-Amp	运算放大器
DEF	双射极跟随器	PB	原边桥
DFIG	双馈感应发电机	PC	个人计算机
DFT	离散傅里叶变换	PFC	功率因数校正
DPC	位移功率因数	PMSG	永磁同步发电机
ECAD	电子电气计算机辅助设计	PO	超调量
EHV	超高压	PSPICE	基于集成电路的模拟程序
ELV	超低压	PWM	脉宽调制
EMI	电磁干扰	RHP	右半平面
ESS	储能系统	RSC	转子侧变换器
EV	电动汽车	SB	副边桥
FBC	反馈控制器	SCR	可控硅整流器
FFC	前馈控制器	SEPIC	单端初级电感变换器
FFT	快速傅里叶变换	SiC	碳化硅
FT	傅里叶变换	SISO	单输入单输出
GaN	氮化镓	SoC	芯片系统
GSC	电网侧变换器	SPDT	单刀双掷
HF	高频	SPICE	基于集成电路的仿真程序
HFAC	高频交流	SPWM	正弦脉宽调制
HVDC	高压直流	SS	稳态
ICI	隔离型耦合电感器	STSS	短期稳态
IEC	国际电工委员会	THD	总谐波失真
IEEE	电气和电子工程师学会	TRIAC	双向晶闸管
IGBT	绝缘栅双极型晶体管	UPS	不间断电源
KCL	基尔霍夫电流定律	UPWM	单极脉宽调制
LED	发光二极管	USB	通用串行总线
LF	工频	VSI	电压源逆变器